U0158723

互联网人

沙梓社 著

一口锅、绒绒霓、吴绮雯gokibun、
波儿、持持、陈翈翈、林之倩、左十二 画

中国人民大学出版社

· 北京 ·

图书在版编目（CIP）数据

互联网人/沙梓社著. --北京：中国人民大学出
版社，2022.4
ISBN 978-7-300-29802-3

Ⅰ.①互… Ⅱ.①沙… Ⅲ.①互联网络—普及读物
Ⅳ.①TP393.4-49

中国版本图书馆CIP数据核字（2021）第171509号

互联网人

沙梓社　著

Hulianwang Ren

出版发行	中国人民大学出版社				
社　　址	北京中关村大街 31 号		邮政编码	100080	
电　　话	010－62511242（总编室）		010－62511770（质管部）		
	010－82501766（邮购部）		010－62514148（门市部）		
	010－62515195（发行公司）		010－62515275（盗版举报）		
网　　址	http://www.crup.com.cn				
经　　销	新华书店				
印　　刷	北京瑞禾彩色印刷有限公司				
规　　格	170 mm×240 mm　16 开本		版　　次	2022 年 4 月第 1 版	
印　　张	30.25　插页 2		印　　次	2022 年 4 月第 1 次印刷	
字　　数	487 000		定　　价	99.00 元	

推荐序

新朋心语话新书

焦 波

（纪录电影《俺爹俺娘》《乡村里的中国》《出山记》导演）

刚认识了一个朋友，是他通过互联网联系到了我。他是一个互联网软件工程师，让人没想到的是，这个并不是拿笔杆子的人却写出了一部书《互联网人》。

互加微信后，我问他："你是工程师，为啥要写这本书呢？"他说："2016 年，我看完您的纪录电影《乡村里的中国》后，被生活的真实和人的真实深深地打动了。它让我想到了自己所属的互联网人群体。我跟您一样，就是想为自己的行业、同行做点什么。真心希望基层互联网人能拥有姓名。"

没有多问，不用多说，我就认定他是我的知音。在遥不可知的网络世界里，我俩做事的相似、作文的相似、做人的相似，是一种神的契合、力的契合，当然就有了很有意思的缘的契合：

我是一个"农夫导演"，30 年时间用一部影像作品《俺爹俺娘》送走了亲生爹娘，继而开始拍摄爹娘的爹娘——中国乡村。相继拍摄了《乡村里的中国》《出山记》《进城记》等一系列乡村纪录电影。目的很简单：为乡村写史，为农民立传写史记。

他是一名互联网软件设计师，就想写一本书，向自己从事的事业、向互联网人致敬。

我们的纪录精神也竟然那么合拍：

我拍一部乡村纪录片都是扎根乡野，躬耕土地。农民在土地里种植庄稼，我们"在泥土里种植故事"。每部纪录片拍摄期都涵盖了春夏秋冬，以时间的重量加强作品的重量。

他也是采取深入生活的方式，行遍东西南北中，历时 537 天，旅居 8 个城市，深度跟踪采访了20位互联网人，他和每个人的相处访谈都在几周以上。他也像一个农人，用鼠标作为锄头犁耙，耕耘自己的那方土地，观察、体验、记录一个个互联网人酸甜苦辣的多彩生活和人生，以他们的故事为蓝本，绘制了互联网人版的"清明上河图"。纵观全书，每个主人公身上都有淳厚的土地味儿，每个人的生活都有浓烈的烟火气。透过这种淳厚和浓烈，看出作者对"自家人"的那份自恋、自珍和自爱。

他叫沙梓社。他的这本书是部大书。

说它大，是作者大手笔下的20个普通人代表着互联网人这个庞大群体。人世间，能说"代表"的，不是所谓的上层社会、大佬大亨，而是再普通不过的芸芸众生。就像代表春天的，是花红柳绿中的一簇簇嫩蕊；代表秋天的，是漫山红遍中的一片片霜叶。

卖啥的吆喝啥。在我看来，沙梓社的这部书怎么也像一部生动的纪录片，具有强烈的时代感和平凡生活所爆发出来的强烈冲击力。书里的人物有产品经理、人力资源经理，也有手游从业者、视障软件合伙人，等等。主人公都是寻常人，他们虽平凡，精神却不平凡，从他们身上展示出来的生活是真生活、美生活，细腻而生动。

书中的细节也很有味道，比如：

"我妈说：'我看到这个机器人，就想到了我孙子在地上爬来爬去的样子。'"

"她走之后，我连水都买不起了，坐在亮马河边啃馒头还噎着了。"

…………

这样的例子比比皆是，构成了书的可看性与可读性。

这些年，互联网走进我们的生活，或者是我们走进互联网，两者的关系已经如鱼水交融般亲密无间。平民百姓在生活里就像每天需要吃饭喝水一样，也离不开网络了。但我们对互联网人却知之甚少，甚至感到神秘。我们吃着农民种的粮食，就想走近种出粮食的农民；我们享受着网络，也很想了解"种出"网络的互联网人。作者沙梓社及时给我们奉献了这部大书。它告诉我们，互联网人就是辛勤耕耘的网络农民，用农民的坚韧和执着耕来艳阳高照、风调雨顺、禾谷满仓。

读完这部书，你会觉得神秘的互联网人不再那么神秘。正是这些平平凡凡的互联网人用青春、用活力、用创造，撑起了互联网这座神秘的圣殿！

我和沙梓社的认识就这么简单，应他之邀写下了这点东西。也许有人会说，人家出新书，你却在里面做自己的广告，这个山东人怎么这么不厚道？

写到这儿，我噗嗤一声笑了。

自　序

　　2016 年，我看完纪录片《乡村里的中国》后，被深深地打动了。这部"土得掉渣"的作品以农村为舞台，请农民当主角，斩获多项大奖，豆瓣得分高达 9.3，影评里出现最多的关键词是"真实"。它让我想到了自己所属的互联网人群体。

　　大众对互联网人似乎并不陌生。马云创办阿里巴巴的轶事流传于街头巷尾，雷军在发布会上的讲话被恶搞成神曲"Are You OK"；他们的一举一动受到广泛关注，成为社会话题。

　　但我发现，大家熟悉的互联网人往往是众星捧月的业界大佬，而不是甘当绿叶的幕后英雄。在很多人的认知里，基层互联网人不是有血有肉的完整形象，而是"996"、秃头、高薪等有失偏颇的零散标签。但这不是互联网人的真实写照。

　　在过去的 10 年间，互联网"飞入寻常百姓家"，成为与水电煤一样的基础设施，改变了我们的衣食住行。随着"十四五"规划的出台，数字中国、网络强国建设被提到前所未有的高度。

　　互联网人在国家发展中扮演着重要的角色，真实的他们值得被看见。我相信，一部以基层互联网人为主角，讲述他们真实故事的作品，能够搭建起大众了解这个群体的桥梁，让他们得到更多人的理解和认可。

　　从一个更高的层面来看，习近平总书记在各种场合屡次强调要"讲好中国故事"；而基层人员的故事反映了社会现状，是中国故事的缩影。

　　在 2019 年《财富》世界 500 强榜单上，中国互联网公司首次在数量上超过了美国互联网公司。取得如此成绩，互联网人功不可没；我们应该有这个文化自信，把他们的故事讲给全世界听。

　　确定了"互联网人"这个时代命题后，要写好这篇"记叙文"，应该如何下笔呢？地点——"拍摄地"在哪里？人物——如何"选角"？事情——讲述什么故事？这些问题我刚开始都没有答案。

在我毫无头绪时，还是《乡村里的中国》给了我灵感。导演焦波老师的情况跟我比较像——我们选择的题材都是自己最熟悉、最热爱的领域，我们都想为自己所属的群体做点什么。

他生长在农村，是一位摄影师，当导演并不是他的本行；而我来自互联网行业，是一名工程师，写作也不是我的专长。我们都不想进行宏大叙事，都"没有一个字的剧本"。因此，焦波老师的创作过程对我很有参考价值。

好故事源于好素材。为了收集素材，焦波老师在山东淄博沂源县中庄镇杓峪村驻扎了373 天。这给了我很大的启发：讲述基层故事，要深入一线、泡在一线。

那么，互联网人的一线在哪儿呢？根据企鹅智库 2019 年发布的《新一线城市互联网生态指数报告》，我初步选择了"互联网指数"排名前六的城市，分别是北京、上海、深圳、成都、广州、杭州，作为本书的"拍摄地"。

"地点"有眉目了，"人物"呢？不同于农民，"互联网人"并没有明确定义。那么，他们是谁？当时我认为，互联网人就是在互联网公司工作的人，于是参考拉勾上的职位分类，确定了技术、产品、运营等 8 个"选角"方向。

最后一个要素是"事情"。互联网人的故事那么多，要讲哪些呢？我从罗振宇在《长谈》中采访罗永浩时围绕的"八个关系"获得灵感，重点呈现了互联网人的以下方面：衣食住行、工作日生活、周末生活、与城市的关系、与行业的关系、与公司的关系、与家人的关系、与朋友的关系、与恋人的关系、与自己的关系 。

为了使内容更加多元化，后来我又增加了"拍摄地"，扩大了"选角"范围，加入了东莞和烟台这两个不太具有互联网基因的城市，以及智能手机从业者、猎头、网红博主等不在互联网公司工作的互联网人。

在这些思考的基础上，我从 2019 年 5 月 6 日开始，历时 537 天，旅居 8 个城市，深度跟踪采访了 20 位互联网人，以他们的故事为蓝本，绘制了这幅互联网版的"清明上河图"。为保护被采访对象隐私，书中内容经处理，如有雷同，纯属巧合。

谨以此书，向中国互联网人致敬！

目　录

1

作为"被时代推着走的人",对当前工作并不满意的书兰,选择了一忍再忍。但经过新冠肺炎疫情的冲击,她开始以更积极主动的心态思考接下来的人生规划。左边是工作5年的公司和恋爱6年的男友,右边是异地更好的潜在工作机会,她的下一步会怎么走呢?

在事业单位工作的"斜杠青年"yoyo利用业余时间当起了小红书上的穿搭博主,还想去国外学艺术,由此引发了离职、找工作、申请学校的连锁反应。被家人和单位保护得很好的她,能够有所突破,成功开启寻梦之旅吗?

有时候中年危机不是源于你不行,而是因为你太行了。奔四的刘畅是较早留学美国的海归,也在互联网大厂摸爬滚打过,等到要安定下来时,选择了有着慢节奏的成都。没想到,"安逸"背后潜藏着的中年危机,打了这名互联网老兵一个措手不及。

从北京来到成都"休假"的晓文,本想借这个机会给自己的外包公司组建一支本地团队,并尝试从乙方转型到甲方,但碰到的困难显然超出了预期。虽然大家干劲很足,但战术上的勤奋似乎收效甚微。

客服工作的特点是"用耐心对待客户,把悲伤留给自己"。新手妈妈钱蓓把所有的精力都倾注在了琐碎的工作和难带的孩子上,异地的老公能帮忙分担的不多。维持现状,当个小透明,就是她小小的愿望。

老外芒格不远万里来中国开英语培训工作室,并不只是为了赚钱。因为看到了中国的发展潜力,他过着"不健康但有希望的生活",起早贪黑地追求着中国梦。我们欢迎这样尊重中国国情,融入中国社会的人。无论你来自哪里,作为一名中国互联网人,都是好样的。

技术是把双刃剑：黑帽子用它为非作歹，白帽子用它"维护治安"。西北小伙和颂选择了后者，靠着自己的努力收获了不错的工作，却陷入了"温水煮青蛙"的境地。尽管有女朋友的全力支持，但"守正"有余而"出奇"不足的他想要有所突破，恐怕没那么容易。

田祺来自 985、211 顶级大学，先后任职于国企、腾讯和阿里，因为经历大喜大悲而变得佛系，所以选择了"谈不上满意，也没有不满意"的新创业公司。心累的他口头上说着要"随遇而安"，但我听出的分明是一股不妥协的"少年气"。

你是我的眼

带我领略四季的变换

你是我的眼

带我穿越拥挤的人潮

你是我的眼

带我阅读浩瀚的书海

因为你是我的眼

让我看见这世界

就在我眼前

——有感于无障碍、读屏软件和互联网

客户端工程师陈远铭[*]

互联网行业对从业者的学历要求没那么严格。只有高中学历的远铭，用自己的努力和运气换来了在国企旗下互联网公司工作的机会。但是，面对异地的老婆孩子和水涨船高的房价，留在杭州的难度比想象的要大。他将何去何从？

我在杭州蚂蚁金服工作时，每周最盼望的活动就是参加"青黛行"组织的周末徒步——这是我缓解互联网行业繁重工作压力的法宝。

深秋傍晚，当领队老逗儿和乔木斯带队穿越吴越古道时，寒风瑟瑟吹透草木，从脖子后面钻进早已汗湿的后背；天边一弯清冷的白月，让我想起南唐后主李煜的词——"无言独上西楼，月如钩。寂寞梧桐深院锁清秋。"

吴越古道，是五代十国时期吴越与南唐的主要通道，连接了今天的浙江杭州与安徽宁国。

每个周日傍晚，当宁国小伙陈远铭刚吃过晚饭，就要告别老婆孩子，驱车赶回杭州，开始一星期"异地恋"的时候，不知道他的心情，是不是也和千年前的李煜一样，"剪不断，理还乱，是离愁，别是一般滋味在心头"。

※　　　　※　　　　※

工作日早8点，远铭出发去坐班车。他租住的利一家园位于萧山宁围镇，是

---

* 本章画师：绒绒霓。

个拆迁安置小区，楼下的公告牌上贴满了房屋和车位出租信息。他说这里离市区很远，但靠近地铁站，所以房租适中，年轻人多。

快步行走 10 来分钟，我们到达钱江世纪城地铁口，班车停靠点就在附近；远铭说这里靠近钱塘江和奥体博览中心，号称要打造"世界级商业写字楼群"。很多看上去 20 岁出头的年轻人——应该是在附近工作的白领——从地铁口出来，再四散走进林立的高楼。

免费班车 8 点一刻准时出发，目的地是 15 分钟车程的西湖国际媒体中心，也就是远铭的公司"西游 TV"所在园区。班车很空。他说，8 点半的那趟比较满，甚至会"卖站票"。如果起得早就赶第一趟班车，起得晚的话就骑电瓶车过去。

路上一点都不堵。班车经过鸿宁路与杭黄高铁的交会处时，要从铁路桥下穿过。桥上挂着醒目的房地产广告牌——这里离亚运村很近，房价已经涨到了 2 万多。

距公司还有 500 米左右时，就可以在钉钉上打卡了。"既然可以远程打卡，"我跟他开玩笑，"你在手机上装个模拟定位软件，不就可以作弊了么？"

"没必要啊！公司不压榨我们，我们也用不着搞阶级斗争。"他表示公司还是很人性化的。"我们总部在市区，比较堵，班车有时候会迟到，只要在打卡的时候备注一下就可以了，考勤会过滤掉这种情况，不会让员工背锅。"

伴随一路大货车，避开疑似被大货车轧出的大坑，班车 8 点半出头到达园区。还有半小时才上班，我们下车后直奔一楼食堂，先吃个早饭。灯光打在大理石瓷砖上，餐厅显得宽敞明亮；工作人员穿着黑色工服，戴着塑料口罩，感觉非常正规。

拌面 2 元，茶叶蛋和咸豆浆都是 1 元，刷工卡消费，公司补贴后的价格很实惠。远铭告诉我，每个月工卡上打 600 元，干满两年涨到 880，"根本花不完"。

吃了一会儿，人逐渐多了起来，窗口前开始排起长龙，餐厅里人声鼎沸；放眼望去，几乎全是女生。我很好奇："你们公司的女生怎么这么多？"

"不一定是我们公司的"，远铭说，园区隶属于西湖广电集团，旗下好几家媒体公司都在这里办公，"很多都是西湖卫视的编辑和青山网的设计师"。

"那你们这儿的男生不难找对象吧？"

"可能吧，反正我们团队的男生没有单身的。我之前留意过男女比例，大约是 35∶65，女生不好'脱单'。不过，毕竟是国企，比较关心员工的个人问题，会组织联谊活动。"

一会儿是集团，一会儿是公司，一会儿又是国企，我有点糊涂了："你们到底是国企还是互联网公司啊？"

"我们是国企旗下的互联网公司。"他说集团是国企，把旗下的不同业务拆分成子品牌：电视业务是西湖卫视，网站业务是青山网，手机 app 业务则是西游 TV。

3

"换句话说，同样的节目，在电视上看是西湖卫视，在电脑上看是青山网，在app上看是西游TV。我们组就负责这个app苹果版的开发和维护。"

可能是因为程序员比较神秘，很多人不了解，所以一些吸引眼球的个例被放大，演变成了针对整个群体的梗，比如"掉头发"和"格子衬衫"。远铭既不掉头发，也不穿格子衬衫，我问他能不能用大白话科普一下程序员是做什么的。

"我们不是修电脑的，"他笑着说，"以前手机都是功能机，只能打电话、发短信，现在的智能手机可以装app了，我们就是做app的。"

"程序员是怎么做app的呢？简单说，就是用手机能理解的语言写一本'说明书'，告诉手机应该一步一步怎么做。这本说明书就是一个app，写说明书的过程就是编程。"

"当然，不同程序员的水平不一样，说明书的可读性也不一样。如果行文啰里啰唆，手机读着费劲，app就很卡；如果文字逻辑混乱，完全读不下去，app就会崩。app出了问题，就需要程序员来改进说明书，让它的可读性更强，这样app运行起来才更流畅。"

上午的工作大约11点40结束，远铭下楼吃饭。他点了一份砂锅皮蛋瘦肉粥加3个虾饺，只要17元；每个虾饺里面都有2只饱满的新鲜虾仁。窗口师傅的口音一听就是广东的，远铭说是食堂专门请过来的。

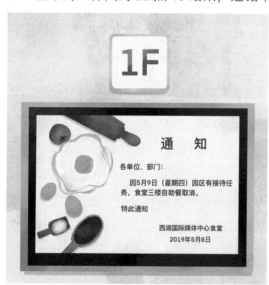

因为菜品质量过硬，公司领导也吃食堂，不开小灶。如果想吃得更好，食堂3楼还有35元自助餐，价格不算高。"我吃过，菜很好的。园区有接待任务时，客人吃的就是自助餐。"

"上午在忙啥呢？"我问他。

"没忙啥，看看别人的技术博客。这一期需求不多。"远铭说最近两周自己只花三成的时间就可以完成日常客户端的工作，其他时间主要是在自学后端技术。

不跟程序员打交道的人，大概不知道"需求""客户端""后端"是什么。"能不能科普一下这几个词？"我问他。

"你下载一个 app，它隔一阵子就会提示你更新，对吧？具体更新哪些东西，是由产品经理想出来，再提需求给程序员完成的。app 更新一般是周期性的，产品经理每期提的需求不一样，程序员的工作量就不一样。"

"那什么是客户端和后端呢？"

"举个例子，每周日我回杭州后，都会给我老婆发条微信说'到了'。这条报平安的消息，不是从我的手机直接传到她的手机上，而是要通过微信服务器中转处理一下。"

"微信这个 app，是用客户端技术开发的，你可以理解成一个 app 就是一个客户端；像我是负责西游 TV 这个 app，所以叫'客户端工程师'。"

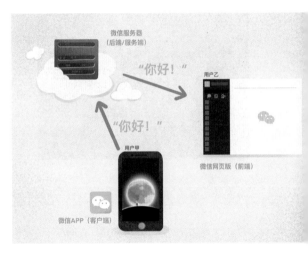

"微信服务器上处理消息的程序，是用后端技术，或者叫服务端技术开发的。还有个'前端'的概念，通俗点说，你打开浏览器看到的网页，就是用前端技术开发的。这三个端的技术细节不一样。"

吃完午饭，刚过 12 点，我们出去转了转。下午 2 点上班，很多员工饭后都在园区里散步。食堂外有一片人工湖，微风吹过，平静的水面泛起粼粼波纹；岸边种满了绿树青草，在蓝天白云的映衬下让人心旷神怡。

与其说这里是个园区，不如说这里是个园林。办公楼从优美的自然环境中拔地而起。小树林中藏着一个篮球场，绿化带旁尽是富余的停车位。我跟远铭开玩笑："你们员工周末休息还去什么公园，直接来这里包场不强多了！？"

因为起得早，中午休息时间也很充裕，所以他一般要午睡半个多小时。我们转了一圈回办公楼准备午休，发现顾家家居租下了一楼挑高足有 5 层的大厅，正在开招商会。

公司实行"965"工作制，6 点准时下班，加班的人很少。下午的工作还算波澜不惊，远铭一边自学后端技术，一边处理了一个小插曲——3 点左右有人上报了

一个 bug（程序故障），他先花一小时定位到问题，然后又花了一小时修复。

"A 功能失效了，我调试了半天，发现是有人改动了代码有关联的 B 功能之后没有充分测试，影响了 A 功能。我修复之后又测试了几遍，确保各功能都没问题了，才提交代码。"

"那也就是说，A 功能至少失效了两小时吧？这段时间用户使用你们的 app 受到了影响，改代码的那个人会担责吗？"

"不担责吧，"他说，"这种情况都是优先解决问题。故障会报给领导，也会组织复盘，但是问题解决了就行了，一般不会追究谁的责任、去处罚谁。"

应老婆要求，远铭每周一、三、五都要去公司健身房跑步。他在漳州当过两年兵，身体底子不错，但是来杭州工作后就没怎么运动了。当程序员，一坐就是一天，加上公司伙食又好，尽管他穿着当兵时配发的宽松体能训练服，肚子上的"游泳圈"也若隐若现。

因为下班早，大多数成家的同事都回家吃饭，食堂晚饭准备得不多，跑完步已经没饭了。公司附近比较荒凉，我们骑车去耕文路上的一鸣真鲜奶吧，他买了点轻食带回公司吃。

宽敞的茶水间有冰箱和微波炉，还有电视和沙发；早上把带的饭往冰箱一放，中午用微波炉热一热，边看电视边吃，吃完靠在沙发上睡个午觉，美滋滋。

吃完三明治，汗也干得差不多了，远铭先去淋浴室洗了个澡，然后带我去公司图书馆看看。借阅登记本写得很满，我翻了一下，大多数人借的是闲书，有《重生之学霸千金》，也有《北海道梦幻旅行》。我问他："你有时间看这些闲书吗？"

"有啊！"他说西游 TV 的工作强度，在他所知道的互联网公司里算是比较小的。"我们部门没有 KPI（绩效考核），新功能一般也不着急上线，所以需求提过来时，我们都会多预估一些工时，这样干起活来比较从容。"

参观完图书馆，他带我去跟同事打个招呼。办公室里，4 位男同事都没回家，但看样子也没有在忙工作。他的主管是 1982 年的，扎了个挺潮的小辫儿，显得很年轻，也没什么架子。

大家正在聊着，隔壁办公室的女生拿着刚切好的菠萝过来串门。此情此景，在我看来，与其说是大家晚上"加班"，不如说是下了班回家也没啥事，干脆在办公室跟关系本来就不错的同事们玩一玩。氛围这么轻松，我问远铭："来应聘的人不少吧？"

"其实不多。"他说西游 TV 这款 app 不复杂，用的都是现成的技术，工作难度一般，有两年经验的客户端工程师就可以胜任了；其他的要求主要是跟团队合拍。"听起来要求不高，但不好招人。"

"主要是定位问题。"他说国企旗下的公司并不完全按照市场方式运作——西游 TV 的薪资低于市场平均价，自己每个月到手 1 万多点，如果去实行"996"的公司，可以翻倍；app 本身做得一般，用户量不多。"收入和成长的想象空间不大，主要就是图个稳定。"

"但是，符合我们条件的工程师，尤其是市场上那些踏踏实实干了两年的年轻人，往往偏向于去更辛苦，但收入和成长也更多的地方拼一下。稳不稳定不是他们这个阶段的考虑重点。"

"其实，在互联网行业，'996'才是常态；我们这种节奏的算是异类。"他说西游 TV 不像纯商业化的公司那样只谈钱，而是会兼顾薪酬待遇和人文关怀。"比如过年那个月的工资会在放假前发，新项目上线了还会组织庆功宴啥的。"

"因为我跟老婆孩子是异地，需要花比较多的精力来维持家庭关系，所以我更偏向于现在这种生活和工作可以兼顾的状态——不是每个人都愿意为了工作牺牲生活。"他说即使一家公司给他开双倍工资，但要"996"，他也不会去。"我本来就是降薪过来的。"

"不过，等我在公司站稳，把生活理顺之后，会考虑在事业上多投入一些精力。"他说自己了解过，公司有内部创业计划，员工自己提交项目申请，评审通过后集团投资，员工全职参与；原岗位停薪留职，项目失败了还可以回去，没有后顾之忧。

公司开出这种留足后路的创业条件，说实话挺厚道的。但是，以公司现在的人员构成，内部真的能够涌现有实力、敢冒险的创业型人才吗？

聊完快 10 点了，他准备收拾收拾下班。我跟他一起走，看看他的合租房。他的房东是拆迁户，把 160 多平方米的房子隔出 5 间，较小的那间租给了他，一个月 1 700 元。

　　打开房门是一条走廊，左边摆着鞋架，右边是个小灶台。走廊尽头是远铭的卧室，一张床几乎占满了整个房间，没法再放下一张像样的桌子。"在公司还能学点东西，回来啥也干不了，跟老婆孩子视频一下，刷刷抖音，12点左右就睡了。"

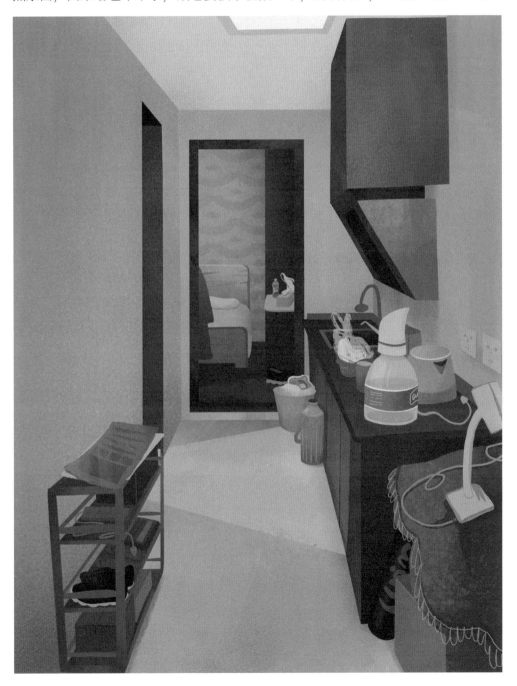

卧室隔壁是个干湿分离的卫生间，摆了一台洗衣机。因为当兵整理内务的习惯，屋里还算干净，但毕竟退伍多年，老婆也不在身边，整洁程度一般，当"单身宿舍"来住是足够了。

我问远铭以他现在的薪资，买不买得起这样一套房。他摇了摇头，说这样的房子，房东有 4 套。"房东 40 多岁，有个 10 来岁的孩子在读中学。这个孩子的起点就是我的终点。"

这天下午刚上班不到一个小时，远铭就拉我一起去篮球场，给集团的五四青年节篮球赛当啦啦队。"行政说没啥事的都过去。"

操场上已经来了好些人，场边都站满了。我很感慨："这也算是你们公司的人文关怀吧？工作时间带薪打球也就算了，还鼓励大家带薪看球，这是很大的隐性福利啊！"

他说公司不是压榨型的，工作量本来就不大；多数工作内容都是提前规划好的，而且不难，所以推进比较顺利。安排工作的时候把控好节奏，就可以做到劳逸结合。"还有一个比较重要的原因是，我们不用在腾讯和阿里之间站队，消耗比较少。"

"怎么说？"

"现在国内最大的两家互联网公司就是腾讯和阿里，竞争很激烈。"他说其他互联网公司在初创时期找资金、找资源，往往都会找到这两家公司头上；接受了谁的投资就相当于站到了谁那边，跟另一边说再见了。

"比如摩拜拿了腾讯的投资，阿里就不跟它玩了；最直观的表现是摩拜可以用微信扫码骑，不能用支付宝扫码骑。阿里肯定不甘示弱啊，为了对标摩拜，阿里就投资了哈啰；阿里系的哈啰跟腾讯系的摩拜正好相反，支持支付宝扫码，不支持微信扫码。"

"微信和支付宝都是国民 app，用户量都是天文数字。你想想，如果没有站队问题，摩拜也对接了支付宝，它的客服每天可以少处理多少'不能用支付宝扫码骑'的投诉？"

下班跑完步，我们去外面吃了碗面，然后赶紧回公司，远铭的弟弟要过来找他模拟面试。食堂隔壁是个咖啡厅，我们赶到时，弟弟已经在那里等我们了。他穿着宽松的水洗牛仔夹克，一条黑色的裤子，膝盖位置破了两个洞，还穿着一双白色的三叶草贝壳头休闲鞋。

"这其实是我老婆的弟弟，我小舅舅的孩子。"远铭一边在吧台买橙汁，一边跟我说弟弟从皖南医学院毕业，对本专业不感兴趣，不想找对口工作。

小舅舅平时对弟弟很严厉，口头上说"我不会管你，你自力更生"，但真到了儿子面临职业选择的时候，还是偷偷给远铭打电话，"低声下气"地请他帮忙。远铭给弟弟介绍了互联网的从业情况，弟弟比较感兴趣，想走后端开发这条路，就报了个半年的培训班，快毕业了。

因为不是本专业，远铭还特意邀请做后端的同事帮忙一起把关。弟弟把简历发到我们的手机上，远铭的同事快速扫了两眼，问了几个基础问题。没想到弟弟一问三不知，用飘忽的眼神瞟我们一眼，嘟囔着"老师好像讲过……百度一下应该可以搞定"，然后就低下了头。

仔细查看他的简历，我发现项目经历部分都是点到即止，没有涉及任何技术细节；工作年限也虚构成了两年。远铭给弟弟打预防针："今晚你就老老实实，有一说一，不要说假话。"

在追问下我们才得知，他的简历套用了培训机构给的模板，工作经历部分着重做了美化。"你这能忽悠得了公司吗？"远铭很生气。弟弟坦白："老师给我们做面试培训时，都是按照两年经验来准备的，说是一般公司的面试官分辨不出来。"

弟弟上培训班期间没有收入，但一天光吃饭就能花 100 元，消费水平不低。

我们带着一定的心理准备问他的预期薪资是多少，他说出了一个我们觉得没有必要再聊下去的数。远铭觉得有些崩溃，让弟弟先回去休息，我们讨论讨论再找他聊。

弟弟走后，我向远铭吐槽："你弟弟跟你的差距也太大了吧！感觉上了个培训班，把人给毁掉了。"他有些尴尬，告诉我弟弟上培训班其实是他出的主意，"因为我也是培训班毕业的"。

"我没上过大学。"他说当兵退伍后，自己没啥技能不好找工作；他喜欢电脑，知道程序员收入还算不错，就在合肥新华电脑学校报了个为期 3 年的脱产班。"非科班毕业，没有任何基础，想当程序员的话，培训班好像是入行的唯一途径。"

"学费很贵，退伍费全花光都不够，又找家里要了几万块钱。"他说家里人不懂电脑，得知开销这么大，还要脱产学 3 年，死活不同意；最后实在拗不过他，只能妥协了，但让他承诺，这是最后一次任性。

可能是为了弥补当兵时的辛苦，在学校的前两年，他过得比较散漫，休息时经常跟同学出去长途骑行。"最后一年，可能是当过兵吧，有种责任感，我突然意识到已经亏欠家里那么多了，再不努力，毕业要'凉'，才开始认真对待学业。"

"第三年的前半年，我发现前两年落下的课根本补不回来，所以在后半年的冲刺阶段改变了策略，不跟着学校的节奏走了。那时，小码哥 MJ 的视频比较火，我看了下发现能看懂，就自学了 iOS 开发。"

"毕业之后，先在老家看了看，没什么工作机会。因为宁国到杭州比到合肥还近，所以 2015 年初我就来杭州找工作了，到 2017 年间辗转了 3 家公司，吃了很多亏。"

"我刚来杭州时人生地不熟，没什么公司要我，就去了一家'割韭菜'的电商培训公司。当时的老板套路很多，找各种理由克扣了我不少工资，但那时我没什么社会经验，个人能力也没到说走就能走的地步，只能打落牙往肚子里咽，就当交学费了。"

"后来跳槽去了一家健身公司，互联网只是辅助业务，要求相对没那么高，我才进得去。技术部门人少，哪里缺人我就往哪里补，锻炼机会比较多。因为分工没那么明确，我有时候要兼职做客服，直接解答用户的问题。有一次用户报了个bug，我修复之后告诉了他，他说没想到客服就是工程师，觉得好厉害。那是我第一次得到用户的肯定，感觉特别开心。"

　　远铭就是从那时起，养成了主动浏览用户评论的习惯；对产品有了主人翁意识，也真正喜欢上了互联网这个行业。随着技术日益精进，他在杭州的圈子也慢慢打开了。

　　西游 TV 这样半国企性质的公司，面试门槛不低；只有高中文凭、培训班毕业的远铭，理论上进不了"海选"。但在朋友的极力推荐下，公司破格给了他一次面试机会。

　　"聊得还不错，面试官对我挺满意的；但也很纠结，怕万一我进来之后不给力，他们要背锅。"他说后来面试官又给他打了几次电话，反复确认他是合适人选，再多次跟上级沟通协调，才争取到了他的 offer，过程一波三折。

　　好在结果皆大欢喜。"我记得很清楚，我是 2017 年 8 月 1 日建军节当天入职的。"因为自己的起点不高，能进这样的公司很不容易，团队招他又表现出极大的诚意，所以他非常珍惜这份工作。

　　"那些留在老家、出身和学历比我好的同龄人，收入都没我高，"他露出了自信的笑容，"亲戚朋友的很多事都是我来拿主意。"

　　"但是，我这一路在文凭上吃了不少亏，"他话锋一转，严肃了起来，"如果能够重来，我在高中时一定努力学习，考个好大学。等我儿子懂事了，我也会把这个观念灌输给他，一定要好好学习。"

　　我想，部队对他"三观"的塑造、互联网对出身的包容、更大的城市和上升的行业，在很大程度上决定了他现在的思维层次比老家的同龄人高，让他成了家中的 KOL（关键意见领袖）。

　　　　※　　　※　　　※

　　在杭州稳定下来后，为了更方便回宁国，老丈人掏首付，送了小两口一辆新凯美瑞。为了买这辆车，远铭跑了 4 家丰田 4S 店，最后选择了报价最低的湘湖店。

　　周四刚提的新车，就停在小区外的路边。小区里的收费停车位包月 500 块，他觉得没必要。

"能省就省，找路边停车位无非就是多花点时间，无所谓的。"

摇不到杭州车牌，周五下午他特意调休了半天，准备开车回宁国，赶在车管所下班前上皖P牌。我问他："你每周在杭州和宁国间往返一趟，考不考虑开顺风车带两个人，赚点油钱呢？"

"以前做过，象征性地收50块钱意思意思。"他说开旧车时带过在杭州工作的老乡，不为赚钱，只是做个顺水人情而已。现在换了新车，怕乘客不爱惜，为了50块钱搞得不愉快，划不来，所以不做了。

走杭瑞和宣桐高速，160多公里的路程本来只要3个多小时，但恰好赶上高速限流，我们到达宁国政务服务中心交购置税时，比预计时间晚了近1个小时，他爸爸和花100块钱雇的熟悉上牌流程的"黄牛"已经等了很久。

办事大厅里人不多，一位挂着实习胸牌的小伙子接待我们，手脚很麻利，10分钟不到就结束了"战斗"。这个速度，和大厅里摆放的"皖事通"app宣传牌，让我对宁国这样一个县级市留下了敢用年轻人、拥抱互联网的第一印象。

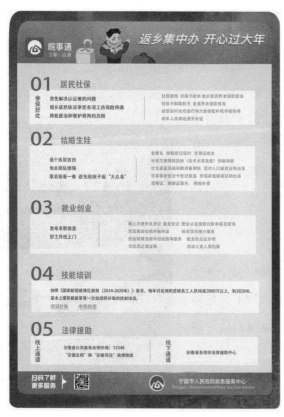

赶到车管所时，离5点下班还有不到15分钟。但网坏了，只能周一再办。叔叔觉得无所谓，招呼我们先回家吃饭，等网好了再说；但远铭请假不方便，他担心周五下午和周一上午连着请假不太好，所以有点沮丧。

远铭的老婆在宁国大市场开了一家"淘气猴精品童装"，晚上我们就在店里吃饭。因为老婆正常上班的话孩子没人管，经济实力又不允许她做全职妈妈，所以她和远铭的姐姐合开了这家店，两人轮班：跟打工挣的钱差不多，但好在时间灵活，可以照顾孩子。

　　我们到店里时，远铭的儿子阿宝正在供顾客休息的小沙发上玩，远铭一把抱起他，亲了一口，之后就钻进了里屋，看厨房在做什么好吃的。

　　为了招待我这个客人，晚餐非常丰盛——笋干烧肉和牛肉锅两个硬菜，搭配新鲜时蔬，再来个刚出锅的宁国粑粑，味道好极了。远铭的妈妈、奶奶、姑姑也来了，一大家子热热闹闹地有说有笑。我也在这种欢乐的氛围下，跟叔叔多喝了几杯。

　　吃完饭，我本想帮忙洗碗，被姑姑一把抢了过去，说我难得过来，让我多跟远铭聊聊。家里人不懂他的工作，帮不上什么忙。

　　店里来了客人，远铭的老婆在接待；阿宝被爷爷抱到旁边散步去了，远铭在店门口吹风。"你们家的氛围真好啊！"我跟他感叹，"很和睦，亲戚之间没有那种客客气气的距离感，很放松。真羡慕！"

　　"小地方嘛，大家走动多，关系比较近，互相之间的家长里短都知道，就像一家人。"他说很多亲戚都是邮政系统的，有房，宁国的生活开销也不大，所以大家对经济不敏感，生活很安逸。

"我在杭州，我老婆在老家带孩子，比较辛苦，所以亲戚们没啥事都会来店里帮忙做做饭啥的。"他说为了帮小两口减轻负担，亲戚们来往更多了。

过了一会儿，远铭的姐姐过来换班了，他就开车带老婆和孩子去滨河路散散步。他周末难得回来，我识趣地落在后面，给他们留下享受三人世界的空间。

西津河边的塑胶跑道十分干净，叔叔阿姨有说有笑地散步走过，年轻男女满头大汗地在这儿夜跑；景观灯照出建筑的轮廓，远山若隐若现。河风温柔吹过，浓浓的生活气息让我对宁国好感倍增，这里真是一个宜居的好地方。

宁国的生活节奏比杭州慢很多，老百姓的面部表情是放松的。老婆抱着阿宝在听老人们唱戏，远铭微笑着走过来问我："感觉宁国怎么样？"我反问他："这里的生活这么舒服，留在杭州还是回老家，你将来怎么打算？"

他说宁国正在创城，城市面貌的改善挺明显的。"幸福感很高，老百姓都说'个吊宁国人没得几个吊钱，还喜欢玩！'"他打开微信上的"宁国城管"公众号给我看——每天更新，汇报当日工作，接受公众监督。一个县级市能有这样的治理水准，让我刮目相看。

"去杭州也是没办法的事，谁愿意跟老婆孩子分开呢！主要是宁国没有合适的工作机会啊。"他说选择了互联网行业，就意味着要告别老家，这是很多来自小地方的互联网人的无奈。

家人刚开始不懂这个行业，不理解他的选择。后来，阿里巴巴名气大了，关于互联网的新闻也多了，他在杭州的收入比宁国的同龄人高不少，家人才知道这个行业发展前景好，支持他在杭州好好干。

"好在杭州比较近，我每周都能回来。"他说虽然跟老婆孩子异地，但起码周末可以团聚，目前还能接受。"如果是去北京工作的话，太远了，就不考虑了。"

"那就是准备留在杭州了？"

"留不住啊，"他说，"如果把老婆孩子接来杭州，我就不想租房，觉得有房才像个真正的家。我也考察过杭州的房子，觉得紫金港高速路口那边不错，开车上班 50 分钟左右；但是也要 3 万了，买不起，家里也支持不动。"

"那再努努力，跳槽去阿里呢？阿里的很多员工是可以不靠家里买房的。"

"去了阿里要'996'，不能照顾家里。牺牲家庭的话，我没法接受。"他说对大公司没什么执念，如果只是涨点工资，对去阿里的兴趣不大。

※ ※ ※

周六中午，我们去远铭的丈母娘家吃饭。老丈人本来在厂里加班，得知来了客人，特地赶了回来。今天远铭的姐姐轮班，她的女儿小苹果跟我们一起回来吃午饭。

可能是因为姐姐动了自己的玩具，阿宝和小苹果闹别扭，打了她两下。远铭马上就很严肃地命令阿宝站好："跟姐姐说对不起！以后不能再打人了，听到没有？"

我问他："阿宝这么小，明白你在说什么吗？"他说孩子有一点点意识时就要开始引导，这样以后讲道理才会听；如果现在让他当小皇帝放任不管，将来再逼着催着，那就难改正了。

我觉得他对孩子的教育还挺有一套，就问他阿宝有没有上什么兴趣班。他说没有。"我跟我老婆都觉得报不报班无所谓，等孩子大一点有了明确的兴趣之后再说。我们在阿宝的教育问题上不焦虑，不盲目攀比。"

远铭的丈母娘家摆了架钢琴，原来他老婆从小弹琴，大学念的也是师范音乐类专业。他跟着学了点，但不认识五线谱，只是生硬地记住了键位，能简单地摁一首《两只老虎》。

"乐器是越小学越好，所以我和老婆都很想让儿子学学弹钢琴。"说完，他坐到钢琴前，想弹首曲子给阿宝做个榜样。但是阿宝只对爸爸的电脑感兴趣，在键盘上一通按，看来长大了是要做互联网接班人。

远铭和阿宝在屋里玩，他老婆在客厅刷手机。我跟她开玩笑说："远铭的公司可是'女儿国'，你们异地，不怕出事吗？"没想到她很笃定："我老公很老实的！异性朋友找他说话，他都会第一时间向我报备。我当初跟他在一起，就是因为他给我的感觉特踏实，特有安全感！"

我问她对目前的异地状态怎么看，没想到她的心态相当佛系——以远铭为主，听老公的；现在这种生活方式，5年内都没问题。"如果是去杭州租房子，一边打工一边带孩子的话，压力太大了，还不如在老家有人帮忙。"

开饭了，远铭的老丈人说啥也要跟我喝两杯。我问老丈人对小两口异地是什么态度，没想到老丈人也不介意。他认为女儿留在宁国更好，可以陪孩子；陪孩子的时间只有这几年，错过了就错过了。嘿，不是一家人，不进一家门！

吃完饭，远铭想到小区门口理个发，老婆在家带孩子，就不下去了。我很好奇，问他为什么全家都对异地这么宽容。他说其实老丈人是厂里的一个小领导，需要常驻厂里，也不经常回家——全家都习惯了。

另外，自己只有高中文凭，上了个民办培训机构的培训班，起点很低；而老婆从小学艺，现在做的又是服装生意，算是文艺女青年。两人差异蛮大的，相处起来会有摩擦；但聚少离多，一些容易产生矛盾的点，平常暴露不出来，忍忍也就算了。

杭州的房子买不起，老婆和孩子过不去；宁国没有互联网产业，老家肯定回不来。难道永远这样异地下去吗？

他说希望在两年内把异地问题解决掉。但当我问他怎么解决时，他愣住了："我没有想过这个问题。"他承认最近一年多比较舒服，有些懈怠了。

西游 TV 工作轻松，也不怎么加班；家人体谅他独自打拼的辛苦，身体力行地支持他。没有房贷，车贷也不多，对他而言，来自工作和家庭的压力都很小。压力小当然有很多好处，但副作用是"温水煮青蛙"。

公司没有 KPI，家里没有 KPI，如果自己再不主动设个 KPI，要在两年时间内在杭州买房等于做梦。我帮他算了一笔账，下班之后接点外包，一个月到手小 2

万块钱：补贴家用是够了，买房肯定不够。

我问他："你身边的同事和朋友，有没有不靠家里买房的？"他说一个也没有。

"现在国家不是倡导军地融合吗，你是军人出身，在宁国本地也算互联网专家了，有没有相关的机会呢？"

"没有关注过。"他说自己比较宅，下班除了做外包，就是跟老婆孩子视频、刷刷抖音，也不继续钻研技术了。杭州的朋友都没什么想法，安安稳稳地工作；老家的朋友更不用说了，过过小日子就很满足了。大家在事业上没有什么规划，更不用说创业了。

互联网的发展日新月异，这是一个生于忧患、死于安乐的行业。如果长时间原地踏步，可能面临这样的局面：工作难度不大，意味着可替代性很强。如果真的有一天离开西游 TV，往上走，进不了大公司；往下走，薪资待遇打折，那可就动摇他的基本盘了。

华为被美国制裁时，Google 和 ARM 公司纷纷终止与华为的合作。如果不是未雨绸缪，几年前就攻克了核心难题，确立了市场地位，华为应对制裁很可能不会像今天这般从容。

看他已经一脸凝重，我把这段话咽了回去。

※　　　※　　　※

周一上午，远铭又请了半天假去车管所。刚上好牌，他老婆打来电话：孩子发烧到了 38 度。他很担心阿宝，但又不得不赶紧出发回杭州。虽然这种情况已经出现了很多次，但每次都会有使不上劲、有心无力的感觉，这让他很懊恼。

我们几乎一路无话。我想，让他短暂地沉浸在不舒服的情绪中，或许更能激发他对未来的思考。下了高速，我们融入秋石高架路的滚滚车流中，继续在忙碌的城市中寻找自己的方向。

电商运营冯狗娃[*]

来自山西农村的狗娃，乘着中国电商崛起的东风，摇身一变，成了跨境电商运营公司的老板Joshua。可在表面的风光之下，使公司更上一个台阶的有心无力和对儿子的教育焦虑，是他当前面临的两大困扰。

2018年春天，我在横店跑马拉松认识狗娃时，他刚离开阿里；随他的朋友，我也喊他狗娃。1年后的夏天，如果不是看到他的火车票上印着"冯狗娃"，我无论如何也没法相信，这个开跨国电话会议时美国客户口中的"Joshua"，竟然真叫狗娃。

※　　※　　※

早上7点半，还不到上班高峰，金都新城对面等公交车的人很少。大多数街边店铺还没有营业，只有罗森、包客里等提供早餐的商家在忙碌。金都新城虽然是老小区，但竣工时应该算高档住宅，小区里有网球场和游泳池，但泳池里没放水。

8点左右，狗娃一家出来了。今天他的车限号，于是他招呼我一起坐滴滴专车。他说金

---

[*] 本章画师：绒绒霓。

都新城位于蒋村，租住了大量电商民工，主要有美工和运营。周边回迁房多，条件没有小区好，但也相对便宜一些，隔断房的月租在 1 200~1 500 元区间，而小区的一个单间要价近 2 000 元。

我问："电商美工和运营是干啥的？"他说："电商行业，优惠活动多，海报需要美工来出图。运营呢，可以简单理解成网店的店员或者导购，实际操持着这家店。"

见我没太听懂，他举了个例子："比如国外的网店 eBay，大多数卖家把商品挂出来后，不宣传，不搞优惠，商品介绍也不详细；有点像无人超市，自助购物。买家需要带着比较明确的目标自己上 eBay 找。如果对商品有进一步的问题需要咨询，只能发私信。但卖家的回复往往很慢，购物体验很差。在 eBay 上，买家是更主动的一方。"

"淘宝店就不一样，客服一口一个'亲'，非常迫切地想把商品卖出去，所以主动性大得多。你买了件上衣，客服还会推荐搭配的裤子。说白了，运营就是买卖双方之间的催化剂，用包邮、'双 11'、直播带货等各种运营手段，达到促成交易的目标。"

"这是中国电商原创的、在买和卖之间增加的一个角色。很多人以为卖家和运营是一回事，但其实不是。一些大卖家有货，但不懂怎么在网上卖，所以会请专门的运营公司来负责这块业务。"他的语气里带着点自豪。

大概用了 20 分钟，我们到达了西溪世纪中心——狗娃的电商运营公司就开在这里。他是老板，老婆是财务，儿子就在公司旁边的"思加益"上幼儿园。

公司楼下的"御品饭"，是典型的写字楼"食堂"，供应一日三餐；自己端个餐盘转一圈，想吃啥直接拿，然后排队结账。狗娃早上吃一碗粥、一个鸡蛋饼，共 6 块钱。

吃完饭，他先送孩子上幼儿园，再去上班。儿子小名叫涂涂，6 月下旬要参加幼升小考试。之前，涂涂考了文澜小学，因为没怎么准备，结果没考上。接下来，狗娃想让涂涂考育才外国语学校：这所私立小学走的是国外素质教育模式，不太注重应试教育，而且入学考试既有笔试，也有面试，收费还不低。

涂涂大班就从公办幼儿园休学了，因为公办幼儿园"功利性"不强，应试效果不好。思加益是民办的，花样更多，比如每天9点前老师要带大家跳绳，一周有两次美国外教英语课，每周四还组织去西湖边看看石头、认认树叶。

狗娃说，现在很多的民办幼教机构都是公办幼儿园里有想法、专业好的老师出来创办的，更贴近市场。家长无非希望孩子在开心健康成长的同时考个好小学。民办幼儿园做到了，所以很受欢迎。

送完孩子，大概8点45，狗娃上楼准备上班。公司规定9点前到就可以，不打卡。同事还没来齐，狗娃一边整理"烈儿宝贝"直播所需的材料，一边向我介绍公司情况。

他们公司的主要业务，是帮境外品牌在天猫国际上开店，把货卖到境内。目前开了2家店。一家是"维他固灵海外旗舰店"，卖香港保健品，拳头产品是"消尿酸"，主要服务痛风人群，市场很大。

另一家是"GracelandFruit海外旗舰店"，卖美国果干，主打无添加整粒蔓越莓干。因为贸易战，果干行业加征关税高达50%，但美国政府对果农有补贴，他们公司和美国合作方再分摊一下，影响可控。

我问他有没有在京东和拼多多之类的平台开店的打算，他说目前这些平台的精细化程度跟天猫的差距还是肉眼可见的，所以计划以天猫店为标杆，做大之后再考虑"降维"进驻其他平台。

不一会儿工夫，全员到齐，也就十来个人。狗娃把一个同事叫到跟前，带着一点责备，问他昨天把一个数据搞错的原因。这个同事说是因为关联信息弄错了，狗娃马上打开"店查查"，教他怎么正确查看关联信息。

我问他，你都是老板了，还要手把手教员工这么细节的东西吗？他说只是偶尔这样，更多的还是教方法论上的东西；他倾向于放权，例如今天新来的一个1997年男美工，就是现在的女美工招的，他都没有过问，就是希望下面的人尽快成长，能早点独当一面。

等会儿要开周会，他得准备一下，不跟我聊了。我就起身到处转转，周会开始时再回来。

西溪世纪中心毗邻浙大紫金港校区，过条马路就是西溪银泰城；楼下的余杭塘河两侧绿意盎然，给6月的燥热带来一丝平静。

这里离阿里总部只有15分钟左右的车程，是很多在周边买房的阿里人离职创业的理想办公地点。因为阿里的业务已经巨大无比，许多阿里人离职后创业，继续服务于阿里生态，共同把杭州这样一座旅游城市，生生打造成了世界电商中心。

写字楼里，公司种类比较杂：律所、新媒体、生物科技、企业管理咨询……应有尽有。10点半左右，我看到一家名叫"花间瑜伽"的店里有很多人在上课，狗娃说来这里上瑜伽课的不少是阿里家属，全职妈妈。

11点左右，周会开始，大家轮流介绍上周情况和本周计划。第一个发言的是果干店长王杰。果干店上周的销售情况不太理想，但王杰不知道问题出在哪儿，东扯西扯，说不到点子上。

"我们拉回来"，狗娃见王杰扯远了，赶紧叫停。他追问了好几个问题，帮王杰捋顺了定位和解决问题的思路，又跟大家强调：不要以打工心态做事，要把自己当作店铺的主人，多问几个为什么，做事之前多思考。

今天来的新美工最后一个发言，狗娃把他在阿里时新人介绍的"破冰"环节搬到了自己公司——"三围多少？""有几套房？""谈过几个女朋友？"想通过这类"接地气"的问题，快速拉近大家的距离。

新美工显然不适应这么直接的问法，脸唰地一下红了。"没关系，过俩天就适应了。"狗娃来自山西忻州农村，虽然出来很多年，也已定居杭州，但还是改不了把"两"说成"俩"的方言习惯。

周会持续了一个多小时。可能是觉得批评太多，加上"6·18"快到了比较辛苦，狗娃想调节一下气氛，吃饭前开了一局他那个时代的游戏——《魔兽争霸》。大家哗地一下围了上来，但看得出来，这些小他10岁左右的同事，对老板的应和，远大于对游戏的兴趣。

午饭大家一起去西溪银泰城楼下的厨匠吃。这是一个档口集合店，各种吃的都有；狗娃点了一份酸菜鱼，送米饭，22元。等上饭的间隙，他看到其他电商公司的店长在，就凑过去跟别人交流一下。

天气太热，吃过午饭后回公司，大家基本都要睡一会儿。2点上班，他醒了，拉我去楼下的瑞幸咖啡，和一个过来找他的朋友一起聊一聊。

这个朋友之前在阿里做市场运营，跟狗娃差不多时候离职，去了一家传统企业做运营总监。这家公司挖他时，表示想转型互联网，但他干了两年，觉得老板的思维转变不过来，没戏，所以最近又开始看新机会，今天过来找狗娃聊聊，听听他的意见。

阿里出来的人，还是比较受欢迎的——这个朋友列举了好几个找他合伙的项目，比如防蓝光镜片、干细胞生发等，但听起来都比较玄乎。他拿不定主意，问狗娃怎么看。

狗娃非常直接："你先告诉我，你看机会，是以赚钱还是以创造价值为第一出发点？赚钱有赚钱的玩法，创造价值有创造价值的玩法。"这个朋友问："怎么说？"

"如果赚钱，那么只要不违法的事情，你就可以干。但像什么防蓝光镜片这种，科学上还没有定论，小孩子戴着真的能保护眼睛吗？"朋友说这也是他不确定的点，狗娃说："这就是别人找你的原因啊！用市场运营的手段把不确定的地方给圆上。"

几个项目都存在类似的问题。狗娃说了半天，这个朋友表示要回去消化消化，就先走了。狗娃买了块巧克力布朗尼当下午茶，对我说，他做生意，"善良是第一要素"。

"我店里卖的香港保健品，都是拿到 GMP 认证、在香港市场已经验证过的产品，我亲自去香港选的。我的果干，是不榨汁的。啥意思呢，就是现在市面上卖的很多果干，是榨完汁留下了果肉，再调味了卖；我们是直接鲜果制成果干，营养和口感都更好。"

"我们不赚那些乱七八糟的钱，我们跟很多电商运营公司不一样。一般的电商运营公司，说白了只是客服，什么产品都接，固定一年运营费多少钱，卖多卖少无所谓，跟他们没关系，赚个辛苦钱。"

"我们只卖自己认可的产品，当自己的产品来卖，比较用心；我们还会从我们的角度给商家提建议。当然，我们用脑子赚钱，收费也高一些，还有抽成。但是，国外公司反而喜欢找我们合作，朋友也愿意帮我们介绍客户，因为觉得我们比较专业。"

我问他这样做生意的话收入怎么样，他说差不多每个月到手 6 位数。他在 G20 杭州峰会召开前买了几套房，已经涨了不止一倍。

快 5 点的时候，又来了一个前同事。这个人也是从天猫离职后，自己在北京开电商运营公司，在天猫国际上开店。他风尘仆仆地拉着个行李箱，本来是去深圳出差，现在特地在杭州停留半天，过来找狗娃互通有无。

我们在余杭塘河边吹着小风聊着天，非常惬意。这个前同事的生意受贸易战的影响好像有点严重，加上北京的生活压力比杭州大，所以显得有些急躁。狗娃开玩笑安慰他:"不要老想着住别墅嘛,商品房也很好啊!"

前同事9点多的飞机,我们聊到快6点,狗娃就建议他赶紧去机场,不然下班高峰堵车,有可能会误了飞机。同事就又风尘仆仆地拉着行李箱打车走了。

我跟他开玩笑:"一下午接待了两拨过来找你讨教的朋友,还有人帮你推荐客户,干得很不错啊!科创板马上要开板了,考虑过有一天在科创板上市吗?"

他却说:"我给自己的定位不是创业,只是做小生意。"他说自己是1982年的,在孩子教育上花的精力比较多,对公司没法做到像创业那样全情投入,"比较颓,过小日子"。晚上下班回家,他的时间基本都给了家庭,孩子10点睡觉,他也就跟着睡了。

※　　　※　　　※

狗娃的公司,并没有互联网公司里常见的那种紧张感。早上10点多,本来应该是热火朝天的工作状态,狗娃却带头在办公室看NBA。他说自己很关注NBA,因为"夺冠靠的是团队",他能从好的球队身上获得企业和团队的运营灵感。

"好的球队，是打出自己的节奏，然后把对手带入这个节奏。"他也想把公司带出一个好的节奏。我想到了陈远铭——不同于狗娃带公司的节奏，陈远铭显然是被公司带了节奏，两者的区别值得好好感受。

比赛结束，开始工作。他看昨天一款单品卖得不错，问运营同事是怎么做到的，同事答不上来。这时，保健品店长于庆站了出来，主动教大家分析销量变好的方法。

狗娃很感慨——其实，爆品背后是有逻辑可循的，不完全是撞大运。他扯着嗓子在公司里喊："有没有人自告奋勇挖掘一下爆品背后的逻辑？"没有一个人响应。

他有点不甘心，让大家把手里的活儿先停一停，然后组织大家进行头脑风暴，提了一个想法："我们的两个店铺里，可不可以再推出一款爆品？"

没想到他话音刚落，马上被于庆否定了："我觉得我们现在卖的这些东西市场接受程度不高。"狗娃听了有点生气："是产品不行，还是我们运营得不好呢？"

于庆反驳他："我们现在卖得最好的产品，它的打法也不是没有尝试过运用在其他产品上，但效果不好，反正不好做。"狗娃更不高兴了："那不正说明我们的打法可能有问题吗？"

我同意狗娃的说法，但看他们有点剑拔弩张，就出来打圆场："我们是不是可以发散一下思维，不一定要走原来的路，不然就被定式思维给限制住了。现在的爆品在你们刚开店时也不是爆品，不也是你们自己走了一条新路，给打造成爆品了嘛。"

头脑风暴进行不下去了，正好孩子的幼儿园微信群里在发各种照片和视频，吸引了狗娃的注意力。今天外教来上课，带着孩子们坐在地毯上说英语，教学形式确实跟公办幼儿园不同。

我问他："感觉你每天谈笑风生地就把业务推进了，工作不算很累，能兼顾家庭和工作，收入也不错，是怎么做到的呢？"

他说自己是在武汉读的大学——华中农

业大学信息管理专业，他入学那年刚设立的新专业。他读书时成绩一般，大一、大二都在玩，但参加社团、学生会比较踊跃，年级综合排名高。

快毕业了，他担心找不到工作，临阵磨枪钻研了几个月的数据库技术，然后去了广州，在一个外包软件公司给银行做系统，交付的作品银行很满意。但干了 1 年，觉得遇到了瓶颈，外包公司发展空间也有限，他就辞职了。

因为他之前做的是面向银行的业务，银行对所交付作品的质量要求较高，所以这段职业经历为他奠定了一个好的基础——他先后跳槽到了上海惠普和 eBay。在外企干了几年，狗娃的英语水平有所提高，他在日常工作中可以用英语进行基本的交流。

经历了这些工作，狗娃变得文理兼备，综合能力不错。看到杭州阿里的发展势头挺猛，他就跳槽到了阿里，先从程序员干起；后来对写代码丧失了兴趣，就想换个岗位试一试。结果恰逢天猫国际刚成立，在招人，他就转岗过去，成了新部门的前 10 名员工之一。

"现在海淘里大家已经熟悉的概念，什么海外仓、保税仓，包括天猫国际的业务架构，都是我们这帮人弄出来的。"

但是那时思维还有点偏程序员，跟电脑打交道多，不太懂得人情世故，甚至有点排斥。结果天猫国际从 0 到 1 做起来之后，跨部门合作等跟人打交道的事越来越多。他觉得很烦，干得不开心就离开了。

狗娃说，在天猫国际工作期间，他"没吃过猪肉，只见过猪跑"：自己为电商运营公司服务，见识过店长把一个店做大，但没有亲自操盘过。他发现，这些电商运营公司大多没什么光鲜的背景，不少从业者都是大专生，但效益普遍不错，小日子过得非常滋润。由此，他知道做运营并不复杂，加上自己在阿里累积了一些资源，所以就亲自下场了。

聊着聊着，幼儿园下课了，嫂子已经提前过去接孩子了，狗娃现在也要过去。我一看才下午 4 点多，就问他："嫂子已经过去了，你还过去干吗呢？"

他说自己还在阿里时，没时间带孩子，主要交给老婆，孩子和他非常生疏。现在时间宽裕一点了，他和老婆轮流带，但自己会尽量创造和涂涂相处的机会，培养一下父子感情。

我们刚走出写字楼，就看到嫂子牵着涂涂。孩子看上去有点蔫儿，要他抱。

他把涂涂抱起来，发现孩子发烧了，跟我说可能是孩子最近学习压力太大，累病了。他准备和家人回去了，我们约好明天再见。

※　　　※　　　※

凌晨5点，我收到狗娃的微信："亲，嗓子有点不舒服，上午休息一下，中午再去公司哦。"他的聊天风格已经客服化了。我8点50到办公室，还没人。过了5分钟，那个新美工骑着小米滑板车来了。

我跟他打招呼："你也是'米粉'吗？"他说自己原来是，现在脱粉了，因为买的这个滑板车特别容易爆胎。他也买了小爱音箱，觉得比小度音箱贵，但用起来没啥区别；小米手环4马上要出了，他也准备入手。

"脱粉了还买这么多？"我问他。他说尽管脱粉了，但还是非常关注，知道雷军刚刚出任中国区总裁。他觉得小米的产品线太多了，不专注，架构总是在调整，不稳定，所以股价也总在跌。

我说："你了解得还挺多呀，怎么平常不太说话呢？"他嘿嘿一笑，说自己刚来，能力也不行，不太好意思表达自己，想低调一点，把工作先做好。

上午狗娃没来，我发现公司的氛围跟他在时不太一样：他在的时候，办公室比较安静，大家都在埋头干活；他不在的时候，气氛很活跃，大家工作一会儿，就聊会儿天笑一笑，有"90后"特有的轻松感。

10点半的时候，有两个女生过来面试客服岗位，于庆面试一个，储备店长包俊同时面试另一个。

于庆面试的这个女生，之前在京东上一家卖办公用品的店里做售前客服。她读的是师范类大学，说话有点大舌头，所以普通话考试没过，没拿到毕业证。

于庆先问了问她的过往经历，但我看到，这些经历都已经写在并不复杂的简历中了，想必于庆没怎么看她的简历。接着，于庆又问了她几个简单的问题，比如"客户如果说吃了我们的保健品没有效果，你应该怎么回答？"。

妹子说："啊？什么保健品？"看来她对狗娃公司的产品并不熟悉。于庆在向她描述客服岗位的职责要求时，也不是很清晰，翻来覆去地讲了很久。面试过程中，于庆还接了个电话，把她晾了十来分钟。

包俊面试的女生当过4年客服，从容得多：她已经离职一阵子了，目前在家待业，想尽快上班，随时可以到岗。她是本地人，今天面试担心迟到，还专门开车过来了，很有诚意。

但感觉包俊的面试没什么逻辑，提问时东一榔头西一棒槌。女生也没有提前了解公司产品，只是在那些问题上浅浅作答，我认为并没有传递出太多有用的信息，达不到面试考察的目的。

下午快 2 点，狗娃给我发微信，说已经到公司楼下了，不想上来，让我下楼到瑞幸咖啡坐坐。他跟我说，昨晚回去后孩子烧退了，正巧朋友临时介绍了一个新客户，晚上 11 点多出去跟他们一起消夜、聊天、唱 KTV，搞到凌晨 5 点才回家，上午在家睡觉呢。

我跟他反馈了一下上午招人的情况，说整体效果一般，恐怕对他们这样的小公司来说不是好现象。

"不瞒你说，"他说，"目前业务发展遇到了瓶颈，收入没有再增长，很头疼，又不知道突破口在哪里。"我说或许是缺乏人才，"感觉公司缺一个专业技术带头人，能手把手带带大家的那种，所以气氛有点沉闷"。

他深表赞同："我不是做电商运营出身的；我只是在阿里时见得比较多，实际上手的话还是不一样，所以在业务上，我能教他们的不多。本来是指望他们通过招聘，招来一些高手的。"

但这个逻辑本身有点问题：员工自身水平有限，怎么去招高手？本身连千里马都不是，更不要说伯乐了，所以让他们去找千里马，是找不到的。

另外，乔布斯说过，A 类人才只愿意跟 A 类人才一起工作；现在公司充斥着 B 类甚至 C 类人才，如何吸引 A 类人才呢？狗娃很无奈，跟我说，哪怕是于庆这样的 B 类人才，年薪都必须开到大约 40 万元才留得住。

聊到饭点了，他提议去西溪银泰城的"山葵家"吃日料。我问他："十来个人的小公司，招聘这么重要的事情，你都全权交给下面的人去做，一点都不过问吗？"

他说最近自己的精力不在公司业务上，放在涂涂身上比较多。本来信心满满的文澜小学没考上，搞得他和老婆措手不及，有点慌了，所以才报了一些补习班。最近把孩子逼得有点狠，孩子压力太大，有些逆反情绪。

我也说，站在旁观者的角度，我都能感觉到涂涂的压力。最近他的表情一直很紧绷，我都觉得有种压迫感。

他说:"没办法啊! 大家都在攀比, 财产和孩子都是攀比的内容, 所以搞得我们也很焦虑。"他给我看了手机上的一篇文章《魔都中产有多可怕, 连保姆都有鄙视链了》, 里面提到了一条"家庭教育鄙视链":

孩子由保姆带着散养的<孩子爷爷奶奶带着散养的<孩子爹妈带着散养的<孩子爹妈带着傻读书的<孩子爹妈带着苦练素质教育的<孩子由保姆带着苦练素质教育的。

"要上好大学, 就要上好高中、好初中、好小学, 所以焦虑提前到了幼升小阶段。大人未完成的梦想, 孩子帮忙实现。"狗娃的语气有一丝无奈。

今晚, 网红"烈儿宝贝"直播卖他们公司运营的保健品。吃过饭, 狗娃看了一会儿直播, 就准备去补习班接儿子下课。涂涂每周有两个晚上要在"三问数学"上课, 一节课 2 小时左右, 400 元。这个补习班是"学而思"的老师离职后创业办的。

9 点左右下课了, 涂涂和妈妈向我们的车走了过来。"今天思加益的数学考试发挥不太理想。"嫂子只是故作轻松地提了一句, 涂涂的脸色马上变得很紧张, 怯怯地盯着狗娃, 不敢说话。

※　　　※　　　※

这天早上, 狗娃没有按照约定时间出现在小区门口。我等了 1 个小时, 他终于带着涂涂出来了。原来是昨晚因为涂涂数学没考好, 他在家发了点脾气, 结果孩子起床后不想去幼儿园, 闹了一早上。

他决定不去公司了, 带涂涂去古墩路星巴克, 亲自盯着他做数学题。到了星巴克, 孩子还是在闹, 练习册做着做着, 就把笔扔到了一边。

狗娃有点生气，命令涂涂把笔拿起来继续做题，结果孩子就在星巴克大哭了起来；狗娃让孩子不要哭，但没什么用。可能是周围人异样的眼光让他有点尴尬，他掐了一下涂涂的大腿，结果孩子哭得更凶了。

他没辙，只好一把拉起涂涂，打车去老和云起景区——"孩子太闹了，中午不准他吃饭，想带他爬爬山，'忆苦思甜'。"穿行在西湖群山的密林中，涂涂一开始还喊累，但适应强度后，情绪慢慢平复了下来。

我们先爬到北高峰，再下到浙大玉泉校区时，已经快下午4点了。涂涂嚷着要吃东西，狗娃在学校面包房给他买了两块比萨，说："如果不好好学习的话，将来挣不到钱，就没有饭吃，知道了吗？"

狗娃说，带了一天孩子，才知道带孩子的难；以前跟孩子相处还挺融洽，现在有了考学的功利性目的，心态完全不一样了。"现在带娃，充满了不确定性，不知道这样娃领不领情，不知道翘班带娃好不好，什么都不知道。比工作累多了！"

他说，当代有三大中年焦虑：买房，看病，教育。他现在的焦虑主要是教育焦虑:孩子教育的尺度怎么把握,他拿捏不准。狗娃说,他认识的一位杭州长辈,儿子从杭州外国语学校毕业,一路都是好学生,然后去英国留学,本来前途一片光明。

但不知道发生了什么,这位长辈的儿子最后半年死活不想读了,辍学去日本学做寿司;学完之后又跑到杭州的日料店里打工,做了半年,结果现在有点后悔了。"这位长辈为儿子愁白了头。"

我问狗娃:"是家里给的压力太大?"他说:"不知道啊,那孩子只说不想读书了,也不说为什么,但家庭肯定还是有些影响的。"

狗娃说自己有个表妹,小时候父母离婚,母亲再婚后又生了一个妹妹。

大表妹一路学习比较顺,但读大学时感情上出了点问题,从此一蹶不振,每天被负面情绪所萦绕,把自己关在家里不敢出门。二表妹的原生家庭相对幸福,找了个宿迁老公,生了两个孩子,在常州的耳机厂打工,还买了个小别墅,生活既滋润又美满。

他说,知道自己要什么而不是随波逐流很重要,"但涂涂还小,不知道将来会朝哪个方向发展,所以我们只能像其他家长一样,帮他尽量把基础打好,这样他以后才有选择的权利"。

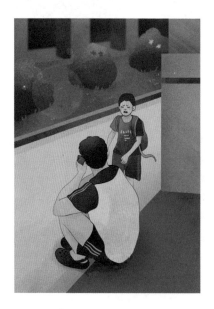

又是新的一天。昨天父子关系刚缓和,今天早上又吵起来了。在御品饭吃早饭时,涂涂非要吃一看就是添加了红色素的香肠,狗娃坚决不让他吃。两人互不相让,又在饭店门口闹了起来。

狗娃实在没办法,给老婆打电话,让她把涂涂接走了,因为自己上午要跟美国客户开电话会议,不能缺席。会议9点半开始,老美习惯先聊点NBA,然后进入正题:最近销量如何,有没有什么促销的想法……其实这就是一个互通有无的例会。

会议结束后，狗娃开始忙招聘了。目前发布在BOSS直聘上的有4种职位：店长、客服、运营助理和美工。此外，他说当前最需要招的一个人，其实是这样的：

"我希望找一个能统管全局的，或者是对零食行业有经验的。如果有把某个品牌从0做到1的经历，并且有品牌策划意识，那就不论薪资是多少都行；后面我再给他充分授权，让他组建团队、管理日常、从利润里抽成，都可以。"

但是，他不知道这个角色在行业里如何定义，怎么体现在招聘内容中。我自告奋勇，帮他拟写了一份JD（Job Description，职位描述）。他看后很满意，赶紧请美工做了一张图，然后发到了微信朋友圈。

中午吃完饭，狗娃说他想带涂涂去西溪银泰城转转，"修复一下父

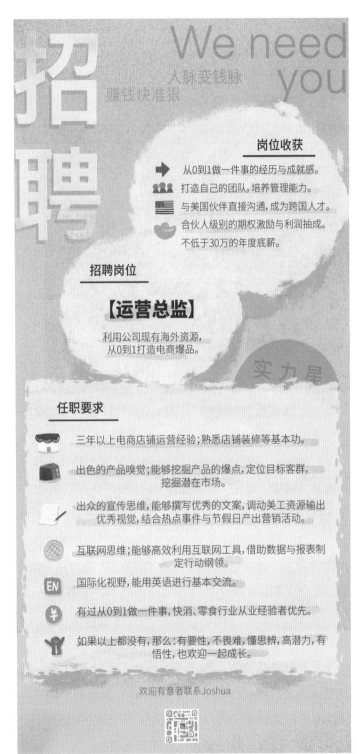

子感情"，下午让我等他，晚一点一起去浙大见两个人。5点多他回来了，我们打了辆车去浙大紫金港校区。

我问他："你好像对浙大几个校区还挺熟悉的？"他说是的，周末经常带涂涂到浙大来感受这里的学习氛围，"孟母三迁"，想让涂涂将来也上个好大学。

到浙大跟对方碰了头，我们一起去篮球场玩了会儿。

这两人在另一家店铺做"淘客"，也就是帮淘宝商家找流量。他俩前阵子把一个半死不活的店铺给带火了，狗娃今天专门约他们出来，想取取经，问问他们是怎么做到的。

不确定是有所保留还是真不知道，两个人都说不出个所以然，觉得没做什么特别的事情，跟做其他店铺的操作手法并没有什么太大区别，这个店铺的火爆也在他们的意料之外。

回去时，狗娃跟我说："运营大多就是这种水平，牛人很少的。一般都是大专水平，逻辑、商业意识都很一般。我以前默认电商就是一帮'屌丝'，没有什么冲劲、逻辑、格局。"

"如果在这段时间里，你能帮我们一起把这个认知突破，找到几个或者一个厉害的人，你就算是我的大贵人了。"也就是说，他本来不认为这行业有大牛，也没打算招大牛；但矛盾的是，他目前碰到的瓶颈，必须要找大牛来帮忙突破了。

※　　　　※　　　　※

周日是父亲节，我早上9点半赶到汇峰国际，跟狗娃全家一起参加小羊众子教会的主日活动：他们一家三口都是基督徒。我第一次参加这样的活动，似懂非懂地听神父解读"玛拉基书"中关于父亲的部分。

我很好奇，问他是怎么成了基督徒的。

他说自己这样的农村孩子，刚去武汉上大学时，见到来自城市的同学，那种巨大的落差让他连手往哪里放都不知道，很难融入那个群体。

后来去上海工作时，面对陆家嘴的高楼大厦，他完全迷失了，"我这样的'屌丝'，死了都没人知道"。那时，他在大都市无依无靠，需要一个能接纳他的社群来寻求慰藉和帮助。因为教会在他看来是个相对平等的地方，会员互称兄弟姊妹，所以他成了基督徒。

活动结束后，有人给他介绍生意；嫂子在跟其他会员交流育儿心得。他说基督教入世，所以他比较重视家庭；在陌生的城市，教会给他这样的新杭州人提供了一个相对真诚的社交场合。

聊了一会儿，狗娃又碰到一个熟人，寒暄了几句。他说这个女生好久没来了，之前也在阿里，后来跳去了杭州一家互联网独角兽公司当总裁助理。她的老公在香港工作，查出了早期肠癌。两人想要孩子，但身体不好，所以她今天过来祷告。

"大多数人都是临时抱佛脚，自己生活出了状况才来，跟那些考试前去拜文曲星的人其实是一样的。"

※　　　※　　　※

直播带货是内地电商原创的新玩法，全世界都在学习。狗娃卖的保健品牌"维他固灵"，是香港一位资历很老的医生创办的，因为这位医生年事已高，所以由他的儿子 Ryan 在打理。

狗娃想去九堡找薇娅团队谈一次，看看直播带货一姐对合作品牌有什么要求，以便提前准备。他打算下午先去趟阿里总部，跟天猫小二聊一下可行性，听听小二的意见。

Ryan 得知后，一大早专程从香港飞到杭州，然后来公司跟我们会合，一起去找天猫小二。阿里总部在余杭，位置比较偏，基建不太好，周围有很多回迁房。我问 Ryan："感觉这个地方环境怎么样？"他嘴巴一瘪，眉头一皱，说："如果不是因为阿里，我绝对不会来这里。"

见完天猫小二后，Ryan 要去趟上海，就先走了。或许因为明天就是"6·18"，加上前两天我们聊招聘的问题比较多，狗娃觉得目前人才瓶颈到了非突破不可的地步，所以约了公司的几个老员工，到满觉陇飞鸟集民宿旁的梅岭人家吃晚饭，聊聊天。

狗娃点了一桌子菜，大家边吃边聊。他很直接，坦陈他认为现在公司存在的问题是大家在工作上缺少激情，主人翁意识不够，做得不够极致，所以东西卖得不温不火——这种不上不下的状态其实是创业公司最害怕的。

他逐个问员工的理想、兴趣是什么，他和公司要怎么做才能激发大家的动力，挺诚恳的。我能理解他这样做的目的：大牛可遇不可求，短时间内招到千里马的概率不大，只能先尽量挖掘现有员工的潜力。

但是能感觉到，大家对这种深度的沟通兴趣不大；聊着聊着就回到了玩笑层面："我的理想是不用工作，哈哈！""我的兴趣是在家睡一天觉。"

虽然当晚跟员工聊天的效果并不好，但狗娃好像触类旁通地领悟到了跟孩子的相处之道。晚上洗完澡，我看到他发了这样一条朋友圈：

※　　　※　　　※

"6·18"当天，狗娃公司氛围与往常并无二致，没什么紧张感。狗娃在为接下来准备开业的新店选品。新店准备跟台湾众康药局合作，他要解决的核心问题之一是避开跟阿里健康的竞争。

可能是感觉昨晚的聊天话题让大家觉得有些沉重，午饭后狗娃招呼大家去西溪银泰城里的永辉超市买了些西瓜、葡萄和车厘子当下午茶，缓和一下气氛。

刚回公司，狗娃得知果干店的销量又下跌了，并且王杰没有任何头绪，就把他和于庆拉到电脑前分析原因。既要照顾涂涂这个孩子，又要照顾公司这个"孩

冯狗娃 Joshua

晚上十点还在看昆虫王国，蜜蜂马蜂食人蜂，想起小时候秋天用网兜套马蜂，现在不知道为什么那种变了脸色的蜂不蜇人，抓到后用线拴着蜂腰去吓唬别的小朋友，美好的童年回忆，现在的小朋友只能书上感受了，关灯后还在讲，小朋友说：爸爸，

全文

杭州·余杭高铁站

1小时前

冯狗娃 Joshua：因为不再逼着他学奥数，逼着做那种我都不会的题，他自己重新找回了神所求之的欲望，米小圈的脑筋急转弯到处考别人，眼神也恢复了往日的灵气，不再耷拉着眼皮说我好累我好累没力气了，最重要的，亲子关系明显回到考文澜之前，有点调皮鬼精，但默契温馨，大人的功利诉求和焦虑情绪，是如何让自信灿烂识字大王阳光少年，变得厌学抵触没安全感畏缩逃避，做爸爸的深刻反省，还好只有一个月的魔鬼赛程及时回头，希望以后再也不要舍本逐末违背天性啦

子"，还要照顾一群比自己小 10 岁左右的孩子，老板不好当啊！

当晚，狗娃的前同事攒了一个局，约狗娃和众康药局的一个中层在黄龙海鲜大排档消夜。我们快 10 点到那边时，才得知前同事刚下班，正打车往这边赶。众康药局的中层也还在路上。

差不多 10 点半，大家才到齐。这个台湾中层看上去 40 来岁，有点胖，稀疏的头发用发蜡定型成背头，穿一件印满 logo 的 T 恤，挂着一根金链子，活脱脱一个"社会人"，说话倒是客客气气。他常驻大陆，对这边挺熟悉，在大排档点起菜来相当熟练。

大家就着皮皮虾喝点温黄酒，随便聊聊。这位中层说，现在大陆电商发展得太迅猛了，很多公司都想通过这个渠道进入大陆市场，可是对直播带货这类新玩法不熟悉，加上台湾年轻人比较安逸，所以在本地很难招到合适的人才，只能求助于大陆的电商运营公司。

狗娃挺实在，说大陆的电商运营公司也不好做。众康药局要上天猫国际，就会跟阿里健康直接 PK。阿里健康背靠阿里，相当于既当裁判又当选手，不好对付，后续主要是解决这个难题。

饭局接近 12 点才结束，大家回家时，都有点微醺。狗娃说，今天第一次见面，主要是看看感觉，也不会聊太深的内容，后面肯定还会聊的。他说做生意之后，参加这类应酬是必需的，但因为他们公司主要服务天猫国际的境外客户，所以总体来说应酬不算太多。

※　　　※　　　※

6 月 20 日，上海国家会展中心正在举办"第十届中国国际健康产品展览会暨2019 亚洲天然及营养保健品展"，狗娃很早就报了名。他前两天就在天猫 app 上浏览高销量的相关产品，想在这个展会上找找看有没有类似的产品，然后看看自己能不能卖。

我们快上午 11 点才到上海，先去跟一个台湾老板吃午饭。这个老板也是专程从台湾过来看展的。狗娃在会展中心附近的铂雅自助餐厅订了座，我们刚过去没一会儿，台湾老板及其秘书就到了。

这个台湾老板看起来有 60 多岁，头发基本白了；穿着衬衫和西裤，是一身很传统的职业正装打扮。40来岁的女秘书拎着个小包，安静地跟在身后。老板是另一家台湾药房的高层，也想进入大陆市场。

我们边吃边聊，画面有点"荒诞"：来自山西农村的小创业公司老板，竟然可以给台湾商界的"大拿"上课。台湾老板听得聚精会神。我不禁暗自感叹，正因为阿里引领了全球电商，所以年轻的狗娃才能享受发展红利，拥有跟台湾商界老前辈坐在一起谈生意的资格。

吃完饭，我们开始看展。我发现保健品行业确实做到了与时俱进，卖的不再是我所知道的脑白金一类的产品，而是迎合年轻人对美的追求——很多展台卖的是代餐奶昔、肽粉这类新兴产品。

逛着逛着，狗娃发现一家韩国ODM厂商在卖一款他一直在找的口服胶原蛋白果冻，这款产品在天猫上很受欢迎。他跟销售聊了半天，加了微信，跟我说这款胶原蛋白果冻可以跟他们公司运营的产品结合一下，出个蔓越莓口味的，肯定受欢迎。我暗自赞叹：当老板的就是有商业头脑！

他说还是要多出来看看，在网上找了半年没找到的东西，没想到今天在这里碰到了。这句话又让我想到了出身比狗娃好的陈远铭——如果他能把下班和周末的时间利用好，多抬头看看路，说不定能早点找到留在杭州的机会。

我想，狗娃从一穷二白，到今天能在行业站稳脚跟，给家庭创造不错的生活条件，除了个人努力外，所在行业的高速发展也是重要因素。

2019年6月初，工信部正式发放了5G商用牌照，中国的5G发展走在了世界前列。其实，今天中国能在一些行业领先，也正是因为有很多像狗娃这样敢走出来、敢创新的人才前赴后继地参与行业的建设。

行业培养人才，人才反哺行业，进而推动国家的发展。在这样的正向循环中，我们的国家在很多领域实现了弯道超车，正变得越来越好。

看到狗娃已经走在了前面，我快步赶上去，跟他一起走进看展的人海里。

公关经理唐子宁[*]

> 子宁很优秀，而且她不靠家里在上海买了房，自然对另一半的要求不低。互联网行业的工作强度和公关的工作性质决定了她会长期过着"一惊一乍"的生活，在无形中劝退了爱情。这或许是大城市第一代外来移民必须付出的代价。

"先吃饭吧，酸菜鱼凉了就不好吃了。"我对子宁说。

"你先吃。"子宁仍然目不转睛地盯着手机，过了半天才抬起头看看我。"一下午来了好几个危机。危机每天要实时处理，心累……吃完赶紧回家继续弄。"

知道她很忙，所以我才特意在周末约她；也没敢走远，就在她家旁边的万郦广场，没想到还是影响了她的工作。她说下午去游泳也不安生，因为随时有人在微信上 @ 她报告新情况。

"我下水前先处理了一轮。游泳也不能好好游，担心出问题，游了几圈赶紧上岸继续处理。这对人的精神摧残有点厉害，会造成神经衰弱。"

"出啥事了？"我问她。"一个跳舞机构，我们的大客户，跑路了。"她的语气倒是很淡定。"他们跑路了，关你们啥事？"我很好奇。

子宁所在的公司"育苗帮"，是一家青少年培训机构网络信息平台，入驻了英语、舞蹈、琴棋书画等培训机构；用户可以在她们平台找到这些商户的信

＊ 本章画师：林之倩。

息，她们的平台就相当于一个缩小版的 58 同城。子宁在公司做 PR（Public Relations），也就是公关经理。

"培训机构先把信息发布在我们平台上，然后用户通过我们联系到了培训机构。现在培训机构联系不上了，用户可不得找我们吗？"

她对此已经习以为常："其实，小孩的钱本来就好赚，又是在上海这样的城市。但这两年经济不太好，很多培训机构都垮了，我们处理这类事情也不是一次两次了。"

"主要是很烦躁，老是被打扰，一惊一乍。可能还是我能力不足，不够淡定。"子宁匆忙吃了两口，放下筷子，我们的晚饭在仓促中结束，把周末最后的几小时留给加班。

※　　　※　　　※

大暑，地上的沥青都晒化了，还残留着新鲜的车辙印。子宁早 8 点从居住的小区"东唐城"出发，骑车去大约 1 公里外的唐镇地铁站。小区门口的"独秀馒头"店围满了买早餐的人。住在这里的年轻人挺多，共享单车明显供不应求。

子宁说东唐城是"半回迁"小区——本来是商品房，但政府买了一批用作还迁房，所以有一部分业主是动迁来的。因为很多拆迁户分到了多套房子，所以小区外的人行道栏杆旁，横七竖八地摆了好些写着招租信息的卡片。

"但上海居民的整体素质还是很高的。你刚才在楼下看到垃圾分类投放点了吧？我每天早上出门扔垃圾时，看大家分类还是蛮自觉的。"

她首付花了近 200 万，也就是全款的 3.5 成，买了个 100 多平方米的大三房自住，但把其中一个屋子租给了在附近王岗卡园上班的一个小姐姐。

我问她："为什么不等将来结婚了跟老公一起买房，压力会小很多呢？""主要还是图个安定感。"她说身边很多朋友都买房了。"其实在上海，只要有买房资格，咱们这行买房也没那么困难。"

子宁说，东唐城小区的一居室，首付只需要 80 万左右，自己出一点，家里出一点，首付就能凑齐了。她则是自己攒了 100 万，找前公司借了 60 万，又找朋友凑了 40 万，把首付给交了，没花家里的钱。

"但是，'房住不炒'提出之后，上海的房价跌了一些。我的房子，现在和最高点差了 120 万。我不是在最高点入手的，也已经降了 50 万，一年白干了啊！"

子宁把自行车停在一个挺大的免费非机动车停车场，然后过马路坐地铁去公司。我本以为在地铁上能跟她安心聊聊天，没想到一场关于地铁的"战斗"马上就要打响了。

育苗帮在北新泾地铁站附近，从唐镇去北新泾坐地铁 2 号线一共有 18 站，需要从东到西穿越上海市区，耗时近 1 小时。2 号线在早高峰期间的运营规则，可以简单用下图表示：

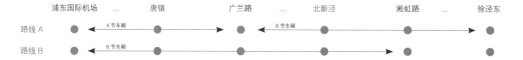

2 号线的东西两头，分别是浦东国际机场和徐泾东。因为在早高峰时期，从浦东机场进城的人数，要远远小于城内上班通勤的人数，所以一部分从浦东机场出发的 2 号线列车，只有 4 节车厢；8 节车厢的列车则尽可能留在市内服务。

从唐镇出发去北新泾，就有可能搭乘 2 种列车，分别是路线 A 的 4 节车厢列车和路线 B 的 8 节车厢列车。其中，路线 A 需要在广兰路换乘 8 节车厢列车，继续前往北新泾。

有点麻烦，是吧？接下来就更折腾了：如果是走路线 B，那么虽然可以从唐镇一站式到达北新泾，但因为唐镇之前还有好几站要上人，所以这条路线大概率没有座位。这 18 站，近 1 个小时，都要在人挤人的车厢里"罚站"，子宁战斗力大减。

如果是走路线 A，因为广兰路是 4 节车厢列车的终点和 8 节车厢列车的起点，所以在换乘时，理论上是可

能抢到座位的。但这要求子宁攻克 4 座堡垒：

堡垒一：子宁在乘坐 4 节车厢列车时尽可能排在队伍末尾；

堡垒二：队伍前面的人先上车，然后往车厢中部走，子宁后上车，尽可能站在车厢门口；

堡垒三：4 节车厢列车停车时，站在车厢门口的子宁尽可能第一时间下车；

堡垒四：子宁拔腿冲向 8 节车厢列车，速度尽可能快过其他"选手"，抢到座位。

攻克这 4 座堡垒，对于身高仅 1 米 6 出头且周末刚刚加完班的子宁来说着实困难，所以初战告负，出师不利。

好不容易上了车，子宁出了一身汗。她说，昨晚隔壁的空调外机嗡嗡响了一夜，所以没睡好，本来想抢个座位在地铁上补觉来着，结果折腾一下人也精神了。于是，她掏出手机刷起了微信。

腾讯新闻公众号推给她一条新闻《女童游泳培训班溺亡》，她赶紧点进去看培训班的名字，然后打开育苗帮 app 搜这个培训班，看看是不是公司的入驻商户。

"还好不是。如果是我们的商户，那就要马上跟进处理了。"她说自己的微信公众号已经关注满了，还要在微博和头条、抖音等平台上时刻紧盯热搜和各类新闻，看看有没有出现公司入驻商户的负面舆情，所以下班都要带电脑回家，随时准备加班。

我问她："你这样手动看不得累死？"她说合作的舆情监控公司有自动化工具，微信里也拉了很多群，同事都会实时关注各种消息，如果发现问题会 @ 所有人，大家分担一下，其实也还好。"但是，发现的问题要 24 小时内处理，不然上了 1818 黄金眼就麻烦了。"

"公关的日常，概括来说就是两件事：一是宣传正面信息，做正面信息的放大器；二是处理负面信息，做负面信息的阻隔器。最终目标是维护公司和品牌与公众的关系。"

她说像周末处理的舆情危机，其实类似于程序员修 bug，是不算 KPI 的，吃力不讨好。程序员的 bug 好歹是自己写出来的，自己修也就算了，而公关需要背的往往不是自己的"锅"，但每天又都有一堆危机需要处理，所以让她比较烦躁。

"不过挺锻炼人的。我上家公司是个小型在线教育平台，业务线比较单一；我是公关总监，虽然见过一些场面，也积累了挺多资源，但天花板太低了。"

"育苗帮是中大型公司，看中了我的综合能力，想挖我过来。我觉得这边平台更大，薪资也还满意；而且自己以前服务一家公司，现在服务一个部门，也算降维打击，能 hold 住，就跳过来了。"

"我属于深入业务的公关经理，需要为负责的业务量身定制公关方案，要求既是公关人才，又是业务熟手，不像一些传统行业的公关那样，只停留在公司和品牌层面，而不了解业务细节。"

9 点 20 左右，我们终于到达了北新泾地铁站。出了负二层的地铁，上一层就是家乐福。再上一层出站，步行 5 分钟就是育苗帮所在的兆益科技园。

公司规定早上 9 点半前要打卡，子宁出门早，来不及吃早饭，准备先去公司把卡打了，然后去家乐福买盒牛奶，回公司泡麦片当早餐。

"我晚上有时候也吃牛奶麦片。今晚不能跟你一起吃饭了啊。"她说领导晚饭一般都是叫外卖，然后在工位上吃完了继续加班，所以如果有人在晚饭时间离开工位较长时间，领导会犯嘀咕。

"刚来的时候，不知道情况，走得比较早。结果回家的路上，领导各种找我事。我手下刚来的小姑娘，在旁边报了瑜伽班，晚饭时间去上课了。结果，我领导跟我说，让我多给小姑娘找一些活干。"她哭笑不得地说。

"所以，我现在晚饭都是直接在工位上吃，要么冲麦片，要么叫外卖，反正就是不离开工位，这样领导就不会有意见了。"

有这样"细致"的领导，子宁买完牛奶也不敢逗留，赶紧上楼干活。附近其他公司的员工上班可能要晚一点，许多背着双肩包的年轻人埋头刷着手机，面无表情地从地铁口出来，四散进入周边写字楼。

10 点 20 左右，上海的早高峰结束了，出地铁的人少了，路上的车也不多了，大面积的绿色填满了天山西路蒲松北路口的实时路况牌。

中午 12 点，子宁喊我吃饭。早上吃得太晚，她不太饿，就在公司对面的饺子馆随便吃了两口。上午主要在处理杂事，给周末的负面舆情和之前的项目收个尾，还准备了一下明天的周会材料。

她说每周她都有两个周会，一个是周一的业务周会，业务部门主导，她旁听了解业务进展，好有针对性地调整自己的工作策略；另一个是周二公关部门的周会，会上她也需要汇报，汇报内容主要源于周五提交的周报。

我说："从一大早出门到现在没闲下来过，这么紧张吗？"子宁说其实上海互联网节奏没这么快，但她们公司的管理层团队是从北京一家大厂离职，然后到上海创业的，所以是北京风格，在上海算是异类。"这也是上海互联网企业干不过北京的缩影吧。"

"工作量确实比较大。"她说在上一家公司时自己是总监，只需要指挥就可以了，现在则是从战略到执行全链条都做。"现在，我同时负责4个业务，每个业务体量都比上家公司大，所以工作量起码是原来的3倍吧。"

"当然，收入也还可以——税前小50k的月薪，加上150万左右的期权，分4年兑现。我还房贷的压力不算大。"

"混得不错啊！像你这样不靠家里，在上海扎根的人，恐怕不多吧？"我感叹道。"不觉得。"她说自己在上海大学的两个同学，一个做到了广告公司的总裁；另一个倒腾房子，赶上了上海房价上涨的那几年，用足杠杆，小换大，在内环和中环各搞了一套大平层。

"跟她们俩没法比啊！"她说以前当总监时，有时候为了逃避战略层面的思考，会去做执行层面的工作；现在反思起来，其实是错的。"不能用战术上的勤奋掩盖战略上的懒惰；战略能力不够的话，在大公司就很难往上升。"

下午2点上班，子宁说一般吃完饭会跟同事在周边散散步；但今天有点困，加上周一事多，她想回办公室趴一会儿，然后赶紧工作，所以就径直上楼了。

再见到她，已是8小时后了——晚上9点35，她下楼打车，准备回家了。公司规定，加班到9点半打车报销，所以她要么不加班早点去坐地铁，要么就干脆加班到9点半以后再走，毕竟忙了一天，如果再站一路，有点扛不住。

但很显然，以她现在的工作强度，不加班是小概率事件。"好多同事都是掐着点走，所以打车的人很多，这条路都堵上了。"

我们等了近20分钟，终于打到了车。子宁坐上车，感觉整个人一下子"松"

了，软绵绵地靠在洁白的座椅套上，说："我每天都有一种无法胜任工作的'感脚'；每个周一想想本周要完成的事情，都觉得很艰难，充满了挑战，但到周五一般都能完成。"

她说自己入职育苗帮大半年了，在试用期时，看到同事在飞机和出租车上打开电脑处理工作，觉得好过分啊！自己悄摸摸哭了好几次，害怕过不了试用期。

一个前同事在领英中国区当高管，她向对方吐槽了好几次压力大，结果前同事轻描淡写地说，你以前那些公司都不算典型互联网公司，现在才算——互联网公司就是这样的。

好在试用期最终通过了。子宁说熬到快半年的时候，她适应了目前的节奏，领导对她的评价也不错。虽然到每周五都能完成工作，但周中都很煎熬，很焦虑，压力很大。"我们的 VP（副总裁）水平很高，但对下属要求也很高。"

"跟阿里一样，提倡 owner（主人翁）精神，每个人都需要独当一面；说白了，就是一个人，干三个人的活，拿两个人的工资。"她说压力太大，所以打算先干到年底，满 1 年，再看要不要继续。

车程约 45 分钟，车费花了近 150 元，终于在 10 点半左右到家了。早上 8 点出门，一天有近 15 个小时在外面，真的很辛苦。我赶紧向子宁告别，不敢再占用她所剩不多的休息时间。

※   ※   ※

经过周一的慌乱，周二就从容了许多。今天的地铁"战斗"比较顺利，我们竟然抢到了座位。子宁说北京分公司那边新招了一个业务老大，今天来上海出差，昨晚临时跟她约了上午 11 点的会，她只好把今天的原计划全部调整了，把部门周会推到了明天。

因为上午要向业务老大汇报，所以昨晚准备 PPT，熬得比较晚，但还没完成，等会儿到了公司要继续弄，时间非常紧张。她在包里塞了一件优衣库的连帽防晒衣，说是"补觉专用"，穿好之后把帽子往头上一套，靠着座椅睡着了。

我自顾自低着头刷微博，也没注意站点情况，等子宁喊我下车的时候，才发现坐过站了。我们赶紧在淞虹路下车，再反方向坐回北新泾。"太困了……"她无精打采地说。

步行去公司的路上，子宁把家里钥匙给我，说她的大学同学欣悦在广西钦州的一家银行工作，也还单身，休了年假一个人来上海找大学同学玩，打算住在她家里。她今天比较忙，脱不开身，让我替她去接一下同学。

欣悦搭乘的飞机已经快落地浦东机场了，我现在过去肯定来不及，所以欣悦打算直接坐地铁去唐镇，我们在那里汇合，然后我领她去子宁家。午饭时分的东唐城小区外门可罗雀，拉客往返地铁站的摩的司机们没了生意，三三两两聚在一起聊天。

我晚上9点半左右到子宁公司楼下等她，打车的人慢慢多了起来。不知道是

哪家公司的程序员小哥，在路边支起一副简易办公架，坐在小马扎上，就开始在笔记本电脑上"移动办公"了。

快 10 点，我们终于打到了车。她说今天是这样过的："9 点 30 到办公室，然后继续准备 PPT；其实，上午讨论的事情不算紧急，但这个业务老大时间有限，为了配合她的时间，所以比较赶。"

"上午 11 点到 12 点，给业务老大开会。开完会，本来说带着跟业务老大一起来的北京分公司小伙伴们出去吃饭，但老大又有另一个会要参加，小伙伴们嫌天气太热，所以干脆集体点外卖了。"

"等外卖的间隙，1 点半左右，又接到了一个新的危机，需要临时处理。最近实体很差，都赚不到钱，遇到点事就投诉、打砸、曝光、闹访。"

"2 点出头吃上了午饭，然后稍微缓缓，在叮咚买菜上给欣悦定了点菜。3 点代领导参加了一个互动性很强的会议，也没法干其他事——本来还打算一边开会一边准备 6 点那个会需要的材料呢。"

"业务老大提出想参加公关部门的周会，所以原计划推迟到明天的部门周会又挪到了今天 4 点。3 点的那个会结束后，继续参加部门周会，我的工作汇报完之后，就在会上准备了一会儿 6 点会议要用的材料，一直准备到 5 点 40 多。"

"本来正常周会是开 1 小时，4 点开始，5 点就能结束了，给我预留一些时间准备 6 点的会议，但今天新领导在，所以大家说得比较细，开了两小时，快 6 点才结束。"

"6 点开会讨论周六的活动细节。这个会比较短，7 点就结束了，主要是因为各位业务老大还要去开其他会，部门老人要去面试。7 点之后，我才开始干今天原计划要干的事——周六陪另一个业务老大去参加活动，要写新闻稿。一直写到下班。"

"从进办公室那一刻开始就没停过。不得不说，北京过来的同学，'要性'就是强一些，他们还没下班呢。"她说自己不算新手了，工作专业度、规划性都很强，但育苗帮和前几家公司不同的地方在于变化太多，每个变化处理起来都很困难。

"我们的联合创始人是阿里中供铁军出来的一个高管，所以把阿里的文化带过来了，对阿里的组织比较推崇。他会说：'拥抱变化，不难找你干吗。'所以，我每天都提心吊胆，处在精神紧绷的状态下。"

"欣悦7点半的时候叫我去徐家汇聚餐来着，但我的稿子还没写完呢，而且如果去了，明天肯定没法上班了。"

因为子宁是从上海大学毕业的，所以上海的朋友很多。她们大概每月聚一次会，比如除了今天一些同学给欣悦接风外，这周五还会聚一次。很多朋友都有孩子了，所以不带家人的聚会是很难得的属于自己的时间，一般都会玩通宵。

"我应该不会参加吧，主要是通宵玩不动了，而且这周六还要上班呢。"她说因为生活不从容，焦虑都挂在脸上，也没有心情打扮，兴致不高，去了反而破坏气氛，所以即使有时间也不怎么参加聚会了。

※　　　※　　　※

今天运气也不错，我们又抢到了座位。子宁刚坐下，就打开微信读书开始看《什么是舆论》。她说其实昨晚又去了趟人民广场接欣悦，回家后轮流洗漱，搞得挺晚的，快2点才睡。

昨天忙完了，今天没有什么临时事情需要处理，主要是准备周六的稿子，做的是规划好的工作，所以压力小多了，心情也比较放松，虽然睡得晚，也不太困。

她说前两天朋友给她介绍了一个相亲对象，是复旦哲学系的博士，在市委党校工作。除了微信之外，朋友还把他的豆瓣推给了她。点进去一看，签名是：

> 谁也不知道上天在他的心里放了什么，也许就是一把盐，使他的梦想干渴。

——顾城，《英儿》

他的豆瓣相册里有自己写的诗、名人肖像的铅笔素描作品，以及去欧洲旅游时的照片，妥妥的文艺青年。"看起来挺优质的啊，为啥还单着呢？"我问她。

她说当时也问了朋友，朋友说在党校接触到的人年龄偏大；他也相亲过很多次，包括什么开地铁的女司机，都不合适。朋友说："但可以打包票，人很好，不奇葩！"

"还没聊呢；白天如果有空的话，就跟他聊聊。"子宁说因为今天中午领导请整个团队吃饭，就不跟我吃了，所以我们约好下班时再见。

晚上 7 点 47 分，她给我发微信："今天预计 8 点过就走，因为干不动了。"8 点 10 分，她下楼了，坐地铁回家——没到打车时间，不报销的话，150 元的路费还是让人有点肉疼。

"中午我们坐了一站地铁，去威宁路地铁口的缤谷广场吃了日料，环境和味道都不错。"她说领导明天出差，8 点就走了，所以平常 9 点半才下班的同事们也都 8 点出头就走了。

"但是，今天外企的同学请欣悦吃'炉得香北京烤鸭火锅'，5 点半的时候叫我来着，我又没去。"

"老是叫你，老是不去，会不会以后就不叫你了呢？"

"不会，每次都叫我，周末一般可以去，但工作日确实比较艰难。而且今天松下来了，感觉比较疲惫，能去也不想去。"她说今天的工作主要是想象周六业务老大会怎么讲，然后根据想象来写稿子。

"跟写作文一样，写的时间其实不多；但前期沟通、筹备和构思很花时间——拿到业务老大的演讲草稿后，我准备新闻稿时发现一些内容可能需要其他资料来支撑。业务老大手头没有这些东西，所以我又得去找下面的人要。"

"要到了资料，里面的数据是 3 个月前的，新的数据是什么也不知道，问了一大圈才找到负责这块业务的同学。"

"资料收集得差不多了，我又要思考内容逻辑怎么梳理、哪些数据值得宣传。有一个大概的骨架后，还要跟业务老大约时间核对，看看关于业务的内容我这样表述有没有问题。"

我问她："稿子周六再写不行吗？"她说："活动新闻稿都是提前写好，等发布会结束了之后，改得越少就越是高手，这样也能越快发稿。"

"不过，今天跟那个复旦哲学博士聊了一下。"她给我看了俩人的微信聊天记录：

我说："人家还挺有诚意的，你有一天早走都不行吗？"她说："我待相亲的人太多了啊，我都没空去见呢！"

"我现在对个人问题比较佛系，不抱什么希望。不是因为工作忙，因为在上家公司不忙时，也比较佛系；什么原因我也不知道，难道是因为我买房了？"

她说有了房子之后，安定感增强，对婚姻的渴望降低，目前这方面的焦虑主要源于错过最佳生育期的压力。但错过了就是错过了，现在挣钱是她的最高优先级。

"上海这边很多女生找对象要求有房，属于硬条件，比较好量化。但像我们这样收入还可以、条件不差的女生，对男生的经济要求反而降低了——不一定要有房。"

"优秀女生对男生的综合素质要求高，比如受教育程度高、有想法、人有趣啥的。这些软条件不好量化，要接触了才知道；而且这样的男生本来就不多。"

※　　　※　　　※

今天运气不好，没抢到地铁座。她刷着淘宝"有好货"，跟我说："每天强度太大了，从早上起床就是困的，所以上了地铁只有刷刷抖音、淘宝、微信的劲了。"

她又打开"亲宝宝"app，看妹妹上传的孩子照片。我问她："昨天回家后跟党校哥们聊了吗？"

她说觉得男生颜值不太行，所以继续尬聊下去的意愿不大。我问她，妹妹孩子都不小了，自己还没着落，家里不催吗？

"我老家是陕西汉中下面农村的，父母以前都是农民，现在不种地了，爸爸搞搞装修，妈妈卖卖化肥种子啥的。俩人来了几次上海后，知道我混得还不错，所以比较尊重我的决定，也觉得我这个条件确实应该挑个好人家，就没给我太大

55

聊天记录：
下午3:46
我继续上课啦，等会结束了联系
下午4:50
结束了。这两天给中学生上课呢
你工作忙吗？因为我周五下午就回老家过暑假了，正好老人要过生日，不知道你明晚有没有时间咱们喝个咖啡
下午5:21
我一般下班时间是晚上9点半左右，确实是没有时间呢，要不等您回来再约。
这么忙啊！好好保重身体

压力。"

"我不太喜欢那种一上来就把所有条件摆出来，像谈生意一样的相亲。太直接了！"子宁说工作中可以接触到异性，天气不热、周末不忙时也会参加一些社交活动，但还没有碰到让她动心的。

"我打发时间的方式多的是，所以不想为了谈恋爱而谈恋爱。"她也关注文章和马伊琍离婚的事，觉得时代变了，像王菲和林志玲这样的优秀女性，择偶观都是在经济之外，其他条件也足够好。"自己喜欢，而不是去傍大款、去依附男人。"

中午，我们在家乐福门口的"食其家"吃午饭，这边伙食的花样很多，周边不少上班族都是在这里解决吃饭问题，人均消费在30元左右。如果想吃得更实惠，家乐福也卖盒饭，两荤一素20多元，在这个地段不算贵了。

我们继续上午的感情话题。子宁说自己早年谈恋爱时，受韩剧影响比较大，觉得男朋友应该无条件爱自己，就有点以自我为中心，比较作。初恋男友受不了，提了分手，她当时没有任何心理准备，受了很大打击。

痛定思痛，她调整了自己的思维方式，觉得当时的观念有些问题：男生主动，并不是说他想放下身段去追求你，去"跪舔"，而是他希望能有更多建立在男女平等基础上的相处机会，能够更好地互相了解。

她也开始有了一定的自我保护意识，觉得经济很重要："爸爸有，老公有，都不如自己有。"后来又谈了一个义乌男朋友，对方在迪拜工作，经济条件不错，对她的要求是尽量顾家。"需要牺牲事业"，她不愿意，就分手了。

谈过两段没有结果的感情，她最后发现，"求人不如求己。大学时的人生理想是当家庭主妇，现在则是有钱的家庭主妇"，所以工作非常努力，拼命挣钱，就成了今天这个样子。"我 20 多岁时的操作系统和现在的操作系统已经完全不一样了。"

她说自己 5 年前对另一半的要求，可能还或多或少有精神共鸣这一项，但现在已经放弃了，觉得比较难。很多女生希望找个自己崇拜的另一半，但因为她的事业做得不错，在这条人生主线上找自己崇拜的人，也很难。

她说自己快 35 岁了，随着年龄的增长，见得多了，认知升级，看待事物的方式也发生了变化。拿相亲来说，已经由量变产生了质变：原来觉得自己这条件根本不需要相亲，所以去都不愿意去。后来觉得，既然介绍了，那就见一面吧，万一有合适的呢。结果发现大多数见面都是尬聊，所以现在也见得少了。"5 年前我还歧视离婚的呢，觉得道德有问题。"

"但现在觉得，两个人如果足够契合，对方有没有婚史好像也没那么重要了，因为身边很多朋友都离异了。那些结婚比较早的朋友，人生阅历不足，感情的事想得不够清楚，到最后不欢而散的概率反而比较大。"

也有朋友离过婚再结婚，第二春过得很开心。所以之前朋友介绍了一位交大毕业的、带着孩子的离异男士，她也去跟人家见了一面，但是觉得对方太老气，不太来电，所以没了下文。

她说现在物质上她已经不缺什么了，对男生的精神要求也没那么高，男生的事业不足以让她崇拜也没问题，但希望男生能够理解她、配合她、忍让她，支持她追求自己的事业，接受"女方在外赚钱，男方在家带娃"的模式。

见我有点惊讶，她举了一个富婆朋友的例子：朋友是 1979 年的女生，在北京一个互联网大厂工作，待遇比她还好，在北京有三四套房，开着 100 来万的车，谈了一个小 9 岁的男朋友，俩人感情挺好。

吃完饭，我们沿着天山西路散步，看到"华德卤菜"的外卖窗口围满了叔叔阿姨。她说，附近的中老年人多，1 点点奶茶都开不下去；她们公司的人收入普遍不错，觉得 1 点点奶茶太 low，喝喜茶和星巴克的更多一些。

"我们这行辛苦是辛苦，但收入确实也算高的了。我比较追求品质，尤其是高频使用的东西，多花一点钱也无所谓；我用的是戴森的电吹风，还配了个专用的皮套和架子。"

"我对鞋的要求也比较高。像这个天气穿的拖鞋，我都是买哈瓦那的，一双人

字拖 300 多块。但是 T 恤之类的，我就不太讲究，一般都是优衣库啥的。"

"500 块以内的衣服，我就随便买，不眨眼。500 块到 1 000 块的，会考虑一下；1 000 块以上的就会比较慎重。好一点的衣服，比如说礼服，参加一些活动要穿，可能要 3 000 块，虽然穿的频率不高，但是也会买。"

"不过，我对包不讲究，你看我每天就是背个 1 000 块出头的 Longchamp（珑骧）装电脑。拿再好的包挤地铁，好包也成了假包。其他方面的消费也不高，有同事一天喝三杯星巴克，我就觉得太奢侈了，星巴克对我来说还是贵了点。"

她表示，主要还是房贷没还完。"为了核心目标，我可以牺牲其他东西。为了买房，可以不去旅游、不买衣服之类的，把首付攒下来，这算是一种'延迟满足'

的能力吧。我还用拼多多买水果呢！"

我说大多数年轻人恰好是相反的：反正也买不起房，干脆把钱都花在日常消费上了。她倒觉得只是消费观不一样——有同事很朴素，但在上海有 5 套房；也有同事夫妻俩住一室户，但全身奢侈品。

经过一家房产中介，她看着贴满玻璃墙的房源信息，跟我说这边房价比唐镇高不少，大三房总价都快 1 000 万了，但买个小一些的也能承受。之所以选择浦东，主要是因为陆家嘴和张江都

在浦东，有金融和科技两个拳头行业带动，她很看好浦东的未来。

因为明天周六还要加班，所以今晚下班早，回去把周报写了。我们 8 点半就坐上了回家的地铁。她说，今天也还算轻松，主要是继续为明天的活动准备稿子。

"今天同学聚会，叫我去吃小龙虾。"虽然 8 点半离开对她来说不算晚，但再去餐厅的话，可能聚餐就结束了，进入下一个 KTV 环节。怕影响明天的工作，她就又没有去。

她无奈地说："这周同学约了我好几次，我全都拒绝了，同学开始有意见了。欣悦周日就走了，我忙得连饭都没有请人家吃一顿。所以，给她买菜，让她住我家，多少算是一种补偿吧。"

※　　　　※　　　　※

周六的活动叫"GET2019 教育科技文化节"，在静安区的 709 媒体园举办，离东唐城大概有 35 公里。因为公关的工作性质，这次活动虽然在周末举办，但不算加班，没有任何所谓的"补偿"，打车自然也不能报销。

活动的签到时间本来是早上 8 点，好在同事的演讲 11 点才开始，我们只需要 10 点到就好了。周六上午基本不堵车，我们约好 9 点 15 出发，终于能多睡一会儿了。

出租车先上外环高速，然后沿五洲大道开上中环，路况很好。子宁很感慨，觉得老家跟上海简直没法比。她说自己小学和初中是在村里上的，高中就去县里了，然后 2004 年考进上海大学读新闻专业。

毕业时，因为离开老家太久，回去没有人脉圈，也没有合适的工作机会，加上反感老家"干啥都要找关系"的现象，有种"除了上海无处可去"的感觉。

刚开始，她是一个体制内单位的合同工，过着朝九晚五的生活。为了涨工资，想跳槽，结果机缘巧合认识了盛大的一个高管，内推她进了如日中天的盛大。

刚加入盛大时，她做的是边缘业务。结果又是机缘巧合，调动到了陈天桥手下的公关部门，干了一阵子又调到了盛大创新院。当时，创新院是国内互联网公司比较前沿的组织，大牛云集，她在这里打开了眼界。

随着盛大的没落，她被一家小型教育公司挖过去当公关总监，干了 5 年。离职的时候休息了一个月，因为有房贷的压力，所以感觉特别紧张，"人休息了，心休息不了"。

后来拿了 3 个 offer，一个是碧桂园，一个是七牛，还有一个是育苗帮，给出的薪资待遇都差不多。有个同学去了私募，做研究性质的工作，年薪百万，本来想拉她加入。

"金融行业全是人精，要穿正装，我觉得太能装了。还是喜欢互联网这种随意一些的'屌丝'行业。"因为看好互联网行业，所以最后她选择了育苗帮。"不过就待遇来说，现在互联网跟金融其实打平了。"

快 10 点，我们到达 709 媒体园，她赶紧下车去找业务老大接头。业务老大是第一次参加这种活动，非常谨慎，很早就来了，想先熟悉一下场地。

过了一会儿，她回到摆满易拉宝展板的大厅，看看都来了哪些公司。她在这儿碰到华为云在线教育的一个老熟人，两人寒暄了几句，就开始互通有无。

11 点，业务老大马上要上台开始演讲，她也匆匆赶往后台："先不管你了啊，我要去录音了。演讲结束后还要跟同事复盘，跟她反馈演讲质量，对新闻稿呢。"

快 12 点半了，子宁给我打电话："你在哪里？我要回去了。"我们在大厅见面

后，她说找不到同事，也来不及吃饭了，要马上回去赶稿子，因为记者们都在等稿子呢。她打算回去边写稿子边叫外卖。

回去的路上，她跟我说，如果没有工作，周末她都过得很随意：睡到11点多起床，玩会儿手机，吃个饭，把攒了一周没时间洗的衣服洗了，然后午睡到3点多。下午做做家务，或者被同学叫出去喝杯奶茶，回来后再玩会儿手机，一天就过去了。

※　　※　　※

周六的活动新闻稿发出去了，新的一周就轻松多了。她带了点葡萄在地铁上吃，整个人明显舒缓了很多，说话语气和脸上表情是放松的。"领导说可以调休半天，但你也知道，不会因为你休假就不给你派活儿，所以休不休意义不大。"

晚上快 8 点时，子宁给我发微信："预计 8 点 15 走。"结果，我等到快 8 点半她也没下楼，又来了一条微信："领导还在，走不了啊，稍晚一会会。"

9 点出头，她下来了，说今天主要在做周六活动的总结和复盘，只是日常流程，"不出绩效"。这周节奏虽然轻松些，但仍觉得有点累，可能是因为大姨妈来了。

她说绩效半年一评，自己的规划也是按半年来制定的，未来的发展其实某种程度上跟公司绑在一起了。好的绩效主要靠做项目，项目基本以一个月为周期，但做项目的过程中会穿插大量日常任务，也就是杂事，比如开会、报销、支持业务、危机处理等。

日常任务不出绩效，但又占用了大量时间。就拿支持业务来说，当自己支持的业务本身出问题时，围绕业务所做的工作就白费了，这种情况是最让人恶心的。

我问她能不能招几个人做杂事。她说之前带过两个人，一个怀孕了，一个已经离职了。但她们不是上下级汇报关系，子宁在组织架构里不算她们的上级，所以对方的配合程度也不高。

当时，这两个人在一线，子宁不需要执行，只需要想策略，然后带她俩执行就可以了；但问题是，子宁不在一线，对方又跟自己没有实质性的上下级关系，总有种被架空的感觉。

"我们公司还是比较重视合同协作的，团队屁股意识弱①；这边同事的优秀程度比我上一家公司要高。但是，我作为新人切入进去还是很难的，因为要赢得同事的信任，让别人把你当朋友，支持你的工作，这需要时间。"

她说公司强调守正，在此基础上再谈出奇。但是呢，公关"守正"的很大一部分，是危机处理，这是个"守"的行为——虽然辛辛苦苦地防守，堡垒没有被攻破，但也没有拿下新的城池——这样很难得到别人的认可。

"比如，类似滴滴顺风车被下架这样的事，算特别大的危机。优秀的职能部门，应该是提前预判形势，预防这类事情发生，规避此类风险。不出事是应该的，

---

① "屁股意识"是互联网尤其是阿里系的行话，取自"屁股决定脑袋"，也就是"位置决定想法"。"屁股意识弱"是指团队成员受"部门墙"的影响没那么大，不会因为不在同一个部门，KPI 上不直接挂钩，就消极对待或拒绝合作，而是从业务角度评估后，发现确实应该提供支持，就会积极支持。

出事了就来不及了。"

另外，服务的是老业务，已经很稳定了。"守"一个老业务，想出成绩太难了，所以大家就更不愿意出奇了。日复一日，就养成了打工心态：我配合你并不是因为我认可你，而是因为我这次配合了你，下次你才会配合我。成了一种利益交换，背离了owner精神的初衷。

"这也是互联网行业加班多的原因之一。我同时做几个项目，其中一个项目的某个环节需要你的配合，你又需要他的配合，他又需要另一个人的配合。战线拉长之后，还有可能出现需要交叉配合的情况。"

"利益不一致等原因很容易导致配合不顺利，就会导致一定的时间浪费，效率不高。"她说为了尽量减少加班，有时她会运用一点"工作技巧"：把要审核的稿子拖到临近发布的时候再提交给领导，这样领导就没有时间审核了，就会快速通过。

"其实，领导改一两遍就差不多了，后面都是这里改个标点、那里加个字，意义不大。"

我认为目前她在工作上算是满负荷运转，牺牲了很多，尤其是感情问题，几乎无解。我问她："这样的生活，什么时候是个头呢？"

"先干两年吧。第1年适应，第2年才能学到一些东西。另外，两年后我也可以拿一半期权了，可以把首付借的钱还清了。"

"其实，我并没有很多选择。既然选择了赚钱，目前的状态我是心甘情愿接受的，所以也不觉得自己多辛苦。"

她说，个人问题、房贷、工作压力虽然也让她焦虑，但都还好。她真正焦虑的是未来发展——目前的工作她以输出为主，干的事情都是在上家公司时布置给下属的执行工作，所以几乎没有成长，相当于是在吃老本赚钱。"将来上有老下有小时，如果失业了怎么办？"

她说，很多盛大创新院的前同事，40岁左右离开盛大后，去中小企业做高管的，这两年都失业了。一个住别墅的高管朋友，老婆拿着百万年薪，有两个女儿；他去红星美凯龙做VP，结果没通过试用期，焦虑得不行，天天找自己推荐工作。

谁能想到，看似光鲜亮丽的女强人，也默默面对着如此多棘手的现实问题。夜上海的各色灯光透过车窗，照在子宁身上；她作为第一代外来移民，恐怕是无福享受这座城市的灯红酒绿了。她若有所思地望着窗外，不再说话。

编程培训班学生李赞[*]

虽然培训班虚构学员简历的丑闻屡屡曝光，风评不好，但对于很多人来说，培训班依然是进入互联网行业的首选渠道。财务专业毕业、土生土长的上海人李赞不想像本地朋友那样过着"规矩"的小日子。为了追求自己的"互联网梦"，仔细评估后，他报了培训班。

早上8点半的益江路让人感觉很紧张繁忙。上班族们涌出益丰新村，然后四散而去；从益江小区站始发的609路公交车上挤满了人，男男女女靠着马路栏杆，边玩手机边等班车。

在玉兰香苑一期门口见到李赞时，他的头发湿漉漉的。"我刚洗完澡，头发没擦干，不是汗，"他解释说，"我习惯晚上不洗澡，早上起来洗一个，清醒一下。"

他松垮地背着双肩包，趿拉着一双凉鞋，去马路对面的"85度C"买早饭。

"我一般买两个起士大亨，原价 18，打完折 15，拿到学校吃。"他说同学吃路边餐车卖的包子，吃一次拉一次肚子；他的胃不太好，所以在饮食方面比较注意。

李赞上课的 Java 培训班，在祖冲之路附近，离他住的地方有 1.5 公里。我的第一反应是骑车去，但他说玉兰香苑是"码农集中营"，很难抢到共享单车，我们只能步行了。

8 月的上海正值盛夏。我们顶着大太阳经过高科中路口时，绿灯一亮，骑着电瓶车和自行车的汹涌人流，就由南向北，朝张江挺进。

9点7分，我们到达位于集东科技园的"码蜂训练营"（简称"码蜂"）。这里离最近的2号线广兰路站还有2公里左右的距离，加上门口的集创路还在修建，通勤不太方便，所以入驻的企业不多，园区显得空荡荡的。

距离开课还有13分钟，但人已经基本来齐了。李赞的座位在第一排的靠墙角落，挨着讲台。"座位都是自己选的，我特意选了个离老师近的。"

李赞刚刚掏出面包开吃，戴着黑框眼镜、梳着三七分头的老师就进来了，一边打开电脑准备课件，一边随意地跟大家聊天，问大家昨天的作业难不难。

9点20分，一位胸前挂着工牌的女老师站到教室前面，开始点名签到——上午的课程开始了。

第一个环节，是李赞上台分享自己的作品——他周末编写的双色球小游戏。他把这个小游戏运行起来，然后一边操作，一边对照源代码，跟大家讲解程序的逻辑以及架构。

他讲得眉飞色舞，语速很快。有些同学面露难色，大概是跟不上。虽然这个游戏能跑起来，但看他的源代码，还存在英文和拼音混用、代码格式不规范等问题。

　　分享环节结束后，老师开始讲解昨天的作业。看来李赞学得很不错，他的作业被当成了范本。明显感觉老师的节奏比刚才他的分享要慢很多。讲到一些很基础的概念时，老师放慢语速，反复强调。

　　时间过得很快。光是讲解作业，再把昨天的知识点串一遍，一上午就过去了。12 点 20，上午课程结束，一些同学从走廊拐角处的冰箱里拿出带的饭，排队等微波炉加热。

　　其他同学则和我们一样，准备去食堂吃饭。李赞说，每天上午的课程安排，

都是先由同学轮流分享个人作品，然后由老师挑一个同学的作业讲解；如果还有时间，就再把昨天的内容复习一下。

我看他的作业老师基本没改动，但他还是听得很认真。他说主要是想看看有没有哪里可以改进的。

"我好歹写过一些程序。大多数同学一点基础也没有。我觉得老师讲得已经很慢了，但还是有很多人跟不上，哪怕是刚学过的内容。"

"昨天上午分享，老师让那个同学写冒泡算法，前两天刚学的，他已经忘光了。"他说自己是全班唯一的上海本地人，而好多同学为了报这个班，是第一次来上海。

食堂就在大楼的二楼，是一个小型美食广场，开了五六个档口，有很多挂着工牌的人在此就餐。价格还比较实惠，李赞点了一份番茄炒蛋盖饭，只要 12 元。

我吃的则是大排长龙的自助餐：14 元 6 个菜，随便吃，很适合饭量大的学生。

自助餐的老板是个 30 岁出头的瘦小伙，忙里忙外地端饭上菜。李赞说，这个老板很有生意头脑，为码蜂专门拉了个微信群，供大家提前订餐、反馈意见啥的，把客流锁住。

中午，人有点多。我们打完饭，跟几位同学拼桌，边吃边聊。其中一个自称毕业于野鸡大学，虽然学的是计算机专业，但 Java 只是选修课，自己不重视，学得比较烂，所以毕业了就来报班，想在找工作前把专业技能补一补。

另一个哥们戴着眼镜，比较斯文，居然是海归①。他说自己从圣彼得堡大学机械工程专业毕业，回国后觉得 IT 行业发展得更好，就报了码蜂。还有一个哥们也是搞机械的，在长兴岛当了一年"厂弟"，"进趟城太麻烦了"，受不了，想转行，就辞职报了这个班。

吃了一会儿，又来了 2 个同学跟我们拼桌，一坐下就开始用纯正的英语交流。我很好奇，了解后才知道，其中那个胖胖的男生，父母都是交大博士，在他 5 岁时离开上海，移民到了美国。

他是 1992 年的，原先在纽约做投资经理。他认为那个行业最终会被 AI 干掉，想转行做技术。因为在中国培训班更便宜，家里在徐家汇还有套房，所以专程从美国飞回上海，报了这个培训班。"但是我的中文只有小学水平，不懂就问他。"他指着旁边的哥们说。

---

① 前几年，培训班毕业的学生会在简历上造假几乎是公开的秘密，所以大多数互联网公司在招人时，对编程培训班毕业的学生持有一定偏见，默认这个群体的整体素质不高。事实情况也是这样，大多数培训班学生的学历不高，学习能力不强，毕业后的就业出路大多是外包公司，干的活是典型的"码农"工作，称不上是工程师。在这样的群体里，海归算是异类。如果不是亲身经历，我很难相信有海归通过培训班进入互联网行业。

　　旁边的哥们是留学生，在USC（南加州大学）学习神经网络，还没毕业。他用假期时间回国上培训班，主要是觉得实验室里的东西太前沿，想学一些应用层的技术，将"高大上"的科研成果落地成对用户更友好的产品。

　　吃完饭，我们去楼下散步消消食。但天气太热，转了两圈，李赞就说想上楼睡个午觉。走廊的冰箱旁边有个开着冷气的空教室，很多带了饭的同学在这里吃

完饭后，就把窗帘一拉，拿几张椅子拼成一张简易的午休床，躺着睡一会儿。

　　2点15，他的闹钟响了：5分钟后开课。下午的课主要是讲新知识点，大家看起来都有些无精打采。讲到"面向对象"时，老师布置了一项课堂作业，让大家用代码定义一个car（汽车）类；我看到好几个人在用金山词霸查"轮子"的英文该怎么写。

　　我借着上厕所的机会溜出教室，看到午休室里有个男生在iPad上奋笔疾书。

"怎么不去上课呢？"我问他。

他说自己之前在美国读研，学的是机械工程，毕业后找不到工作，留不下来。因为想移民，所以他准备去加拿大读个计算机硕士，然后再找工作。他回国报了新东方的培训班，正在为 9 月 8 日的 GRE 考试全力备战，就跟培训班商量，把自己的课程推迟了几周。

6 点下课，在食堂基本看不到戴工牌的人了，可能下班早就回家吃饭了。李赞简单吃了份 12 块的炒面，吃完赶紧上楼，因为 6 点 30 要上晚自习，"迟到扣分"，影响阶段考核成绩，进而影响后续的推荐工作。如果迟到 5 次，强制留级重修。"很严格的！"他说。

晚自习老师不在，纯靠自觉。李赞的计划，是先把作业完成，然后复习今天讲的内容；如果还有时间，再做点自己的事情。他做作业时很专注，不同于我在教室后排看到的一个男生——他在练习打字，但敲着敲着，就拿起手机开始聊微信了。

前排有个空位，我坐了过去；邻座一个穿着黑 T 恤的男生看着屏幕发呆，肩上落满了头皮屑。我问他："没洗头？"

他说："没时间啊！"

我看了看他的屏幕，发现他写的程序编译器报错了，但他没有看编译器给出的错误提示。我指着屏幕，提醒他说："这不是写得很清楚吗？"

他说："看不懂英文。"我说："用翻译软件啊！"这哥们才恍然大悟地打开金山词霸，而不是继续在那发呆了。

10 点左右，李赞的作业完成了，据我观察，是班里比较快的。周围的很多同学卡在各式各样的问题上，都来请教他，他一边耐心解答，一边在有道云笔记上整理今天的知识点。

10 点半左右，我看他在写邮件，问他在干吗。他说读大学时认识的一个朋友，办了个 ACCA（国际注册会计师）培训班，他在兼职为那里的学员答疑。一共 20 来个学生，他们会把问题发给他，他每天花半小时到一小时回邮件，每个月能挣 1 500 元的生活费。

我们近 11 点 15 离开时，整栋楼只有码蜂和一楼便利店的灯还亮着。李赞说，虽然他精神上还是很亢奋，但感觉左肩胛骨那儿有点酸麻，想回去休息了。教室里还有一小半学生。他说有些同学经济条件差一点，是贷款交的学费，所以会更刻苦一些。

他说刚开学时大家自我介绍，一个同学刚满 18 岁，高考失利，觉得反正都要交学费，与其上大专混几年，不如报培训班搞 IT。家里没钱，自己贷了款，生平第一次离开老家，来上海求学。

我是程序员出身，知道市场上的培训班多如牛毛，质量参差不齐；但今天结识的好几个同学背景都不错。李赞也说，很多出身一般的同学贷款押宝这个班。我问他为什么会选择码蜂。

他说自己做过比较周密的调研：关注了一个叫"IT 实训指南"的公众号，号称是 IT 培训界的"纪检委"，是由一个培训班毕业，又在培训行业工作过，想要揭露这行黑幕的人创建的。

这个人拉了个"IT培训班防套路群"，加群要收30块钱。群里的讨论非常激烈，有人转行IT失败受到了打击，于是鼓动大家千万不要干IT。

群里有人推荐码蜂，他就过来了解一下。之前去咨询过达内之类的老牌机构，觉得销售太浮夸了，给出的毕业生案例动辄月入20k以上，他认为不太靠谱。

码蜂则相对佛系，"销售的KPI压力可能没那么大"。给他的案例都是月薪6k~8k，比较符合实际市场水平。同其他培训班一样，码蜂也包就业。

"怎么个包法呢？"我问李赞。"都是有套路的。"他说培训班毕业的大多数学生，一般定向输送给有合作关系的外包公司，因为那里相对"流水线化"，干的活儿更像体力劳动，上手难度低。

培训班一般都会帮学生"美化"简历，添油加醋地虚构一些项目经历，拉长一下工作年限。更重要的是帮学生有针对性地准备面试，让不够资深的面试官找不出简历中的破绽。"这是行业公开的秘密。"

我因为在面试中曾经碰到过这类情况，所以对此很反感。培训班毕业生在圈子里名声不好，能力一般倒是其次，最被诟病的就是简历造假。我问他："有没有同学不愿意美化简历呢？"

他说需要贷款交学费的同学，一般走的是学校提供的金融服务，"学校借你钱，然后给你介绍工作，发了工资再还"。借了钱，如果找不到工作就还不了；又不想去送外卖，找家里要钱更是不可能的。在重重压力之下，为了还钱，只能认了。

"面试通过了，但试用期真枪实弹干活，可能会露馅。如果因为技术原因，试用期没通过，码蜂还会继续给你补习。如果实在不是这块料，找不到工作，码蜂承诺全额退款。"

"其实，大多数人的简历不美化，就找不到工作。"

※　　　※　　　※

因为超强台风"利奇马"来袭，学校周末停课了。原定于每周六举办的考试不考了，但李赞不敢放松，打算在家自学一天。我早上9点半到达玉兰香苑一期的时候，雨还很小。

跟许多同学一样，李赞通过学校介绍的中介，跟别人合租了一间一楼的小三房；他住一间约 20 平方米的次卧，带一个 5 平方米的独立卫生间，月租金 2 370 元。

因为没钱，所以房东接受了他押一付一的请求。还是没钱呢？也没关系，跟学费一样，学校先贷款给你，等工作后挣钱了再还。

屋里的陈设比较简单：一个靠墙的铁皮衣柜里挂了几件夏天的衣服，双肩包扔在床头柜上，洗完的衣服晾在窗前。窗边的电脑桌有点矮，他坐在床沿，要佝偻着背，才比较容易看清屏幕。"背越来越酸痛了，明天想去做个理疗。"

"昨晚没睡好，"他红着眼睛跟我说，"室友打游戏有点吵，所以干脆看了会儿教学视频，1 点多才睡。"

"跟家里还是没法比。"他说地方太小，东西放不下，所以屋里没什么家当，需要啥再回家取。房东配的洗衣机是"滁州松下爱妻"牌的，应该是山寨货，凑合着用吧。

到了吃饭时间，外面的雨并不大。李赞想吃点好的，提议去车程 10 分钟的汇智广场吃喜来稀韩国烤肉。他对这里挺熟悉，我们两人点了一桌子肉，人均大概 150 元。

他说，其实刚上培训班时，他是住在家里的。但公共交通太不方便了，坐地铁去学校单程要花 2 小时；而且从家里出发，要先坐半小时公交车，才能到最近的龙漕路地铁站。

每天路上来回要花 4 个多小时，他觉得太折腾了，就想在学校旁边租房子，把通勤时间省下来学习。他说，上海本地人，在上海合租个小房子，这种情况在他认识的人里面还没有出现过；妈妈不理解，但爸爸倒是很支持。

李赞是 1997 年的。他说，从小家里经济条件就不错。爸爸做生意很成功，很早就开上了宝马七系；出去旅游住的全是五星级酒店，因为爸爸住不惯差一点的。

他家里还是拆迁户。上海拆迁分房按人头来算，独生子女可以分一套房，所以他名下已经有一套房了——这是他最大的底气。或许是遗传了爸爸做生意的闯劲，他觉得必须离开父母，才有闯一闯的感觉。

妈妈拗不过他，只好同意了。他说，即使在家住，也没啥意思；小时候妈妈上班忙没空管他，爸爸做生意早出晚归，他是外公外婆带大的，跟父母感情比较淡。

"小时候看米奇漫画，特别羡慕里面的一只富豪鸭子，也想成为大富豪。我高中就开始琢磨怎么赚钱了——从超市里买一书包可乐，配上吸管，再加价卖给刚上完体育课的同学们，生意特别好。"

他说，自己高中念的徐汇区中国中学，是区重点。高一时，他在最好的班，春风得意；但高二分班后，他喜欢的女生跟别人在一起了，对他的精神打击很大，也影响了他的成绩。本来高一时他数学成绩很好，基本上卷子一拿到手就心里有谱了，考班级前三是家常便饭。但到了高三下学期，他的数学成绩下滑到了第 10 名左右。

他说，回想起来，除了"为情所困"，更主要的原因是自己学习不算太努力，一直有点耍小聪明。后果是，干啥事都进入状态快，但遇到瓶颈时再努把力就比较难，后劲不足。这个问题一直持续到现在。

比如跟同学玩《王者荣耀》，他玩两天，就能赶上别人两个月的水平；但接着玩下去，别人的水平都在稳步上升，自己的水平却停滞不前。

高三时大家的弦都绷得很紧。同一套卷子，隔壁班考得很好，而自己班考得很差，所以班主任很焦虑。那时，他处于叛逆期，没能承受住自上而下的压力，突然有一天就对每天复习的生活方式厌倦了，想"早死早超生"。

带着这个心态去高考，结果可想而知。本来在提前批填志愿时，他有机会去上海师大，但由于高估了分数，没填报上海师大。等分数出来后，发现只是刚刚压线，勉强上了本地的一所金融学院。

我问他为什么没有考虑去其他城市读大学，他说那时还比较恋家，所以没有想过离开上海："大多数上海人的心态都是这样，不愿意去外地。"

到了大学，比较自由，就开始跟高中同学谈恋爱。每个月家里给 3 000 块的生活费，不够花，又开始琢磨怎么挣钱。得知有个在奉贤读书的同学开打印店，在四六级考试期间打印复习资料，平均每天能赚小 1 000 块，他很羡慕。

大二时，他也淘换了台二手打印机，放在宿舍的空床上，做起了打印的小买卖，但生意一般。后来想了想，得出的结论是：奉贤那边打印店少，所以同学生意好；而他在松江大学城，打印店饱和了，他的店又缺少核心竞争力，所以没啥生意。

屋漏偏逢连夜雨，这时女朋友跟他分手了。在双重打击下，他整个人比较颓，但还是咬咬牙，一单两单这么接着，把打印店坚持开了下去。"其实也是借打印店的事转移一下失恋后的注意力吧！"他说。

后来转变思路，价格压不下去，他就送货上门——在考试期间，挨个宿舍上门推销。因为是同校学生，对需求的把握更准确，所以生意一下子火起来了，"产量"供不应求。

在"地推"期间，他还结识了打印店的合作伙伴。有一天，他在别人宿舍推销时，一个叫梁毅的同学对他打印店的商业模式很感兴趣，拉着他在宿舍外聊了半天。

后来，梁毅又去找了他几次，跟他分享自己对打印店未来发展的想法。有一次，梁毅主动提出想当打印店的大股东，把自己的想法落地下去。

梁毅也是上海人。李赞觉得对方挺优秀的，比自己想得多、想得远，跟他也很合拍，如果打印店能做下去，其实自己当不当大股东都无所谓，所以就接受了。

梁毅加入后，打印店慢慢走向正轨，还从宿舍搬到了学校的创业园区。他手头有了些闲钱，不用再向家里要生活费了，假期还能出去旅个游。

"去过日本、新疆，今年 1 月份还去了桂林，都是一个人去的。比较自由，也可以安安静静想些事情。"他说自己在情绪低落的时候喜欢写点东西；根据自己的感情经历写的小说，已经更新到了 200 多章。

花了这么多时间折腾打印店，我问他是不是对本专业的兴趣不大。"差不多，也就是学分能修够吧。"他说学校会推荐一些校外培训机构来学校开讲座，其实就是打广告；但要求学生必须去听，而且计入学分。"我比较反感这种事。"

在学校创业园区办公时，有人投诉他们的打印机太吵了。负责处理的工作人员明着说："给几张购物卡，帮你们搞定投诉。"

他说，其实大多数大学生，尤其是二本三本，大学四年基本荒废掉了。"大家都在说产学研脱节，我觉得实际情况并不是在大学里学到的东西和社会需求脱节，而是在大学里压根没有学到东西。"

在学校"不学无术"，认识梁毅后一对比，觉得自己啥也不懂。他不甘心毕业后只开个打印店，想冲一下"四大"。在学校打听了一圈，发现有相同想法的同学都在准备考 ACCA。

"算是随大流吧，花了 5 万块钱，报了个校外的高端培训班，突击上了 21 天课。认真准备了十几次考试，把这个证书拿到了。结果，招聘时发现'四大'更认学校背景，考 ACCA 的人太多，已经不值钱了。

"5 万块钱打了水漂，还是很心疼的。我后来安慰自己，起码我的出发点是自我提升，而且我也去做了，只是结果不尽如人意而已，就算我在摸索未来职业道路时的一次失败尝试吧。"

"就当交学费了。以前当学生时太单纯，经过这件事才知道，付出和回报不一定成正比。另外就是要选对赛道，别人看重的明明是学校，我却一直纠结于证书。所以，不能钻牛角尖，应该及时止损。"

"因为高中会考，我的计算机成绩得了 A，加上以前玩魔兽改地图，我觉得自己对计算机比较感兴趣，好像也有点天赋，所以毕业论文写的是《小米手机的品牌定位与推广》。"

他说，50 多岁的辅导老师看到这个题目，第一反应是："小米不是做电饭煲的吗？"老师也给不出什么实质性的意见，而是纠结于一些细节，比如 IoT（物联网）中间的 o 是小写还是大写。

※　　　※　　　※

新的一周，培训班的课程难度增大了。老师说，以往的作业都是晚上 10 点多交，昨天的作业是快 1 点才交。李赞也跟我说，现在作业做起来比之前吃力了一点，需要先复习一下；不像前几周，当天的内容在课堂上就可以消化，做作业时不用复习，直接上手。

"现在讲的新知识，我上课时必须全神贯注才跟得上。兼职答疑的事情也停掉了，这样每天能多出一个小时来学习。"

　　但让他有些不爽的是，学校说要分班分组，把一个水平高、一个水平中等和一个水平低的人分到一组，让先进带带后进。此外还要选班长，负责处理一些班级行政事务，老师的意思是让他来担任。

　　但他觉得，带"差生"，是学校的任务。班长的事务性能力，在他创业开打印店时也已经培养了。他交钱到这边上课，就是想一门心思学技术，所以很不情愿。

　　同学们在食堂吃饭时，都不怎么说话了，各自端着个手机，大口扒拉完饭，然后赶紧回教室。只有那个来自纽约的男生，每次都是边吃饭边视频聊天，好像无时无刻不在 social（社交）。

　　晚自习的氛围也产生了微妙的变化：开学不到一个月，同学之间的差距开始慢慢显现。老师也出现在了教室里，一边答疑，一边给部分进度落后的同学开小灶。

　　我旁边的一个同学在百度上查"写过的 Java 代码老忘怎么办？"查着查着，就开始玩手机，一直玩到电脑息屏，才回过神来。他跟我说自己已经跟不上了，打算留级重学。

　　另一个同学问我"验证码"的英文怎么写，我告诉他之后，跟他聊了几句。他说自己之前是自如的销售，没有计算机基础，天天熬到 2 点，但是底子太差了，非常吃力。

　　他把白天老师讲过的代码复制粘贴过来，改动了几处后，就在那一直盯着屏幕看。我问他："你看什么呢？"他说："我看程序写得对不对。"我说："你程序写好了，不运行，怎么知道对不对呢？就好像炒完菜不吃，你怎么知道味道好不好呢？"

　　他把程序运行起来，发现跟预期的结果对不上。他有点不知所措，从桌上抓起一本书，就翻看了起来。我问他："你看书能查到问题吗？"他反问："那怎么办呢？"我问他："你不会百度吗？"他说："不知道搜什么。"我有些无语。

　　教室后排，有 2 个女生挨着坐，其中一个一直在跟另一个讲解，显得相当游刃有余。我跟她说："妹子，看来你学得不错啊！"

　　她说，其实自己就是软件工程专业的，而且学校教得还可以，但她没好好学。虽然毕业找工作入职时的岗位也是软件开发工程师，但公司刚好成立了测试部门，缺人，就把她安排去做黑盒测试了。

她说，公司在河南的十八线乡镇；干了两年，对这种一眼望到头的生活有点厌倦，觉得再不出来，就永远出不来了。但外面的世界有太多的未知，她需要一技傍身，才能找到一份稳定的工作。

"Java 开发，不算是理想的，更别说改变世界，只能算是可以选择的选项里我觉得最好的。"她说，没想到，仅仅两年，软件开发的门槛就高了很多。她找了一圈，没找到愿意要她的公司。

于是开始考虑报培训班，还做了表格对比各家优劣。当时最中意的是郑州的尚马，但一个月之后才开班，她等不及。剩下的培训班里，码蜂是靠谱的里面最便宜的，就过来了。

我问她女生学这个专业的比较少，为什么选了软件工程。她说其实没有为什么，只不过高中毕业的时候，翻着那本报考志愿的大厚书，看到了这个专业。

"也谈不上对计算机有什么兴趣，因为在报考之前，跟电脑的接触仅限于登录过 QQ、看过一集韩剧；父母没什么建议，都不懂。我感觉可能是挺有意思的专业，就这样报了。"

李赞 11 点 13 离开时，教室里还剩 1/4 的人。他满脸笑容，告诉我今天看了知乎上的 Java 面试题，发现自己会，很开心，感觉自己在不知不觉中成长了。我表示恐怕这周开始，很多同学都笑不出来了。"你还能进步，恭喜你啊！"

他表示其实没什么值得高兴的："上海学生的基础教育和综合素质还是比较强的。"他也注意到很多同学熬到很晚，但对着电脑发呆，无从下手的情况了。他说，这就是所谓的"看上去很努力"，其实很多人都是在自我安慰：我都已经加班到这么晚了，学得不好，不能怪我了吧？

"大多数人有畏难情绪，不愿跳出自己的舒适区。我兼职答疑时，有同学找我推荐考证；我给他各种分析，结果推荐完之后，他得知还要学英语，就打退堂鼓了。"

"码蜂的学生也是一样的。很多同学报班前，要么是高考失利，要么从事的是销售等传统行业，看中互联网行业的发展和薪酬，想换个赛道改变自己的命运。"

"高考没考好是很能说明问题的，起码说明学习能力不强。"互联网是一个快速更新的行业，老师教的东西不可能让你一劳永逸，必须具备比较强的自学能力，才能在这个行业存活下去。

"很多同学碰到问题一直卡着，老师讲的东西听不懂是表象，自学能力差才是根源。"

"我开打印店时，注册公司、修打印机、搞定色差、去工厂看纸样，碰到的每个问题都需要自己去想办法搞定，锻炼出了解决问题的能力，学会了'学习'。"

而对于那些从传统行业转行过来的同学，他说："很多人其实是本专业混不下去了，听别人说互联网挣钱，也没有仔细了解，就稀里糊涂来了；不过也能理解，学编程应该是我们入行的唯一途径了。"

"一点基础都没有；碰到问题的第一反应，还是学生时代的'从书本上找答案''问老师'，没有建立起一套互联网式的解决问题方法论。倒是知道百度，但该搜什么、技术词汇的英文怎么写，都不知道。"

互联网时代，不会使用搜索引擎，意味着不具备独立解决问题的能力。他说："我蛮佩服他们拥有转行的勇气，但最后跟得上、学得成的，只是一小部分人。"

周末的理疗有点效果，但治标不治本。为了缓解背痛，李赞在京东上买了个比较好的电脑支架，想调整一下坐姿。但白天他不在家，没法签收。

住所旁边的小超市代收快递，保管费1元。他翻了

半天，也没找到支架。这么晚了，要联系快递员也得等到明天早上了。他有点懊恼："本来打算明天用的。"

※　　　※　　　※

大学开打印店时，李赞注册了一家公司开发票；前两天梁毅告诉他，公司被抽查到了。今天要去松江区市场监督管理局办手续，所以李赞跟学校请了 2 小时的假，打算利用中午休息的时间过去一趟。

我们 1 点 46 到达松江区经济委员会时，梁毅正在里面帮工作人员修卡了纸的打印机——我开玩笑说："你们的专业派上用场了。"

李赞看到梁毅很惊讶，觉得他胖了很多。李赞说，大多数同学毕业后安安心心从事与专业相关的工作，像他这样下决心转行互联网的一个也没有。本地人嘛，车房不愁，找份稳定工作，过过小日子就好了，所以普遍发福了；寝室室友喝了一年奶茶，胖了 30 斤。

"那你为什么转行呢？"我问他。他说，毕业之后，拿到了金蝶和吉游租车的财务offer。但那时他胃病比较严重，很影响情绪，就想过相对规律一些、强度小一些的生活，把身体养好，所以选择了朝九晚六的吉游。

但在吉游，跟领导的关系不太好：领导布置给他任务时，他不太理解，自己想也没想明白，就去问领导，领导会有点不耐烦。也犯过一些小错误，比如写账务摘要时没有写清楚，或者因为客户给出的公司抬头是错的，他没有发现，导致开出的证明有问题。

加上当时自己有些新想法，觉得工作中的一些操作，可以用计算机来自动化实现。但领导觉得：手头的事还没搞好，谈什么新想法？慢慢地，领导对他有了一些偏见。

他在大学期间开的打印店，麻雀虽小，五脏俱全，因此，他觉得自己能力没啥大问题，受不了领导对他的评价。他说自己不喜欢太墨守成规的工作，想以技术为壁垒，做一些更具创新性、门槛更高的事情，于是就有了动一动的想法。

这个时期，他想好了自己不想要什么，但是没有想好自己要什么，比较迷茫。正好认识一个做投资的朋友Jason，觉得他见的世面多一些，就约了他出来聊一聊。

Jason帮他分析，因为已经过了春招，而且他也不是会计专业毕业生，所以如果继续从事财务工作，不一定顺利。同很多投资人一样，Jason比较看好互联网，跟他提了转互联网的可能性。

因为本来就对计算机感兴趣，他回去后，越想越觉得Jason说的有道理，心中的火苗越烧越旺，最后决定转行做程序员。他说，这一行比起很多传统行业，变数太大。自己刚起步，还没有实力和经验去做长远规划，所以没想太远，打算先把课上好，再走一步看一步。

梁毅把打印机修好了。工作人员给李赞在市场监督管理局的徽章前拍了张照，他就起身赶回学校，继续上课了。

※ ※ ※

课程进入第四周，上课的进度其实已经比预想的要慢了，但还是有很多同学反映讲得太快。老师问大家学得怎么样，那些其实学得不怎么样的同学不敢承认，都跟老师说学得还可以。从教室的窗口望出去，张江仿佛近在咫尺。但恐怕对于他们来说，张江暂时触不可及。

李赞说，补习班上了一个月，他发现自己自学的效果不比听老师上课的效果差——每天晚上他把作业完成后，还能上网看看其他人的教学视频，抢在老师讲课之前把要讲的内容先自学了。

"我放视频的时候加速到三倍，发现也跟得上，所以在听老师讲课的时候，反而觉得老师讲得挺慢的。"

晚饭时，他说今天上午发现一个问题：老师在讲解"线程"这个概念时，关于"线程锁"的部分讲错了。但老师不动声色、将错就错地继续讲下去了，很多同学根本没注意到。

下午，还是线程部分的例子，老师说 A 用法可以，而 B 用法不行。但是，李赞自己测试了一下，发现 B 用法也是可以的。

出现这种情况之后，李赞说，可能要改变自己的学习策略了：因为如果老师所讲的不是百分之百准确的话，就不能照单全收，有些关键点自己还要二次验证一下。这样，每天的时间就更紧张了。

李赞今晚 11 点才走。"写程序写嗨了，精神状态很好。但是，原先是肩胛骨疼，现在变成颈椎不舒服了。唉，可能要请假去医院看看了。"他说报这个培训班之前，自己想东想西想了一堆，唯独没有想到会影响健康。

"以前听别人说程序员是吃青春饭，现在才知道是啥意思。其实，最早有点轻微症状时，我想课业这么紧张，忍忍就过去了，结果越拖越严重，晚上睡觉都不安稳，反而影响了学业。早点重视就好了！"

他说，原来晚自习时还经常有人向他请教问题，但从这周开始人数锐减——很多人都跟不上了。

※   ※   ※

立秋了，上海的天气凉爽了不少。李赞觉得腿有点发软，可能受凉了，所以带了泡腾片到学校泡水喝。我们步行经过盛夏路时，看到交警在执法——一个人在人行道上逆行骑共享单车，一个人开车打电话，都被拦停在了路边。

李赞说，上海是一个比较守规矩的城市，交警处理的这两个人，很多地方压根不管，但上海就是按规矩来。包括垃圾分类，也是从上海开始试点，而且大家都很配合。

我想，作为土生土长的上海人，李赞只要"守规矩"，这辈子大概率会活得很轻松愉快。但他为了追求自己喜欢的东西，正在打破常规，就像浦东的座右铭那样——大胆试，大胆闯。

"世界是你们的，也是我们的，但是归根结底是你们的。你们青年人朝气蓬勃，正在兴旺时期，好像早晨八九点钟的太阳。希望寄托在你们身上。"

产品经理杨从筠[*]

　　随着中国本土互联网公司的崛起，越来越多的海归选择毕业后回国从事互联网相关工作。从法国商学院毕业的厂二代从筠虽然可以过上一种更容易的生活，但为了更多的成长可能性，她还是选择进入让她痛并快乐着的中国互联网行业。

　　周一早晨的丰庄路人气很旺。好客时代水果店里，阿姨们拎着买好的8424西瓜，继续挑选新鲜上市的南汇水蜜桃。穿过旁边几百米长的新侯路就是普陀区，水产店门口围满了购买苏北活烫鳝丝的爷叔。

　　8点20，从筠出现在租住的丽丰佳苑门口，一边跟我打招呼，一边示意我去马路对面的罗森便利店。她说，滴滴已经排上队了，她先买一杯豆浆当早餐。

　　预计我们还要等滴滴15分钟，她就在便利店打开电脑，处理起了昨天临时接的、加班到9点多都还没有做完的工作。"有时

候早上太忙乱了，用滴滴和曹操同时打车，结果忘了取消另一个订单，司机给我打电话过来才发现。"

　　滴滴来了，她把电脑往大敞口的 LV 包里一塞，钻上了车。"我上下班都叫车，因为天气太热了。"她说以前背这个没有拉链的包挤公交，平均每年被偷一部iPhone。

　　从筠看上去年龄不大，但经济状况想必不错。我正想问，她看出了我的心思，告诉我，她是 1992 年的，刚从法国的商学院毕业，回国还不到两年。

　　她是义乌人，爸爸开了个汽配厂，家里经济条件还可以，所以从小对她比较宠爱。"但是，我还算节俭的了。"她说小时候妈妈带她去超市买东西，她挑的都是最便宜的饼干。"我妈妈总嫌我穿的用的不够好，不是奢侈品牌。"

家里还有个弟弟，"那就是小皇帝了"，军训时下雨，姐姐送的 iPhone 进水了，修都不修，直接找爸爸要钱买新的。

早高峰不太堵，3 公里开了 15 分钟。我们到达从筠工作的公司"易店"所在的纳德大楼时，还不到 9 点。她上楼之后给我发了张照片："来得太早，大多数人还没到。"

她又给我发了张就餐室的照片，说先在这里把昨天剩下的面包吃了。"阿姨打扫得挺干净的。我们有 6 台微波炉，外面还有 4 个洗碗池，配套很齐全。"

我在大堂的沙发上坐了一会儿。纳德大楼里人流量不大，足有两层楼高的镂空大厅和抛光的大理石地面显得非常高档。穿着香奈儿拖鞋的 OL 风小姐姐刷开门禁，慢悠悠地走进电梯。

11 点 30 左右，一楼的食堂就有人边排队边聊天了。从工牌来看，各个公司的人都有；从着装风格来看，偏商务的是外企员工，偏休闲的是互联网员工。

12 点，从筠下楼拿外卖，跟我在食堂一起吃。"上午主要是在继续忙昨天的那个临时需求，

大概 11 点多才搞定，然后就接着准备下午开会要用的材料。"

"我午饭一般 12 点准时吃，因为公司有熄灯午休的习惯，是一个明确的信号。

食堂午饭刷工牌可以打八五折。晚上如果加班，公司就包一顿盖饭；但因为不好吃，所以我都是点外卖。"

"下午1点半上班，吃完饭还可以休息一会儿。刚从法国回来时，我有偶像包袱，觉得在公司这样的公共场合躺着睡觉不优雅，就不午休。"

"现在顾不上形象了，中午必须睡一会儿。"她说自己2018年春天入职，做"研发产品经理"，干了快1年半，天天加班，晚上睡不够，就买了张折叠床放公司用来午睡。

"其实，周一上午一般是要开团队周会的。但是因为刚经历组织架构调整，我的新团队还没有形成周会制度，所以就不开了。"1点整，她说有点困，上楼午休去了。

下午快6点时，我给她发微信："晚上你一般怎么吃呢？还是叫外卖吗？"她迟迟不回复，我就去食堂转了转。6点40，食堂有好多人在排队。我问打饭阿姨这是啥情况，她说这是易店的加班餐，6点45才开始供应。

虽然人数比中午多，但反而比中午安静了——大多数人都在低头刷手机，聊天的很少。这跟我在其他互联网公司看到的情景非常类似——累了一天，话都不想说了。

6点55，她终于回复我了，说是刚才在开会没看手机，已饿瘪，现在下楼吃饭。我们去公司对面的"轻食工厂"，她点了份牛肉意面，边吃边跟我说，晚饭不像午休，有个明确的信号，所以大家都是三三两两地去。

"在上一个团队时，大家都是一起吃饭；我是团队的开心果，活跃气氛就靠我了。但现在的团队大家都是各吃各的。因为工作已经占据了我所有的精力，没有剩余的精力来活跃气氛了。

"晚饭一般都不准时。在吃晚饭这件事情上，我没空安排几点吃，思考吃什么，所以饥一顿饱一顿，胃也不太好。精力都给了工作，生活就非常没有规律。"

她说，今天下午5点开了个会，吃饭前刚结束；主要是一个产品需求，品牌合作方不能按照原定排期交付，所以需求和排期都要做出相应调整，业务和技术团队就拉着她一起商量。

我觉得有点绕，问她能不能详细讲讲。她说，易店是一个专攻家用电器的电商平台，主打空调、冰箱、洗衣机等白电（可以替代人们家务劳动的电器产品），像格力、海尔、西门子等品牌都会入驻易店。她还举了个例子：

"'双11'时，易店和西门子洗衣机合作搞活动。两家商量，西门子拿出一款滚筒洗衣机，11月11日这天，从0点开始，前500名付款的买家打5折；0点30前付款的打一个折扣；其他时间付款的打另一个折扣。"

"'双11'肯定要提前准备，所以约定：9月1日之前，西门子要把洗衣机的型号、图片、原价，以及将5折外的另两个折扣定为多少等信息都发给易店，这样我们才能用这些物料做商品页面。可以理解吧？"

"然后，易店就根据西门子的节奏来排期：9月15日前，设计出图；10月1日前，前端根据设计图出页面；10月15日前，后端把促销的规则写成代码；剩下的时间留给测试。"

"但是，8月25日，西门子反馈说，内部讨论了3个折扣分别是5折、7折和8折后，上报给总部，结果总部不批。他们现在要调整折扣力度，重新上报，9月1日还不能给出最终的折扣。"

"问题来了：设计师手头上同时有 3 个活，本来预计西门子的活 9 月 1 日能拿到物料，所以其他两个活就按照这个预期在排。现在西门子有变数，那要么出图时间往后推，要么时间不变，但要挤占其他两个活的时间。"

"设计的排期调整了，前端的排期就要跟着调整；促销规则不确定，后端就没法写代码。这样一来，这个活动还能不能落地，就不好说了。"

"我们不可能跟领导说，因为西门子的原因，'双 11'的活动不做了。但合作方是上游，易店是下游，上游的排期会影响下游的排期，整个项目的节奏就被打乱了。"

"牵一发而动全身，这么一折腾，很耗费精力。之前出现过的情况是合作方最后给不出物料，结果产品没上线，这样前期的所有工作就都白做了。"

"吃力不讨好不说，我们还没法责怪别人。我们体量小，合作方分给我们的精力肯定不比天猫和京东。你怪我？下次不跟你合作了。"

吃完饭，她上楼加班去了，跟我说预计 10 点多走。8 点 45 时，我看到有程序员打扮的男生坐在大厅的沙发上，跟老婆孩子视频。9 点 22，我收到她的微信："有点不舒服，想回家。"

我以为是晚上吃坏肚子了，结果她跟我说是这段时间加班加点赶出来的一个项目上不了线，她要帮别人背锅了。

"气得我手头上的工作都没做完就不想干了。"她一边叫车一边说，一个每年都转岗的业务同事，刚休完 1 个月的长假，回来后参与到这个项目里。

"干啥啥不行，向上汇报第一名。这个同事比较会说场面话，PPT 汇报能力一流，深得老板赏识，但落地能力极差，又喜欢甩锅，跟他对接的人都苦不堪言。"

前阵子，这个同事十万火急地跟她提了个"一句话需求"，没有重点，逻辑缺失。业务主导型公司，产品话语权弱，她只好接了需求，然后到处找人了解上下文，熬了好几次夜，推动技术 [①] 去把这个需求做了出来。

[①] 在互联网行业，口语中的"技术"一般指程序员或技术人员，是常用叫法。

"结果人家说这个需求没想清楚，不做了。我自己白干也就算了，关键我还拉了一帮技术跟我一块儿白干。这次我可以请别人吃个饭安抚一下，下次别人还愿不愿意跟我合作了呢？"

她说，大家都是螺丝钉，做的事情是一条流水线上的一个环节。流水线长了之后，螺丝钉看不到自身的价值，工作的成就感不强。大家难以就事论事高效工作，需要靠维护人际关系来推进合作。

"公司一般分为做事型和做人型。我就是因为不想做人，觉得互联网公司偏向做事，所以才来易店，没想到过了试用期之后就发现其实还是要做人。"

"对我来说，搞人际关系倒也不刻意：我性格比较开朗，愿意跟同事交朋友。但在朋友的私人感情和同事的就事论事这个界限的划分上，我拿捏得还不够好，所以在处理某些事情上会比较累。"

"碰到过已婚研发 leader 用比较暧昧的语气跟我说话。我想，是不是我太平易近人了？现在这个项目的设计师是个女生，我们刚认识时她脾气非常不好，熟了之后我才知道她是故意的，就是为了避嫌。"

滴滴来了，我问她："加班打车报销吗？"她说公司规定早上 11 点前电脑连内网打卡，晚上下班打卡，一天工作够 8 个小时就可以了。此外，扣去吃饭的 2 小时，只要加班够 3 小时，"也就是早 9 晚 10"，打车就可以报销。但她一般加不够 3 小时，加上车费就十来块钱，嫌报销流程麻烦，就不报了。

※　　　※　　　※

起床时，我看到从筠凌晨 1 点 23 发来的微信："我晚上跟朋友讨论个事就到了这个点。我不可能早起了。我明早 9 点出门哈！"

早上在罗森见到她时，她正在买咖啡。"跟朋友聊房子聊到快 2 点，困死了。"她的嗓子有点哑，说只能靠咖啡"续命"了，可以保持亢奋的状态到下午 5 点多。"咖啡的劲过了之后就非常累，感觉身体被掏空。"

"我从 3 月份开始，看了小半年房子了。父母有时会从义乌过来跟我一起看，但每看一套都说好，让我自己决定。毕竟是一大笔钱，完全由自己拿主意的话，我感觉还承担不了这么大的责任。"

我问她为什么不等将来有了男朋友，再跟他一起分担。她说自己从高中就住校，没有怎么买过喜欢的大件，因为搬家太麻烦了；如果有了自己的房子，就可以放喜欢的东西了。

　　车到了。她买了个口罩戴着，端着咖啡，窝在座椅上睡着了。

熬夜比较辛苦，吃点好的补补。午饭她点了凌空SOHO那边的粤菜外卖，一份烧牛蛙，几片白菜叶，一份汤，一份米饭，一共48块钱。

"今天中午不午休了，喝了咖啡，一点也不困。最近事情比较多，打算中午都尽量不午休了，为下午的事情做做准备，不然时间不够用；再一个是睡着了之后就起不来了。"

"每天起床后，感觉整个人都是枯的。我睡眠质量不太好，躺床上老是想些有的没的：'如果不靠父母，我能活下去吗？'"

质量不够，时间来凑。"所以每天需要睡比较久，这样才有精神。也尝试过用药物或其他来调理，发现除了吃安眠药和小仙炖燕窝，褪黑素之类的统统不起作用。"

"但是小仙炖太贵了，如果隔一天吃一次，每个月要花3 000块钱。有时候我3点钟还没睡着，第二天又要开会，就会吃一粒安定。我的小组里，有两个女生吃安眠药，两个吃止疼药，因为会定期头疼。"

"我吃的安眠药是同事分给我的，是她家里给她寄的。"她说工作实在太累的时候，下午会溜回家睡一觉。"怎么会这么辛苦呢？"我问她。"我跟你捋一下吧。"她说。

"前几年创业比较火的时候，不是有个梗，说'我有个改变世界的点子，就差个程序员了'吗？其实还差个产品经理。这个角色具体是干什么的，没有官方定义，我给你举个例子吧。"

"你想开个小饭店，就请了个厨师。这个厨师基本功很扎实，南北菜系都会做。是不是小饭店就可以开起来了？不是。"

"你要考虑你的客人是谁——学生？白领？还是本地叔叔阿姨？客群不同，意味着你饭店的选址不同。如果是面向学生，那最好开在学校周边。如果面向白领，则要开在写字楼旁边。"

"还有菜系。如果面向叔叔阿姨，可能汤包、大排面这些老上海风味比较合适。如果面向学生，可能炸鸡、奶茶更受欢迎。"

"再细一点，卖炸鸡的话，是做那种裹面粉的韩式炸鸡，还是什么也不裹的老式炸鸡？你问厨师，他肯定说都能做。"

"这些问题，不是厨师应该考虑的；厨师只负责做菜，你让我做什么菜我就做什么菜，好吃就行。你在全是上海叔叔阿姨的老居民区开个奶茶店，生意不好，那就不是厨师的问题。"

"换到互联网的语境里，厨师就是程序员，考虑这些问题的人就是产品经理。如果这些问题是老板考虑的，那么老板就是产品经理；否则就得招一个产品经理。"

"现在出去吃饭，'吃的是服务'；服务是由菜品口味、就餐环境等综合因素组成的。产品经理就是定义服务的人，而厨师只负责其中的做菜环节。"

"产品经理理顺各种业务需求后，把它们概括成产品需求，提给技术；技术再将产品需求用代码实现。"她说，回到现实中来，她每天的工作主要分为五大部分：

● **确定需求**

为了业务的更好发展，产品可以有哪些新功能呢？从各方收集的产品反馈来看，有哪些是需要改进的？基于此，确定产品需求。

● **写需求**

将产品需求形成 PRD，即"产品需求文档"。然后预估一个大概的排期，即技术实现产品需求的时间节点。

● **参加需求评审会**

虽然产品是技术的上游，但也不能搞"一言堂"。需求合不合理？排期现不现实？产品经理要对着 PRD 跟技术一起开会评审。

● **评审会后，解答 PRD 相关问题**

技术可能会对 PRD 产生疑问，产品经理要负责解答。

● **压排期**

技术理解了 PRD 之后，会根据自己的安排，再给出一个排期。因为考虑角度不同等原因，产品预估的排期跟技术给出的排期往往存在差异。

比如，产品预估的排期是 10 天。因为产品会觉得，不管是技术还是产品，大家都服务于业务，所以，根据业务的发展情况，产品预估的排期是 10 天。

而技术给出的排期则是 20 天。技术的理由是，按照 5 个工程师、每人每天工作 10 小时、一周工作 5 天来评估，得出技术排期为 20 天，否则质量得不到保障。

如果产品判断 20 天的时间来不及，坚持把排期定为 10 天，那就要先"软磨硬泡"让技术同意，然后要么加人，要么加班——为了"压"下去，产品经理需要做很多协调工作。

从筠同时参与多个项目，每个项目有多个需求，一个项目做完了又会出现另一个项目，无限循环。

我听得头都大了。她说，如果只是这么几项工作，倒也还好了，无非是工作量大一点而已；真正占用时间的，是需要在钉钉上跟同事进行频繁的沟通。

"我得先上去了，晚上再跟你说啊！"

6 点出头，我们约在公司对面的和久日料店吃晚饭。"气死了！气死了！"她说一个同事因为身体原因要休假，强行把一个排期不明确的需求甩给了她，把她的工作安排全打乱了。

中文说得挺好的日本老板娘帮我们点好菜后，她的情绪缓了过来，接着中午的话题，继续向我介绍沟通带来的工作量：

压排期时，技术预估，5 个人每天工作 16 小时，周末不休息，也不可能在 10 天内完工。这时候，她就必须跟技术总监要人。

但她觉得自己比总监级别低那么多，如果说错话，可能导致总监对整个产品团队的印象都变差，所以扭扭捏捏的。加上总监比较忙，回复她不及时，沟通效率很低，效果很差。

沟通完了，要到了 2 个人，也先后进来了。但因为 2 个新人没有参加过需求评审会，所以对 PRD 不熟悉，做着做着碰到了问题就会过来问她。她把评审会的内容又复述多遍，沟通成本很高。

业务是产品的上游，产品是技术的上游；当业务需要技术资源，或者技术需要业务资源时，都会向产品要。这样就导致产品被夹在中间承担很多协调性的工作。

"当出现分歧时，谁凶谁说话就好使。去年我的一个项目，其他成员 6 点就下班了，但我比较强势，push 得很厉害，所以被一个同事怼了一次，说我排期太紧张，有技术完成不了，结果被扣了绩效。"

"我比较在乎别人的评价。别人表扬我，我就非常开心；但批评我，我的心情就很差。所以从今年开始，我就变得更'体贴'了，但尺度把握得不好。比如带的一个新人，来得晚、走得早，交代的任务没完成人就不见了，我也只是暗示一下，没有当面批评她。"

"我现在是一个比较 nice 的人。'己所不欲勿施于人'，因为我自己很抗拒加班，所以我也不太愿意'压迫'技术加班。"

"之前别人给我反馈了一个 bug，我把这个 bug 报给技术后，技术凌晨 1 点跑到公司去修。虽然这也算是他的分内事，但我觉得特别愧疚，所以第二天请他吃了个饭。"

10 点 37，从筠在微信上跟我说准备下班。"今天的事情其实还没做完，但是不想做了。刚才在办公室刷了半天 BOSS 直聘。"

"工作干得不爽时，都会看看有没有新机会。我们几个关系好的同事之间，'离职'都成日常话题了。大家心照不宣，都不用说话，看看对方的脸色就知道：你现在应该很烦了。"

"来易店后，大概就是一天 10 小时到 12 小时的节奏，只有中途换业务或者换团队的时候可以划水。公司规定，工作满 1 年之后就有 5 天的年假，我们团队因为'6·18'值班的关系，额外给了 4 天调休，但我一天都没有休。"

"手头这个项目开始前，本来打算去欧洲玩一玩，但申根签证没下来，所以也没去成。"

她说，现在加班加得都没什么朋友了——儿时的朋友和留学的同学，在上海的，多数在陆家嘴的外企上班，工作比较轻松，经常在周中约她吃饭，但是她都要加班，久而久之大家就不再约她了。"每次进城，看到陆家嘴的高楼大厦，我感觉自己好像不属于那里。"

"在易店的第一年，工作特别累的时候，我都是通过哭来放松的——不带情绪的哭是一种发泄。小会议室，女厕所，各种角落我都哭过了。"

"我家人不太理解我为什么要这么辛苦。我妈问我：为什么还不辞职？因为我希望将来具备做战略决策的能力，而不仅仅是螺丝钉，纯粹做执行；这要求我形成属于自己的产品方法论。所以，我给了自己 3 年的成长期，在这期间，即使牺牲掉朋友和家人的理解，也无所谓。"

"明天下午准备请假去看房：有一套新房 9 月 1 日就要结束认筹了，如果晚去的话人会比较多，所以想在周中去。总价 1 000 万左右，太贵了，但是如果特别喜欢的话，家里应该也拿得出来。"

※　　　※　　　※

"昨晚吃了小仙炖，虽然睡得晚，但睡眠质量还可以。" 9 点见到从筠时，她说自己 2 点才睡，8 点半起的，"在追《喜欢你我也是》"。

"不管怎么忙，我每天也要抽出一段时间来放松一下。" 她说之所以熬夜，是因为不想一天就这样在工作中结束了，她需要挤出一点个人时间，才有"这一天属于自己"的感觉。

"但是楼下的阿姨比较难搞，之前晚上洗澡时我在屋里放音乐，她都会上来找我——这个老小区隔音一般。我现在住的自如，跟另一个人合租，房租一个月2 700 块。"

"我看 B 站上的吃播比较多，食欲是最好满足的。" 她说虽然只睡了 6 小时左右，但是也不打算喝咖啡了，因为有个同事咖啡喝得很勤，在体检的时候发现心率高得不正常。

"我吃过一段时间的蔓越莓素，因为我觉得在高强度的工作下，只有吃点保健品，心理上才会有点安慰——虽然没感觉到有啥实际作用。"

中午 1 点 20，从筠来食堂找我："11 点开评审会，然后压排期，刚结束。有一个产品需求因为没有沟通清楚，我和同事都以为是对方负责，导致今天评审的时候这个需求没有 PRD。"

"那怎么办呢？" 我问她。"技术说可以采取一个比较丑陋的方案把这个问题绕过去，但是工作量比较大，他们周末必须加班。" 她说这样其实是把产品部门的锅甩到了技术身上。

"这个锅一点技术含量都没有，让这群智商比较高的技术哥哥去背，纯粹浪费时间，所以我很烦躁。上一个项目结束后，走了 3 个技术。据说公司马上要出台政策，校招生签合同时多了一个条款：3 年内不准离职，否则罚款。"

"本来还打算下午请假去看房的，没戏了。" 她说现实分分钟教她做人，"工作前以为赚钱是很简单的事，希望边工作边靠副业赚到 1 000 万。现在觉得自己真幼稚"。

下午 6 点开始，金钟路和福泉路交叉口出现大量人流，下班高峰期到了。

7 点 11，从筠下楼，我们还是去吃日料。我问她这附近 6 点就下班的都是什么公司，她说从没关注过，因为易店不会有正常时间下班的人。

我问她下午在干吗。她说："4 点开始评审，一直持续到 7 点。因为这次对接的技术来自新团队，提了很多问题，所以时间就长了一些。"

业务同事也参加了评审，而且在会上针对从筠的发言提出了一些不同意见。"搞笑！PRD 早就发给你了，这个会是产品经理和技术之间的沟通会，你对 PRD 有什么问题，不会早点说？"

"其实，你可以选择一种更轻松的生活吧？"我问她。她说，那些在外企的同学确实比较闲，但月薪只有 7k 左右。外企一般在市区，租房贵，要 4k 左右。

外企对 dress code（着装风格）有要求，同学们普遍穿得比她好。住在市里，周末还会去比较好的餐厅打个卡，或者看看展什么的，日常开销比工资还高，需要家里赞助一下。

有个朋友在 GUCCI（古驰）做买手，帮她内推过 GUCCI 的产品经理，但是月薪只有 8k；好处是能折价买 GUCCI 的产品。她也去面试了，但因为对接的技术是外包的，她觉得不专业，就没有考虑了。

从筠去面试的时候，发现 GUCCI 员工普遍好看又精致。"这样的外企，典型特征就是对形象有要求，工作轻松，但钱不多。我认识好几个不差钱的女生，都是找一份体面的工作，挣多挣少无所谓，然后准备生孩子。"

"但是类似 GUCCI、GE（通用电气）这样的外企在国内的吸引力越来越低了，主要就是因为中国互联网公司的崛起。"

相较于外企，她更倾向于互联网公司，因为觉得在这里不用"端着"。她说，毕业后去网易考拉实习，认识了很多段子手，跟他们打交道既轻松又开心。"这帮人薪资不低，但并不会给人高高在上、咄咄逼人的感觉。"

她的实习月工资 5k，包吃包住，虽然是三人住一间，但房子比较大，装修也有格调，她非常满意。同期那些去外企实习的朋友，日薪 100 元，实习工资每个月不到 2k，高下立判。

在网易考拉时虽然是"995"，但宿舍楼上就是办公室，不需要通勤；大家一起办公，一起吃住，氛围非常好。所以，她毕业之后来了上海，还是选择了互联网公司。

我问她为什么不留在网易考拉，而是选择了易店。她说，主要是因为当时同事普遍处在舒适区，不去想太多有关成长和前途的问题。女生比较注重外表而不是内涵；男生也劝她不用太努力，找个好老公就行。

但在易店，大家普遍想得比较多，有比较清晰的规划。另外一个重要的原因，是工资更高，能够 cover（覆盖）她的日常花销，她不用再向家里要钱了。

她说，现在月薪税后不到 15k，每个月开销近 10k；心情不好的时候，需要通过买买买来发泄，也会月光。每个月大概有两个周末会打车进城跟朋友 social，吃吃饭，看看展，1 000 块钱就出去了。

"跟外企比努力，跟互联网比精致。"她说其实自己对行业还算满意，因为互联网对天赋要求并不算高，只要多投入一些，加加班，基本都可以胜任工作，她比较有安全感。

"也有不满意的地方。在公司做的不是创新业务，只是维护老业务，来来回回就那么点东西。专业技能是越来越熟练了，但是感觉没有实质上的成长，不知道未来我的竞争力在哪里。"

※　　　※　　　※

今天是八月初一，趁中午休息，从筼坐地铁到静安寺拜佛。"我在法国时，生病了约不到医生，就读《药师经》，感觉会好一些。每逢初一和十五，我都会来静安寺拜拜，当作一种精神寄托。"

"为什么会选择法国呢？"我问她。"我本科读的浙江工商大学，基本没怎么好好上课。快毕业的时候，陪朋友去咨询留学的事，看到法国留学的广告，发现时间和价格都挺合适。"

另外就是，当时她的男朋友有法国血统，加上自己读过一些法国文学作品，

所以她对这个国度很好奇，想去体验一下。

"一个人在异国他乡还是很辛苦的。刚去法国时，我一个人拖着 40 公斤的大箱子，从巴黎机场坐大巴去学校；在学校搬了好几次家，也是一个人折腾。"

但是，从筠表示在法国上学比较轻松。生活上，政府对学生的学费、住宿、餐饮都有补贴，"一个月的住宿费，原价 600 欧左右，补贴 200 欧；吃饭原价 8 欧，补贴后 3 欧。其实，生活成本跟上海差不多，但赚得更多"。

"学业上，做项目时会紧张一点。周末双休，都可以出去玩，每年也有好几次长假可以去旅游。我所在的那个城市挨着瑞士，有漂亮的雪山，节奏也很慢。"她口中的法国生活，是相当轻松惬意的。

"那为什么不留在法国呢？"我问她。"与我合租的室友，是个残疾人，非常喜欢法国，因为那里不把她当残疾人看。但是，安全性太差了：法国是难民重灾区，一些难民搞暴动，会煽动本地愤青，曾把我们学校的玻璃门都砸烂了。"

另外一个原因，是在法国受到了比较大的打击：当时她最要好的闺蜜 Joey，跟她在品位、见识、谈吐上都很契合，她认为碰到了灵魂之友，所以把 Joey 看得比当时的男朋友还重要。但是，她的男朋友出轨，跟 Joey 在一起了。她为此休学了一年时间来疗伤，从此再也没有碰过感情。

她说，回想起来，自己对人品的考察不够。她认识 Joey 时，就知道 Joey 生活不检点：国内国外都有男朋友，还让她帮着一起隐瞒。她没当回事，结果农夫与蛇的故事发生在了自己身上。

"法国的经历，我最大的收获是同理心。留学时，虽然外国朋友会邀请我参加活动，但我能感觉到被当成外人，很难真正融入当地人的圈子——在国内则从没有过这种感觉。这样的反差，让我学会了站在对方的角度看问题，这也是做产品经理的必备能力之一。"

周末，总算有时间去看房了。我们下午 3 点出头到达浦东新区的前滩晶萃名邸时，认筹公示牌前已经站满了人。她说："我偏向一手盘、地段好点的学区房。家里给我准备了 200 万的认筹金。"

我们转了一圈没有人接待，好不容易找到一个工作人员问了问，被告知楼盘不在认筹处，还有一段距离。等我们赶过去的时候，发现是个大工地。

门口两个穿着西装的中介提醒我们，这个楼盘紧挨着一个天然气电站，手机信号时有时无。"靠近电站的两栋楼一平方米7万，不靠近的10万，不怕死就买吧。"

从筠说，她很喜欢前滩这个地段，发展很现代化，但因为电站的原因，家里肯定不会同意买这里，所以就不考虑了，出发去看下一个楼盘。

漓江花园三期在徐汇区，对面有个挺大的华泾公园，绿意盎然。营销中心里有一堆人围着销售人员，听他讲沙盘。从筠凑过去一边听，一边在手机上查这个楼盘的信息。

样板房在23楼，我们进去时，还有一家老小在里面。销售人员介绍说，120多平方米的面积，总价近900万，首付300万出头，贷款20年的话，每个月还3万左右。

她听后有点咋舌，感叹道，如果买这里，以她现在的收入，首付和房贷基本上都得家里出，太贵了。"那你同事都是怎么买房的呢？"我问她。

她说，一些同事知道她从法国回来后，经常找她打听代购奢侈品的事情，她们都在父母的资助下在上海买了房。还有些已经结了婚的同事，基本上是男方出房子首付，男方还房贷，且房本上还要写女方的名字。

"虽然有些女生可以为了房子而嫁人，但我不愿意；那样只是搭伙过日子，不是结婚。好的婚姻为你遮风挡雨；不好的婚姻，风雨都来自另一半。"

我问："不靠家里有可能买到房吗？"她觉得够呛："即使回义乌，在本地找个月薪1万多的工作，首付也得家里出，然后我自己还房贷。"

今天看的2套房子都下不了决心。到了晚饭时间，辛苦了一周，她想去住所附近梅川路步行街上的大馥炭火烧肉屋吃点好的。我们过去排了半小时的队，终于吃上了饭。

我问她："既然开始买房子了，个人问题你怎么打算呢？"她说："比较难，但我已经开始考虑家庭和工作平衡的问题了。"

她说自己其实很想要个孩子，但以当前的状态，她没法当个好妈妈。她希望自己能在 30 岁到 40 岁之间达到"工作上不用花费太多精力"的状态，但认识的同行无一达到，所以她对转行也不排斥。

"平常太累了，休息的时候连谈恋爱的精力都没有，就想一个人待着。我的负面情绪都是在独处时自己消化掉的。非要谈恋爱的话，只能在公司内部找了。"

"公司有单身群，也组织过联谊活动，但我没参加过；因为在相亲活动中，女生往往会比男生更主动，男生容易不珍惜。"

矛盾的地方在于，现在的生活两点一线，如果不主动、不刻意，就不太好找，但她又觉得还没到那个程度。同时，她又纠结：万一年纪大了找不到，会不会因为现在不主动而后悔。

"之前也接触过同学介绍的两个男生，都是上海人，家境不错，但是交往下来发现他们家里普遍比较强势。其中一个家里有好几套房，妈妈死活不同意，威胁儿子说：'如果你要跟这个女生在一起，我就自杀。'"

"另一个是隔壁公司的，请我吃饭，我也去了。我们约在一家需要预付费的自助餐厅，结果这个男生迟到了，我就先把账结了。他后来知道了，也没有要把钱补给我的意思。"

"前阵子闲的时候，我相亲见了 8 个人，都是同事介绍的，但都有硬伤。现在这年头，介绍一个正常的相亲对象，相当于送了一个价值 20 万的人情。"

"上周另一个组的产品同事邀请我去南京看江苏卫视聚划算盛典。票很难买，我也很感兴趣，但不喜欢这个人——颜值不行。"

这个同事前后邀约了她 20 多次，她都拒绝了，但这哥们还在坚持，她都不知道该怎么办了。"我妈对我谈恋爱管得特别严，高中时有男生往家里打电话，我妈打回去把人家臭骂了一顿，所以我不太会跟男生打交道。"

大三时，她认识了初恋男友——是个很有上进心，在学校旁边创业开店经营密室逃脱的男生。那时，她比较散漫，看到男朋友在电脑上把自己的一天规划得明明白白，非常崇拜。

因为男朋友经常在外面跑生意，就把密室逃脱的一些日常运营交给从筠。那时，她不了解创业的艰辛，觉得自己的生活都照顾不过来，还要去照顾男朋友的生意，压力山大，就提了分手。

这段感情教会了她努力、上进、自律。工作之后，对初恋男友的辛苦程度有了感同身受的体会：我打一份工都被折磨成这样，那创业的压力就更大了。

"其实，你们没有原则上的冲突，还有可能复合吗？"我问她。她给出了否定的回答："我是一个向前看的人，喜欢是一种很感性的东西，这种感觉过去了就过去了。"

第二任男朋友，就是那个有法国血统的出轨渣男。他是个佛系文艺青年，比较随性，没什么上进心，但杂书和电影看了一大堆，到处旅游，有趣但无用的东西知道得比较多。

"这两个男生好像不是一个类型的啊，你的择偶标准是什么？"我很好奇。她说自己谈恋爱完全不设限，但不会为了谈恋爱而谈恋爱。"认识男生很容易，比如去参加同学聚会啥的，但碰到合适的很难。"

"怎么算合适的呢？"我问她。"我觉得要有一些让我佩服的闪光点吧，"她说，"但对于我来说，找到让自己佩服的男生比较难。"

她说，自己关注了像"你好_竹子""王小猴儿_"这样的网红 KOL，因为她们好看、有趣、独立、认真生活，不回避自己与众不同的地方。在她们身上，从筠看到了自己想成为的样子，也让她在面对世俗压力时感觉不那么孤单。

"我觉得女孩子要有一点见识再成家，跟男方的三观和成长速度不能差太多。在工作、生活中两个人能互相理解，一起奋斗，这样比较稳定，也比较持久。"

其实，听完这些，我就知道符合她标准的男生相对少。"你同事都是怎么找男朋友的呢？"我问她。

"每个人对另一半的要求都不一样。我们组女生多，大都单身。那些非单身同事，一种情况是两个人都很忙，对对方的情况能感同身受，可以互相理解，设立一个共同目标，比如赚够多少钱，女生就换个轻松的工作，回归'男主外，女主内'的模式。"

"另一种情况，男生是上海人，经济条件好，在国企工作，下班早，跟互联网行业的女生互补，也就是'男主内，女主外'，女生比男生要更强一些。虽然不符合社会主流认知，但感情的事哪有十全十美，自己权衡好，能接受，就可以了。"

"还是要看人。上周我有个同事失恋了，跟我哭诉了一晚上。她前男友也是上海人，有两套房，在美团工作，收入不低。但是好几次出去吃牛排，前男友总是在 2 份牛排中选大的，把小的留给她。我们知道了，都觉得迟早要分。"

"也有修成正果的。有个同事跟男朋友是在面试时认识的，一见钟情，然后谈了 4 年的异地恋。最近男朋友从广州搬到上海，去 GE 当销售，两人终于团聚了。"

"你能接受异地恋吗？"我问她。"异国都没问题，"她说，"现在谈恋爱，能找到一个有眼缘且相处融洽的，太难了。我们这一代普遍在精神层面有要求，比父母那时高多了，所以在很多现实问题上可以妥协。"

"对方可以没房子，可以暂时异地，可以创业太忙没时间陪我。房子、异地、陪伴，其实解决的都是女生的安全感需求；如果你知道有个值得信任的人是你的精神伴侣、心灵归属，你就会有安全感。"

※　　　※　　　※

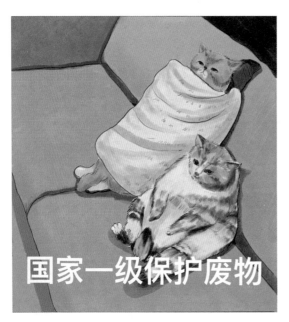

下雨的早晨，风中已经有丝丝凉意了。从筠本来跟我约好早上 7 点半出门，但 7 点 12 的时候给我发微信，说推迟到 8 点。8 点过 9 分时，又说闹钟没响，刚醒，收拾收拾准备出门，再推迟半小时，还给我发了个表情包：

见到她时，她有点踉跄："做了一夜梦，梦到的都是公司和同事，醒来觉得有点发烧了。"在罗森买了杯热豆浆后，她缓过来了一点："早上起床穿衣服到走出小区大门时都是迷糊的。"

"注意身体啊！"我叮嘱她。"互联网人谁没点健康问题呢？"她说自己每天起床后口干眼干，因为工作太忙，顾不上去医院看。"我还没有体检，想先把重疾险和意外险买了再说。每年在换季时都会病两三次，习惯了。"

"很多同事不用体检，就知道自己身体有问题。倒也不是说为了赚钱连命都不要了，而是比起身体上的问题，更让我们焦虑的是被时代淘汰的危机感——起码公司提供了一种成长的可能性。"

"有同事跳槽去了银行，不但不加班了，连上班也没啥事干，心里太慌了，就在准备考 CFA（特许金融分析师）。我也是一样，即便换了份闲差，也肯定闲不下来，要找点事情做。"

"上午我还有点事情需要处理，下午想请个假，回来睡觉。"

11 点 45，她在微信上跟我说事情做完了，准备回家。"上午主要是配合测试一个项目。一个刚来的实习 QA（Quality Assurance，质量保证工程师，一般简称"测试"）明确跟我说，这个项目自己不熟悉，如果做得不好，就会直接背锅滚蛋，所以请我多帮帮忙。"

我们在她家门口的"宏泰祥生煎馆"吃了点清淡的。不大的店面里，服务员一直在喊"宫保鸡丁是谁的""大馄饨是谁的"，但没有人回答——客人们都在专心玩手机。

从筼的状态比早上好了不少。"下午能够休息，'在工作时间划水'的喜悦已经盖过了我的病痛。5 天年假，'6·18'的 4 天调休，再加上 5 天带薪病假，目前只休了今天这半天。但估计下午也睡不踏实，肯定会有同事找我的。"

本以为今天会比较轻松，没想到下午 4 点多，她在微信上跟我说，要回趟办公室。在丽丰佳苑门口见到她时，她的精神好多了。"QA 把项目测了一遍，bug 多到不忍直视，页面一眼望去全是问题。"同事 hold 不住了，让她赶紧去主持大局。

"负责这个页面的前端，前几天问我 toast（一种消息提示框）是什么，我告诉她了，但没有在意；现在想一想，相当于一个厨师问我炝锅是什么意思。我应该早点意识到她是有问题的。"

忙了一下午，晚饭也没顾得上吃。8点45，她溜了下来，电脑和包都没有拿："同事都还没走呢，想给她们造成自己还没走的假象。"

她说，下午直接把这个问题上升①到了那个前端的领导，领导又多安排了一个前端过来抢进度。两个前端一起把下午报的30多个bug修复之后，又出现了新问题。她跟实习QA交代了一下测试时要注意的问题之后，感觉太累了，就先走了。

"每天都在受气。我自己才一年多的工作经验，每天跟这些人打交道，自己不但没有成长，反而还要输出，感觉很焦虑。在座位上要不断深呼吸，不然就会炸掉。"

"我现在感觉有点停住了。如果不是项目进度推着我，我就什么也不想干了。现在的心态是，周一到周五都想辞职，周末缓两天回血，周复一周。"

她说，自己作为行业新人，喜欢被别人带。在网易实习时，公司分配了一个"师兄"带她，且一段时间内是没有业绩压力的。但易店只是分配了一个"答疑师兄"，不会主动带你，而是你碰到什么问题可以问他。

"新人来了就干活，没有经过系统培训，所以没有'统一思想'，大家沟通起来往往不在一个频道上；缺少文档章程，很多已经完成的功能，背后的逻辑，还要问当时做这个功能的人才知道。

"问什么答什么，都只是一个点；背后的体系、来龙去脉，别人也不会耐心地给你讲解，需要自己梳理。学习成本非常高，要求员工有比较强的自学能力。"

听她这么说，我突然意识到，其实易店的规则就是这么设计的：希望员工以战代练，自我学习，快速成长，这样的话，1年左右就能够带团队，独立负责一个项目了。但从筠显然不太适应这种规则，所以感觉工作起来比较吃力。

告诉她我的想法后，她表示有道理。"好像是这样的。明显感觉校招生就不像我这么纠结，因为他们是一张白纸，还没有形成自己的规则，所以易店是什么规则，校招生就会遵守什么规则。"

"当一个项目里我的司龄最长的时候，其实我应该牵头的。而现在，我不但没有起到表率作用，还嫌弃这个那个不够专业，确实不太应该。可能易店还是不适合我吧。"

---

① "上升"是互联网行业的术语，特指某人搞不定自己负责的工作时，向其领导反馈。

她说，自己之前也去面试过其他公司。

在一家银行，面试官问她的全是关于在法国期间的事，不问产品专业知识；当她介绍之前在网易的项目经历时，对方一个问题也没有。

她觉得这家银行对互联网一窍不通——只把"996"学到了，说要贯彻"995"，一年后超越支付宝。但只是喊喊口号，没有任何具体落地计划。

她也面试过一家传统公司旗下的互联网部门，终面时 HR 直接睡着了。虽然拿到了 offer，但感觉自己去那边不会有成长，所以没接。有速度快的同事已经拿到了美团的 offer，但因为待遇问题还在纠结。

"今天回家早，我还有点慌呢。如果我在国企端着铁饭碗，每天闲着，我都不会担心失业。但在这种合同制的民企，如果没有成长，就总有被淘汰的焦虑感。"

"公众号都在写互联网人失业找不到工作。其实，我们这一代互联网人没赶上好时候——读书时，互联网在高点，但毕业入行后，互联网开始走下坡路，心理落差很大。"

互联网发展放缓，产品形态趋于固定，难有创新；新人入行后，主要工作是熟悉现有产品及公司流程。对于聪明人来说，这个过程不需要太久，半年到一年即可，剩下的就是用已经熟悉的套路不断地去套用其他项目，本质是螺丝钉式的重复工作。

年轻人渴望成长，但公司内部的盘子就这么大，机会不多；行业积累少，没有什么人脉，抱着升职加薪的期望跳槽，外部也没有好的机会。其他想转型互联网的传统行业对互联网的理解偏差太大，无法沟通，内外交困。

焦虑—妥协—焦虑—妥协……不断循环。久而久之，做的事情和小年轻没太大区别，但年纪渐长，开始出现健康问题，拼身体拼不过，于是步入中年危机。

※　　　　※　　　　※

终于又到周末了。本来同事约从筠今天午饭后去公司加班，但 11 点多同事临时放她鸽子，所以就不去了。她在网上找了间录音工作室，下午去给朋友录一首歌。

她说，这个朋友是本科时的闺蜜，叫婕婕，毕业后到上海音乐学院深造，然后加入了女子十二乐坊。但这个团队后来逐渐过气到要靠直播来谋生，婕婕觉得

太 low，就退出了。婕婕生日快到了，从筠想送一首歌作为生日礼物。

我们下午快 4 点到达爱邦大厦的"WaveStudio 音浪录音棚"时，工作人员早就准备好了。从筠唱了一首《我要你》，工作人员帮她简单修了修音，很快就结束了战斗。

"唱 high 了，想约个爵士舞跳一跳。我有时周五晚上会去中山公园附近的一个香港前芭蕾舞团首席那儿上舞蹈课，但是因为工作太忙，已经有两个月没去了。"

"你还会跳舞呢？"我很惊讶，因为她个子不高。她说，自己从幼儿园中班开始跳到初中毕业，舞龄超过 10 年了，业余舞蹈 9 级，是那时的最高级别。

但是因为个子不高，所以虽然舞蹈功底好，老师后来也不让她领舞了。她就没有走艺术生这条路。她说，这件事对她的打击很大，让她意识到原来一些事情光靠努力是不够的，还需要一些天赋。"所以，你才喜欢不太要求天赋的互联网？"她点点头。

"直到现在，有时看舞蹈演出，我还会情不自禁地想，如果当时坚持下来了，在台上跳舞的是不是我。大学期间我还接过公司年会商演，但是看到台下的油腻男也没有好好欣赏，就不再接了。"

"现在 B 站和各种直播间里跳舞的很多，我觉得太 low 了。我以前挺有艺术细胞的，但现在工作太忙了，休息时只想不动脑子刷刷抖音，久而久之发现脑子里总不自觉地响起抖音里的 BGM（背景音乐），再去听音乐会，已经有点听不进去了。"

我们打车去江桥万达广场里的 CasterCrew，她约了 7 点的课。老师先带着大家活动活动筋骨。我看到她脸上露出扭曲的表情，估计她好久没运动了。

跳舞跳到一半，她拿起手机，离开教室，靠着墙打起了电话。"公司业务同事吵起来了。有个项目，产品和技术都到位了，但业务资源申请不下来，催了两周也没用，可能要'凉'了。现在大家在公司加班，让我回去参会，拍板这个项目还做不做。"

"走吧。来了易店之后，专业能力没上去，心理素质倒是练出来了；各种大小屁事太多，所以不会一惊一乍了。"

※　　　※　　　※

早上出门时，我照例把昨天分好类的垃圾带下楼扔掉。垃圾分类点的大姐戴着草帽，坐在门前吃葡萄，看到我提着 2 个袋子过来，一个劲儿表示感谢，说"还是你们年轻人素质高"。有些人把垃圾混着扔，她一个人分太累了，所以有时候就想坐着休息休息。

　　我说:"大姐辛苦了!"没想到她回了一句:"大家都辛苦!"我没有预料到她会这么说,但又觉得她的话十分有道理,竟一时语塞。"嗯!"我加快脚步,继续投入新一天的忙碌中。

区块链从业者夏浩言[*]

在国内复杂的数字货币领域，浩言要"出淤泥而不染"，成为币圈的一股清流，是很辛苦的。好在老婆工作稳定，孩子健康成长，还能随时去看看双方父母。这份用钱买不来的安心，正支撑着他去追求自己的"小目标"。

早上8点半，我在威宁路地铁站见到了行色匆匆的浩言。他提溜着一个饭盒保温袋，说刚从妈妈那儿回来。"我和老婆都要上班，没人带孩子。我妈就住附近，开车十来分钟，一、三、五早上我把儿子送过去；孩子外婆家在老闸北，有点远，我来不及送，二、四她来家里。"

浩言说，奶奶因为要提前准备孙子的餐食，所以会顺便给儿子做一顿午饭。上了地铁，他把饭盒往脚下一放，准备在手机上看NBA总决赛，却发现界面上显示"非大陆地区因版权问题无法观看"。

*　本章画师：绒绒霓。

"忘关上网加速了。"他说因为公司产品主打海外市场，所以习惯一直开着上网加速服务，以便在 Twitter 和 Telegram 上跟用户实时交流。我问他做的是什么产品，他说是个叫 HardBitBox（以下简称"HBB"）的数字货币硬件钱包。

"你可以理解成一款定制化的银行 U 盾，只运行一个保管数字货币的 app。因为各地对数字货币的理念不一样——国内当它是投机工具，以炒币为主；而海外更多是当资产配置，会囤币，所以我们主要做老外的生意。"

他打开 YouTube，看起了最新的 NFL 比赛。"小时候上海每年都会转播超级碗，所以我有看橄榄球的习惯。"他说自己是 1987 年上海人，南京大学本科毕业之后，"南漂过，也北漂过"，3 年前才回沪。

"上家公司在北京，做无人机。因为这个行业海外市场比较大，而且'出口转内销'后会让国内市场更好做，所以这家公司主打海外市场。我们 CEO 是南京人，受邀参加了一个南京的创业比赛，结果拿了第一，市领导亲自拍板让我们搬到南京，所以就在那边成立了分公司。"

"上海离南京近嘛，我又是在那里读的书，公司就把我派过去当总经理，从零开始，一直做到公司融完 B 轮。其实，如果我留在南京的话，后续发展应该不错的。但当时我老婆已经怀孕，我不想再跟她异地下去，就辞职回了上海。"

"歇了几个月，边陪她、边看机会，碰到了现在的公司 BitBox（以下简称'BB'）。两个创始人很有来头：CEO 彭泽是数字货币领域的连续成功创业者。CTO 昊乾在中科大读了本硕，又去美国读了博，然后加入了早期的 LinkedIn；LinkedIn 被收购后，他就财务自由了。"

"BB 本来只做软件钱包，但做着做着发现了做硬件钱包的机会；他们又不懂硬件，就想找一个硬件产品经理来操盘这块业务。BB 的投资人跟我是大学同学，知道我有硬件背景，就帮我们牵了个线。"

"因为 BB 总部在北京，所以他们想在北京招人，但我当时已经有孩子了，坚持留在上海。本来大家是有分歧的，结果见面之后聊得还不错，他们觉得我既有硬件经验又有创业经验，就退了一步，让我在上海成立个子公司，但前期产品研发阶段要常驻北京。"

"这个阶段是最难的，大概持续了一年多的时间。因为彭泽和昊乾都是技术出身，沟通和管理相对弱一点，所以我一边推进硬件项目，还要一边牵头给公司建立各种管理体系，摸索着落地 OKR（目标与关键成果法，一种绩效考核方法）。然后，每周五飞到上海陪家人，周日晚上再回北京。"

"这么折腾？感觉还不如继续在南京干啊？"

"主要是 BB 几乎不干涉 HBB 的具体业务，放手让我去做，我比较喜欢这种宽松的工作环境；而且产品出海是我的强项。我们做 HBB 的思路，是深入研究一个币种的痛点。像比特币，用户最看重安全，那我们就把这个点打穿。"

"比如多重签名。比特币有个机制，是可以用多个硬件钱包同时授权一笔交易。我们就和另外几家硬件钱包合作，把多重签名做到了极致，大大增加了黑客的攻击成本。"

"还有电池安全。因为电池会衰减，如果像智能手机那样做成内置电池，就会存在电池老化之后开不了机的风险，那用户保管的比特币就丢了。所以，HBB 可以安装五号电池。"

"还有网络安全。因为设备一旦联网，受到攻击的可能性就会增加，所以 HBB 不能联网。同理，为了进一步减少攻击维度，我们也去掉了 USB 接口，还把固件开源了，我们内部称它为'透明厨房行动'。"

"这几个安全要点一解决，我们的产品就比友商更有竞争力。然后找一些圈内的 KOL 和媒体帮着宣传宣传，接受一下 podcast（播客）的采访，产品自然就通过口碑传播开了。"

"今年我们实现了盈亏平衡。接下来还要再向总部申请一笔资金去生产一批新产品，之后应该就可以自给自足，不再需要总部'输血'了。"

坐 6 站到人民广场，跟随人流换乘 8 号线，再坐 1 站到大世界，出站步行 5 分钟，就是浩言公司所在的凯腾大厦。通勤时间只不过半小时出头，在一线城市实属难得。

我问他公司几点上班，要不要打卡。他说："因为现在的'90 后'员工基本都很关注工作和生活的平衡，所以我们是朝九晚六，不强制加班，也不用打卡。"

凯腾大厦离人民广场只有 1 公里，地理位置好极了；楼下的云南南路坐拥"小金陵""鲜得来""大壶春"等老字号餐厅，是一条网红美食街。这栋宝藏大楼被 WeWork 整租下来，改造成了共享办公空间。

浩言像接待新入职员工一样告诉我洗手间在哪里、咖啡机怎么用、干湿垃圾

怎么分类，还带我去天台转了一圈——这里甚至有个篮球场！唯一的缺点是楼里只有两部电梯，高峰期要排一会儿队。

"我们的月租金是一个工位1.4k，特别划算——这可是上海市中心。我们的软件团队在济南，也在WeWork办公，一个工位都要1.2k。"他说公司搬了两次家，越搬越便宜。

"我们最早在优客工场，后来搬到另一个WeWork。WeWork会给竞品过来的打个折。再后来，那边的房东不跟WeWork续租了，我们就来了这边，又给打了个折。"

9点36开始的站会比原定时间晚了6分钟。参会对象是上海分公司全体员工，共7人，其中3人不在办公室。浩言介绍说：1个财务姐姐得了重病，在家休

养，不一定参会；1个运营妹子快生了，在江西老家，还有1个供应链管理妹子在深圳——她俩远程参会。

在办公室的4人，除了浩言之外，分别是负责国际物流的晓阳、负责海外媒体关系的Tina和接替那个怀孕同事的杨柳。2个妹子都刚来不到1个月。站会内容很简单，同步一下昨天做了什么、今天要做什么。每人发言两三分钟，速战速决。

开完会，大家开始办公，我就不打扰了。到饭点的时候，浩言没在工位上。我以为他去休闲区吃饭了，但发现他带的饭盒还放在椅子旁的地板上。我在办公室外转了一圈，看到他在小隔间里打电话。

我去楼下买了份沙拉上楼吃，正好看到晓阳在用微波炉热饭——几块熏鱼、一点清炒黄瓜，配一小坨紫米饭，还挺健康的。他说是昨天做晚饭时顺便做的。

我们边吃边聊。他说自己是1990年的本地人，在上海一所大专读国际物流专业，"入学的时候这个专业特别火，但毕业时就'凉'了。去阿里ICBU（阿里巴巴国际站）在上海的外聘部门干了1年多，觉得在互联网公司干太累了，吃不消。都发了笔记本电脑，为什么还非要我在办公室待着呢？"

他说自己有两次进大厂的机会：一次是杭州ICBU整体搬迁，有意让他转正；另一次是拿到网易考拉的offer。跟家里商量了一下，因为他爸说"好好的上海人不做，为什么要去做外地人"，他就没去杭州，而是通过社招来了这儿。

"明天就是我司龄两周年纪念日。"他说公司成立的第1年还在研发产品，没什么货要发；第2年产品上市之后才开始大规模销售，自己就是那时候入职的。"来了之后发现，区块链跟互联网一样，第一波红利已经过去了，大家都在等第二波。"

但他对目前相对宽松的办公环境还比较满意："我的要求不高，自己能cover

住这一块业务，能到点下班，就够了。我不拒绝休息时间工作，但不想一直困在公司，所以回家干点活儿是 OK 的。"

吃完饭回到办公室都快 2 点了，饭盒还在，但浩言还是不在。2 点 13，他回来了。我问他吃没吃饭，他没回答，而是一把拉起我，说去会议室讨论个突发情况。

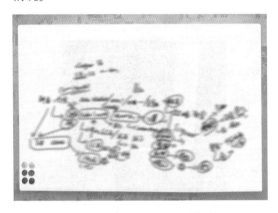

他边在白板上写写画画，边向我介绍事情的来龙去脉：BB 在有了做硬件钱包的想法之后，原本打算面向国内市场，跟软件钱包共享同一个用户群体，所以原计划是招一个硬件产品经理把产品攒出来，剩下的诸如运营、销售等工作由母公司负责。

"所以，我入职时的定位仅仅是硬件产品经理。但没想到 HBB 上市之后，公司才发现国内市场很小，只好转做国外市场，路线跟 BB 最初规划的完全不一样了。我的出海经验派上了大用场，公司就把 HBB 交给上海子公司全权负责了。"

"好处就不用说了。不好的地方是，虽然 BB 当时给 HBB 投了 1 000 多万，但 HBB 的定位偏工具，盈利能力不如偏金融的 BB，所以公司不太看重这个业务。"

"第 1 代 HBB 上市的时候，赶上比特币的牛市末尾，定价近 500 刀，有点高，卖得不好；迭代到第 2 代时，解决了第 1 代暴露出的很多问题，定价也友好了很多，才 100 刀出头，所以很受欢迎。上个月，我们的利润基本 cover 掉了支出，能自负盈亏了。"

"现在的库存撑不了几个月，所以我想再找 BB 要一笔钱扩大生产。但是，上午彭泽告诉我，HBB 和 BB 的战略方向不一致，公司现金流比较紧张，不愿意出这笔钱；也就是说，我们的资金链要断了。"

"我跟朋友聊了一上午的解决方案，目前大概有三条路。一是借钱，100 多万，我刷刷脸应该能借到。二是融资，但硬件项目有个特点，就是很难像纯互联网埂目那样出现爆发式增长。"

"而且数字货币本来就是小众市场，硬件钱包又是小众中的小众，本身盘子就不大，纯财务投资人看不上这种项目，只能找圈内的情怀投资人。"

"但走这条路的问题是，在原计划里，HBB 的大部分工作是由母公司承担的，所以子公司占股很少，相当于创业公司的大部分股份都不在创始团队手里。因为这种畸形的持股情况，情怀投资人也不一定敢进场。"

"这就是你的问题了。公司把 HBB 完全交给你的时候，就应该马上跟 BB 谈股权重新分配的事情啊！"我打断浩言的介绍。

"因为我想他俩都已经财务自由了，不至于为股权什么的扭扭捏捏，所以本来是打算等业务完全稳定了再跟公司谈，哪想到会出现今天这种情况。"浩言稍作解释后继续介绍。

"第三条路就是收购，看看有没有圈内的公司愿意收购我们，跟现有业务形成互补。这样，HBB 可以活下来，BB 也能得到一些财务回报，不然 HBB 死了对谁都没好处。但问题是，不知道 BB 给出的价格是否符合收购方的预期，两边谈不谈得拢。"

"其实还有一条路，"我说，"可以自立门户啊！既然没钱扩大生产，HBB 就是死路一条的话，那等这个项目挂掉之后，你重新融资，另起炉灶，不就好了吗？反正 HBB 也是你从 0 到 1 做起来的，再操一次盘也没问题啊。"

"这倒也是个思路。但毕竟 HBB 走到今天，BB 也出了很大的力气，我还是希望能双赢，不想把他们甩开。如果前几条路都走不通的话，再考虑自立门户吧。跟你捋了一遍之后清晰多了，我先看看借钱和融资好不好操作吧。"

聊完都 3 点多了，他还是不放心，又给大学同学，也就是 BB 的投资人打了个电话，商量这事要怎么处理。投资人听完情况介绍之后，让浩言先别急，他准备跟彭泽和昊乾聊聊，看看到底发生了什么情况，以致做出这么仓促的决定。

"其实也不算仓促。"浩言说因为年中第 2 代 HBB 刚发布时，BB 就说过，再给 HBB 最后一笔 200 万左右的资金，接下来就生死由命了；但他靠这笔钱只做到了盈亏平衡。"所以，其实我是有心理准备的，只是没想到小小一笔用于生产的周转资金，他们也不愿出。"

"那现在最大的问题就是股权结构太畸形了。你们要好好聊聊，看他们愿不愿意让出一些股份。"投资人说这个问题如果不解决，新的外部资本就进不来，融资和收购都没法谈。"不过，BB 也太看重钱了，才 100 多万而已。"

挂掉电话后，浩言说准备明天去北京找 BB 谈一下，把处理方案敲定，这样他好抓紧落地，尽量不让 HBB 的业务受影响。"再约几个潜在的投资人聊一聊吧，在北京待两天。"突发事态的处理告一段落，5 点半他终于吃上了"晚午餐"。

如投资人所说，其实在互联网行业，200 万以内的融资额度并不高。BB 因为这么点钱让 HBB 为难成这样，很出乎我的意料。我问浩言今天的事有没有什么隐情，他说没有。

"国内玩区块链和虚拟币的，很多人是投机分子出身，只认钱，不赚钱的业务一律不干。我是属于行业里那 1% 有点情怀的，想做成一个事业，而不是一切向钱看。"

"今天还有朋友劝我干脆放弃 HBB 去做交易所，说那个赚钱。但是 HBB 在圈子里已经有知名度了，北美的很多 bitcoiner（比特币玩家）热爱这款产品，所以我应该坚持做下去。"

"照你这么说，老外就不投机了吗？"

"那当然没这么绝对，但是要少很多。国外最早的区块链和虚拟币玩家大部分是 geek（极客）和程序员，这些用户比较单纯，为后来进入这个圈子的人起到了很好的示范作用，营造了一个相对简单的环境。"

"而国内的早期布道者有一部分是炒域名起家的，一开始就是投机倒把，所以吸引了一大群'志同道合'的人。比如我认识的一个大佬……算了，我就不吐槽国内糟糕的氛围了。"

吃完饭 6 点出头，同楼层的其他公司基本都下班了。6 点半左右，其他同事也拎着包走了，办公室里就剩我们俩了。我问浩言准备几点下班，他说因为手头上的事情比较多，一般 9 点后才走，所以陪家人的时间其实不多。

"家里人有意见吗？"

他一边梳理明天要跟彭泽和昊乾聊的要点，一边跟我说："还好。我老婆对我创业的态度，第一是开心就好，第二是不要动家里的钱，其他无所谓，比较支持我。"

"那她很开明啊！"

"我老婆是清华本科，卡内基梅隆大学的硕士，在美国工作了几年之后才回来的。"

"这么厉害？"

"她非常优秀，而且见过世面，所以我很重视她的意见。我当时找工作选择很多，但最后加入 BB，就是因为我们俩商量过后，觉得这个项目比较符合我们想要的 lifestyle（生活方式）。"

"一方面，这是个国际化项目，能带我去看世界，接触全球的人，而不是局限在一个小环境里故步自封。另一方面就是项目成熟之后，我把战略决策做好，执行交给下面的人就可以了。我每周去公司两三天，剩下的时间可以自己支配，陪陪家人。"

"现在还交不出去，主要是缺人。他们 3 个手头都已经有任务了。我理想的状态是维持一个 20 人左右的小团队，但现在没钱，招不到人。"

"那还缺多少钱呢？"

"其实就差这 100 多万。因为我们现在已经盈亏平衡了，所以再来一笔钱我们就可以盈利，然后用利润把雪球滚大。我算过一笔账，现在市占率最高的竞品叫 Ledger，定价比 HBB 贵 30 刀，月销量大约是 2 万到 3 万台。"

"从产品上来说，我们其实比他们好，所以我不担心 HBB 的竞争力。按现在的势头，再做几年，哪怕我们的市占率只有 Ledger 的 1/10，一年的利润也上千万元了；虽然只是个'小目标'，但我已经很满意了。"

"就算 1 年净赚 1 000 万，团队 20 个人，平均下来每人每年也就 50 万，在上海不算多吧？"

"每个人对创业的预期不同，有人是为了做成一家独角兽，而我不是。有一个健康的商业模式，能带来 1 000 万的年利润，也不赖。我始终觉得独角兽是可遇而不可求的，还是先以做个财务健康的公司为目标吧。"

"我也跟很多奔着独角兽去的创始人聊过。跟他们相比，我觉得自己缺少对未来大趋势的洞察。但我的执行力和学习能力很强，看到一个实实在在的需求，有信心比 99% 的人做得好。"

"我之所以选择现在这个方向，是因为在数字货币大趋势下，硬件钱包是竞争相对小、风险也不大，又是刚需的一个细分领域，战略方向已经确定，专注于战术就可以了，我的执行力优势能发挥作用，比较容易在公司的早期把营收做健康。"

依我看，投 100 多万把雪球滚起来，几年后可以滚出 1 000 万的年利润，也算是一笔稳健的投资。机构投资者可能看不上这点收益，但蚂蚁腿也是肉啊。我问他："你们创始人不是已经财务自由了吗？他们自己投着玩玩也行啊，为啥100多万就难倒英雄汉了呢？"

"我认识不少财务自由的人。我觉得钱越多的人，花钱越谨慎。"

※　　　※　　　※

去北京的飞机11点15出发，我们约定9点半在地铁口见。我到的时候，浩言提出再等一会儿："我儿子早上去打流感疫苗了，我想跟他告个别。这次去北京比较 tough（棘手），让他给我加加油。"

我问他昨晚休息得怎么样，会不会因为白天的事情影响睡眠质量。他说不会。"我只在创业第一年裁人的时候失眠过。我们第1代产品的定位有点问题，销量不好，又撞上了熊市，所以开掉了几个工程师。"

"其实一部分原因是我的决策失误，一部分是市场环境导致的，不是他们的错，但是他们不把资源腾出来，公司就走不下去。当时真的很痛苦。"

9点40刚过，他老婆带着孩子从地铁站上来了。他一把抱起儿子亲了两口，跟老婆交代了几句，就赶紧出发去机场了。浩言儿子很乖，看爸爸走了，也不哭闹。"我丈母娘是高中老师，教育孩子很有一套，我老婆也深得真传。别看我儿子小，道理他都听得懂。"

地铁上，我看到有人在 Telegram 上向他反馈产品建议，问他是谁。他说是个保加利亚人，负责运营 HBB 的 Telegram 群。"我们是 HBB 发布之后在网上认识的。他那时大学刚毕业在找工作，我问他愿不愿意兼职帮我们做点事情，他很认可 HBB，于是就开始合作了。"

快登机了，浩言接到个电话。"是个币圈前辈打来的，让我做好最坏的心理准备。"挂断电话，浩言半开玩笑道："此去凶多吉少啊！以前少林寺僧人下山时为了保留脸面，都会说这样的话降低预期，免得下不来台。"

上飞机坐下后，空姐过来给他送了一瓶水。"我是金卡会员，经常去国外出差，飞得比较多。每年大概有这么几个会议是必须去的：最重要的是旧金山的一个比特币主题会议；其次是纽约的一个会，偏金融，但涉及比特币。"

"这两个会议面向北美，也是多数比特币玩家所在的地区，我们会花钱买展位。马耳他是对数字货币最友好的国家之一，那边有个偏金融创新的会，跟比特币的关系没那么大，而且有很多骗子项目。但我也要去，主要是辐射一下欧洲的币圈同行。"

"如果预算够的话，开在布拉格的会也要去。捷克这个地方很有意思，第一款数字货币硬件钱包和矿池就诞生在这里，圈子里的几个知名 KOL 也都是捷克人。"

"很辛苦啊！做全球生意，要经常倒时差吧？"

"平常还好，出差和新品发布的时候辛苦一点。我们会把 HBB 放在北京时间晚 10 点左右发布，这样纽约正好是上午 10 点的黄金时段。但发布之后还要跟 KOL 互动，让他们转发什么的，就会熬得比较晚。"

"很多城里孩子受不了这份罪。你出身这么好，何必搞得这么累呢？"

"可能遗传了我爸的冒险精神吧，喜欢折腾。他是典型的西北硬汉，读高中时，跟着两个陌生人进山打猎，消失了三天。等他背着一头黄羊回家时，我奶奶都哭得不行了，以为儿子丢了。"

"我所有的冒险行为，都是我妈死活不同意，但我爸很支持。"

浩言说，无论是高中毕业后一个人出去旅行，还是大一参与创建登山队，都是爸爸批准并提供赞助。

"有一次跟一个同学去尼泊尔徒步，结果失温了，最后是靠头灯的热度把火柴烘干，点火取暖，才活了下来。这就算过命的交情了，所以我跟他关系很铁，我老婆就是他介绍的。这哥们叫博超，是北京人，人大附毕业后保送南大，然后去斯坦福读了个计算机硕士。"

"因为我学的是经管类专业，所以毕业后回上海，去欧莱雅当管培生了。但干了两年觉得有点无聊，想折腾一下。当时正好是国内移动互联网比较热的时候，我就跟博超说想辞职创业。但我其实没想好干什么，有点为了创业而创业。"

"斯坦福规定，硕士期间有一次无限期休学的机会。结果，博超也认为这个时机不错，就回国跟我一起创业了。当时做的是一个 AR 项目，用手机摄像头对准杂志，可以呈现一些 AR 效果。但那时 AR 还不成熟，商业变现能力不行，投资人也看不懂，后来项目就黄了。"

"后来我去了一家做 3D 家装的互联网公司，博超去了一家 AI 公司。因为我对家装行业提不起兴趣，所以没过多久就离职去了上一家无人机公司。博超在 AI 公司一直干到两年前，就回斯坦福继续完成学业，准备一直读到博士。"

"你认识的这些人都很牛啊！"

"我觉得最牛的其实是博超的爸爸。他是北京一个通信公司的高管，给儿子的发展出谋划策，军师当得很好。当时博超决定休学回国，就是因为他爸觉得国内的移动互联网氛围不错，而且处在早期萌芽阶段，应该参与进来。"

"现在他去美国考博，也是他爸帮忙参谋的，因为他觉得儿子既然喜欢搞科研，那就应该在顶尖名校深造。"

"我要向他爸学习，给我儿子当个好军师，让他上个好学校。虽然现在想学什么网上都有，但是读书期间积累下来的圈子会让他终身受益。圈子太重要了，不然我也不会认识博超，也认识不到我老婆这么优秀的女性。"

马上起飞了，我们把手机调成飞行模式，从紧张的节奏中暂时抽身。我终于有机会问他一个憋了两天的问题："能不能用通俗的语言，解释一下什么是比特币和区块链？"

"我给你讲一个币圈流行的科普小故事，你就懂了，"他调整了一下坐姿，"很久以前，在'区块村'里，有100户人家，村民们还在以物易物，用盐换糖、用奶换肉啥的。"

"这些交易都是由村主任担保的，他会记录谁家用什么换了谁家的什么。每笔交易，他都要收一笔手续费。但是有一天，村里的老姚行贿村主任——'我给你1斤肉，你帮我在账本上加一条，说我用5斤肉换了老王10斤奶。'"

"老王只能吃哑巴亏，因为村主任是唯一的权威，你不服，他就不帮你做担保了。久而久之，村主任的假账越记越多，大家都不相信他了。但村里又选不出第二个权威人士记账，大家就发明了一种新的记账方式。"

"每个村民都记账：不光记自己的账，还要记全村的账。每到周末，所有村民集中对账，在账目上达成一致。这样一来，理论上每周一所有村民的账本内容都是一样的，即使有个别做假账的人，也会很快暴露出来，被踢出队伍。"

"这就是区块链的基本概念。你可以把它理解成一个公开透明的数据库。这个数据库的内容由群体共享，而不是由个体掌握，也就是所谓的'去中心化'。"

"数字货币、DApp，都是基于区块链的应用。像比特币就是把账本放在了区块链上，谁有多少钱都是透明的，防止出现类似2008年金融危机中，美国政府通过印钞票来救市，结果导致货币贬值的问题，因为单一政府改账本不算数了。"

"当群体中人数太多时，记账和对账就变得比较复杂，需要专业人士来操作。这些人就是所谓的'矿工'。他们的工作就是'挖矿'，获得的报酬是以比特币来结算的。"

"同理，DApp的全称是Decentralized App，也就是'去中心化'app、把数据库放在区块链上的app。知道了这些概念，你就可以理解HBB的工作原理了。"

"数字货币的转账需要一个秘钥，HBB就是存这个秘钥用的，相当于一个硬件版的1Password。因为不同币种的加解密算法不一样，所以HBB要持续更新固件，来添加对不同币种的支持。"

经过2小时的飞行，我们顺利落地。一上出租车，浩言就跟司机连连道歉："大哥，对不起，我们去望京，比较近。"我问他为什么要说对不起，他小声告诉我，首都机场规定，接机出租车45分钟以内回机场，就可以不进蓄车场，直接去接客。

"望京距离比较尴尬，来回一趟的时间刚好超过 45 分钟。出租车跑不远挣不到多少钱，还要进蓄车场浪费时间，司机可能会有情绪，所以我每次从机场打车去公司都要说软话。"

我对北京交通的第一印象不好。我们这辆车的司机还比较守规矩，变道时都会打转向灯，但后面司机的第一反应普遍是加速上来别我们，而不是让行。怪不得一路上大多数的车都不打转向灯。这种驾驶习惯要是放在上海，驾照上的 12 分恐怕撑不了多久。

2 点 39，我们到达公司楼下。浩言说："这次北京行程还不确定，但节奏肯定比较紧张，吃饭时估计也要约人聊事，你就自己安排吧。"果然，第二天他近乎"失联"，我只能从微信上的三言两语得知情况不容乐观。

※　　　※　　　※

到北京的第三天，事情迎来了转机：BB 还是不愿出钱，但浩言向另一个大佬借到了周转资金，至少能度过眼前的危机。问题得到缓解，他准备今天返沪。早上 8 点我到他住的公司宿舍时，他正在收拾行李。"这两天都是在客厅的折叠沙发床上睡的睡袋，睡得不好。"

"条件这么艰苦，你家里人知道吗？"

"不知道，没跟他们说。我还是比较耐造的，读大学时爬雪山，啥苦都吃过了，睡睡袋没问题的。只不过有了家之后在舒适的环境待久了，再睡睡袋有点不习惯。"

宿舍离公司很近，就隔一条马路，两室一厅。浩言说租金大约1万出头。"这套房是一个同事和公司合租的，同事住主卧，次卧供来北京出差的人住，本来大多数时间是空着的。结果，这个同事把爸妈从河北老家弄来，住在次卧，出差的人只能睡客厅。"

"那公司就由着员工这么来？"

"主要这人是彭泽的高中同学，而且是公司的前几号员工，资历比较老。但是，他妈妈人很好，有时候做了早饭，会叫我一起吃。"浩言还指着靠墙摆放的一排电饭煲说："白天还会有公司从外面请的阿姨来这里做饭。我们公司比较人性化，中午和晚上两餐都包了。"

不到12点，我正在公司等他下班，两位阿姨提着几大袋盒饭走了进来，开始跟行政一起分发工作餐。一个坐在旁边的女生凑过来看今天有什么菜，本来被她挡住的显示器上露出一个大大的标题——《DeFi 大作手回忆录：5天狂赚 500 万刀》。

浩言没吃工作餐，而是约了关系最好的同事静涵去楼下吃川菜。他说静涵原来在杭州的一家德企做智能家电业务。HBB 刚成立时，因为自己缠身于公司行政事务，所以想招一个专职硬件产品经理。经同事内推，结识了静涵。

当时 HBB 还很不稳定，加上 BB 也需要产品人才，静涵就留在了北京，现在已经是 BB 一条业务线的负责人了。"上海业务跑起来之后，难得来一趟北京，跟她叙叙旧。"

浩言问静涵最近怎么样，静涵坦言对现状不太满意。她说公司内部有一些人在"私募"凑钱炒币，自己不喜欢这种赚快钱的风气，但阻止不了，因为有管理

层也在参与。至于她负责的业务，则是不上不下，表现一般。"男朋友也不知道去哪儿找。"

吃完饭，我们打车到了北四环的一个高档小区，浩言说要见一个算力公司，看看有没有合作机会。我问他什么是算力公司，他说相当于币圈的阿里云："想挖矿的人不需要自己买机器，直接租用他们的就可以了。挖到的币要找地方存，就

有可能用到 HBB。"

在互联网行业中，不少初创公司会选择在小区办公，一是为了省钱，二是为了保持艰苦奋斗的作风。但我们进屋后发现这是一个装修豪华的大平层，没看到工位，倒是有一个阿姨正在餐厅收拾杯盘。

接待我们的是公司的联合创始人 Julie。她给我们泡了点普洱，说这里是公司的茶室。"我们其实算是个资产管理公司，99% 的客户来自传统行业，找我们做'资产配置'。很多人想买比特币，但一窍不通，让我们帮着操盘。"

"有的砸 1 000 万，然后啥都不管了，说'你来帮我挖矿'；更赤裸一些的就说'你给我多少比特币，或者与比特币等值的美金，就完事了'。"

剩下的时间，大家就聊聊大佬轶事、行业趣闻。Julie 说，矿机不能放在伊朗和委内瑞拉这类国家，因为被美国制裁的话公司的业务也会受影响，用不了台积电的芯片来挖矿云云。她坦陈自己对数字货币其实不太懂，只了解一些基本概念。

喝完一杯茶，浩言说 4 点半要坐飞机，得出发了。因为我们定的是 5 点半的飞机，所以我猜他是想借这个理由提前结束聊天。出了门，我问他是不是这样，他说："你懂的。不多说了，不想得罪人。"

上了车，他还是没忍住："这么说吧，在币圈，通过挖矿获得的币叫白币，是有溢价的。换句话说，很多币的来源不清不楚，上不了台面，只是处于法律盲区而已。"他说，聊完之后，不打算跟这个公司合作了——电话里讲得挺有情怀，结果实际上是赚快钱的。

"我不希望跟赚快钱的人合作，不希望把自己的产品用于赚快钱，哪怕是间接的。但国内币圈全是这样的人，所以你知道我为啥主打海外了吧。"

他聊了一路微信，说借款协议已经发过来了。"借款年限和年利率都让我自己填，真是太够义气了。"我问他为什么别人这么信得过他，他说是因为自己这样的币圈清流比较少。可能是这两天太辛苦，起飞后没一会儿，他就睡着了。

下了飞机，我们本来应该坐 2 号线，结果他带错路，上了 10 号线。"有点睡糊涂了。"他说自己一般都是起飞时睡着，平飞时会醒。但他今天太累了，全程都在睡觉。"我们从水城路下，打车回去吧。"

出了地铁站，他说妈妈就住附近，所以对这一块比较熟。"水城路是大古北地区，对面的 YCIS（上海耀中外籍人员子女学校）是上海最早的国际学校，也是最好的国际学校之一。旁边的虹日小区住了很多日本人。这里还有租 DVD 的店，你知道为什么吗？"

我说不知道，他说是因为老外多。"老外有看 DVD 的习惯，不然不知道在中国去哪里找片源。"

他时不时掏出手机看一眼亚马逊 app，我问他在看什么。"看销量。今天是亚马逊会员日，打 8 折。其他渠道的销量奇少，我看看是不是都被亚马逊抢走了。"

"销量是电商行业最重要的指标之一。我在上家公司做无人机业务时，摸索出一套硬件出海三板斧：KOL、媒体、广告只要都搞定，根本不愁卖不出去。但是在做第 1 代 HBB 时，发现三板斧失效了，销量不高。"

"我复盘之后，发现是因为我不混 geek 圈：因为 HBB 的用户主要是海外币圈 geek，如果得不到他们的认可，产品就卖不出去。而无人机行业的 geek 圈是自己攒无人机的那帮人，不是我们的用户，所以不混圈子没关系。"

"后来我就开始混圈子，根据 geek 用户反馈有针对性地调整产品，销量就上去了。"浩言说这也是他为什么不把一些执行工作交出去的原因，"人在一线，可以更好地观察市场"。

※　　　※　　　※

回上海后的第一天，浩言迟到了。等他的时候，我在小区周边转了转。9 点不到，长宁图书馆门口已经排起了队。缤谷广场 1 楼星巴克的户外区，食客们悠闲地喝着咖啡，与一旁地铁口通勤人群的忙碌形成了鲜明的对比。

9 点 16，浩言出现了，说昨晚不到 11 点就睡了，但 5 点多儿子醒了，吵着要出去玩。把孩子哄睡之后，夫妻俩睡了个回笼觉，结果睡过头了。

我夸他小区的配套不错。他说，除了学区，其他都挺满意。"主要是这一带的老外和有钱人多。老外上国际学校，有钱人上私立，所以公立学校配套就没跟上。"

"隔壁是普陀，其实发展不如长宁，但区长比较有头脑，迁了几个学区过去，房价就被带起来了。现在思路变了，不是商场越多越贵，因为大家都有车了，去哪里都很方便，而且也不会天天逛街，所以商场对房价的带动作用没那么大了。"

"明年儿子上幼儿园了，我们打算把他的户籍迁到外婆那里去。虽然配套差一点，但学区要好一点。我们去那边租个房子住，这样孩子上公立幼儿园更方便。"

"然后把这个房子租出去。这边外企和老外多，租售比高，很容易出租。我的邻居就是日本人，我已经找他要了专做日本客户生意的中介电话。"

过了高峰期，地铁上有座位了。他戴着耳机看 YouTube 上的 iPhone 测评，说手上这台 iPhone 8 已经有点卡了，想换台新手机。

"你看英文视频都不需要字幕了，是怎么练出来的呢？"

"我高中英语很好的，但大学荒废了。在欧莱雅那两年，汇报都要用英文，捡回来一些。真正熟练应用还是在无人机公司，每天泡在海外市场，生生给锻炼出来了。"

"你当时为什么选择去做无人机呢？"

"我不是在家装公司干得不开心嘛，博超就给我介绍了一个同时期从斯坦福回国创业的哥们。他比较能折腾，大学四年换了好几个国家，在 Facebook、Twitter 都干过，是阿里云的早期员工，辞职之后搞过希腊酸奶、O2O，都失败了，才做的无人机。"

"因为他是斯坦福的嘛，又在大厂干过，背景、资源都很好，加上人长得帅，所以很有号召力。项目拿到了顶级机构的天使投资，而且创始团队非常强大，有好几个硬件从业经验 20 多年的高手。"

"无奈大疆实在是太强了，"浩言的语气有点惋惜，"输给大疆之后，很多老员工非常失望，离职后去阿里，好几个人给到了 P8（高级专家）。一手王炸打成这样，挺可惜的。"

资金问题解决了，心情轻松，上午的工作也变轻松了。12 点，浩言说今天没带饭，请我去一家网红店吃饭。下楼时，他给我看手机上的新闻《Ex 交易所暂停提币》，让我注意官方公告中的一句话：

> 根据《服务条款》8.1 条"服务变更和中断"，Ex 可能在任何时间或不经提前通知，改变服务内容和 / 或中断、暂停或终止服务。

"知道交易所为什么赚钱了吧，"他说，"这免责条款，简直是明目张胆割韭菜。即使这样，国内的韭菜还是割不完，因为很多投机者抱着侥幸心理，赌自己不是最后一波韭菜。"

"那如果交易所不跑路的话，怎么赚钱呢？"

"发币啊！这是币圈割韭菜的一种常规套路。先发币，然后凭空给发的币创造价值。比如用我发的币在我这里买比特币有优惠，这样你不就愿意买了吗？"

我们到"220辣肉面馆"时，还要排十来个人。他取了个号，说先带我在周边转转。"第2代HBB上市前，我们小范围送出去一些样品，但没有运营和宣传，所以反馈不及预期。我压力巨大，每天中午都要在楼下走一大圈，出一身汗。现在我们走的就是当时的暴走路线。"

浙江南路上有一个露天篮球场，他说这个场地每小时只收2元，很便宜，还是塑胶地面，不伤鞋子。"压力大的时候，过来跟周边的上班族一起打打篮球，或者坐在旁边看看。脑子可以暂时从工作中抽离出来，非常减压。"

"我从小就喜欢打篮球，现在每周都要打一次，有时候还把儿子带上，让他在旁边看。我们比较注重培养他的体育意识，可以锻炼身体素质和意志品质。"

"这条金陵东路是上海乐器一条街，我小时候来这里学吉他，所以很熟悉。现在琴行生意不行了，大家过来都只是看看，体验一下，然后从网上买。"

"不得不说，中国的电商是真牛。我有个在加拿大的朋友，住得比较偏，他买电视，要先开两小时车到最近的电器城，付款订货，然后回家等一周，再去取货。为了一台电视，前后要开8小时的车，这在中国几乎是不可想象的。"

"我们做海外电商，会碰到很多在国内碰不到的情况。比如在俄罗斯，个人是无法清关的，必须走公司贸易，所以HBB在俄罗斯不做2C（即to customer，面向消费者）业务。有个俄罗斯用户非常喜欢HBB，还专门找了一家有渠道的深圳公司，花高价帮他弄过去一台。"

回到面馆，已经没人排队了。我们各点了一碗辣肉面，加兰花干和大排浇头，人均36，在这个地段不算贵。浩言说这条路周边是最市井的老上海："隔壁的德大是上海最早的西餐厅，对面的洪长兴是上海最早的清真餐厅。"

他对上海如数家珍，那份由内而外的归属感，在我认识的其他互联网人身上并不多见。我问他："如果有机会干一家10亿美金的独角兽出来，你愿意换城市吗？"他几乎没有思索，脱口而出："不愿意。"

面端上来了，他胃口不错，吃得很快。我问他早上有没有吃饭，他说吃了。"我老婆在银行工作，央企福利很好，食堂用的材料都很让人放心，价格又实惠，我早饭一般吃她带回来的蛋糕包子什么的。"

"这就是一种安心的感觉。孩子健康，老婆工作稳定，我在打拼。现在，我们的房子70多平方米，够住了。HBB继续发展下去，不出意外的话，将来能赚钱换个120平方米的大房子，我就很满足了。"

"小家庭的生活质量比较高，还能随时去看双方父母。这种幸福感是用钱换不来的，所以我不愿意为了钱离开上海。当然，互联网行业的本地人毕竟是少数，大多数人恐怕享受不到这些待遇。"

下午的重头戏，是由 Tina 来科普 HBB 计划支持的另一款数字货币。她讲得很快，但只是对着 PPT 照本宣科。上一个知识点还没讲明白，就跳到了下一个知识点，两个知识点在逻辑上又似乎没什么联系，听起来莫名其妙的。

同事们快听睡着了，眼神有点迷离。浩言偶尔会打断她，抛出一个问题，但她基本答不上来。分享结束后，浩言拉着 Tina 出去了，到了饭点还没回来。我下楼拿外卖时，看到架子上只有我的沙拉和一份瑞幸咖啡——周五基本没人加班了。

我饭都吃完了，看他们还在会议室里，就进去旁听了一下，原来是浩言在给 Tina 过 PPT："你不能光从官网上把这个币的介绍搬过来，告诉我们它有这个特性那个特性，那我们直接看官网不就完了？"

"你要先把背后的'为什么'搞清楚：它为什么会有这些特性？跟比特币有什么不同？市场为什么认可它？知其所以然，逻辑才串得起来。今天就这样吧，你按照这个思路改一改再讲。"

Tina 走后，我问浩言："今天的汇报明显有点敷衍，是怎么回事？她看上去还挺干练的，不应该啊。"

"你也看出来了吧？刚才就在跟她聊这个。"浩言说其实 Tina 是个非常优秀的女生。"她之前在常州办英语培训班，还挺成功的，后来被大公司收购了。她想出来闯一闯，就在上海买了套酒店公寓。这是她来上海的第一份工作。"

"刚来上海就靠自己买房，已经比很多同龄人强了。但是，她前男友是个垃圾

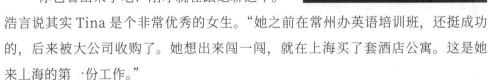

人，被公司开除了，还 PUA 她，所以她的心态有点崩，还没走出来。我开导开导她，帮她早点把状态调整过来。她很聪明的，还创过业，我很看好她。"

※　　　※　　　※

周六到了，浩言和老婆带儿子园宝去玩卡丁车。"周末就是遛娃，你以后有娃就知道了。我比较顾家，在北京的那几天晚上跟儿子视频时差点哭了。"

他说自己周末一般不工作，除非产品爆出重大问题。"Ledger 有个安全实验室，会攻击各个硬件钱包。如果 HBB 被发现有安全漏洞，就需要紧急处理，但目前还没碰到过这种情况。"

浩言对员工很有耐心，开车也很有耐心，跟园宝相处更有耐心。园宝是个好奇宝宝，看到马路上有人支着黄色的三脚架，问这是在干什么，爸爸说是在做工程测量。在斑马线让行时，爸爸问园宝："为什么车车要让行人呢？"园宝反问爸爸："为什么呢？"

"因为行人处于弱势。园宝知不知道什么是弱势？"

"什么是弱势？"

"就是比较弱的一方呀。你比小区里的小妹妹高，力气比她大，小妹妹就处于弱势。所以，你要让着小妹妹，知道了吗？"园宝似懂非懂地点点头。

准备下高架时，我们前面的一辆奔驰婚车抛锚了，司机和救援人员在后面推。浩言跟园宝说："要好好吃饭，锻炼身体，将来爸爸的车车坏了，园宝要帮忙推。"

我很欣赏浩言的这种教育方式——鼓励孩子拥有好奇心，然后抱着孩子能听懂的态度去跟他对话，而不是因为问题太幼稚就随便打发应付。久而久之，孩子就真的听懂了。

到了船厂1862，浩言从后备厢拿出 Strider 平衡车。儿子滑了没几下，就跟一个刚认识的小哥哥追逐打闹了起来。他招呼园宝回来，想给冲过来的儿子一个拥抱，结果孩子绕开他，朝妈妈跑去了。

"他创业太忙了，陪我们的时间少，小朋友跟他不太熟。"他老婆一边"抱怨"，一边联系卡丁车商家，结果发现对方搬家了。"要不就在江边玩玩好了。"

"都答应园宝了。"浩言没有马上同意，而是问园宝："我们不去开卡丁车了，就在江边玩玩，可以吗？"见园宝不说话，他决定还是带儿子去玩卡丁车。

卡丁车商家搬到了滨江光合新座。这个商场比较冷清，为了吸引客流，周末停车免费。园宝开了两圈卡丁车，又玩了一会儿共享童车，一家人就准备打道回府了。浩言的周末生活跟这周的工作日相比松散而琐碎，我感觉这一上午过得特别漫长。

"我们的家庭生活就是比较简单。在很多人眼里，这种生活方式的功利性可能不强，但我很享受，觉得特别开心。"浩言说儿子的小名叫园宝，大名叫夏归田。"取自'开荒南野际，守拙归园田'。我们没什么野心，当个普普通通的老百姓挺好。"

※　　　※　　　※

今天早上，浩言跟妈妈闹了点别扭，结果妈妈不愿意带孩子了。"本来我妈要送园宝去托育中心，这下只能我送了。我还一次都没去过呢。"

这家托育中心在一个小区里，浩言说是长宁教育局办的非营利性单位，收费不高。有个小姑娘第一天来，很不适应，在走廊里哭闹着要回家，妈妈和外婆围着她团团转，真是"可怕的两岁"。

10点半，课程结束，妈妈的气也消了，浩言本打算直接把儿子送过去，但发现玩具没拿，怕他待不住，就准备回家取一趟，顺便带套运动服。"晚上去打篮球吧。上周临时出了状况，所以比较忙，这周回归正常后，节奏应该就还好了。"

回家的路上，园宝一直在认车标，感觉比我知道的品牌还多。浩言说儿子很喜欢车，周日刚去了嘉定的汽车博物馆，等会儿要取的玩具也是车模。"一大盒，全是多美卡的，日本品牌。这个牌子是1970年创立的，快50年了。"

"我很佩服日本品牌的匠人精神。我以前打篮球穿耐克，前阵子尝试了一下ASICS（亚瑟士），发现做得很好。耐克的风格是不断出新款，但是ASICS就会一直迭代同一款鞋，而且ASICS不请代言人，把钱都花在产品研发上，确实很好穿。"

回到小区，他上楼拿东西，让我在楼下等他。"先开车把儿子送去我妈那儿，然后回来停车，再坐地铁上班。这就是我每天早上的路线。"

我问他为什么不开车上班，他说主要是早高峰比较堵，开车很累，而且在凯腾大厦不好停车。"这辆车就是园宝的专车，买了快1年，才开了5 000公里。"

车发动时，他抱着儿子，说让"地库小司机"也摸摸方向盘。刚要出地库，园宝就自觉爬到后座去了。车程不到2公里，园宝没有坐儿童座椅，结果快到奶

奶家时，一辆电瓶车从大巴后面"鬼探头"，浩言一个急刹车，园宝从后座滚了下来，开始号啕大哭。

虽然在他的安抚下儿子不哭了，但奶奶看到孙子满脸泪痕时责问是怎么回事，他只好交代了。他想跟园宝抱一下再回家，但奶奶气得牵起孙子就走。他在后面追了几步，抢着抱起儿子，不断跟妈妈说软话，妈妈也不搭理他。

"我跟我妈关系比较紧张。她很强势，老是希望我按她的想法来，但我又比较烦这个，不喜欢被别人'控制'，所以经常闹矛盾。幸亏马上要搬到孩子外婆那边去了。"

我们 11 点 50 才坐上地铁，半个工作日就这么过去了。浩言靠在座位上给老婆发微信，告诉她上午发生了什么。我问他孩子摔了老婆会不会心疼、会不会怪他，他说不会。"我老婆觉得男孩子本来就要摔打，之前孩子从坡上滚下来，脸都擦破了，她也觉得没什么。"

"我老婆属于情绪比较稳定的女生，她跟我妈的关系处理得比我好，我们异地时也几乎没有吵过架。她有写日记的习惯，很多情绪可以通过这种方式找到发泄口。"

"而且她很通情达理，不像江浙沪这边的很多女生，要求男方买房，不然我的压力太大了。现在住的这套房子是我们 2016 年结婚之后两家凑钱买的，当时一平方米要 6 万多，现在已经涨到了 10 万。房贷也是两人一起还。"

下午的工作比较轻松。他把 Tina 叫到办公室外面简单聊了几句，问她过了一个周末感觉怎么样，有没有什么需要帮忙的；之后就在处理周末两天用户通过邮件反馈的产品问题。

"做老外生意比较轻松。这类邮件，在 72 小时内回复就可以了，而且他们理解我们周末要休息。不像做中国市场，只要出点问题，不分昼夜和节假日，都会被微信和电话轰炸，神经无时无刻不是紧绷的。"

6 点准时下班，我们坐 8 号线去东方体育中心打球。浩言说这个场馆是国营的，一般人订不到。今天打球的是一帮国企"老干部"，牵头的是他老婆的同事，因为有银行这层关系，才能顺利订到场地。

"她们单位，不犯大错就可以干一辈子。做的事情也没有多少专业技术含量，细心一点就可以胜任，所以心理上很轻松。她之前有个同事把护照上交之后不知道怎么又办了一本，出国旅游被发现了，然后被开除了。结果，人事部门还要负责帮他找工作。厉害吧？"

※　　※　　※

我本以为今天会延续这周的轻松节奏，但 2 点出头，浩言把我拉到会议室，说刚才一个北京的用户打电话给他，声称自己用 HBB 保管的价值近 100 万人民币的数字货币被盗了。

一收到消息，他就开始跟济南主程（程序员团队的队长／团长）调查服务器日志。理论上来说，HBB 的每个操作，都会在服务器的日志文件里生成一条操作记录，所以通过 HBB 转账或提现，一定会在日志里留下痕迹。但济南主程和浩言对着日志逐条排查，一时半会儿也没发现什么可疑记录。

浩言给用户打过去说明了一下调查进展，问她有没有用过别的钱包，秘钥是否存在泄露的可能："因为您的币是放在区块链上的，HBB 只存您的秘钥。相当于您的钱虽然存在银行，但密码泄露的话，别人也可以用支付宝和微信来划走您的钱。"

用户一听到这句话，语气立马变了，很突兀地说现在有事不方便，就把电话挂了。我们感觉情况不对劲，想看看这些币的完整走向，于是继续排查区块链上的账本，发现一个疑点：用户被盗的币，是分两次交易的，先转走了 5 000 枚，2 小时后又转走了 15 万枚。

"如果是惯犯偷了我的银行卡密码，会先取 100 块钱，过两小时再取 1 万吗？只有熟人作案才会这样，第一次是在试探，然后观察情况，做思想斗争，第二次才把币盗完。"浩言留了个心眼，边录音边给用户打了第二个电话，把两次操作间隔两小时的情况告诉了她。

用户给我们发来一张 HBB 屏幕的照片，说："昨晚想把币转出去的时候，发现 HBB 上的余额显示为 0，而在区块链上是可以看到这笔钱的。我在 HBB 中尝试提币，但操作失败了，我没在意，结果今天早上这些币就不见了。"

绕了半天，她终于说出了自己的诉求："如果 HBB 没有 bug，我昨晚提币成功的话，盗币就不会发生了。所以，我希望你们对这件事承担一定的责任。"

浩言让用户赶紧报警立案，但用户一再坚持 HBB 先赔偿。两边僵持不下，只好把电话挂了。主程在排查中又发现了新的线索——根据账本信息，15 万枚币是在今天凌晨 2 点 16 分交易的；而根据服务器日志，53 秒后，有人操作了 HBB。

"这看起来像是有人先用其他钱包交易了这 15 万枚币，然后在 HBB 上看余额有没有变化。"浩言又跟用户同步了这个情况，但用户说她凌晨 2 点多已经睡觉了，HBB 放在公司，自己没有操作过，且没有使用过除 HBB 外的其他钱包。

这就更像是熟人作案了，因为只有同事才能拿到用户放在公司的 HBB。主程继续排查，发现日志显示，用户向 HBB 转入了某种虚拟币。但问题是，目前 HBB 还不支持这个币种的转出操作，而账本里却有这些币的转出记录——这是用户使用了其他钱包的实锤。

浩言给用户打了最后一通电话，直接指出了 HBB 尚不支持这个币种的问题。用户明显有点急了，说："这件事我完全不知道，我也不会这么做，这件事也完全不会发生。我已经联系律师了，还是希望你们先垫付丢失的 15 万枚币。"

"您还是先报警吧，我们会配合一切调查。如果您对上面这些操作完全不知情的话，我们现在高度怀疑，是您的同事在您的 HBB 上动了手脚。"浩言告知用户所有对话都已录音，就把电话挂了。"唉，为了钱可以向同事下手，可悲啊。"

※　　　　※　　　　※

今天上午的站会拖到 11 点 10 分才开，因为儿子哭了一早上，浩言一直在视频里哄他。站会结束后，主程打来电话，说济南团队最近有些倦怠，虽然产品销量在增加，口碑也不错，但这些精神激励不够，还要给点物质激励，涨涨工资，好继续维持创业热情。

浩言有点为难，说现在公司的资金压力比较大，都是一分钱掰成两半花："我想在钱上 play it safe（谨慎行事），在财务彻底安全以前，能少开一个口子就少开一个口子。要不这样吧，先给大家发个红包，等新一轮资金到位了，我们再商量怎么办。"

财务姐姐明天要动手术，已经住院了，浩言计划中午去看看她。前往医院的路上，浩言说上午还出了个幺蛾子："供应商说上个月的费用少算了 13% 的增值税。对我们这种小本生意来说，这是一笔不小的费用，意味着 100 刀的产品要涨

13刀。"

"之前都没说少算，突然提这个事，可能是想变相涨价。如果他坚持涨这么多，我们可能要换供应商了。其实，一般情况下，硬件公司都会选两家供应商，万一其中一家出了状况，另一家可以及时补上。但我们体量还太小，养不起两家供应商。"

财务姐姐见到浩言，感动得直抹眼泪。浩言跟她聊了一会儿，然后在公司群里发起视频通话，组织大家给她加油。见财务姐姐的情绪稳定些了，浩言拿出早就准备好的红包和集体祝福信，让她安心养病，然后就启程回公司了。

凯腾大厦里等电梯的人太多，我们懒得排队，打算爬楼。我突然觉得，尽管这次的资金链之劫有惊无险，但浩言作为"币圈清流"，要逆势而动，实现自己的"小目标"，恐怕没有想象的那么容易。要同时当好公司的家长和园宝的军师，要

付出的努力何止双倍。

　　我不知道浩言是否有过畏难情绪，但楼梯间的标语仿佛在暗示我的臆测有些多余。是的，也许莫问前程，拾级而上，就能登顶心中的那座高峰。

手游从业者罗培羽*

> "我喜欢游戏，也喜欢分享。这恰好都是我的工作，还有业余时间可以干自己的事，所以幸福感很强。当下是安稳的，未来又有可预见的期待，所以我也不怎么焦虑。"母胎 solo 的培羽如是说。

因为不熟悉路线，等我推着共享单车过天桥，穿地道，风尘仆仆抵达员村四横路口公交站时，已经比约定的 8 点晚了几分钟。培羽边朝我走来，边宽慰我："北方人可能不熟悉广州的地形。"

"我是武汉的，南方人呀。"我澄清道。"你没听过吗，在广东人眼里，广东以外都是北方。"他开玩笑，说自己在广东土生土长，从没在"北方"生活过。

培羽的公司"拇指互娱"（后文简称"拇指"）在天河南附近，好几路车都到。我们搭乘的 547 路，人多却很安静，戴着耳机的小姐姐在小红书上看 Vlog，把双肩包背在胸前的小哥哥在刷微博。

早高峰的黄埔大道相当堵，公交车走走停停，让人有点难受。我问培羽为什么不坐地铁，他说主要是离最近的科韵路站还有一段距离，而且挤不上去。

"开车呢？"我问他。他说，广州车牌是抽签加拍卖，他抽了 1 年多还没抽到；拍卖的话要 3 万，不划算，再就是停车费很贵。"太堵了，开车跟公交车的速度差不多，还不如坐公交车省事。"

---

* 本章画师：吴绮雯 gokibun。

　　我看他睡眼惺忪，问他是不是没睡好。"在制订国庆计划，1 点多才睡，7 点 40 起来的。"他说自己睡得比较晚，在写书期间天天熬到 2 点多。"每天睡 6 个小时就可以了"。

　　"写啥书呢？"我问他。他说，之前写过一本《Unity 3D 网络游戏实战》，主打前端；准备再写本后端的，目标是"只要有做游戏的后端工程师想入门，就想起我的书"。

前端后端通吃，好家伙。我跟培羽说："你都是全栈了，完全可以自己做游戏啊，为啥还要在公司为别人打工呢？"

"我的变现能力不太行。"培羽说5年前他组织团队开发过一款同人游戏《仙剑5前传之心愿》，没有商业模式，是个情怀项目。但随着年龄的增长，生活压力变大，越发意识到"情怀不能当饭吃"。

6站路开了近40分钟，下车再走10分钟到达保利龙天广场时，还不到9点，等电梯的人群已经排到了大门外。

我们步行去3楼饭堂，培羽在这就能凭指纹打卡。早餐丰盛又实惠，牛奶、豆

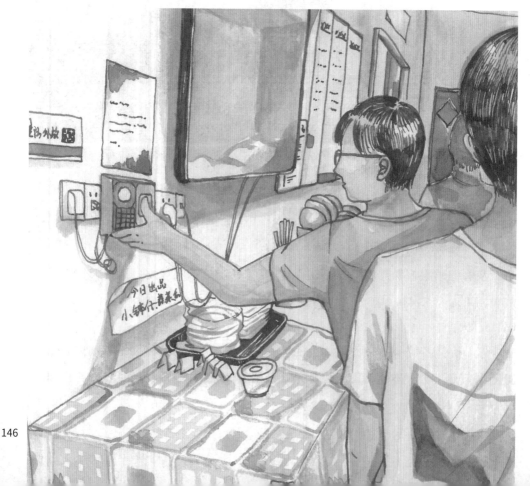

浆、鸡蛋、玉米、麻团……6元自助，任选6样，每样可以打3份。"公司每个月发888块的饭钱，吃不完6折现金回收。"

9月的花城十分炎热。穿过开满三角梅的天桥，街道对面的南方电脑城"打不过"电商，已经转型为闲鱼美食港，客人寥寥。倒闭了的"蛙星座"关着灯，桌椅散乱摆在店里，穿着厨师服的小哥陷在电梯口的共享按摩椅里呼呼大睡。

11点45，培羽排队搭乘电梯，下楼来到饭堂。一份油鸡，一盘烫生菜，只要11块。吃完饭，他在洗手池边漱漱口，然后去附近的天娱广场开"咖话会"。

到麦当劳时，文康、运凡和勇军已经点好了几杯美式在等我们。他们几个关系好的同事，得闲都不午休，来这里"饮杯啡"①，聊聊天。

闲聊的话题涉及天南地北，最滔滔不绝的是文康——他是江西人，在苏州的一个外企干了几年后举家搬来广州，加入了拇指的技术支持部，但似乎不太得志。

"现在手游行业的天花板太低了。"他说拇指的模式是公司内部养了很多小团队，各自开发规模不大的手游，然后放到公司平台上供下载。"小团队，小投入，做出来的就是小游戏，像《王者荣耀》这样的爆款基本不可能出现了。"

开发小游戏的难度不大，多数新人工作3年左右，就可以把整个流程完全摸熟。公司一直不温不火地做小游戏，员工也没有更大的发展空间。

"很多技术层面的问题，都可以从产品层面绕过去。比如服务器的并发量太大，扛不住，那就开新服务器好了，什么架构优化、扩容，不存在的。"

"游戏嘛，只有娱乐性，没有功能性，生命周期就半年，之后团队就去开发新游戏了，用到的技术栈完全不一样，之前的技术也沉淀不下来。"

"现在我做的是个《传奇》类的氪金手游，跟古天乐代言的那些没啥区别。"

---

① "饮杯啡"是粤语说法，喝杯咖啡的意思。

他说，因为游戏本身没什么出彩的地方，所以需要从各处搞流量，吸引玩家来玩，"重运营"。

勇军接过话茬："重运营到什么程度呢？如果我们发现你每个月花200万买装备，那这个服务器就是给你开的——其他玩家都是你的陪玩。"

他说，技术支持部的任务，是从不同游戏中抽象出相同的底层技术，形成产品反哺给各个团队，这样大家就不用重复造轮子了。"其实，我们就是所谓的'中台'。"

"但公司唯项目论，挣钱的项目就是好项目。至于技术是怎么实现的，无所谓。项目好不好，跟技术关系不大。加上很多团队担心用了我们的产品后工作量变小，存在感变弱，所以我们推进工作很不容易。"

"还要伺候甩手掌柜。"文康说自己项目组的策划人员很不专业，之前画 UI 示意图时，老是说"没有趁手工具"，让他来画。现在 Unity 集成了这个功能，又说 Unity 是技术工具，这项工作就应该由技术部门来做。

"那哥们从没想过自己可以学一项新技能，工作是能推就推。"文康皱紧了眉头，说刚来公司时，对产品需求合理性、程序架构考虑得比较多，结果出活就比不考虑这些的同事要慢。

同事跟他说："想这么多干吗，怼出来再说啊！"开始，他还是坚持己见，觉得不考虑这些会留坑；后来发现游戏上线 3 个月就凉了，那些从长计议的东西确实用不上，他也就随了大流。

"大家都是啥也不想，来活就做，最后做的全是赚快钱、活不长的小项目。长期来看，对个人发展有什么好处呢？"他很烦恼，但同事对他的评价反而更高了，让他很纠结。

"下面重执行也就算了，上面要重战略吧？有些领导又喜欢干涉执行，而且听不得不同的声音。之前有个坚持己见的策划，项目黄了之后被项目主管直接干掉了——又不是他一个人的责任。"

"现在公司只有 3 种人能活下来：第 1 种是不听领导的，但把项目做成了，这种人很少；第 2 种是既把项目做成了，又把领导服侍得很好，这种人更少；第 3 种是一切听领导的，但项目死掉了，这种人很多。"

"这是个恶性循环——新项目的成功率本来就低，如果领导眼里'揉不得沙子',干涉得越来越多,下面的人就越来越放不开手脚,领导就越来越需要亲自下场干活。那谁来思考战略呢?"

5点50分,培羽在微信上跟我说要晚半小时吃饭。6点半他下来时,饭堂已经没菜了,我们只好去外面吃。龙口西路喜士多便利店的芹菜肉丝便当,分量挺实在的;原价10块5,下午4点后打5折,太划算了。但他觉得不是现做的,不够新鲜。

一会儿还要加班,我们简单吃了个都城快餐。他告诉我,今天校招生实习转正答辩,3点开始,刚刚结束。"他们都挂在我名下,然后'外派'到各项目组干活。"

参与答辩的有他、他的领导、项目组的人,以及2个HR。他说,90%的答辩都会过,因为拇指对校招生还比较宽松:第一个项目如果做不好,公司会把你调到另一个项目组去;再做不好,再调一次;三次之后,发现实在不是这块料,再劝退。

"去年校招我们去了北京和西安,你应该看到我朋友圈了。去了北邮,学生综合素质确实高,能力很强。"他又表示今年校招主要集中在广东地区,因为发现北方过来的人留不住。

"比如说西安,前几年大家对华为还没什么直观印象。结果今年特朗普一宣传,很多优质生源明确想去华为西安研究所,我们就没那么受欢迎了。"

9点15下班,他说主要是在处理因为答辩而耽搁的工作。"对于游戏行业来说,这个时间点下班算比较早的了吧?"我问他。

"是的,技术支持部不像一线游戏项目部压力那么大。"他说刚毕业加入拇指时在游戏项目部,啥也不懂,到点就走,而其他同事都在"996",结果他被领导批了一顿。

调动到技术支持部后的工作时间是上午9点到12点,中午休息一个半小时,下午1点30到6点。如果加班到晚上10点后,打车可以报销。

"在游戏行业算轻松的了。"他说自己的日常工作主要有两块,一块是实习生的面试、答辩、培训啥的;另一块是中台工具研发,因为项目和时间表都是自己定，所以比较从容。

"如果不算加班的话，每天工作 7 个半小时。因为不到 8 小时，所以通过大小周来补一些。"

"我最满意的就是有业余时间可以干自己的事，"他说，"如果我去腾讯游戏，工资应该可以翻一倍，但代价是没有自己的时间了，那不行。"

我们从天河科技街坐 7 站公交到程界村，去他住的地方看看。开门进入玄关，眼前是一道不短的走廊；两扇开着的门位于走廊中间，一扇用门帘半遮，另一扇传出吃鸡游戏的

声音。

培羽说，自己跟 2 个大学校友合租，他们都离职了，还没找工作，过着下午起床，然后玩游戏到天亮的生活。

他的房间在走廊另一侧，小得有点压抑：一张单人床将将卡在三面墙之间，床尾的窗户用木板封死了；沾满灰尘的小电扇悬挂在床头上方，发黄的被褥凌乱地团在床上。

"这么小，又没空调，不闷吗？"住宿条件大大低于我的预期、可以说相当恶劣，当时我就震惊了。"你这完全是月薪两万活得像月薪两千啊！"

他开玩笑说："艰苦的环境

更能激发创作灵感。"因为公司原址走路 5 分钟就到了，所以毕业后就一直住在这里，已经 6 年了，习惯了。

虽然现在公司搬去了天河南，但"这里房租一个月 2 100 块，我们每人只用出 700"。他说，保利龙天广场的公寓楼，2 房 1 厅月租要 8 000 块左右，"贵了大约 3 倍"。

屋外就是客厅，他说："主要是我在用。"茶几旁的折叠桌就是他的办公桌，他的业余时间主要是在这里度过的。

"南方比较务实。"他说自己对居住条件没什么要求。"能住就行了。把时间投入到更重要的事情上，不是更好吗？"

※   ※   ※

"今天不去麦当劳了，昨天 3 点才睡，中午想补补觉。"上班路上，他说国庆后要在公司办一个技术讲座，这几天晚上都在改 PPT。他把手机递给我："喏，就这个《各类型游戏人工智能算法》。"

虽然我不懂人工智能，但整个 PPT 用案例开篇，由浅入深引出底层技术，对小白很友好。我说："逻辑很清晰，而且看得出来文字雕琢过，读起来不累，感觉你对内容的把控挺到位的。"

他说，写《Unity 3D 网络游戏实战》前，跟编辑一起讨论过这本书的框架。编辑告诉他，这本书要想受欢迎，要么普及读者不了解的话题，要么把读者了解的话题写精。

他觉得有道理，就以"Unity 初学者的参考书"为目标拟出了这本书的大纲。出版后，京东把这本书和另几本书捆绑成了"游戏设计开发全 5 本"来卖，完全符合他的定位。

"准备讲座和写书其实没啥本质区别。"他说关于来听讲座的是什么人，大家对什么感兴趣，怎么呈现这些内容，他花了很多心思。

　　下午 6 点半，培羽就"早退"了。我们来不及吃晚饭，赶紧去中山大学附属第三医院门口，赶 6 点 40 那一班天伦楼巴，去看看他在增城新塘镇买的房。

　　他说，2016 年开始看房，因为市区的买不起，所以主要看了南沙和增城。南沙环境更好，因为政府规划得早；增城环境一般，但离广州和东莞都比较近，交通更方便。加上有个表哥住在附近，可以互相照顾，就买在了增城。

　　车行约 1 小时，停在了豪进广场前，过马路就是他家小区"名都新景"。2016 年底买时单价 1.6 万，现在涨到了 2.3 万。他的房子 80 多平方米，总价 150 万左右，首付三成，家里和他各掏一点。每个月房贷 5 000 多，全靠他自己还。

　　"压力大吗？"我问他。"不大。"他淡定地说自己消费不高，还完房贷，每个月还能剩 8 000 多块钱。"我的薪资比公司平均水平低，主要是因为没跳过槽。"

　　我在杭州工作时，一些蚂蚁金服的同事月薪比车程近 1 小时的闲林房价还高，但很多人焦虑得不行。他的月薪据我推算，应该比增城房价要低，但他一点焦虑感都没有。"为什么呢？"我问他。

　　他说，自己毕竟出过书，有一定的实力。在广州，拇指这个级别的公司有很多，他不担心失业。但在杭州，找不到跟阿里差不多的公司，大家可能"不敢"离职。

　　小区人车分离，大妈们在跳广场舞，小夫妻在遛娃，还有人在打羽毛球，生活氛围相当浓厚。我们在门口的水果摊买了半个西瓜，拿上楼边聊边吃。

　　这套房比他租的房好太多了——22 楼的阳台视野开阔，广深大道西和东江大道交叉口的车流一览无余。晚风习习，非常凉爽，睡觉不用开空调了。

　　屋内陈设比较简单：一台落地扇对着铺满竹席的沙发，茶几上摆着一套茶具；罩着电视机的塑料袋上落了浅浅的一层灰。他说，这个房子大多数时间空置，偶尔回来住住；也不想出租，万一搞得乌烟瘴气，处理起来很麻烦。

　　"这是我的婚房，现在万事俱备，只欠……"他说自己是 1990 年的，母胎 solo，家里有点着急。他指着沙发后面的扫地机器人说道："我妈说：'我看到这个机器人，就想到了我孙子在地上爬来爬去的样子。'"

　　墙上挂着一幅山水画，他说是爸爸的作品——叔叔年轻时在厂里画陶瓷画，退休后还在画一些作品去卖。他说，画画需要创意，做游戏也是一样，算是一种传承。

　　"怎么从画画传承到游戏了呢？"我问他。他边泡工夫茶边说他跟很多男生一样，小学时沉迷于"小霸王"；初中时家里买了电脑，照理说应该"过渡"到玩电脑游戏了。

　　但他却对做游戏产生了兴趣——那时他连字都不太会打，就制作了一款简单的问答游戏，在 PPT 里用不同页面的跳转来决定游戏的走向。

高中时，他又自学了 VB 编程语言和 RPG 游戏编写教程。中午，同学们都在午休，他却在赶作业——这样放学后就可以腾出时间来写游戏。

后来，他考上了汕头大学的电子信息工程专业，因为编程功底好，所以很早就去实验室干活。导师带了 3 个硕士生、3 个本科生，他是年纪最小的。

在校期间，他还牵头创办了游戏制作社团 AGLab。"这个社团现在还有，我每年都会找机会回学校，看看社员们，请他们吃饭。"

潮汕地区大学不多，毕业时没什么公司来做宣讲，他就和同学们一起到广州短租了一个月，参加各种高校宣讲会。当时，腾讯游戏面试没过，网易游戏知名度还不高；拇指在业界评价不错，就去了拇指。

网上有人说："一旦把兴趣变成职业，就没了兴趣。"但是，加入拇指 6 年了，培羽对游戏的兴趣有增无减——除了写书，他还给我展示了自己的知乎专栏"游戏研究院"。

其中一篇《自动生成人物侧面图》，讲的是如何用深度学习技术，根据游戏人物的正面图，自动生成侧面图，从而大大减少美工的工作量。他说，自己还买了个画板学习创作游戏角色形象，周末回家时，一画就是一天。

他从前端到后端，再到深度学习，再到美工，几乎点满了技能树。我大为惊叹："为什么你跨界这么厉害？"他从书架上翻出一本《鬼刀》，跟我说这本漫画的作者 Wlop 是个香港工程师，用业余时间创作了这部作品。

Wlop 横跨了科技和艺术，是 π 型人才，他很崇拜："要做一点让人有成就感的事情，一般需要跨界，竞争对手才不会那么多，我在朝这个方向积累。"

喝了几泡茶，快 11 点了。虽然明天周六，但大小周还要上班，我劝他早点休息。"可能又得熬夜。"他说，B 站 UP 主弥雪想做一个关于《仙剑》同人游戏的视频，他还要帮忙审文案。

※　　　※　　　※

回广州的天伦楼巴大约 7 点 45 到名都新景门口，我们上车后就没几个空位了。车程约 45 分钟，我们 8 点 33 到达天娱广场门口，其实不晚。"为什么不住家里呢？"我问他。

他说，如果回家住，为了赶大巴，6 点多就要下班，肯定不能是常态；早上又要提前半小时出发，睡不够，就得在车上眯一觉。"一来一回要多花 1 小时。把这 1 小时挤出来做自己的事，对我来说比住得更舒适的优先级要高。"

"今天可能会比较忙。HR 跟我说有 20 多个校招生要面。"

下班时，培羽对我说："明天周末，今天就不加班了，跟同事一起去旁边吃个饭。面试只来了 6 个人，有的人可能已经接了其他公司的 offer。"

在蚂蚁金服，项目组要招人，都是自己找简历、自己面试。我很诧异："以你在业界的影响力，找到的简历还敢鸽你的面试？"

"简历都是 HR 找的。"他说自己只负责面试。"我去找简历比较尴尬，就像你说的，要刷脸。但是，能力强的朋友看不上我们公司，能力不行的又不符合公司要求。"

"HR 找简历，不怕跟业务匹配度不高吗？"我问他。"其实还好。"他说。阿里情况比较特殊，很多业务全球领先，一些岗位没有参考样板，需要为业务定制。HR 对业务的理解肯定不如项目组，如果是 HR 去找简历，确实可能人不对岗。

而拇指的业务不算复杂，往上看还有腾讯游戏，所以招什么样的人，在业界都有公认的岗位标准，HR 已经很熟悉了。

"我们把好面试关就可以了。"他说，因为学校没有游戏专业，校招生是白纸一张，所以面试标准只关乎基础素质，不难考察。

"一般招聘流程是：项目组跟老板提用人需求，老板跟 HR 评估后下发 headcount（简称 hc，指企业招正式 / 编制员工的名额），然后 HR 去找简历。项目组一面看技术水平，HR 二面定职级薪资，最多老板再过问一下，就结束了。"

他说，今天面试完了就在看另一个游戏的源代码，学习新技术，既是帮中台做技术储备，又能提升个人技术能力。

我觉得这个工作节奏其实不用大小周，5 天时间事情绝对干得完。"为啥还要

'996'呢？"我问他。"一线的工作量大啊，"他说，"跟阿里一样，真的是7×24小时也做不完。都是一个公司的，一线在干活，我们休息也不合适。"

聚餐选在了公司旁边的"炳胜"，参加的除了他这组的3个人，还有3个其他组的。他一边给菜拍照发朋友圈，一边跟我说他是小组长，带头平衡工作与生活，不会加班到太晚，一般还会像今天这样调剂调剂。

我开玩笑说："那你也算管理层了啊！"他的嘴角动了动，说："刚毕业时，觉得做技术很苦，管理多高大上啊！结果现在当了小组长，发现主要是上传下达，自己能做主的东西很少。"

"我觉得中层管理水分比较大，因为有上层思考战略，有下层负责执行。互联网员工的素质普遍不错，加上公司有成熟的奖惩制度，所以对中层的能力要求没那么高。"

"目前只是个过渡吧，"他说，"比起管理，我更偏向技术，想在圈子里积累更大的影响力；等对行业有了更全面的认知，再看看有没有往战略层高管发展的机会。"

聚餐以菠萝包收尾。培羽打着嗝，说回去还有3件事要做：一是安排明天周日的行程，约人；二是规划新书的框架，编辑已经在催了；三是准备刷抖音到2点左右，"看看现在流行什么"。

"不能明天再刷吗？"我问他。他说，主要是因为一天下来感觉时间都给了公司，所以报复性熬夜，做一点自己想做的事。

※　　　※　　　※

难得的休息日，培羽10点多才起床，约了校友去"点都德"吃早茶。可能是因为"食在广东"，在别的城市大排长龙的网红店，在广州回归了日常——食客大多是叔叔阿姨。

一起吃饭的2个女生，一个在广汽本田，一个在佛山碧桂园，虽然不是朝九

晚五，但基本都不加班。她俩得知培羽周六还要上班时，都很惊讶。

培羽说："比以前好多了！我在一线游戏部门时，周末都是不可能约饭的，我们都好久没见了。"我问他："为什么一线游戏部门加班这么多呢？"

"我梳理一下啊。"他咬了口红米肠，顿了顿。"现在手游行业同质化很严重，有时会为了差异化而差异化，频繁变更需求。但因为缺少深度思考，需求背后的逻辑没有想透，小的改变就可能'伤筋动骨'。"

"程序的架构需要大调整，相当于把盖到一半的厕所给改成厨房，这个动静甚至比推倒重来都大，不加班就搞不定了。"

吃完饭，我们把2个女生送走，然后去赶晚上的饭局——他周末的主要活动之一是参加校友读书会，读完书一起吃个饭。最近大家比较忙，书就不读了，但饭还是要吃的。

晚饭的另一个重要议程，是读书会的一个学姐很欣赏培羽，今天把单身的妹妹带过来，介绍俩人认识一下。

培羽虽然个子不高，但有才华，又不宅，还能约女生出来吃早茶，我有点不相信他一直单着。他说："我看得上的，别人看不上我；别人看得上我的，我又看不上。"跟爸爸朋友的女儿相亲，见面交换了联系方式后，女生就不怎么搭理他了。

"我不太喜欢相亲。"他说，双方把所有条件摊出来"讨价还价"，这种形式太赤裸，太功利，不纯粹。"我还是希望碰到《仙剑》里李逍遥和赵灵儿那样萍水相逢的爱情。再说，我还没有沦落到需要相亲的地步吧？"他说，"我觉得自己还是比较优秀的。"

他的逻辑确实能自圆其说：优秀的人，本来事情就多，生活、工作都很充实，不需要通过谈恋爱来排解孤独，所以对另一半的要求就不仅仅是陪伴，而是在精神上要有一定程度的门当户对。

但越优秀，越做事，越优秀，更没有时间专门花在找对象上了。这样下去，除非在工作或生活中有交集，否则优秀的人萍水相逢并互相结识的概率非常低。

我们到达"麓苑轩"蒸汽火锅店时，远远看到预订的位子上已经坐了2个女生。他说其中一位就是学姐文兰。人很快就到齐了，大家逐一自我介绍，另一个女生果然是妹妹文香，大学刚毕业。除了培羽和我，在座的没有互联网人，普遍过着安安稳稳的小日子。

我看他吃饭时跟文香聊得不错，就在回家的路上问他对妹子的感觉怎么样。

"还可以啊！"

"那后续会约出来吃个饭啥的吗？"

"还没要她的微信呢。"

※　　※　　※

明天就是国庆节，培羽今晚不加班了，准备跟中午喝咖啡的几个同事一起聚一下："我们会不定期吃个饭、唱个歌什么的。"

文康来了，我们先去石牌东路的挞柠买几杯喝的，等勇军和运凡。培羽说，今天主要是在给入职刚满 1 年的同事们讲课。

"讲啥课？"我问他。他说，公司会组织训练营，分享专业知识——由培训部门结合当前业务"命题作文"，再从公司内部找"导师"来讲课。"但我一般都是自己挖掘选题报给公司。"

我问他："这就是讲座吧？""不是讲座，"他说，"都是系列课程，而且是强制性的，上完了要做题，我还要批改呢。"

写书不赚钱，搞讲座也很费精力，但他乐此不疲。"为啥呢？"我问他。他说："高中时就知道，会说不如会用，会用不如会教。能输出才代表自己的知识储备已经积累到了一定程度，我一直用这个标准要求自己。"

他说，自己好像有点天赋，高中开始接触编程，拿了个小本本总结记录，大学刚毕业就出了第一本书《手把手教你用 C# 制作 RPG 游戏》。"所以培训部门喜欢找我当导师，因为我比较会输出。"

"我喜欢游戏，也喜欢分享，恰好二者都是我的工作，又有业余时间可以干自己的事，所以幸福感很强。当下是安稳的，未来又有可预见的期待，所以我也不怎么焦虑。"

勇军和运凡来了，大家商量接下来去哪儿。文康说去做个推拿，但运凡说之前做过一次，按完之后全身疼得不行，再也不想去了，提议去打桌球。

培羽在大众点评上查了一下，然后预约了万菱汇附近的"东豪"棋牌桌球俱乐部。打车时，我问培羽是不是可以把文香叫上，他说白天刚找文兰要了文香的微信，现在约她感觉有点仓促。"问问呗！"我怂恿他。

"你跟女生相处好像不太主动啊？"我问他。"是有一点。"他说自己在跟女生接触时，有"一鼓作气，再而衰，三而竭"的感觉，越到后面越需要找话题尬聊，有点累，所以没什么继续推进的意愿。

※　　※　　※

国庆长假到啦！70周年大阅兵还没看完，我们担心路上太堵，就赶紧开车出发，回他老家。结果，高速还是堵成了停车场，4个半小时的路程我们开了8个多小时，总算到了潮州。

叔叔阿姨在"北膳坊"给我们接风。我很好奇二老为什么选择这家餐厅，结果阿姨说："怕你吃不惯潮州菜，这边可能更符合你们北方口味。"

吃完饭已经快9点了，我们回家休息。他家住在老居民区，本来就狭窄的道路两旁横七竖八停满了车。小摩托开得风驰电掣，从沿街商铺出来的人们会突然窜到路上。

他家所在的小区布局比较奇怪：三栋楼围出一个三角形的"天井"，小区的入口就在沿街那栋楼的底层。

培羽说，这套房是父母在他大学刚毕业时买的。那时，妈妈想让他回来考公务员，但爸爸想让他出去闯一闯。最后，爸爸拍板：买！如果他回来，就给他当婚房；不回来，就当自己的画室。

"为啥最后还是出去了呢？"我问他。他说，全家人一起权衡利弊，觉得子孙早晚要出去，他这一代干脆提前把苦吃了，给后代省点事。

于是，这套房就成了画室。客厅本该放电视的位置，堆满了叔叔的作品和获得的荣誉。他的《Unity 3D 网络游戏实战》"淹没"其中。

他说，爸爸对他的影响很大——他小时候跟爸爸一起看穿越小说，对历史产

生了兴趣，所以现在能从一个更长远、更宏大的角度来看问题，不纠结于一时的得失，心态比较豁达。

"我初中看《三国演义》，对'古今多少事，都付笑谈中'这句话印象特别深，养成了记录自己生活的习惯。因为回过头来看，这也算是历史。"

他说，读大学时，每年都会写年终总结；从中摘取片段，回答了知乎上的问题"在汕头大学就读是一种怎样的体验？"，获得了 500 多个赞。

他打开 WPS 上的《罗培羽传》，文档开头写着："若我将来能有所作为，此传当有一定的激励和指导价值；若我将来碌碌无为，此传也可作为反面教材，引人反思。"

小时候仰望父亲，长大了互相帮助。叔叔很支持他对游戏的投入，在他第一款费尽心思的游戏《梦幻奇缘》里，出品人、总策划、总监制、技术总监、对白、剧情、配乐、效果、测试都是培羽，美工则是叔叔。

培羽已经在广州站稳了脚跟，他说："我爸也想趁我在广州发展，看看有没有机会把画卖到广州去。"

同学得知他回来了，约他出去聊聊天。潮州的很多十字路口都没有红绿灯，行人、车辆乱成一锅粥。高德地图给我导航到一条巷子里，为了避开地上的一堆

砖头，我的汽车后视镜不小心蹭到了脚手架上的突出关节，留下一道深深的刮痕。

我们把车停在"北园鲜果汁"店门口，七拐八绕穿过两三条乌黑的小道，再摸黑爬了几层楼，终于到了同学家。今晚一共来了3个人，都在本地工作，听他聊聊外面的世界。

拉了会儿家常，同学提出去旁边消夜。快11点了，北门市场旁的"泳弟肠粉"店还开着，我们吃了4个白菜和1个金针菇肠粉，一共才36元，很实惠。

茶足饭饱，总算要回去睡觉了。他说，刚才几位都是小学同学，大家抽签去了不同的初中，所以分开了；但住得近，联系没有断。步入社会后，他们也想过一起搞点事情，合伙开个小店什么的，但都只是说说，没有付诸实践。

"朋友之间谈生意，感觉有点功利了，不

够纯粹。"他说其中一个同学自己开过微店卖陶瓷，第一个月就亏了，他们就再也不提这茬儿了。

可能是因为车被剐了，我对潮州的第一印象比较差。整个城市乱哄哄的，没啥秩序感——在"禁止停车"标牌下停车的现象随处可见。这种城市氛围，让长期在上海和杭州生活的我很不适应。

路边车位都停满了，又找不到收费停车场。我是外地车牌，不敢像本地车一样随便停在路边。像我这样的人，在守秩序的地方熟悉了规则，到了不守秩序的地方，就要抛弃这些规则才能生存，不然连车都停不了。我是不太愿意"从有到无"。那培羽呢？

我问他："阿姨不是让你回来考公务员嘛，你在广州待了6年，还回得来吗？"

"毕竟是老家，"他说，"即使在广州这么多年了，回潮州还是感觉很有生活气息，很舒适。"

"但是，回不回来，主要看工作机会。"他说现在是个强调撸起袖子加油干的社会，年轻人的主基调是奋斗。如果回潮州能延续现在的事业，即使暂时牺牲生活质量，也没问题。

"就像小米武汉总部建成后，从北京调人过去，在薪资待遇不变的前提下，很多人都愿意。"

※　　　※　　　※

培羽这次国庆的重要任务之一，就是回汕头大学请AGLab的社员们吃饭。汕头大学离他家不到60公里，开车1个多小时就到了。"你是因为近才选的汕大吗？"我跟他开玩笑。

"差不多吧。"他说自己读高中时，学校把住校名额留给了外地同学，高一、高二也不强制晚自习，成绩普普通通。高考时，擅长的理综比较简单，不擅长的数学却很难，结果离目标华南理工差了20多分。

对北方不熟悉，对北方的大学更不熟悉，所以没考虑出省这个选项。省内学校，一本就只剩华南农业大学和汕大了。因为完全没有跟农业打交道的打算，就把前者pass掉了。

家里帮忙打听了汕大的情况，得知跟李嘉诚有关系，还有去境外游学的机会，觉得差不到哪里去，就报了这里。"但是，近两年老师被挖得厉害，教学质量有所下降。"他说人往高处走，当城市发展跟不上人的发展时，城市最重要的资源——人，就会去发展得更好的城市。

快 12 点，我们到了汕大的学术交流中心餐厅，社员们一个都还没来，他坐在大厅沙发上挨个给他们发微信。过了 5 分钟，一个穿着洗得有点松垮的蓝色 T 恤的男生来了，问他："为什么国庆节过来呢？"

他说："太久没见到你们了，想念心切。"过了一会儿，又来了一个拿着黑色太阳伞的男生。交谈中得知，两人一个专业是网络与新媒体，另一个是数字媒体艺术，都是 2018 年才开的新专业。他们都是因为专业符合时下热点，才报的汕大。

12 点 40 多，5 个男生和 1 个女生才全部来齐。虽然天气很热，但是氛围很冷——整个吃饭期间，所有的对话都是培羽问一句、对方答一句，剩下的时间大家统一刷手机。

饭后，他问大家下午有没有空，提议找个奶茶店坐坐。话刚说出口，姗姗来迟的女生说："也不算有空……"穿蓝色 T 恤的男生说："要回去学习。"另一个人说："太阳很大喔！"

在他的软磨硬泡下，女生还是走了，几个男生一起去学校东门的"皇茶"。他让社员们给我展示一下新作《蔬菜人》，几个人扭扭捏捏，面面相觑，只好不了了之。

场面有点尴尬，他主动开启了一个新话题，问大家对互联网有没有什么想了解的，他和我都可以现场解答。一双双眼睛或者低头盯着手机，或者游离地望着他，感觉对这个话题没什么兴趣。

场面始终热不起来。喝完奶茶后，又走了 2 个人，剩下的 3 个人陪我们在校园里转了一圈，

4点半左右也陆续回宿舍了。时间还早，我们在真理钟旁边坐着休息，他在联系晚上的饭局。

晚饭是一个学姐组织的，她一家子也是白天来的汕头，还在外面玩，聚餐时间和地点都没定。因为我们待在汕大也没地方去，所以我跟培羽说能不能问问学姐准备在哪吃，我们先过去，在餐厅附近边逛边等。

他在微信上问了问学姐，然后跟我说，应该还在学术交流中心餐厅吃，而且可能会晚一点。我略微有些不快——几个招牌菜中午已经吃过了，晚上再吃有点腻；另外就是太晚了开夜车回潮州不安全。

"能不能跟她建议换个地方，时间上稍微提前一点？"我问培羽，也把我的理由告诉了他。"这个可能不太方便，还是让她定吧。"他说。

我们在校园里干等了近3个小时，学姐总算带着老公和2个儿子出现了。上菜的间隙，我去洗手间，看到她的儿子们在拿水龙头互相滋水。小儿子跑出去之后，大儿子在洗手台上撒了一泡尿。经我呵斥，他才不情愿地拿手纸清理。

吃完饭都快9点了，赶紧打道回府。今天一天的经历，让我有点窝火。回程的路上，我思考了一下情绪来源，觉得还是跟中午和晚上的两顿饭有关。

按我的评价标准，培羽在行业里取得了不错的成绩，算得上优秀毕业生。如果我是他的学弟，在得知他国庆回汕大后，一定会主动请他吃饭——跟大佬当面交流的机会真的不多。

但实际情况是，今天的聚餐他10天前就开始张罗，结果最后只零零星星来了6个人，还迟到了。他掏钱请客吃饭，还要主动找话题，跟大家套近乎。

吃完饭，学妹马上找了个理由闪了，其他人在"皇茶"也是边聊边玩手机。给我的感觉是：他们在食堂吃腻了，只是中午过来蹭顿饭而已，对食物之外的东西完全没兴趣。

而从我的角度看，"听君一席话，胜读十年书"。中午的聚餐，培羽的经验比这顿饭要值钱不知道多少倍。如果我是学弟，会拉着他请教，直到他有事要走为止。

"其实，AGLab 现在是名存实亡嘛，群里都没人说话。"我把自己的想法如实告诉了他。"《蔬菜人》也拿不出手，推来推去的，好像是啥见不得人的东西一样。"

"是你说的这样，"他说，"矮子里面挑高个吧。与其说是大家愿意参与这个社团，不如说是以命令的方式强迫大家过来的。大家谈不上对这个社团有多认可，做事没什么主人翁心态。"

我问他："学弟学妹本身不认可 AGLab，学长要通过讨好的方式希望他们把社团运营下去，且不论能力，单论态度，可能吗？我觉得中午这顿饭一点意义都没有。"他不说话了。

"晚饭也是。学姐知道我们上午就到汕大了。这附近没什么吃的，如果我是她，肯定会问你中午是不是在学术交流中心餐厅吃的，介不介意晚上还在这里吃。"

"包括时间问题——她不会不知道开夜车不安全，结果还把晚饭约到这么晚。她晚上就住汕头，倒是无所谓。我们呢？"

他反驳道："组织活动很累的，要多理解学姐。"

"她怎么不理解你呢？"我说，"你上周末组织吃点都德，还花了好几个小时反复确认谁住在哪里、哪家店距离大家比较平均、吃完后好不好回家。都是组织者，你想得到，她想不到？"

"大家不识货，学弟学妹不珍惜你的时间，学姐也不在意你的感受，"我说，"感觉你把自己放得过低了，在刻意迎合他们，像在倒贴一样。"

我想，就目前的事业成就来说，培羽跟 90% 的汕大学生已经不是一路人了。今天这些学姐学弟学妹，其实看不到他身上的闪光点，因为层次已经拉开了。

他承认自己有时候是在降维，以便更合群。"达到你想要的效果了吗？"我问他，"为什么不去寻找那些跟你维度相同的人，跟他们交朋友呢？"

"跟你母胎 solo 的逻辑是一样的，"我说，"认识的女生，都是相对低维的，但你其实已经升维了，所以精神上不匹配，才需要尬聊，最后还是掰了。"

"你又没有走出去结交精神层面与你更匹配、质量更高的女生，加上一直忙自己的事，维度继续上升，就一直单着。"

他坐在副驾驶上沉默了有 10 分钟，才开口："你说得有道理。我看文香的朋友圈，生活搞得很精致，家里收拾得干干净净的，还插花；但是事业上好像没什么追求，跟她聊天找话题确实有点累。"

微博用户 @ 硅谷王川说："信息时代，绝大部分老熟人渐行渐远、形同陌路是常态，随着个人知识、兴趣的发展，不断结交新朋友也是常态。要强行和自己认知差距较大的老朋友继续交往，只能不断被现实世界的负反馈所惊醒。"

互联网发展得太快，合格的互联网人往往具备较强的自我升级能力，但不干这行的就不一定了。很多互联网人跟父母甚至朋友、爱人慢慢出现"代沟"，症结可能就在此。

※   ※   ※

早安，打工人！长假结束，培羽的技术讲座也要办起来了。为了上讲台，每天穿短袖的培羽今天特意穿了一件优衣库的蓝衬衫。吃过晚饭，他就到公司的会议室开始调试 PPT。

7 点讲座正式开始，硕大的幕布上显示"各类型游戏人工智能算法"。前半个小时，玩手机的人还很少，但讲着讲着观众的注意力就分散了。8 点讲座结束，只有一个人提问。

今天没什么其他事，讲座结束他就走了，约了个室友去珠江边骑车散心。室友还没有找工作，靠接外包挣点生活费。我跟培羽说，自己认识的许多互联网人，根本没有放空时间；即使有时间，也没心情。

"其实，我是刻意为之的。"他说即使对工作全情投入，按部就班地升职加薪，自己的职业方向也只是向公司领导看齐。"那不是我想要的，我想追求更大的

突破。"

受爸爸的影响，他追求的是年龄越大越吃香的职业方向，但互联网显然不是这样。"我还不知道将来怎么走，所以需要空出一些时间去探索和尝试，而不是和公司深度绑定。短期薪资上升是低风险、低收益，长期更多的发展可能性是高风险、高收益。算是拿眼前换未来吧。"

夜里的珠江边人气很旺。步道旁榕树下的石凳上，有人在对着手机"全民K歌"；远处的广场舞音乐此起彼伏，桥墩下的流浪汉已经酣然入睡。培羽的酸甜苦辣跟其他"大时代小访客"①一样，随着浪奔浪流，汇入茫茫大海。

---

① "大时代小访客"这种说法出自香港老牌明星郑少秋在 2001 年演唱的歌曲《大时代小访客》。

商务拓展经理何烨磊[*]

> 商务拓展的精髓在于"换"。新广州人烨磊用二胎换来一个更丰满的家，家人用帮忙带孩子换来烨磊在工作中的 A+ 绩效，烨磊再用周末求学换来提升家人生活质量的可能。

深秋的广州褪去了燥热，清晨的空气已经有了凉意。还不到 7 点半，阅江南湾小区已经人头攒动。穿着长袖衬衣的年轻白领在"老班长"包子铺前短暂驻足，动作熟练地扫码买单，拿起早餐快步离开。

7 点 50，烨磊载着老婆，开着一辆桂 E 牌照的别克出发去上班，表示"因为外地车限行，我平常上班都不开车。最近有广交会，不限行，我才开一开"。

早高峰时分，小区门口的车流在高德地图上变成了暗红色，移动

---

* 本章画师：林之倩。

十分缓慢。他说："佛山离这就 5 公里，很多住在那边的人来广州上班都要经过这条路，所以很堵。"

我们一路往东，8 点 45 左右到达珠江新城，被堵在了花城广场附近。"我就在这下吧。"他老婆环顾四周，迅速开门下车，往写字楼的方向跑去。"看着点车！"他摇下车窗喊了一声。

因为我外公外婆来自陕西，在家都是说方言，所以我能听出来烨磊有点陕西口音。我问他："你是陕西人吗？"

"我老婆是，我不是，"他说，"我是江西吉安人，在西安上的大学。口音可能是受学校和老婆的影响吧。"

"她就在对面的高德置地广场上班，9 点要打卡。"烨磊重新设置了导航。"我们刚才是送她，现在才是去我公司呢。"

他所在的公司"雅贝"在番禺汉溪长隆附近，自然环境很好，但快到公司的那一段沿树林的窄路是单车道，他开得很慢、很小心。"你们几点上班？"我担心他迟到。

"我们以前是不限打卡时间的，只要一天工作满 8 小时就够了；后来有些人来得太晚，领导觉得纪律性太差，就改成了'建议'9 点半前打卡上班，下午 6 点半后打卡下班。"

到停车场时已经快 9 点 20 了。"还有空位吗？"我问他。"肯定有，车位很多，"他说，"我们公司福利还不错，停车费一个月才 100 块钱；三餐都是 5 块钱随便吃，但是早餐 8 点半就结束了。我先进去打个卡，然后出来在旁边吃点。"

"你没在家吃饭呢？"我问他。"没有，来不及。"他说自己一般 7 点起床，15 分钟洗漱完毕；但有 2 个孩子，要给他们刷牙洗脸穿衣服，比较花时间，所以要 8 点左右才能出门。

他打完卡出来，我们步行去不远的"喜士多"吃车仔面。店里人挤人，"很多都是我们公司的。"他说广州的电商公司不多，雅贝是难得的本土企业，产品是一个主打母婴产品的电商 app，卖年轻妈妈喜欢的东西。

"我们公司最早其实就是个淘宝店，因为生意很好，所以卖着卖着就独立出来了，"他吃了口面，继续说，"虽然一直在盈利，但规模跟其他电商平台比差远了。"

"为啥呢，珠三角的贸易不是很强吗？"我问他。"我觉得是因为在互联网上投入不够，整体还是更偏向贸易和商务，"他说，"我们公司更像个传统公司，而不是互联网公司。"

"就拿薪资水平来说，我了解过，比阿里低多了；反正待遇不是按照互联网公司的标准给，"他说，"季度优秀员工，发个几百的小红包。年底绩效好，也就是多发两个月的工资，14薪，其他的没了。"

"财散人聚做得不好，"他说，"另外就是赏罚不是很分明：像我这样工作三五年的，差不到哪里去，但也好不到哪里去，因为做得好也就是几百块奖金，激励不够，不像你们阿里还会给股份。"

"但好处是比较务实，没有大小周和'996'文化。我加班不算多，还顾得上家庭，"他说，"有时候我都有点愧疚，因为我们老板很勤奋，来得早不说，下班比我们还晚。"

"走吧，"他几口扒拉完面，擦擦嘴，"你等会儿可以在旁边转转，这边挺不错的。"

雅贝周边生活氛围很浓。我骑着共享单车路过金山湖时，看到钓鱼的人们把上钩的清道夫甩到一旁的草坪上，再次抛竿；年轻人坐在湖边台阶上，专注地使用笔记本电脑。

12 点，他叫我一起去公司旁边的肯德基喝杯咖啡。"我已经吃过了。"他说为了减肥，中午一般去食堂吃份沙拉。"最近朋友圈里老看到 Python 编程课的广告，只要 8 块 9，我买了一个，想学学怎么写爬虫。吃完饭学到 1 点半，再睡 20 分钟，2 点上班。"

"我买了新出的咖啡月卡，这个月每天花 1 块钱就能买 1 杯咖啡，正好这个时间可以跟你聊聊天。"他向我展示手机上的小程序。"你是图便宜还

是喜欢喝咖啡呢？"我问他。

"我是当爱好来培养的。"他说为了调剂生活，增添点情趣，本来想品品红酒，玩玩精酿，但自己既要开车，又要带娃，不太适合培养喝酒的爱好，所以就改成了喝咖啡。

"你还挺有闲情逸致啊！"我说。"主要是工作还比较得心应手吧。"他说自己在雅贝做商务拓展，很多公司也叫 BD，即 Business Development。"这个岗位是干啥的呢？"我问他。

"我想想看怎么说哈，这个岗位没有官方定义。"他抿了一口咖啡。"简单说就是找各种商务合作，达到交换用户的目的。我给你举个例子吧。"

"我隶属于公司的市场拓展部，这个部门是干什么的呢，就是通过跟其他公司合作，把对方的用户变成雅贝的用户。比如说美容院，我们可以搞个活动：克丽缇娜的会员在我们这儿购物打 8 折。这样，那些还没有注册雅贝的克丽缇娜会员，就可能变成我们的用户。"

"那美容院为啥要跟你们合作呢？"我有点不解。"双赢啊！"他说，"我们的用户不一定去克丽缇娜，但为了参加 8 折活动，就有可能特意去做个脸，办张会员卡，这样雅贝的用户也变成克丽缇娜的用户了呀。"

"那找合作应该不难吧？谁不想双赢呢？"

"没你想的那么简单。首先，友商肯定不愿意合作的。比如，阿里和我们都做电商，阿里不可能把用户导给我们。再就是，很多东西理论上成立，但落地不一定顺利。"

"比如，有的公司不那么认可雅贝，不愿意把自己的用户导给我们，也觉得我们的用户不是他们的目标客户，合作就不一定谈得下来。"

"另外，容易开展的合作早就做完了。"他说，剩下那些看似风马牛不相及的东西，怎样转化成双方的合作点，需要一些灵感。"我们这个岗位不要求一直在办公室坐着，出去跑一跑，聊聊客户，更有帮助。"

他说自己是市场渠道组的组长，带着几个人维护旧渠道、开拓新渠道。"因为我之前一直在传统行业干商务，所以常规工作对我来说难度不大，基本都是正常上下班，只在'双 11'这种大促活动时加加班。"

果然，6 点 40，到点下班，回家吃饭。他说自己在整个部门"走的时间靠前，工作时长靠后"，但前两年的绩效都是 A+："我的生活与工作分得很开，下班后基本没人找我。"

"回家后就是给孩子洗澡、读书，陪儿子画画，逗一逗女儿。因为岳父岳母在家帮着带孩子，为了迁就他们的作息时间，我也不熬夜，11 点就睡了。"

在广州养 2 个娃，想必压力不小。"你业余时间挺多的，有没有想过赚点外快呢？"我问他。"你想多了。"他说商务根本没有赚外快的途径。"在微信群里发发公司商品的推广链接，赚点零花钱而已。"

我在蚂蚁金服时，能平衡工作和生活的同事屈指可数。他不光不加班，绩效还能打 A+，是怎么做到的呢？他说，雅贝跟阿里一样，也是自己定绩效，然后领导审核；但区别在于雅贝的绩效不会定得像阿里那么"激进"。

"工作永远可以做得更好，所以如果想把绩效往高了定，总是可以找到理由的，最终还是取决于管理层想不想定那么高而已。"

"你的意思是雅贝不想把绩效定那么高？"

"我觉得是个平衡问题。雅贝给出的待遇，广州很多公司都能给，而且我们公司也没有'店大'到可以'欺客'的地步——定得太高，有些不想牺牲生活的人可能就不干了。"

"我虽然加班不多，但其实很辛苦的：学编程，照顾孩子，周末还要读在职研究生。你明天跟我去一次就知道了，不比你在阿里的事情少。我看上去比较轻松，很大原因是家庭比较和睦。"

"我老婆比较支持我的决定，大家目标一致，来广州是为了奋斗，不是来享受的。我们俩愿意为对方妥协、牺牲，我的家是我的避风港，所以我心不累。"

※　　　　※　　　　※

周六没法睡懒觉了，因为烨磊 7 点就要出发去大学上课。在小区门口等公交时，我们俩都哈欠连天。"为什么要读在职研究生呢？"我问他。

"人往高处走嘛。"他说商务专业技能都掌握了，工作也是驾轻就熟，所以在公司没啥成长。"我刚来的半年主要是熟悉新业务，感觉还学了点东西。后面都是在输出。"

"商务不像技术，业余时间自己钻研一下就可能有所提高。而且技术容易量化，你实现了别人实现不了的功能，就说明你比别人强。商务不好量化，合作谈成了是因为个人能力强还是因为公司资源好，说不清楚。"

"对于非技术职业经理人来说，利用周末的时间读个研是提高自己竞争力的一条普遍路径，我领导就是这样升职的。我的规划是，等毕业之后找机会升总监，然后是 VP（副总裁），再努把力看看能不能够到 CMO（首席市场官）。"

公交来了，一共 14 站，还好有座位。他说自己报考的是非全日制的，两年课程，一年论文，时间跨度很长，对他是个不小的挑战。"学费也不低，每年要小10 万。"

"我是 5 月份开始备考的，但刚开始没啥信心。"他说高考时申请了香港理工大学，结果英语分不够，没上成；作为第一志愿的复旦也没考上，所以他对考试有点发怵。

"参加在职研究生提前面试时，给面试官报的一个数字，是自己团队的产出最终对公司整体业绩的影响。结果被挑战了——面试官问我在其中的贡献如何计算。我回答得很勉强，所以 240 的满分，只给了我 170 分。"

"当时有点想打退堂鼓，多亏我老婆。"他说老婆支持他继续备考，鼓励他报了个培训班，还把照顾孩子和家务事全包了，给他腾出了每天中午午休 1 小时、晚上回家 2 小时的学习时间。

"因为家里有孩子吵嘛。"他说每周六就去家或者公司旁边的星巴克，模拟真实考试的顺序，上午做理综真题，下午做英语真题。晚上回家时，老婆孩子都睡了，他再挑灯夜战一会儿。

爱情的力量是伟大的——笔试满分 300 分，他考了 200 多分，信心倍增。首战告捷，乘胜追击，又顺利通过了面试。最后的政治笔试突击复习，满分 100，考了 80 多，成功被录取。

他上课的校园很美。红砖盖就的三层洋楼藏身于郁郁葱葱之中，古朴而宁静。

教学楼前的异木棉开得正旺，行人纷纷驻足拍照。暖阳洒在小礼堂门口的大草坪上，一切显得生机勃勃。

才8点出头，离开课还有近1个小时，我们去草坪旁的西餐厅吃了个早饭。10月的广东不冷不热，在户外就餐非常舒适。我注意到他的胳膊肘内侧有个不太显眼的文身，但没看出来文的是啥。

"是个蒸汽朋克风格的图案——机械甲虫，"他表示自己很喜欢蒸汽朋克，"这是一种机械与幻想的 crossover（跨界合作）。我大学学的是营销策划，比较需要奇思妙想，需要 crossover。"

"你读的啥大学？"

"这个就说来话长了，"他咬了口面包嘟囔道，"小时候，我爸是开食品厂的，做糕点加工，薄利多销，还算比较有钱。但是，广东这边的同行往北扩展时，我家的厂子严重缺乏竞争力，一下就被干掉了，还欠了一屁股债。"

"我家从那个时候就开始没落了——我妈跑去深圳打工；我爸当过大货车司机、搬运工人，一直漂到了广西北海，结果在那里遇到贵人，给他介绍门路，做了汽车音响设备的经销商。"

"所以，我从小学开始父母就不在身边，都是爷爷奶奶在带，住的也是吉安的'贫民窟'。但是，家里一直督促我好好学习。"他说初中高中成绩都不错，所以报志愿时有点飘，结果第一次高考没有被合适的学校录取，复读了一年。"我也是1987年的，但比你小一届。"

第二次高考还是没考好，第一志愿上不了，只能调剂到第二志愿。"当时家里人出主意，说报学校要报'城市名+理工'，比如上海理工、北京理工啥的。最后估分报了西安理工大学，调剂到了营销策划专业。"

"刚开学就被'骗'了。老师在课上讲，罗斯福说'不做总统就做广告人'。当时看了部美剧叫《广告狂人》，里面的广告人西装革履，光鲜亮丽，我觉得这就是我梦想的生活啊！所以，大学四年在专业上花的时间比较多，没有参加社团和学生会，成绩还不错。"

"这个专业需要开脑洞，从各种不同的角度构思新奇的广告创意，我很喜欢，"他说，"其实就是 crossover。我现在的工作也是一样，跟不同的行业 crossover，达到合作共赢的目的。"

快9点了，我们赶紧出发前往研究生教学楼。他说这一届有200人左右，只有包括他在内的3个人搞互联网。同学里有搞地产的、搞金融的，还有从事传统制造业的，专门从东莞过来上课。"都挺拼的。我们组一个女生今天请假生二胎，下周就来。"

8点50多，大家的步伐开始加快，一位穿着高跟鞋的女生都小跑了起来。"考勤非常严格，迟到、早退扣2分，旷课扣5分；4次课的课程，缺课1次就要重修，哪怕是请病假。"

他提前5分钟进了教室，手忙脚乱地开始掏出电脑上传作业。大门在9点准时关闭，不一会儿，屋里传出了嘹亮的合唱声。"唱啥呢？"我在微信上问他。"校歌。"他回复道。

12 点下课，我们去饭堂吃饭。用餐必须刷校园卡，不对外营业。一份烧平菇，一份腐竹烧肉，只要 12 元，应该是学校补贴过。

"上午的课是数据建模，讲的是如何用数学方法去分析业务，得出定量的结论，从而辅助决策与判断。"他说自己是文科生，听这种涉及数学的课非常吃力。

"这门课的作业，是同学们用课上学到的数学方法来分析自己所处的行业，还可以申请上台汇报作业，"他说，"上次课的作业我花了三四个小时，但上台汇报的话至少需要准备一下午，我没这个实力，也没这个时间，所以暂时不打算汇报。"

"今天的课有点烧脑，我吃完饭得点杯星巴克续下命。"

5 点 45 下课，他急匆匆出来，赶忙坐公交回家。"刚才选班委来着，我哪还有时间搞这个。"他说选出了 11 个人，老师让剩下的同学加入班委下属的小组，他加入了宣传组。

"有 30 多个同学去聚餐了，我就不去了，要陪家人吃饭。"他说，今天的课有点难，吃完饭可能还得复习一下，作业上要花的时间恐怕要翻倍了。"只能放在工作日中午，这是目前唯一属于我的时间了。"

"你花在家庭上的时间挺多的，跟老婆感情挺好啊！你们俩怎么认识的呢？"我问他。

"都是缘分呐。"他说读大学时，爸爸的生意逐渐有了起色，妈妈也搬去北海，在那边买了房，相当于在北海定居了。

"我们搞广告，不是要拍照、P 图啥的吗，我很喜欢摄影，"他说，"读大四时，去一个富二代朋友在宁波开的厂里实习。那时厂子刚刚起步，没啥事，我比较闲，就在宁波瞎逛拍照，然后传到校内网上。"

"一个陕西师范大学的女生，不知道怎么看到了这些照片，给我点赞、评论，我就跟她互动了一下。她正好有个亲戚在广西，放假要去涠洲岛玩，而我正好要回北海。"

"这么巧？然后就在一起了？"

"你听我说完嘛。"他说他搭乘的航班本来在第一天晚上到达北海，而第二天晚上，这个女生就要回陕西老家，所以他们约在第二天白天见面。结果因为暴雨，他搭乘的飞机迫降在了南宁。他坐大巴辗转回北海，折腾到凌晨 4 点才到家。

"本来打算第二天睡一天，不见面了，"他说，"结果早上还是起来了，去见了这个女生一面。"

"然后就一见钟情了？"

"没有，"他说，"我俩磨蹭了将近1年呢。我毕业前，约这个女生出来喝咖啡，才向她表白；后来，她就成了我老婆。"

"你们俩都在陕西读的书，为什么选择毕业后来广州呢？"

"因为离广西近，方便和家人团聚，"他说，"另外就是当时学校的招聘会主要是富士康和地产公司招管培生，我对这两个行业没什么兴趣。"

"为啥不去深圳呢？"

"我妈不是在深圳打过工吗？"他说，"其实，我去深圳挺多的，对深圳更熟悉。但觉得那边压力比较大，节奏太快了，没啥生活气息，人也比较物质，所以最后选了广州。"

"来广州10年了，对这边的气候和风土人情都习惯了。"他说曾经有外地的公司开出3倍薪资挖他，被他拒绝了。"广州挺有生活气息的，我很喜欢。加上现在有孩子了，除非给我开5倍薪资，而且我老婆同意，不然不太会考虑换城市。"

周一早上7点，我跟烨磊在他小区里的便利店会合，去深圳出差。"昨天也没怎么休息。"他说带孩子出去逛逛超市，一家人吃吃饭，一天就过去了。

出差路费可以报销，他打了辆出租车去广州南站，但车辆堵得纹丝不动。司机得知我们要坐8点半的高铁，担心误车，建议我们转乘地铁过去。因为才7点半，高德地图显示打车过去只要半个多小时，时间是够的，所以他打算先下车，步行通过拥堵路段，再重新打车。

运气不太好的是，这次接单的是个业

务不太熟练的大姐。她给烨磊打了几个电话问上车点在哪里，转了两圈好不容易找到了我们，又不太会用导航，提示要直行的路口，她一个猛子并到了左转道上。

烨磊和我面面相觑，觉得赶上这班火车够呛了，所以改签了9点08出发的G9759。我们8点36到达南站，下车时才发现，原来是司机大姐在接单后忘了确认乘客已上车，所以导航的终点没设对，车费也只扣了11元的起步价。

大姐有点着急，不知道如何是好。"我看了一下打车软件，预估费用是70块左右，"烨磊对大姐说，"您放心，我等下给滴滴客服打个电话说明一下情况，把钱补上，不会让您吃亏的。"

到了候车室，他先给滴滴打电话，让那边帮忙调整了账单，把剩下应付的钱扣掉，然后出张正确的发票好报销。"现在的客服太智能了，"他挂断电话后感慨道，"我都分不清楚刚才接电话的是人工还是AI了。"

"你说现在有没有AI自动辟谣的软件？"他说，"父母老在家庭群里转发各种治疗癌症的谣言，说了又不听，拿他们没办法。"他给我看手机上的一条新闻《程序员拿到飞行员offer却左右为难：年薪都是100万，难以抉择》，说道："我都分不清是真是假。"

有惊无险地坐上了火车，我才有机会问他今天出差的安排。"有个前同事跳去了一家互联网医美公司，上午先去跟他聊聊天，看看有没有合作机会；下午是重头戏。"他调整了一下坐姿，继续道："我现在的组员白松，谈了个合作，今天也去深圳，我要跟他一起去见客户。"

"他一个人搞不定是吧？"我问烨磊。

"其实搞得定。他是1995年的，从大学实习开始就在公司，干了4年了，能力和经验都没问题。但客户是个传统企业，比较看中资历，我出面的话能约到的人就比他一个人去要高一级。"

"那晚上谈完了，客户会请你们吃个饭啥的吗？"

"我们公司不准接受客户的宴请，跟你们阿里一样，"他说，"因为不吃晚饭，所以一般6点左右就可以结束了。以前我来深圳出差，事情办完后都会去香港转一圈。"

"从罗湖入关，坐一站地铁到上水，买点化妆品、奶粉啥的，就回罗湖，然后坐火车回广州。现在香港闹事，我们说普通话的不敢去了，只能托妈妈在香港的朋友帮忙代购。"

"我以前在蚂蚁金服时，去上海或者印尼出差，6 点下班想都不敢想；有同事从外企跳到蚂蚁，磨合了 1 年才适应。你们这种工作节奏真的挺不互联网的，你入职时，有适应期吗？你之前在啥公司？"我问他。

"我的经历比较杂。"他说毕业时，因为知道广告行业比较苦，所以就没打算去广告公司。"当时喜欢摄影摄像嘛，就到广州这边一家挺大的影视制作公司应聘了。"

"他们给了我两个岗位选择：一个是拍摄助理，另一个是文案策划。一个是我的兴趣，另一个是我的专业，怎么选呢？纠结了很久，最后还是选了我的专业，具体的工作就是帮影视节目做营销策划。"

"我老婆小我一届，那时还没毕业，所以第一年我们是异地，我在工作上花的时间就比较多。因为这个行业的门槛比较低，从业人员素质一般，所以我干了一年就升了市场部主管。"

"然后，我老婆大学毕业了，就来广州，校招进了广州银行（后文简称'广行'）当产品经理，"他说，"因为我们算服务行业嘛，加班多，没什么休息日，碰到影视节、文博会一类的活动时还要通宵布展，所以没时间陪她，她老抱怨。"

"我其实很理解，陕西女孩为了男朋友跑到举目无亲的广州，我还一心专注于工作，她心理有落差很正常。我爸处于低谷的那几年，跟我妈长期两地分居，感情受到很大影响，所以我特别知道陪伴的重要性。"

"又干了两年，然后提了离职。主要有两个原因：一是加班严重影响了我跟我女朋友的感情；二是我当管培生的同学有些已经走上管理岗位了，薪资比我高不少，而我当时遇到了行业瓶颈，没什么成长，工资也不高。"

"然后就去创业了。"他说拉了几个也是搞营销策划的朋友一起开了个小公司，帮广州那些不具备技术和营销能力的小企业做做网站、拍拍广告、搞搞宣传啥的。

"但是那时不懂互联网融资，我们三个合伙人凑了小 30 万块钱。其中一个家里是拆迁户，活得比较安逸，对创业不太上心；我们仨都不懂技术，外包出去的活儿把控不了，业务开展不下去，最后就关门了。"

"然后走社招，面了广行的市场部商务。当时的面试官是个西安人，感觉挺亲切的，聊得很好，所以入职还比较顺利。"

"在广行负责的主要是发卡业务，定的 KPI 都是亿级的流水，见了世面，"他话锋一转，"但是，银行的第一优先级是安全、合规等稳定因素，我做个营销活动，需要法务等部门层层审批，流程非常烦琐，一个活动要三个多月才能做完。"

"也不怎么追求创新和创意，我的很多想法都被领导拍回来了。我觉得自己被捆住了，发挥不出专长，干了三年，就又有了换工作的想法。在广行时，雅贝是我们的合作方之一，业务我挺熟悉的，所以很顺利地跳了过来。"

"感觉跟银行很不一样：决策流程很快，推进一个营销活动，法务基本不怎么卡我。入职第一个月，还在实习期，领导就带着我直接向 CEO 汇报了，特别扁平。"

他说，互联网对各种新奇创意的容纳程度非常高，自己得以松绑了，几乎无缝进入角色，而那些在银行干得不错的同事也有跳到互联网行业的，很多都不太适应。

"不过，我不把自己局限在互联网行业。我想成为具有互联网思维的市场营销专家，哪个行业有前途，我就愿意用互联网思维和技术去辅助改进那个行业。"

到深圳了。我们出站跟白松会合，赶紧打车去前同事所在的深圳湾科技生态园。深圳的城市规划做得很好，道路宽敞，高楼林立，白云悠悠点缀着绿草茵茵，让人心情舒畅。

生态园在后海，离深圳湾口岸只有 5 公里，过去就是香港，地理位置不错。高新区社区党群服务中心的外墙贴着"跟党一起创业"的海报，戴着眼镜的工程师在一旁调试无人驾驶物流车。

不到 12 点，烨磊出来了。"也没聊啥，就是叙了叙旧。"他说前同事告诉他 Lazada 在招有 3 年经验的商务，base（位于）深圳，问他感不感兴趣。他觉得要求 3 年经验的职位不会很高，为此来深圳家里肯定不同意。

"等会儿一起去附近的'超级物种'吃个饭哈。"他说研究生开学时，集中广深两地的学生搞了 3 天 orientation（迎新会）。同组 2 个玩得比较好的同学，一个刚从云计算公司离职，想看看 AI 行业；另一个就在附近工作。大家吃个便饭，互通一下有无。

"我现在的时间被工作和家庭完全占据了，没法参加业界交流会这类活动，所以拓展圈子的机会比较少，"他说，"研究生同学是个难得的新圈子，而旧圈子里还有价值的，就是上家公司的离职群了。"

吃完饭，我们打车去卓越时代广场。他上去 1 个小时出头就下来了。"白松对客户的需求把握得比较准确，前期准备挺充分的，今天谈得很顺利，"他说，"后面的事他应该可以自己搞定，没什么棘手的事情就不需要我再跑了。"

"'对客户的需求把握得比较准确'，客户的需求是什么呢？"我问他。

"哎呀，这个涉及公司的具体业务，不方便说啊，"他有点为难，"我给你举个例子吧。企业有社会责任，我们公司和客户都有公益项目，蚂蚁也有吧？雅贝做公益的一个关注点是反家暴；客户的关注点是留守儿童。这两者是有交叉的，就是我们潜在的合作点。"

我问他："你的这些客户，会向你打听互联网公司的情况，考虑转行吗？""他们不用向我打听。"他说广州互联网公司本来就不多，而且双方有业务合作，所以彼此了解。

"很多人不愿意跳，是因为涨薪幅度不算大，还要放弃已经积累的资源、已经到手的职位和已经熟悉的工作，划不来。"他说跳槽的主要是那些工作了 3 年左右，没有家庭和经济负担，不喜欢一眼望到头的生活的年轻人。

回广州的火车上，他掏出 kindle 看了起来。"今天说了一天的话，有点累，休息一下哈，"他说，"读书是我所剩不多、还没放弃的爱好了。商务接触的人比较杂，为了跟客户快速找到话题，需要比较广泛的知识面，读书是一个很有效的积累谈资的途径。"

　　　　　　　※　　　　　※　　　　　※

　　周二早上 8 点出门时，小区门口有卖鱼缸的，烨磊问他们收不收二手鱼缸。"养鱼就是我放弃了的爱好之一。我家老大小的时候在鱼缸边坐着看，一看就是一下午。"

　　"养鱼要先养水，还要经常清洁鱼缸，换季时鱼生病了还要照顾，太花精力。"他说，有了老二之后，彻底没时间搞这个了，所以把自己的大鱼缸挂在转转和闲鱼上了。

　　广交会结束了，广州恢复了"开四停四"，他上班就不开车了。"其实，我更倾向于坐公交、地铁，因为在车上可以干点自己的事。开车太堵了，很累，到公司不早了，吃饭也不方便。"

　　我们计划先坐 1 站公交，然后转地铁。结果，我的羊城通乘车码刷不出来了，身上又没带现金，只好找旁边一个阿姨借了 2 块钱，再通过微信转账给她，才解决了问题。

　　我在蚂蚁金服工作时，如果支付宝的付款码刷新不出来了，绝对算重大事故，解决的时间必须以秒计。我在手机上设了个备忘录，看看公交系统解决这个问题要多久。

　　下车后，我们步行去地铁站附近的麦当劳吃个早饭。"我一般吃个麦满分套餐，只要 6 块钱，"他说，"中午不知道有没有时间做研究生作业。因为每周二早上开总监会，各部门向 VP 陈述上周的工作；下午开部门周会，聚焦部门内部。所以中午可能要准备下午的会。"

　　"开会很让人头疼的。"他说自己做的是边缘业务，比较难争取到资源。"最简单的是钱，就是优惠券啥的；其次是 app 里的页面展示位，也就是入口、流量资源；最难的是技术和产品资源，都是优先提供给核心业务，我们根本排不到。"

"在会上不提吧，好像是工作没做到位；提吧，又是白提。所以，我们现在也在由'换量'转型为'买量'，感觉有点像销售了，"他说，"商务和销售的最大区别，就在于是'交换'还是'买卖'。"

我想，其实这也是大多数互联网公司在发展到一定阶段时必然会面临的状况——"资源"随着公司的成长变得更值钱了。举个例子，我还是穷光蛋时，自己买菜做饭比较省钱，因为我的时间不值钱。当我飞黄腾达了，叫最好的外卖也比自己做省钱，因为我的时间变贵了。

吃完饭再坐 16 站地铁，然后步行 10 分钟到达公司，算上吃饭时间，总通勤时间需要近 1.5 小时。我们踩着上班时间到雅贝时，乘车码刷不出来的问题仍未解决。

今天他竟然加班了。晚上 7 点 16 在公司门口见到他时，感觉他整个人都蔫了，不断唉声叹气。"咋了，哥们？"我问他。

"白松跟我提离职了，"他说，"刚跟他聊完。他拿到了一家游戏公司和一家互联网医疗独角兽的 offer，级别和待遇都比现在高。我尝试挽留了一下，发现连自己都说服不了。"

"他在这儿干了 4 年，工作很熟悉了，成长空间有限，所以刚在 BOSS 直聘上发了简历，这家公司的 HR 马上就找来了。他是校招生，起薪不高，别人给他开的薪资涨幅还挺大的。"

"他可能比较激动吧，也没怎么考察对方的业务，马上就把那家游戏公司的 offer 给接了。其实，这家公司的 HR 之前也找过我，给我的 title 是经理，但不带团队，纯做业务，薪资涨幅也不大，我觉得还不如雅贝，就没去。"

"我们是边缘业务嘛，"他无奈地垂着头说道，"本来打算利用 Q4（第四季度）剩下的时间好好梳理一下今年的工作，规划一下明年 Q1（第一季度），争取让这个业务起死回生呢。"

"我们部门本来 headcount 就少，平常基本不招人。他这一走，就更捉襟见肘了，年底换工作的不多，短时间内很难招到合适的人。我想挽留他吧，又发现升职加薪都承诺不了，觉得好无力啊。"

"也怪我，"他说，"我带人好像没什么耐心。昨天去深圳，本来说好是白松来主导整个汇报，但是我担心他漏了领导关心的关键内容，就拟了一个汇报大纲，让他按照这个来讲。"

"我其实应该更授人以渔一点，放手让他去做，我只提修改意见，出了问题我兜着。我当时觉得这样比较慢，还不如我做了算了，所以就帮了他一把，现在想想，这样他确实很难成长。"

※　　　※　　　※

早上见到烨磊时，我问他休息得怎么样，睡眠质量有没有受白松离职的影响。"不会的，我心大，tomorrow is another day（每天都是新的一天）。"

"昨晚回家后又在微信上跟他聊了一下，感觉他是去意已决了，"他说，"我把Lazada 的那个商务岗位也推给他了，让他多一个选择，先比较比较，不要着急做决定。"

我跟他开玩笑："下属要'背叛'你了，你还帮他介绍工作，这么大气吗？"

"离职而已，又不是私人恩怨。"他说自己不太看重短期收益，比较愿意帮助别人。"前同事找我介绍商务资源，只要不涉及公司机密，我一般都会答应的——都是公开资源，我不介绍，他找别人也能拿到，我藏着掖着没意义。这次我帮他，下次他帮我嘛！"

"昨天晚上我把孩子哄睡后，躺在床上想我的下一家公司会是什么样的。"他说，之前广州一家做互联网旅游的公司找他聊过，让他去做商务总监，双方聊得还不错。

"给我加薪了，但五险一金按最低标准交，算下来待遇只提了 20%，"他说，"在天河智慧城，太远了，开车不堵车都要 1 个小时，那边还是大小周，跟我的研究生课程冲突了，另外就是肯定要加班，所以就没去。"

"也考虑过去新氧。"他说这个公司刚在美国上市，是"互联网医美第一股"，后续发展应该不错。"但总部在北京，决策在那边；广州分公司更多是执行。我既想留在广州，又想做决策层的工作，他们提供不了两全的方案，所以我还在按兵不动。"

"我微信里加了很多猎头。你看我朋友圈里发周末上课的内容挺多的吧？主要是刷给他们看的，"他说，"几乎都跟我聊过，但我全给拒了。广州互联网人不好跳槽，可选项太少了。"

"主要是你预设的条件太多了，"我说，"又要升职加薪，又要兼顾家庭，又要距离合适，又要……好处不能全让你占了吧？"

今天下班又晚了一点，7点他才出来。我问他是不是又在跟白松聊。"不是。"他说开了个会，一个刚参加完国际设计会议回来的设计师在分享他眼中设计与营销的关系。"很有危机感啊，设计师都开始跨界到营销了，我们商务要没工作了。"

"白松决定去游戏公司了。"他说下午跟白松聊了很久，帮他分析了一下过去之后怎么站稳。招白松过去的领导，是记者出身，想组建一个新部门，主攻电竞赛事赞助和IP变现这两块。

这个领导不太懂业务，没法带白松。拉赞助更偏销售，跟商务的玩法还是有一定的区别。"IP变现的话，因为IP部门的收入跟KPI挂钩，所以如果商务部门拿IP去换资源，肯定会影响收入。动了别人的利益，不一定好推动。"

游戏公司的KPI压力可能比雅贝大，新领导也不一定有他这么宽容，白松有心理准备吗？

成熟的互联网公司，新部门的试错时间或许只有半年。如果成绩不理想，很有可能打散重组，去做其他业务。白松能承担这份风险吗？

"看得出来他很纠结，跟我说如果我将来做新业务了他一定回来跟我干。应该还是对现在的业务不满意吧。"

"你这真的算是仁至义尽了。"

"白松也是西北的，甘肃人，女朋友在北京工作，俩人也异地，不容易，"他说，"年轻人碰到了更好的机会，想闯一闯，应该支持。"

"陪我去趟'面包新语'吧。"他说，想给老婆和女儿各买一块蛋糕，"在平淡的生活中，不定期添加一些惊喜"。

※　　　※　　　※

白松的离职申请被上面批准后，在朋友圈发了个招聘广告，想帮烨磊补一个人进来。有个白松之前在工作上打过交道、做市场专员的女生看到了，很感兴趣，所以烨磊中午约了她在番禺万达广场的星巴克聊聊。

一个多小时后，面试结束了。"聊得怎么样？"我问他。

"还不错啊，有啥说啥呗。我跟她介绍了一下雅贝，坦诚地说最近招人比较着急。这个小姑娘就是觉得现在公司的节奏有点慢，所以想转互联网。"

回公司的路上，他收到了小姑娘的面试反馈微信，拿给我看——

"磊哥，这次的确特别感谢你哈～第一次面试官这么认真与我讲组织架构，想必您也一定是位非常有亲和力的领导。就算实在没机会，也希望与您保持联系做个朋友哈哈～真的真的觉得您特别好。"

今天烨磊的丈母娘包了饺子，他邀请我去吃家宴。"陪我老丈人喝点吧。"我

们在他家楼下买了 6 瓶科罗娜、1 瓶大雪碧，以及 3 个柠檬。

他家在 22 楼，是个 90 平方米左右的小三房，因为住了 6 口人，所以有点局促。叔叔阿姨还在忙里忙外准备晚餐。他先带我参观参观。站在小阳台眺望，眼前就是珠江。"2012 年买的二手房，当时 1 万 5 左右，现在涨到 3 万了。那时刚工作攒不下钱，是家里出的首付。"

他打开拉勾网 app，给我看了看广州互联网公司的薪资水平："收入不如杭州，房价又比杭州高，不靠家里的话，基本就是城市过客。"

客厅里，本来是给妹妹搭的小猪佩奇围栏被哥哥"霸占"了。开朗活泼的哥哥把着门，不让咿咿呀呀的妹妹爬进来。"这是在争宠吧？"我问他。

"是啊，前阵子哥哥还跟妈妈说：'有了妹妹后你们都不爱我了。'"

"你为什么要两个孩子呢？"

"两方面原因吧。"他说，一是因为自己差不多已经定型了，有了孩子后多了些可能性，"比如女儿嫁给老外，要去国外带孩子，或者儿子去其他城市发展，自己也要过去之类的"。

"另一方面是希望孩子之间有个照应。比如将来妹妹步入社会，我年纪大了帮不上啥忙，哥哥如果混得好，可以拉妹妹一把。"

"现在的主要问题是没时间带。"他说老婆6点下班，回家后带小的，丈母娘带大的；老婆上班或者出差时，就全交给丈母娘了。"俩娃都在丈母娘房里，我一个人才能专心做点事情。"

他说，岳父母年轻时在老家的厂里工作，朝九晚五，加上计划生育，所以只有老婆一个孩子，中午休息，下午下班，都有空带她。"我们这个时代面临的情况和那时完全不一样了。"

"但是，我又希望能多带带孩子，而不是完全交给丈母娘，"他说，"因为我跟孩子都活在互联网时代，而我们父母普遍还活在上一个时代。所以，父母带出来的孩子，和我们自己带出来的孩子，肯定不太一样。"

"现在家里人太多了，有点挤。"他说，为了改善居住环境，也为了孩子的教育，想换个大一点的房子，"但是得把现在这套江景房卖了，老婆和我都有点舍不得"。

"哥哥刚上中班，还有两年时间就要上小学了，我们对口的小学比较一般，所以想尽早换个好一点的学区，就把房子挂在中介那里了。"

"还想把车换了。"他说自己那辆别克，夫妻俩带孩子勉勉强强，再坐两个老人就比较挤了，"想换辆六座的蔚来ES8，已经跟朋友约好换车后出去自驾游了"。

叔叔阿姨叫我们吃饭了。手撕鸡、卤牛肉、烧鸭、凉皮，已经摆了满满一桌，厨房里还煮着猪肉萝卜和芹菜馅饺子，太丰盛了。"多吃点，别客气，这些菜都是我妈从老家带过来的。"烨磊说丈母娘来广州5年了，还是不太习惯南方的饮食和气候，换季时都会起湿疹。

他和我陪叔叔喝酒，阿姨和他老婆轮番喂女儿吃饭。儿子在旁边闹，吃了一个饺子就开始边笑边叫，一会儿嚷嚷着要吃面条，一会又想吃鸡蛋羹了。

"你们挺辛苦的啊，不过年轻人辛苦点是应该的。"阿姨说女儿刚来广州时拿了3个offer，分别是银行、航空公司地勤和英语培训机构，"当时懂啥呀，找人问了问，在老家进银行要花20万，所以让女儿选了银行"。

结果，女儿去了之后，发现比老家的银行辛苦多了。老家认识的在银行工作的人，一天啥事没有；而且银行的收入在老家和广州的性价比，简直是一个天一个地。

"当时觉得地勤晚上还要值班，嫌辛苦呗，就没选。现在在广州待久了，思维也进步了，觉得值夜班有啥呀，应该去航空公司的。"

阿姨很健谈："老家有个朋友，儿子小伟30岁出头，之前在西安做金融，但是跟的那个老板跑路了。想出来闯闯，就又跟着一个老板来广州这边开驾校了。"

她说，本来她啥也不懂，但是每天听女婿和女儿在家里沟通，对广州的市场也了解了一些，就劝朋友，说小伟做驾校不是个正经事儿，还是好好把简历准备一下，找个工作吧。

"应该出来看看，把眼界和思维打开，"叔叔接过茬，"不然就跟小伟一样，在老家待废了。"

吃完饭快9点半了，我起身告辞。几个大人忙着伺候2个孩子吃鸡蛋羹，烨磊送我下楼。今晚见过他的家人后，我很感慨——即使像他这样对工作游刃有余的人也要举全家之力，才能在互联网中谋得一席之地。

我不由得想起了上个月在乌镇举办的世界互联网大会——中国互联网师承硅谷，经过多年的发展，终于能在全球舞台上与美国同行并驾齐驱，你争我赶，各有输赢。

这一点点成绩，是互联网人的功劳，更是互联网人背后无数个隐忍坚守、默默付出的家庭的功劳——军功章里有我们的一半，更有你们的一半。

※　　　　※　　　　※

在从白蚬壳码头发出的轮渡上，我碰到一个长途骑行的哥们。他说自己从湖北出发，已经骑了几个月，目的地是北京。他气喘吁吁，但目光坚毅地望着对岸，语气里没有半点犹豫。

　　既然选择了远方，便只顾风雨兼程——努力平衡工作与家庭，精打细算换房换车，放弃周末，重返校园，都是在追求更丰满的人生。虽然辛苦，又何尝不是一种幸福。

　　船快到白鹤洞码头了。骑行哥们推着自行车，后座上的行李袋一歪，露出一句话："我们追求的不是速度，而是一种坚持。"我略有感悟，抬头看了看，彼岸似乎不远了。

销售经理胡佳[*]

"神啊帮帮我吧，一把年纪了，一个爱人都没有。"
刚从专员升职为经理的胡佳，光是适应新岗位的工作
就已经忙得天昏地暗，找对象的事更是一点眉目都没
有。她能如愿吗？

清晨的五羊邨开始了一天的
忙碌：美团外卖小哥骑着电瓶车
驶过五羊新城公交站场，222路
公交车刚从这里出发。寺右南二
街路口的麦当劳里人声鼎沸，头
发油亮的年轻人穿着笔挺的西裤，
端着豆浆推门而出。

8点过7分，胡佳和同事兼室
友薛淼出现在小区门口。"要迟到
了！"她俩跨上共享单车，示意我
赶紧出发。沿寺右新马路骑行约5分钟，就到了车来车往的广州大道中辅路；十
字路口不设斑马线，过马路要走天桥。

但跟许多骑自行车的人一样，她俩没有上天桥，而是从桥下的机动车道穿行。

---

* 本章画师：吴绮雯 gokibun。

车辆"嗖"地擦身而过，非常危险。薛淼说天桥太陡了，女生力气小，自行车根本推不上去。

马路对面就是珠江新城。这里是广州天河 CBD 的核心，与北京 CBD 和上海陆家嘴 CBD 同属国务院批准的三大国家级 CBD，是标准的白领聚集地。

15 分钟后，我们到达星汇园小区门口。公司在马路斜对面的广州银行大厦，要经过一个地下通道，自行车禁止通行。我们停好车，胡佳去旁边的都城快餐店打包了一份 10 元的陈村粉套餐，带去办公室当早饭。

她们公司的产品"找工厂"app，是一个帮企业用户对接服装加工厂的互联网平台，总部在杭州。"广州分公司以销售为主，没有技术和产品。"胡佳说。

胡佳穿着一件卡其色的小西装，但跩着一双凉拖；薛淼披着一件茧型格子大衣。"销售人员不是需要穿正装吗？"我问她们。"见客户时要，还要化妆；其他时候还好。"薛淼说。

"年底了，业绩压力好大啊！"她说自己在 KA（关键客户）部门，专门服务大客户。"胡佳是 L5 级客户经理，我是 L3 级大客户专员，但给我配的是 L6 的指标。我们老大说，每个月销售业绩必须保持增长，目标是明年全员升 L5。"

"但是我这个月还没开单呢，做到 L6 的指标太难了。到时候，如果大家都升了 L5，我没升，脸上挂不住，我就不干了。"

她俩的步伐很快，我快 1 米 8 的个头，紧赶慢赶才能跟上："几点上班啊？"

"理论上是 9 点。"胡佳说公司有自己的考勤 app，只要连公司 Wi-Fi 就可以打卡了，"但各部门要求不一样，比如我们部门老大是要求 8 点 45 到"。

"我们部门是晚上 10 点前走的话，早上 8 点就要到；10 点之后走，才能 8 点45 到，"薛淼边掏门禁卡边补充，"刚来的时候跟我说工作时间是朝九晚七，扣掉午饭和晚饭各 1 个小时，正好是 8 小时工作制；结果，我没有一天是工作少于 12 小时的。"

广州银行大厦是幢高档写字楼。同她俩一起等电梯的男男女女普遍打扮精致——穿着细高跟的小姐姐涂着大红唇，提着公文包的小哥哥西裤很合身。门前时不时停下一辆黑色的大奔，门童马上跑过去帮忙开门。

8 点 55，门口的一些行人开始小跑，我猜测是因为有的公司 9 点打卡。从 11 点 45 开始，外卖小哥陆续来到楼外的取餐点，冲路过的人喊"13 楼，1297！""36 楼陈小姐有没有？"

这里的餐饮行业竞争相当激烈，到处都有人发订餐菜单。我接过几份看了看，午饭套餐基本控制在 20 元以内："荣俊美食"的牛肉拼腊味饭要 17 元，"平凡快餐"的支竹焖鸭饭只要 14 元，在这个地段是真不贵。

12 点我见到胡佳时，她提议去花城汇吃潮汕菜，我指着路边发传单的人，问她吃不吃那些。"比较少。"她说，刚毕业时一个月只有 3k 多，每顿饭控制在 15 块钱左右，主要是自己做，偶尔吃吃外卖。

"现在一个月业绩差一点也有 20k，好一点有近 40k，所以想吃什么吃什么。已经忙到没有生活了，难道还要剥夺我享受美食的权利吗？"

"上午在忙啥呢？"

"10 月份刚升客户经理。"她说，之前在一线当客户专员，也就是销售，白天的主要工作是打 cold call（无预约而冷不防给潜在客户打的电话）；还要上门拜访客户，作为客户的专属客服解决各种售后问题。

"cold call 超过 45 秒才算有效呼出，很多人一接电话听到是推销就挂了，这种就不计入我的工作量。公司规定，如果连续两个月没有完成指标，就要主动辞职。"

"晚上不方便给客户打电话，就要参加电话和拜访技巧培训，开案例分享会啥的。"她说，现在升了经理，开始带团队，除了之前做的那些事以外，还要负责招聘、面试、培训新人。"已经招了一个新人，来了有 20 多天了。"

"第一次当领导，没啥经验，不知道怎么招人。我在招聘 app 上给别人发私信，都没人回我。"她说，团队背了销售指标，所以还要花很多精力在销售上，"毕竟只有我们两个人，他出不了单的话，我就得自己上"。

"你们的产品只是款 app，又没有实体产品，具体销售的是什么东西呢？"

"举个例子吧，"她喝了口猪杂汤，"东莞的 A 厂和惠州的 B 厂都是鞋厂，在我们这儿发布了接单信息。现在，耐克想找工厂，到平台上搜'运动鞋'，我们是把 A 厂作为第一个搜索结果放在前面，还是放 B 厂呢？"

"哦，相当于竞价排名是吧？"

"是的，就是卖流量，纯互联网的玩法呀！"

她说，每天的工作量从早排到晚，要跟着客户的节奏走，也没法规划什么时候干什么。"中午一般 12 点吃饭，吃完上楼玩会儿手机，1 点开始午休，2 点上班。晚饭时间说不准，你就别等我了啊。"

6 点是一个下班高峰，很多人拿着包离开写字楼，取餐点的人少了很多。7 点出头，我正在楼下看《新闻联播》，碰到胡佳和一个同事一起往外走。同事在楼门口抽烟，她进了 711 便利店。我去跟她打招呼，她跟我说："那个就是我带的新人。"

"我晚饭很不规律。"她买了几个鱼蛋，跟我说，因为部门规定 7 点后才能吃晚饭，但那个时间点经常要开会，所以要么 4 点多吃点下午茶代替晚饭，要么干脆不吃了。"我们周六要搞个辩论赛，销售参加，经理指导，等下就要开会商量一下怎么准备。"

同事抽完烟，进来找她。这哥们看着年纪不大，自我介绍说之前在一家互联网教育公司干销售，那家公司规定早上 11 点上班，晚上 11 点下班，周末不休息。

"说是让我们错开上下班高峰，其实就是压榨我们。"

他说，当时前公司正在寻求新一轮融资，所以需要拼命把数据做起来，好给投资人讲故事。他干了 1 个月，只在第一周的周末休息了 1 天，后面连续战斗了二十几天，他实在扛不住，就撤了。

9点30，广州银行大厦的很多办公室都还亮着灯。但仅半小时后，整栋楼就暗淡了下来。10点刚过，胡佳和薛淼抬着一个大快递箱，跟着一拨人潮从楼里涌了出来。

"全是我们公司的，"胡佳说，"加班到10点打车可以报销，所以大家都是卡点下班，我们公司是整栋楼走得最晚的。"

"还有人没走呢！我们公司有勤奋度考核，10点下班的只能打B+；那些打A的，都是凌晨才下班，然后8点多就来上班了。"薛淼又指着路边等车的人群说："你看我们同事，基本都是我这个年龄段的，年纪大一点的熬不住。"

"你们确实有这么多事情要干么？"

"我比淼淼早来两年，其实那时候工作强度没这么大，但公司发展挺快的。"

胡佳说，自己刚到公司时定的奋斗目标是底薪涨到 8k，结果第一年就实现了。"老板的野心也在变大，慢慢地强度就增加了。"

她说，其实升了经理之后，公司不强制要求她 10 点下班，但是只要找事情干——培训新人、学习业务、帮客户解决问题——事情是永远干不完的。

"培训新人为什么干不完？不就入职的时候做一下吗？"我有点不解。

"我们培训新人是这样一个意思：比如今天新人给客户打电话，但因为业务不熟悉，沟通效果一般，客户不太满意，我要全程跟进，把发现的问题都记下来，跟他复盘。"胡佳解释。

"我们没有用钉钉，都是在微信里聊工作，所以工作和生活混在一起，总是绷着。"薛淼补充道。

晚高峰早已结束，10 分钟车程就到家了。我把快递箱从后备厢拿出来，帮她们往家搬。经过麦当劳时，胡佳突然说："好饿啊，好想吃东西！"她想买点鸡翅回去吃，犹豫了一会儿，又忍住了。

"明天下班之后去猎德吃烤肉吧！"薛淼问我能不能提前去占座——周六人会比较多。她说她们公司是大小周，但周六可以早一点下班。

因为太晚了不方便参观，上楼把快递箱放在她们家门口，我就走了。刚转身下楼梯，就听到屋里传来一阵欢呼："啊～总算到家了！"

周六晚饭那会儿，我到兴盛汇的"姜虎东白丁烤肉"，边排号边等她俩。公司规定大小周 6 点就能下班，但薛淼事情还没做完，6 点半她们才出发。"已经很早了！到月底冲业绩的时候，周末也要加班到 10 点。"

"你们俩多大年纪啊？"刚才排队时，坐在我旁边

销售经理胡佳

的，多是刚逛完街的小情侣。我很八卦：在当前的工作节奏下，她们有时间谈恋爱吗？

一聊到感情这个话题，薛淼的话匣子就打开了。"我是1994年的，广州本地人，佳佳比我大2岁。确实很忙，但是碰到了对的人，时间挤一挤总是有的。工作日抽一天晚上一起吃个饭什么的，周末也可以约会啊！重要的是人，人对了，可以想各种办法。"

她说自己是丁克，但如果找到了灵魂伴侣，也可以顺其自然："为了爱情，我可以不顾一切。他如果有明确的奋斗目标，我愿意跟他一起努力，换城市都可以，前提是我们的灵魂真的非常契合。"

"什么叫灵魂契合呢？"

"要聊得来，能get到对方的点，要有趣，"薛淼说，"有没有房子无所谓，可以先租房，也可以两个人一起凑首付，都可以。"

胡佳补充说："要么很搞笑，要么很有料。"

显然，在她们俩的择偶标准里，精神比物质的优先级要高。我问她们："公司没有合适的吗？"

"没有，"胡佳说，"一方面是内部有红线，不允许办公室恋情；另一方面是很多男生已经不是单身了，在认识的时候就没往那方面想。剩下的就是没有看对眼的。"

"其实，红不红线无所谓，"薛淼说，"如果真的看上了，我宁愿辞职也要谈。"

"那公司这些已婚男同事不能帮你们介绍他们的朋友什么的吗？"

薛淼说，因为太忙了，已婚同事基本只顾得上家里，没时间社交，认识的人很少，而且大多数同事都是外地人，也没有发小、同学可以介绍。"强度这么大，本地人吃不了这个苦的。"

"你不就是本地人吗？"

"其实，我爸妈都是湖南人。"薛淼说爸爸在广州的军队里工作，所以全家人都在广州生活。她虽然在这儿出生，但总觉得跟土生土长的本地人不太一样。

她说自己来"找工厂"前是钢琴老师，一些男学生曾向她表白过，"但感觉都是被我的外表吸引了"。这与她对男朋友的精神要求相左，所以她没有接受。

家里人也给她介绍过"条件好"的相亲对象——一个比她大1岁的男生，父母都是高官，在金沙洲有 3 套房。这个男生在一家创业公司工作，按理说不会轻松，但跟她聊天时，比较在意她现在这种忙碌状态，觉得轻轻松松当个钢琴老师更好。

"跟我有意无意提及想要 3 个儿子，长大后 3 套房一人给一套。"她说，自己非常反感这种找"传宗接代工具"的思维方式，从那以后就再也不相亲了。

"那啥样的你才看得上呢？"

"之前有个同事，跟佳佳一个部门，是重庆人，"她说，"我跟他很聊得来，觉得他很有趣。他后来回重庆分公司了，我都不介意，向他各种表达好感，但这哥们都不为所动。"

"他是那种丢在人群里你都不会多看一眼的长相，颜值很一般很一般，"她继续吐槽，"但就是聊得来，能 get 到对方的那个点。他竟然把我给拒绝了，意难平啊，意难平好吗！"

相对薛淼，胡佳在感情上就没这么主动了。按老家揭阳的习俗来算，她虚岁已经 29 了，家里催得比较急。她是传统的潮汕女生，希望在 30 岁前组建家庭，但目前仍在"坐等"。她说自己是基督徒："上帝会保佑我的。"

关于上一段感情，她不愿提及太多，只说是一段没能维持下去的异地恋。"刚分手的 3 个月特别难熬。现在过去 1 年了，时不时还是会想起，但内心已经没有波澜了。"

她说自己相过两次亲。一次是朋友介绍的，男生在广州银行大厦附近工作。朋友把她的照片发给了男生，但没把男生的照片发给她。因为在微信上没话找话也能聊下去，所以男生约她去星巴克喝杯咖啡，她就去了。

结果，她对男生的第一印象就很差："没有阳刚之气，说话软绵绵的。跟我说今天是开车来的，停车费要多少多少钱，送我回去的时候，也很纠结通行费是 1 块还是 2 块。我不喜欢这种小家子气的男生。"

另一次也是朋友介绍的，刚加微信，男生就跟她聊护肤。她心想：我一个用 10 分钟洗漱加化妆的人，跟我聊护肤？那个男生说什么也要介绍一个自己认识的皮肤医生给她，她觉得很奇怪，就没下文了。

"家里也介绍过一个男生，但没见面，"她说，"看了照片，觉得太胖，就没兴趣了。"看来，尽管精神是第一位的，眼缘这一关也一定要过。

"以我对佳佳的了解，她现在的状态是生活太平静了，需要一个男朋友带来一些新鲜感，给她尝试新事物的动力。"薛淼说。

"也有一个对象可以交流对未来的规划。"胡佳说，她以前在教育培训机构干过，知道父母陪伴小孩的重要性，所以希望在孩子3岁前专注于家庭，"但是，如果老公觉得一个人工作经济压力太大，我也可以先跟他一起拼搏挣钱"。

晚饭吃得比较撑，她们想找个地方坐坐，喝杯东西。我们散步到COCO TOO，点了一壶果茶。刚坐下，薛淼就从包里掏出电脑，打开 Excel 忙碌了起来。

我看了眼她的屏幕，表格标题栏写着：40%，60%，80%，100%。"这是啥意思啊？"

"数据报表。40是已联系，60是已寄合同，80是已签单，100是已收款。"她说自己要收集全组同事这周的工作进度，整理之后发给领导，相当于周报。

"有个同事提交的数据有问题，吃晚饭时我在微信上找她要了，刚回我，要不然今天就不用加班了，"她说，"我有好几次都是很晚才把周报发给领导，他还会明知故问：'最近累吗？'"

薛淼在一旁专心准备周报。我问胡佳如果周六不上班，一般怎么过。"睡到自然醒咯。"她说，中午起床熬点粥，再睡个午觉，起床刷刷剧，磨蹭一下，一天就过去了，"周日一般去教会"。

"没有在解决个人问题上分配点时间吗？"

"怎么分配呢？我觉得萍水相逢认识的不靠谱。"

※　　　※　　　※

胡佳觉得很久没运动了，所以周日下午约了闺蜜乐蓉一起去爬白云山。我3点出发先去接她，然后一起去接乐蓉，到白云山脚下堵到近5点才找到停车位。

乐蓉跟胡佳是发小，现在在易车当运营。她也信基

督教，本来下午打算去教会，临时被胡佳约出来了。她的体能不错，我们 6 点 15 爬到山顶的时候，胡佳喘得上气不接下气，她还跟没事人一样。

"很厉害啊！经常运动吗？"我问乐蓉。

"以前运动多，现在很少了，主要是因为出汗前要卸妆。"她说，之前在恒大工作时，6 点下班，吃完饭回到家也才 8 点出头，卸个妆，然后去珠江边跑跑步，很舒服。

"现在 9 点左右下班，回去 9 点半了。摊着玩会儿手机，磨蹭一下，就 10 点多了，没法运动。洗澡吹头，1 小时过去了。卸妆护肤，1 小时过去了。再拖拖拉拉一会儿，1 点了。"她继续说道。

"那我动作比较快。"胡佳说自己下班回去 10 点半左右，马上洗澡，不磨蹭，洗完澡再干别的事情，0 点前一般可以睡觉。"我从小就这样，比较干脆，执行力强。"

"说干就干。"她说读大学时喜欢骑山地车，但没钱买，老找别人借。有一天晚上睡觉前，她突然萌生了一个商业灵感，马上起床写了下来；第二天就拉了两个同学凑钱，买了十几辆山地车在学校做起了租车生意。

刚开始做的时候没什么客户，她就琢磨要怎么推广。"我们学校有个树洞微博，我认识的所有同学都关注了。"她给这个微博的所有粉丝发私信，还真有人因为这个过来找她租车。

"你还不光是执行力强，你挺有想法的啊！"

"是啊！我上大学时兴趣很多的，还喜欢看悬疑小说，'狼人杀'玩得飞起。"转而她有点失落，"现在反而不知道自己喜欢什么了，每天就是工作、工作、工作"。

"唉……我也是。"乐蓉说，梦想的萌发需要时间，梦想的实现需要精力，"我们现在既没有时间又没有精力，梦想慢慢被社会磨没了"。

大家都有点饿了。为了答谢我载她们来爬山，她们请我吃"达叔潮汕味"。这家店藏在一个停车场里，位置很隐蔽，却是家网红馆子，我们到的时候已经爆满，需要等位。

她们点了份生腌虾姑，说是潮汕特色菜，问我能不能接受。其实，单从饮食就可以看出，粤东地区的潮汕文化与珠三角地区的广府文化差别挺大。"你们为啥选择广州呢？"我很好奇。

"我 2010 年来广州上大学，在这生活了 9 年，同学、同事都在这里，有感情了。"胡佳说。

"我是揭阳下面县里的，爸妈都是烟草系统的，生活还不错。我妈经常让我回去找一份安稳的工作。但县城太小了，我回去的话没什么好的工作机会，加上那里的人观念比较陈旧，我很难见到世面，更难碰到聊得来的人了。"

"选择一个城市，无非是工作、生活、爱情。我们都不是很有野心的人，没有为了工作换城市的动力；生活嘛，已经习惯了，而且圈子都在这里。唯一一个不确定因素是爱情，如果我要走，唯一的理由就是喜欢的人不在这儿。"乐蓉说。

"喜欢的人在北京的话，你愿意过去吗？北方的气候跟广东可完全不同哦。"

"易车总部在北京，我去出过差，觉得还好。不过要看情况。广东人一般不愿意离开广东——广东有自己的文化和语言；北上广深有两个城市在这里；离香港和澳门都很近。这几个条件加起来，有哪个地方比得过？"

"那你喜欢什么类型的男生呢？"

"人要干净，不能太瘦；聊得来，人有趣。最好是信主，起码要支持我信主。"她说，之前交往过一个男生，一开始说不介意她的信仰，但后来抱怨她每周日都要去参加主日聚会不陪他，男生的家里也对她信教颇有微词，就不了了之了。

"其他要求——上进心、真诚、善良，有一定的物质基础，每个女生都差不多，是吧佳佳？"她说自己跟胡佳经常聊感情话题，两人的择偶标准类似。"现在社会上很多人不真诚，人品也有问题。我们不是涉世未深的小姑娘，没那么好骗，又不想凑合，就单着了。"

"我觉得你提的这些要求很多程序员都满足吧？"

"颜值不行。"她说，长相是天生的，但气质、身材、造型是可以后天改变的。"又不是没钱！多跑跑健身房，头发好好弄一弄，再把衣品提高一下，不要太老气，不要太直男，程序员可以的。"

"那我帮你留意一下颜值可以的程序员，但你有时间谈恋爱吗？"

"上进心没那么强的女生，如果碰到了对的人，是可以把工作的优先级降低，抽出时间谈恋爱的。"她说，现在之所以把自己的时间排得满满的，主要是因为没有碰到对的人。

"那你准备怎么去碰到对的人呢？"

"不知道。"她说，社会上的相亲活动，心怀鬼胎的人比较多，她一般不参加。有同事去参加跟其他公司的联谊活动，她看了照片，觉得那些男生不是她的菜。

"跟佳佳一样，听天由命吧。"

※   ※   ※

新的一周开始了。早上8点，我只见到了胡佳。她说因为周六是10点前下班的，所以薛淼8点就要到办公室，已经先过去了。"等会儿先开每周一次的全员早会，集体回顾上周情况，然后广州的经理们要开管理例会，下午再开部门周会。"

这周胡佳比较忙，能跟我交流的时间很少，只能在每晚回程的车上聊几句。她的工作进展得并不顺利，尤其是招聘。她说，因为自己底气不太足，怕别人不来，所以采取的招聘策略是电面（即电话面试）环节简单聊一下就赶紧约来面试，结果当面聊完后发现没一个合适的。

"一个男生有传销背景，之前销售的是带有欺骗性质的产品，不能要。"

"一个男生能力很差，之前的业绩完全拿不出手，是被公司劝退的。"

"一个男生明确表示自己不喜欢打 cold call，希望公司能提供一份客户名单，他直接登门拜访。但销售一般都是先打 cold call 才有机会拜访，打 cold call 是销售的必备技能。这种跛腿销售，在我眼里不是好销售。"

"还有一个四川的男生，之前在 YY 学车，只有高中学历。聊了一会儿就觉得不行，口音太重了，听不懂他在讲什么。而且他身上有很大一股烟味，牙齿又黄又乱。他真的应该先去把牙整一整，销售的形象还是蛮重要的。"

"还有……"

连续一周每天面试两三个人，但一个也招不进来，投入产出比太低了。在阿里的话，早就该复盘了：要么是电面门槛太低，要么是面试过程有问题。我问她："天天这种情况，你就不复盘一下吗？"

"也想过。"她说隐隐约约觉得好像是哪里不对劲，但又想不出个所以然，就算了。

我有点无语："招聘不是你的主要工作吗，效果不好，就这样算了？"

"销售压力也很大啊！"她说，春节前后是服装行业旺季，许多届时要到期的客户，现在就要提前联系，让它们续费。新人刚来还不熟悉工作，如果把销售任务全丢给他，他肯定 hold 不住，所以团队销售指标的很大一部分还需要她来扛，招聘就得放一放。

新人培训的效果也不如人意。头天晚上说过的问题，第二天白天又出现了；第二天晚上再说，第三天白天再犯。她说自己刚来时，工作没做好，领导批评她，她都是战战兢兢，不断反思自己的问题出在哪里，下次不要再犯了。

"把我的话当耳旁风。是不是我太客气了，不够严肃？我又不敢骂他，怕话说得太重，伤了他的自尊心。"

※　　　※　　　※

这周六休息，胡佳准备在家做做饭，放空一天。她 11 点才起，赖床了半小时，然后去寺右肉菜市场买了点食材。我带了在"钱大妈"生鲜超市买的黑椒鸡胸和牛排过去，给她俩补补蛋白质。

她们租住的小区没有名字，有好几个无人看管的出入口。一楼的门面房租给了美甲店和餐馆，穿着保安服的大叔坐在椅子上刷抖音，对进出的行人视若无睹，只在来车时帮忙指挥倒车、收停车费。

居民楼看上去有些年头了。电表上满是贴了又被撕掉的残留小广告，痕迹斑斑。楼道里许久未骑的自行车用铁链锁在防盗窗上，盖在车上的遮阳布已经

落了厚厚一层灰。

她们租的两房一厅有 70 多平方米，房租一个月 4 800 元。推开门就看到一台钢琴，胡佳说："淼淼周末有时会教我弹一下。"上周我帮忙搬的大快递箱还没有拆，在电视机下面放着。

胡佳带我参观了一圈，屋里还挺干净，但没怎么收拾。她的被子团在床上

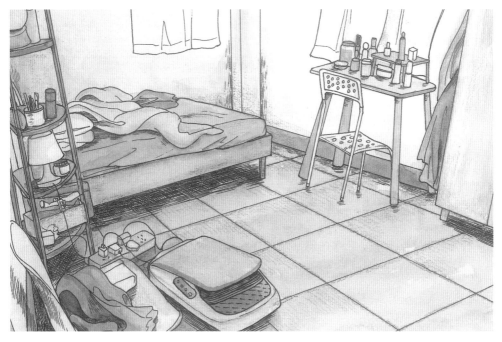

没叠，床尾的一张小化妆桌上摆了些瓶瓶罐罐。地板上有一台不认识的机器，她说是甩脂机，站在上面自动抖，"四舍五入"也算是运动了。

薛淼的衣服比较多。一些跟床上的被子混在一起，一些摞在床头柜上，还有一些挂在衣帽架上——衣帽架是带滚轮的，就在卧室中间杵着。

阳台的地板上横七竖八扔了3个盆，一只猫蜷缩在角落看着我。"它叫'黑妹'，比较怕生。"胡佳说这只奶牛猫是从朋友那儿领养的，夜里就睡在她床上，是她孤独时的陪伴。

1点半了，赶紧起锅烧油，开火做饭。她炒了个皇帝菜，烧了个肉末豆腐，炖了个苦瓜黄豆排骨汤。不确定煮饭应该加多少水，她就向妈妈打电话求助。

饭做好了，她问我喝不喝酒，说自己冰箱里常备三得利的鸡尾酒饮料，每天晚上都会喝一罐助眠。

"好久没做饭了，将就着吃啊。"她说，大学刚毕业时工资低，房租就要1 000多，剩下的钱只够"塞牙缝"。第一份工作下班早，每天都去菜市场买菜自己做，手艺练出来了。

"现在收入高了，买菜都不问价了，但自己也已经没时间做饭了。其实，问了也白问，反正不了解价格。"她说，比起刚毕业时的精打细算，现在每个月花了多少钱，花到了哪里，都懒得算了。

我问她是哪个大学毕业的，她不好意思告诉我。"很垃圾啦！"她说自己学的是工程制造专业，完全不感兴趣，所以都在搞些有的没的。

"在学校里推销蛇粉，一个一个寝室上门宣传：'拍上去很凉的喔！'"她说自己喜欢跟人打交道的工作，销售就是其中一种，在学校推销的经历为她后来走上这条路埋下了伏笔。

她毕业后的第一份工作是在保利地产当行政，写写文案什么的，但做了一年多觉得太无聊了。机缘巧合，教会的姊妹给她介绍了一个教育培训机构，说老板人很好，也是基督徒，她就跳了过去，当销售卖课程。

卖了一年的课，接触到了很多学生家长，有些混得挺不错的；反观自己，只是一个小公司里的小销售。这种身份上的落差让她感觉很不舒服，就动了辞职的念头，悄悄把简历放在了智联招聘上。

"那时候对互联网没什么概念，没想过进这个行业。"她说，有一天坐公交车时，突然接到了一个陌生电话，来电的人就是她的前领导文哥——文哥从"1688"跳到了"找工厂"，正在组建新团队，在智联招聘上看到胡佳的简历，就联系了她。

"当时最吸引我的，是底薪 5k，比上一份工作多 1k。但是，公司要求第一个月就要出单，而我在上家公司第三个月才出单，所以心里没什么底。"她说，当时还年轻，没想那么多，觉得试一试吧，就接了 offer。

2017 年 6 月入职，刚干了半年，妈妈就生病了，要住院开刀，她必须回家陪护，需要多久就不好说了。她去跟文哥提离职，没想到文哥很开明，帮她协调了停薪留职，让她安心把家事处理妥当再回来上班。

好在妈妈的手术比较顺利，她陪护了 1 个月就回公司了，一直干到现在。"10月份刚从专员升到经理，但上个月的收入还没有我当专员时高呢，因为销售占比小了。"

"带新人又辛苦又不赚钱。其实，我也没有多喜欢当经理，只是觉得应该跟大家一样，慢慢往管理岗位发展。"

吃完饭，薛淼去加班了。整个部门的月度指标还没完成，老大要求所有人周末去公司冲刺。胡佳说自己"中午不睡，下午崩溃"，就去午休了。

※　　　※　　　※

周日下午 2 点，我在富力盈力大厦见到了睡眼惺忪的胡佳。她说昨晚 2 点才睡，在追《舞蹈风暴》，"报复性熬夜"。主日聚会就要开始了，我们赶紧上楼。

"你是为什么信基督的呢？"我问她。

她说，大学时一个闺蜜是基督徒，自己比较好奇，就开始了解这方面的知识。

后来，在生活和工作中碰到一些困扰，尝试向基督祷告，发现问题都慢慢解决了。她认为是基督在帮她。这种情况三番五次出现，所以她最终受洗，把自己交给了基督。

不大的屋子里来了 10 多个人。首先是祷告环节，然后乐队带大家唱了一首《沙漠中的赞美》，最后由一位在公交公司当领导的大哥做了主题为"工作态度"的分享。

分享结束后，年轻人换了个房间，继续举办雅歌青年小组聚会。我不是基督徒，直观上感觉这个聚会就是大家坐在一起聊聊天，交流一下工作和生活。

延续"工作态度"的主题，主持人抛出一个问题："哪些人喜欢自己的工作？"大家你看看我、我看看你，都在等别人先表态。有人跃跃欲试地想举手，看到其他人没举，又把手收了回来。

一个穿红色连衣裙的女生很勇敢，她明确表示不喜欢，只是找个差事养活自己而已。胡佳没有举手，但轮到她发言时，她又跟大家解释：其实喜欢自己的工作，就是太忙了。

在代祷环节中，有人的愿望是父亲早日康复出院，有人的愿望是香港修例风波快点平息。而胡佳的愿望是这样的：3 个过了一面的候选人复试顺利；本月 20 万销售目标如期达成；带的新人顺利成长。"都是工作相关啊？"我问她。

"是啊。"她说自己无数次想过辞职——加班越来越多，担子越来越重，招不到人，新人也不给力，感觉很累很辛苦。"心里有情绪，又不知道找谁聊；工作太忙，跟朋友的联系也少了，不想临时打扰她们。"

"你平常跟淼淼聊不聊这些呢？"

"她自己的问题都还没解决呢！"她说，每当遇到困难，且身边无人求助时，就只有向上帝祷告，"基本每次都遇到了转机"。

"上个月 31 号，我还没有完成销售指标。白天，我请上帝告诉我还应不应该继续从事这份工作。结果，晚上 10 点半，一个客户主动打电话给我要求签单，销售指标完成了。这是上帝在帮我。"

"上周，新人跟客户已经签合同了，但客户一直没有打钱。我早上帮他祷告，结果下午客户就打钱了。向上帝请求的事情真的都发生了。"

可能还有些问题，上帝没来得及帮她解答。回家的路上，胡佳感叹道："有些时候，我一瞬间会觉得没有方向。现在的状态，没有感觉很好，也没有感觉很坏。买房买不起，买车又没必要。那现在这么辛苦工作，是为了什么呢？"

"你其实还是不喜欢这份工作吧？"

"一言难尽，不知道怎么讲。有时候工作能带来一些快乐，但很多时候带来的是不快乐。不快乐的时候来教会吐吐槽，情绪也就平复了。"

"希望可以组建家庭，但现在太忙了，不知道怎么找男朋友；又不想辞掉工作——管理岗位还没转正。没有什么归属感，只能交托给上帝。"

我想，这大概就是"温水煮青蛙"吧。当下不好不坏的忙碌，挤占了她对未来的思考与规划。工作按部就班，生活四平八稳；随波逐流，没有方向。与培羽的"拿眼前换未来"相反，胡佳是"消费现在，透支未来"。

"是这样吗？"

她点点头。

※　　　※　　　※

晚上 10 点，"找工厂"的人一窝蜂出来了。"淼淼呢？"我问胡佳。"还在上面收拾东西呢，让我先下来。我还没吃晚饭，被领导拉去开会了，刚结束。"她说。

"领导吃了吗？"

"不知道。"她说，领导有可能在开会之前就吃了，"领导的行踪又不会告诉我们下属"。

"那你叫个外卖，边开会边吃可以吗？"

"这样不好吧，毕竟我业绩做得不太好。"

我想，业绩做得不太好，连饭都不配吃了吗？

"好烦哦。"她说，这周要做一个述职报告，因为要把工作量化后展现到 PPT 上，而自己不喜欢跟数字打交道，所以抵触情绪很大，做 PPT 的效率很低。

"上午面了个英国海归。我以前面试都不提前准备的，今天还专门化了个妆，好好看了下她的简历，但感觉自己表现得不太好。"

"下午去东站拜访了一个服装公司，以前买过我们公司的会员，后来又不买了，所以过去聊一聊，希望他们能续费，帮我把这个月的指标冲一下。"她说，拜访客户的车费，如果当月指标没有达到，公司是不报销的。

薛淼下来了："今天打了一天的电话，厕所都没敢去，快憋炸了。"上车后，她

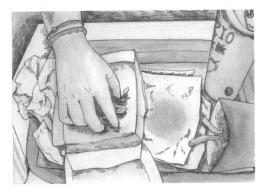

靠着座椅睡着了。胡佳玩着玩着手机，突然哭了起来。"妹子怎么了？"我问她。但她不说话。薛淼醒了，也欲言又止。

下了车，我们陪胡佳去 711 便利店买了一听 RIO，然后拿去隔壁的麦当劳就着炸鸡，边喝边聊。"我们总监

要调去总部了。今天他跟我们聊天，说总部会根据整体战略，安排各城市分公司的任务。如果谁执行得不好，为了顾全大局，那个人就会被干掉。"

"回想起来，文哥好像就是这么走的。"她说，本以为对公司来说文哥已经算是很不可或缺的资源，没想到仅仅是一枚棋子。下一枚棋子也许就是自己。这种为公司付出很多，却被公司如此对待的结局，让她有一种无力感，她不喜欢这种感觉。

"聊天时，总监评价我，说我跟另外两个走得比较近的女生相比，我是最不简单的。"她在微信上问总监为什么这么说，总监却跟她打太极。这个评价与她对自己的认知相反，让她很困惑。

"这两个月我只招到了一个人，但其他的新经理都招到了三五个人。"今天HR找她复盘招人可能存在的问题，说她对候选人的考察不到位，教了她一招：列举出最希望候选人具备的5个优点，然后针对每个点提问题。

"我想了一下，实在列不出5个。"她说，刚升经理时受过招聘培训，后面基本都是自己摸索。今天HR主动找她聊，她才意识到自己招人存在问题，所以有一些沮丧和失落。

最近工作不顺利，这几件事又造成负面情绪的堆叠，加上下班时薛淼让我们等了近10分钟，她觉得浪费了休息时间，就没忍住哭了。

"我好想辞职啊！"她说想裸辞休息一段时间，"你觉得什么样的工作适合我呢？"

我反问她："你喜欢什么样的工作呢？"她说："我不知道，没有思考过这个问题。哪有时间思考这个问题呢？"

沉默了半天的薛淼也说："我不知道自己喜欢什么，也不知道自己要什么，每天只是盲目打工，赚钱养活自己。"我问她："那你认为自己是社畜吗？""当然是啊！"她的语气里没有半点犹豫。

"我上周面了一个1982年的女生。"胡佳说对方先后在"找钢网"和创业公司工作过，生孩子后当了几年家庭主妇，现在又开始找工作了。她本来以为这人很厉害，结果面试完感觉很一般，只是能干活而已。"我好害怕将来变成这个样子啊！"

她拨弄着吃不下的薯条，薛淼自顾自地玩着手机，聊天陷入了沉默。我想，

胡佳今天的困境,或许蕴含了一些深层逻辑:

当公司想要发展,而员工的成长速度达不到公司的要求时,两者的节奏就出现了错配。单位时间内,员工的产出提升不大,就只能靠延长工作时间来实现"勤能补拙"。

勤于战术执行而牺牲战略思考的后果,是"人无远虑,必有近忧"。她选择把这些近忧通通抛给上帝,因为"圣经"说:"你要专心仰赖耶和华,不可倚靠自己的聪明。"

但我也听过另一种说法,叫"自助者,天助之"。或许没有对错,只是立场不同而已。我望着窗外,不知道该说些什么。就把一切交给时间吧。

智能手机项目经理付景龙[*]

> 软硬件结合的手机项目，比互联网行业的纯软
> 件项目要复杂得多。加上 4G 升级到 5G 所带来的额
> 外工作量，以及下班后的应酬，景龙的节奏几乎是
> "9·12·6"。我不知道这样的强度合不合理，但国产
> 手机的竞争力确实越来越强了。

杭州有阿里，上海有 B 站，广州有网易，东莞有什么？在很多互联网人的眼中，东莞并不能算是一座有互联网基因的城市。

据中国互联网络信息中心发布的第 46 次《中国互联网络发展状况统计报告》，截至 2020 年 6 月，我国网民规模为 9.40 亿，其中使用手机上网的比例达99.2%。

在互联网时代，手机是中国网民上网的入口，而"全球每四台手机，就有一台是东莞制造"。从这个角度来说，东莞应该拥有姓名。

※　　　※　　　※

周一早晨的长安镇不比大城市悠闲。7 点 45，大润发楼下的班车准时出发，汇入兴五路和振安中路交叉口的车流，往西南方向开去——那边是 OPPO 和 vivo 总部园区的所在地。

---

[*]　本章画师：波儿。

景龙住在大润发隔壁的柏悦国际酒店。其中的一层到三层，被他任职的科硕手机长租下来，当作员工宿舍。我们的见面时间从8点改到了9点——他说主管上午被临时叫去深圳开会，例行8点半的周会推迟到了下午，所以他又睡了个回笼觉。

"我昨天去公司加班写周报了。"他说，因为周会的汇报内容主要源于周报，所以要赶在周会前完成。周六还要上班，周报就只能放在周日写了。

"不能在家写吗？"我问他。"手机行业的保密管理制度很严格，电脑带出公司还需要审批。"他说自己太忙了，懒得办外带手续，"住得比较近，回公司弄还方便些"。

得知我还没吃早饭，他带我去马路对面的小店吃了肠粉，但自己只要了碗豆浆。"其实，我早上都不吃东西了，改吃夜宵：加班太晚，不吃点的话睡不着。"他说，手机行业的工作节奏异常紧张，能跟我交流的时间恐怕不多。"我跟我老婆都没时间聊天。"

说实话，我对长安镇的第一印象不好。开车来找景龙时，到处都在修路，挖得坑坑洼洼；经过一些非主干道时，我正小心翼翼地避让路边乱停乱放的车辆，突然一辆电瓶车从旁边小巷里冲出来，给我吓一跳。这样一个小镇，怎么就跟智能手机挂上钩了呢？

"步步高知道吧？"景龙说，20多年前步步高在这里创业，取得巨大成功，帮长安从农业城镇转型为电子产业重镇。"跟阿里有点像，把杭州从一个旅游城市变成了互联网城市。"

从步步高出来的人，又在长安创建了OPPO、vivo和小天才。"这几家公司不用我介绍了吧？现在OPPO和vivo已经占到了全球智能手机市场份额的1/4。"他说，围绕龙头企业，又形成了上下游产业链，最终打造出一个智能手机生态圈。

这个故事于我而言似曾相识——步步高和长安，其实就是平行世界里的阿里巴巴和杭州，它们的发展过程异曲同工，都是城市孕育企业，企业又反向影响了城市。

"那你是因为想进手机行业才来的东莞吗？"

"其实不是。"他说自己是华南农大机械专业的，2012年毕业后去了广州一家制造公司，本来没啥想法，打算安安心心工作就完事了。"有一天晚上跟40多岁的总监喝酒，他向我们吐槽，说自己一个月几千块钱工资，孩子上大学都供不起了。"

"我当时突然觉得这不是自己想要的生活，第二天就裸辞了。把简历放到网上，是科硕主动找到了我。"他说自己是韶关人，对工作地点的要求是只要在珠三角就行。"考虑了一下，觉得是个转型的机会，对薪资也还满意，就来东莞了。"

"那你刚才说领导去深圳开会，是什么意思？"

"我们总部在深圳，只有写字楼；高管和技术、设计什么的在那边办公。工厂在长安，这边主要是与制造相关的岗位，有一部分工程师，另外就是工人了。"他说，很多高端人才还是倾向于留在大都市，不愿意来镇上。"其实，我们离总部也就50公里，挺近的。"

"我跟我老婆都觉得还好。"他说，赚深圳的钱在东莞花，没什么压力。"我们在佛山买了房，租出去了，住公司免费提供的 2 房 1 厅。在饭堂吃饭不贵，公司还发伙食费，日常开销基本可以不动用工资。"

吃完饭，我们打车去科硕所在的恩骏工业园，车程只要 10 分钟左右。园区门口行人寥寥，不像其他城市上班高峰时那么熙熙攘攘。时不时开来一辆绿牌网约车，放下背着双肩包的小哥哥，就安静掉头开走了。

公司门口的接待室里人声鼎沸。落地玻璃窗上贴着科硕的企业文化标语：真诚热爱，技术为本，结果导向。穿卫衣的年轻妹子和穿西服的商务大哥在自助访客机前打印访客证明，旁边的沙发上有人在用日语交谈，我看到他的白夹克上印着绿色的"Nidec"。

长安是个工业重镇，白天人们都在上班，户外有点冷清。兴一路 AIDA 厂的外墙上贴着招工海报。我站在门口往里看去，只见宿舍楼走廊上挂满了衣服，但院子里空无一人，想必大家都去厂里干活了。

入夜后，刚下工的年轻面孔沿

着"人民涌"①，往宿舍走去。两排农民房改成的公寓楼之间夹出一条小路，和门面房共同构成了周边最热闹的夜市。一对手牵手的小情侣，女生在徽式风味烧烤小摊上买了一把炸串，男生去"快乐为民"便利店里拿了两瓶啤酒，一起上楼回家了。

　　9 点左右是一个下班高峰，园区外停了好几辆大巴，一大批人从门口走出来，聚集到马路边开始玩手机。9 点 12，大巴开了过来，大家一窝蜂涌了上去。

① "人民涌"是长安镇的一条小河。

除了夜市和厂房，周边都是黑灯瞎火，我无处可去。百无聊赖地等了 2 个小时，景龙 11 点 15 才下班，比我之前采访的互联网人都要晚——在这样一个小镇上绝对算是异类。"这么忙吗？"我问他。

"今天还算早的呢。"他说自己是项目经理，负责一个走量的千元机项目，相当于小米的 Redmi Note 系列。白天要开各种会，晚上才有时间干活，一直忙到现在。

"开啥会呢？"

"项目例会啊，复盘会啊，一切可能影响项目进度的会。你不是这个行业的，可能没概念。我还是用 Redmi Note 举个简化版的例子哈。"

"第一步，小米根据自己对用户的了解，立项研发一款新手机。比如有些人预算有限，或者对手机要求不高，为了服务这个群体，小米就立项了千元机 Redmi Note 8。"

"第二步，小米研发 Redmi Note 8 的原型机，也就是样机，把设计图落地成实物。第三步，试用这款原型机，看它到底符不符合用户需求。"

"第四步，把原型机交给工厂试产。在这个过程中会暴露出生产的各种问题，比如喇叭破音，指纹解锁不灵敏，等等。一般都会有小米的驻场工程师去协助工厂解决这些问题，优化生产流程。"

"第五步，量产。把试产过程中的主要问题解决掉，产品达到小米的要求之后，工厂就可以开始量产了，边生产边解决出现的小问题。等产品交付后，小米就可以销售了。"

"项目经理，就是要为项目的最终落地负责。所以，过程中出现的各种问题，比如样机防水性能不达标，我都要组织相关人员开会，推进解决。"

"比如试产阶段，每天晚上我都要组织开会，拉驻场工程师和工厂负责人一起，复盘今天试产时遇到的各种问题。早点解决，就可以早点进入量产阶段了。"

"手机比较复杂，硬件软件都涉及，事情很多的。你想想，互联网只做软件都'996'了，手机怎么可能轻松？"他叫的车到了。"先不说了，去消夜吧。"

10 点半之后，打车就可以报销了。我们回到大润发，在路边的"黄焖鸡米饭"店里各吃了一碗皮蛋瘦肉粥。虽然我平常挺关注手机，但隔行如隔山，对他刚才所说的业内知识还是似懂非懂。"因为手机是硬件嘛，我还以为跟我理解的传统行业一样，是到点下班呢。"

"在手机行业，确切地说，是在活下来的手机品牌公司里，加班是常态。"他说，大家基本都是弹性工作制，不打卡，工作强度差不多；科硕内部甚至没有加班这个说法。"据我所知，金立和酷派是不加班的，晚上 8 点就可以走了，但发展得怎么样你也看到了。"

"其实，现在国产智能手机的竞争已经趋于白热化，硬件利润非常低。除了华为因为拥有核心技术而有定价权外，其他公司越来越倚重互联网的玩法：硬件获客，软件赚钱。小米这方面就搞得比较好，雷总不是一直说小米是互联网公司嘛。"

"我们公司也学你们互联网搞扁平化管理，基层员工只分 4 个层级：工程师、主管、总监，然后就是 VP，而且不搞论资排辈，比较敢任用新人。像我的直属领导就是'90 后'，比我还小。"

他边吃边接了个电话。"是你老婆催你回家吗？"我问他。"不是。同事说一些物料可能会有延迟，跟我报一下风险。"他说。

"着急吗？这么晚给你打电话。"

"还好，这个不算 surprise（惊喜，指突发状况）。"他说，如果生产线上出现一个没有预料到的问题，供应商拿不准会不会对手机的其他模块造成影响，就需要工程师马上去工厂帮忙判断，"这种情况就比较着急，领导会亲自过问，我也会盯得比较紧"。

快 12 点了，景龙的手机上还在不断弹出消息，他边吃边忙着回复，跟我说："长安的节奏是比较慢的，但手机行业是存量市场。华为、OPPO、vivo 都在东莞，小厂不拼命的话，那么一点点份额，明天就会被大厂吃掉了。"

※ ※ ※

这周接下来的几天，我平均每天能见到景龙的时间只有上班路上的十来分钟。晚上基本见不到人，因为我碰到了一个之前没有出现过的情况——他下了班之后还要应酬，结束时间是弹性的，导致第二天早上的出发时间也是弹性的。

周三凌晨 3 点 33，他跟我约好 9 点见，但到了时间却失联了：微信不回，电话关机。一直到下午 2 点 10

> 好，那我就先回去，明早几点？
>
> 12月11日 凌晨03:33
>
> 9点吧

分，他终于拿着一盒金典牛奶出现了。"昨晚6点多，跟同事一起请其他部门的几个领导吃饭。我们刚成立的新部门要跟他们建立一下关系。"

"吃完饭去KTV，本地供应商也过来了，大家唱到3点半才结束，到家就4点了，我都忘记给你发过微信了。"他说，上午除了被几个电话吵醒，就是在睡觉。"约好的会也推到下午了。"

晚上10点55，他在微信上跟我说："昨晚太晚回，今晚想早点回家。"我想他对"早"这个字是不是有什么误解。这种节奏，他是怎么找到老婆的？

"她是我原来的同事。"景龙说，公司禁止办公室恋情，但会组织外部联谊活动，"我们这个工作时间，怎么跟外面的人谈恋爱嘛！所以，公司内部有一些'地下恋情'，先偷偷谈着，等感情稳定后，一方就离职"。

周四早上他准时出现，但精神状态一般："昨晚失眠了，可能是因为下午喝了柠檬茶吧。"我倒觉得不是因为柠檬茶，而是因为生物钟紊乱。但他不同意："我们就没有生物钟。"

晚上10点，他在微信上跟我说："和项目组吃个夜宵，估计比较晚了。"我说："如果12点前结束的话，我来找你吧。"他回我："没那么快结束的。"

周五早上见到他时，我闻到很大一股酒味，估计昨晚回去后没洗漱就睡了。

他说，昨天上海分公司的同事过来出差，领导组织他们到乌沙夜市一条街炒几个菜、喝点砂锅粥，给大家讲讲目标，打打气，搞到2点多。

"这种场合也要喝酒吗？"

"只要吃饭必喝酒。"他说，有一天送喝大了的高管回园区公寓，看到他家里摆了一面墙的茅台；过阵子因为相同的原因又送这位高管回家，发现大多数瓶子已经空了。"当时领导还跟我开玩笑说，应该趁涨价前多囤点，反正也是刚需。"

晚上，他一反常态，不到10点半就跟我说要回去了："我老婆明天过生日，今晚早点回去陪陪她。有一批人已经去喝酒了，我给推掉了。"

"明天过生日，只是今晚陪陪她吗？"

"难道还请一天假？项目上的事情还很多呢，下了班陪她吃个饭吧。"

※ ※ ※

周六凌晨1点10分，他发微信邀请我去园区吃早饭。我们8点36到饭堂的时候，距收餐时间很近了，可选的饭菜已经不多。我要了2个酱肉包、1块米糕、2个鸡蛋和1碗豆浆，才4块6，真便宜。

他只拿了碗白粥："早上没啥胃口。如果生活作息正常一点，过来吃个早饭，晚上能早一点下班，就很好了。"我问他："你每天晚上睡不到几个小时吧，扛得住吗？"

"扛不住也得扛啊。"他表示只能插空休息，"很多人都去供应商那边驻场了，办公室比较空，我买了张行军床。中午吃完饭要睡1个多小时，不然下午四五点就困了。晚饭后再睡半小时，才有精神熬夜"。

他说这个饭堂离工人宿舍比较近，高峰期人很多。为了挤出睡觉时间，他一般去工程师宿舍楼下的自助餐厅吃。"一顿饭只要二十多块钱，环境比较好，主要是不用排队。"

他说，现在科硕的节奏是'9126'，"如果能'996'就好了！"我一时竟分不出他是嘲讽还是羡慕，其实他现在连"12"都很难做到。"为什么你们这么忙呢？"

他想了一下，说："主要有几点吧。第一点，普通人一般只有一部手机，你今年买了华为，再买部三星的可能性不大，所以阵地说丢就丢了。行业整体氛围紧张，导致项目节奏也很紧张，大家都想尽量往前赶，多留一些容错时间。"

"第二点，去年我们只用做4G手机，而今年要同时做4G和5G，工作量差不多翻了一倍。而且5G是我们冲破科技封锁的关口，具有象征意义，所以行业普遍有使命感，比较亢奋。"

"为什么要同时做4G和5G呢？"我有点不解。

"在中国，5G发展比较快，要做5G手机。但其他国家没5G啊！海外市场总不能丢了吧？所以也要做4G手机。而且5G在国内的普及速度也没这么快，还是有4G手机的需求。"

"我理解5G和4G手机不就是换个芯片么，工作量为啥会翻倍呢？"

"看来你完全不懂啊……"他说，"不同芯片，大小不一样，散热不一样，配套的其他模块也不一样，手机内部的结构就必须重新设计。"

"可以把4G和5G手机粗看成两个项目。你这个问题让我想起来我同学上次跟我聊天，说千元机的技术都是旗舰机下放的，很成熟了，所以千元机很容易做。"

"道理是一样的，两台机器用的很多零部件不一样，比如旗舰机用金属边框，千元机用塑料边框，所以生产线需要针对不同材料重新适配和调试。"

"第三点，现在手机科技，各种屏幕、镜头什么的，技术更新迭代比较快，用户需求也在变，所以发布的新品多了。像苹果，原来只发一款iPhone 4，今年发了iPhone 11、11 Pro、11 Pro Max三款。"

"项目多了，但人手不够，精力比较分散，效率不高。"他说，因为手机行业就那么几家公司，对接的供应商都差不多，工作内容变化不大，所以要找来了就能上手干活的人，只能从友商中挖，很难。

"友商也要应酬吗？"我问他，"你天天应酬到凌晨，都是在应酬什么东西呢？"

"搞人际关系啊。"他说，手机零部件太多，都需要供应商提供，"大多是工厂，传统行业，比较重人情"。对科硕来说，靠谱的供应商能保证产品质量；对供应商来说，科硕是大客户。两者是一荣俱荣、一损俱损的关系。

"一个项目有二三十个供应商。供应商请总监吃饭，总监都会带着我，因为可以认识供应商高层。项目启动前，我再带着要驻场的工程师去厂里一趟，跟高层打个照面，这样工程师在厂里有啥需要，就可以直接跟他们领导沟通，不需要我出马了。"

"也有领导喝多了让我去救场，或者其他同事要应酬，喊我去'代驾'。"他说，因为怕喝多了犯错误，所以一般不单独赴宴，会找个同事一起去，有个照应。

"还有一种情况是同事喝酒聊八卦。"他说，上周日在公司加班写周报到晚上11点，然后去酒吧找同事——一个项目产生了比较大的变动，总负责人要被调走了，离任前就组织大家一起聚一下，"剧透"这个变动对下面其他人的影响。

"他们是 8 点多开始的，本来已经结束了，结果看我来了又开了个新场子打牌，玩到第二天早上 6 点多。"他说，其实骨子里不喜欢应酬：要喝大酒，又浪费时间，老婆经常抱怨。但没办法，人在江湖，身不由己。

饭堂所在的生活区，与工作区隔着一道有保安站岗的门禁。吃完饭，他去那头上班了，我就在这头转转。工人宿舍楼里很安静，走廊两侧的宿舍房门紧闭，楼道里靠墙堆放着一些行李，不知道人都去哪儿了。

工程师宿舍楼就热闹多了。看上去是家属的小姐姐在绿化带晒被子。一个穿蓝色帽衫的小哥哥坐在旁边的草坪上，用面前架着的 4 台手机拍一旁的水杯，可能是在测试相机效果。楼道里的地毯上趴着 2 个小女孩，她们的爸爸不知几点才能下班。

下午 4 点，景龙喊我去公司旁边的凌正篮球馆打全场。"我组织的，每周三和周六跟项目组的同事一起运动下，不然身体要出问题的。打到 6 点，之后回家陪老婆过生日。"

虽然跑起来都有点气喘吁吁，但同事们你争我抢，打得很投入。到了 6 点，大家正在兴头上，我想提醒他时间，但看他没有半点要走的意思，就没说什么。一直打到 7 点 15，同事们才喊累，不打了。

收拾完东西，一个操着山东口音、看上去快 40 岁的大哥问他要不要一起吃饭，他拒绝了，说要回家陪老婆。我估计这大哥的家人不在身边，不然难得这么早下班，肯定要陪家人吃饭。我小声问景龙是不是这样。

"是的，我们公司已经成家的员工，把家安在东莞，尤其在长安镇的，比较少。"他说，大多数都是老公在这里挣钱，老婆在老家，长期异地。"过来干什么呢？谁都不认识，没什么好的工作机会，工业城镇也不宜居。"

"这样的外地人在我们公司占多数。本地人比较有钱，打拼的劲头不大。我有个东莞同事，家里住着 4 层小楼，年底村里还有分红。他妈妈跟他说干脆回来，不要上班了。他是闲不住，为了找点事干，才来科硕的。"

大家从五湖四海来到一个小镇，人生地不熟，所以工作占据了生活，同事变成了朋友，公司就是家。他说，这也是应酬比较多的原因："一个人在这儿，休息时也没其他事情可干，从周一喝到周六很正常。"

跟我们同车回大润发的 2 个年轻同事是室友，一个来自河南，一个来自江苏，都不准备在东莞安家，想着干几年后调去深圳或者跳槽。"你们好辛苦啊！"我跟他们感叹。

"没有办法啊。"江苏哥们说，行业阶层已经固化，员工没什么话语权，只能按照公司设定的规则生存。河南哥们说他有个软件工程师朋友在另一家加班很猛的手机大厂，健身时晕倒了，人还没送到医院就没了，最后公司只赔了 200 万。

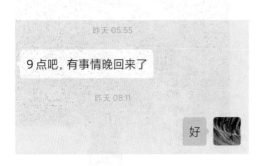

昨天 05:55

9点吧，有事情晚回来了

昨天 08:11

好

周一早晨 5 点 55，景龙给我发微信说 9 点见面。我准时过去，但扑了个空，等到下午 1 点，他才顶着通红的双眼出现，解释说闹钟没把他叫醒。

"昨晚领导组织饭局，吃完饭后去唱歌到凌晨 2 点，然后又找了个地方打得州扑克到 6 点。我回来吃了个早餐上楼，老婆正好起床了。"

"饭局的主题是啥呢？"

"没有主题，交流一下感情。"他说，手机这种大项目一般分好几个阶段，有很多节点可以聚餐：立项之后、开完模、试产阶段结束，大家都可以吃个饭小小庆祝一下，增进凝聚力。

一周工作 6 天，每天晚上 10 点后下班，还要经常应酬，喝到凌晨；周日再花几个小时写周报。在景龙这种工作和生活 9：1 的节奏下，我们的交流时间还不到其他采访对象的 1/5，很难想象他与老婆之间的相处模式。

"我跟我老婆认识时，还没这么忙。"他说自己最早在技术中台部，不是一线，没有项目压力，也不需要应酬，"很轻松，年年绩效拿 A，才开始谈恋爱"。

"但是觉得没有挑战，成长和晋升机会不多，就想换个部门。考虑过参与开发工厂内部系统，完全不需要应酬，但想象空间不大；也考虑过采购部门，但应酬比现在更多，而且完全脱离技术了，我也不太愿意。"

"后来公司产品线扩充，成立了一个新的产品研发部。一线部门机会多，但代价是加班也多，还需要应酬。我跟老婆商量了很久，觉得还是先把重心放在工作上，就转岗到了现在的部门。"

"在结果导向的公司干压力都很大。我们绩效考核的规则是：10 个人里有 1 个 A，2 个 B+，5 个 B，1 个 C，1 个 D。出现连续 2 个 C 或者 1 个 D 就会被劝退。我 2018 年拿了 B+，这个月底就要做 2019 年的考核了，最近晚上都在写述职报告。"

他说，为了维系感情，自己和老婆都在努力凑对方的时间：老婆要早起，他也跟着醒，等老婆走了再睡个回笼觉；有时会跟老婆一起吃个晚饭，再回公司加班，老婆这时赶紧补个觉，他回家时老婆也醒了，再一起晚睡。

"但是，没有沟通时间。"他说，工作太忙了，微信发得都不多，更不要说当面交流了。"更迫切的是要小孩的问题。我们结婚快3年了，今年家里开始催我们生孩子，我老婆也很想要一个。"

"我也想要，有了孩子之后，老婆把心思放在孩子身上而不是我身上，我就可以安心工作了。问题是现在完全没有时间精力备孕。"

他说，这个项目结束后可以休息2个月，再看有没有时间。"同事当时花了1个月时间备孕——按时上下班、吃早饭、戒夜宵、戒烟戒酒、不熬夜、每天跑步。我也打算这么做。"

※　　　※　　　※

东莞是个"直筒子市"，不设市辖区，由各具特色的"4街28镇"组成，有"全球每10双运动鞋就有1双产自东莞，每5件毛衣就有1件在东莞生产"的说法。于是，我决定去"世界鞋业看东莞，东莞鞋业看厚街"的厚街镇，以及"世界毛织之都"大朗镇看看。

厚街镇位于东莞西部，下辖寮厦村的康美鞋城是当地一个比较大的鞋业批发市场，一楼多是做外贸尾货的档口。在一家临街的店里，我看到地上摆着好几箱Devani牌女鞋，老板蹲在旁边打包发货。

我问他有没有男鞋，老板头也不抬："没有。"我跟他聊了一下，才得知这些鞋没有得到品牌的授权，公开售卖属于侵权行为。早先在淘宝和朋友圈里还能打擦边球卖一卖，但随着国家对知识产权的保护越来越强，这类商品只会越来越少了。

鞋城的二楼主要是自有品牌厂家直销，因为"酒不香且怕巷子深"，过道两边

的店铺都把鞋摆在了门口，标价多数在 150 元以内，倒是不贵，却还是无人问津。论做工、款式和材质，以本人的标准来看，实在不敢恭维。

有一家店里没人，我进去看了看，发现是卖 CONVERSE 牌帆布鞋的。标价 300 元，我查了下天猫上的同款，大概要贵 200 元左右。一个鞋盒上贴着张纸条，写着"对比货"。这个词很耐人寻味，让我搞不清这些鞋的真实"身份"。我拿起两双鞋对比了一下，没看出来有啥区别。

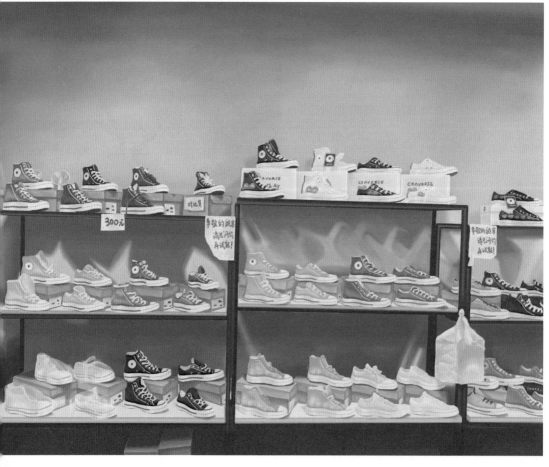

大朗镇位于东莞中部，最大的市场是汽车站旁的"大朗毛织贸易中心"。最近降温，毛衣正好可以登场，这里人气还挺旺。我在二楼一家店里看到 TOMMY HILFIGER 牌的不少毛衣，天猫上 1 000 元出头的类似款式，在店里不还价的情况下，只要 90 元。

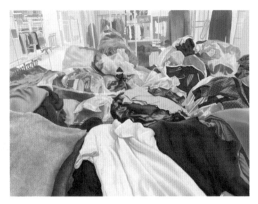

但是转了一圈，发现这里还是主

打"三来一补"，属于低技术含量、低附加值、出口加工型的产业链最底层，没能摆脱"八亿件衬衣换一架飞机"的窘境。有些店铺招牌上更是明目张胆地写着"主营高仿"。高端制造和中国创造任重道远，我辈仍须砥砺前行。

※　　　※　　　※

早上，景龙发微信告诉我，昨晚开公司年会，一直喝到 10 点半，结束后，他想回公司写述职报告来着，结果被老板拉着换了个场子继续喝到凌晨，没回家，直接去公司通宵赶报告了，今天要述职。

既然来东莞了解手机行业，就不能不去膜拜一下国产手机老大。华为松山湖基地完全颠覆了我对公司园区的认知，从外面看去，简直就是一座欧式城堡。路旁"的哥"告诉我，里面除了卖衣服的，啥都有。

我在网上查了查，得知园区别名是"欧洲小镇"，以欧洲的 12 个小镇为原型建造，面积大到需要配备小火车作为园区穿梭交通工具。在办公环境上都如此"离经叛道"，难怪华为能实现伟大的颠覆式创新。

对比前两天的见闻，我陷入了沉思。在东莞这个"世界工厂"，厚街和大朗的皮鞋毛衣，跟长安和松山湖的智能手机，哪个才是中国未来的发展方向？

近几年，国家都在强调供给侧结构性改革。把好东西引进来的进博会，受关注度逐渐盖过了把"Made in China"卖出去的广交会——让更多全球好货来倒逼国内产业转型升级。

这个思路在手机行业已经得到验证——早期国产手机全是低端山寨机。苹果和三星进入中国后，培养了国内供应链，在此基础上才催生了小米这样的商业模式创新型公司，然后带动华为、OPPO 和 vivo 转型，最终共同发展成在全球手机市场上举足轻重的四巨头。

转型就要革自己的命，谈何容易？今天国产手机的成功升级，付出了多少别人看不到的心血，从景龙和科硕身上可见一斑。网上关于"996"的讨论从没停止过，我也一直在思考这样一个问题：手机及互联网行业的高强度工作节奏，到底合不合理？

以结果为导向，国产手机无疑是制造业转型升级的典范。它们要破茧成蝶，面对的世界局势、产品挑战、市场现状、竞争对手，跟传统的低端制造业时期已经有本质上的不同。在这个脱胎换骨的过程中，彼时的"八小时工作制"，恐怕已经不适用了。

景龙在参加部门年终尾牙聚餐时发了条朋友圈，晒出了他拿到的部门年度优秀个人奖杯。我想我的思考已经有了答案，那你呢？

猎头 Linda[*]

> "不识庐山真面目，只缘身在此山中。"许多互联网人对自己所处的行业不够了解。Linda 作为服务互联网行业的猎头，因为经常抬头看路，反而能从"局外人"的角度看到很多让当局者看不清的东西，这让她在互联网红利期过后也能保持乐观的心态。

因为一句"来了，就是深圳人"，许多年轻人背井离乡，南下深漂。城中村往往是他们落脚的第一站。紧挨南山科技园的海门村里，金碧辉煌的牌坊、干净整洁的道路和视野开阔的广场，颠覆了我对城中村"脏乱差"的印象。

值得一提的是，南山科技园并不是很多人理解的那种四周有围墙、入口有门卫的工业园区，而是一个占地达 70 多万平方米，相当于近 100 个标准足球场大小的高新产业示范区。它隶属于"最牛街道"粤海街道，孕育了华为、腾讯、中兴等科技巨头。

---

* 本章画师：一口锅。

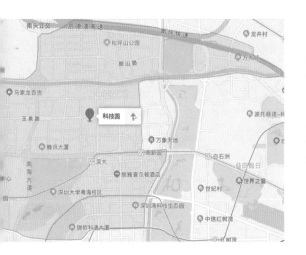

　　海门肉菜市场里人声鼎沸，把对面的社区图书馆衬托得愈发安静。恰逢 2020 年海门村迎春花市举办，满地的金橘盆栽寓意着大吉大利，前来选购的顾客络绎不绝。

　　区别于海门村的农民自建房，村旁的海河雅苑是个商业小区。早上 8 点不到，小区门口的大多数商铺还没开门，穿着蓝色校服的学生背着粉色书包，往海门小

学的方向走去。

小区 3 栋的架空层，有个"达雅文苑"，摆着许多桌子和板凳，设有书画角、棋牌角、讲座培训角，弄得有模有样。2018 年，深圳人均读书 18.5 本，居全国首位。谁说深圳没文化？

Linda 迟到了近 15 分钟。她 8 点 13 才慌慌张张地出现，招呼我赶紧扫辆共享单车出发。"不好意思，找钥匙耽误了点时间。"她说，因为最近 HR 老大比较重视考勤，盯得很紧，所以 8 点半前必须到公司。

沿铜鼓路骑行近 3 分钟，跨过深南大道，就是高新园地铁站；再骑行 8 分钟左右就到了她公司 CareeRadar（以下简称"凯锐达"）所在的金湾大厦。"我先上去露个脸，然后下来买早餐，你就在这里等一下哈。"

金湾大厦位于大名鼎鼎的深圳湾片区，门口这条路上有保安指挥交通，门童会对每一个进来的人说"早"。一个推着 RIMOWA 行李箱的女生冲前面穿风衣的男生喊："Allen, Allen!"男生扭过头，女生说："能不能帮我拿一下，我去星巴克买杯咖啡。"

Linda 下来了，我跟她去旁边的 711 便利店买点吃的。"早上让你久等了，不好意思啊。"她说自己一般 7 点 45 起床，8 点 10 分前出门，在公司附近买个早饭带上楼，时间正好。

"你们的办公环境很高大上啊！这么好的地段，这么好的写字楼。"

"外企就是这样啊！凯锐达是家德国公司，在上海、深圳、香港、台北都有分公司。上海分公司位于恒隆广场，也是高端写字楼。"

刚才等她的那一会儿，我在楼下看到的女白领普遍化着精致的妆容，打扮偏

商务，而她却是卫衣牛仔裤，不施脂粉，显得很随意。我问她："你们公司有没有
dress code（着装规定）？"

她买了一个包子和一杯豆浆，边结账边跟我说："也有，也没有。我们做其他
方向的同事要求商务休闲风；做互联网方向的，'入乡随俗'，不做要求，但不能
穿拖鞋。其实，我们公司选址在这里，也是为了离客户更近，做科技公司的业务
更方便。"

科技园区的白天没什么生活气息，大家都在上班，路上行人不多。10 点刚过，
万象城门口的小吃摊前围了几个外卖小哥，一碗简单的车仔面就是他们的早午餐，
等会儿配送高峰期忙起来可就没时间吃饭了。

午饭时间到了，冷清的大街上一下子变得人头攒动，目光可及的饭店里全都

大排长龙。在附近施工的农民工大哥吃完饭，就在人行道上铺张塑料板，开始午休。

　　昨天是周日，Linda 在家做了今天的午餐，带到公司吃。12 点 40，她跟公司的一个同事 Nancy 一块儿下来了，到大沙河生态长廊散步消食。她介绍说 Nancy 跟她一个部门，去年从爱丁堡大学毕业，然后回国加入了凯锐达。

"我们公司海归比较多，很多家里都不差钱，比如我身边这位。"她这样开玩笑，Nancy 也不生气。"还有在哈佛心理学本硕连读的，但是普遍很低调，不炫耀，而且都很拼，生病了还要去外地出差见客户。"

"你们这么洋气，跟比较接地气的互联网打交道，会不会觉得有点怪怪的？"

"我们互联网部门是海归最少的，除了我的主管和 Nancy，其他人全是'土鳖'。就像你说的，互联网比较接地气，所以做这个领域业务的猎头也要相对朴实一点。我们那些做金融方向的同事就比较 fancy（精致），我从入职到现在都没有见过她们素颜的样子。

"再就是干互联网比较辛苦，有些海归不一定吃得了这份苦。比如说，凯锐达理论上 6 点下班，但是客户不下班我们就下不了班，因为互联网行业是不可能这么早下班的，所以我们部门从来没有准点下班过。"

"加班做什么呢？"

"主要是培训新人和给候选人打电话，跟客户和候选人沟通是我的主要工作之一。我现在手机里有不到 2 000 个候选人，绝大多数白天没有时间打电话，顶多在微信上聊几句，只有在晚上下了班之后才可能跟我通个电话。"

转了两圈，快 1 点半了，她们也要上班了。我问她："你不午休吗？"她说："不午休。我早上起得早，晚上还要熬夜，中午又不睡，白天要靠咖啡顶着，不然下午会困的。"

晚上 7 点，Linda 下班了，我们骑车去万象天地吃饭。"今天在忙啥呢？"我问她。

"我们每周一上午，例行跟领导一对一谈话，主要是聊上周的进展、跟进的客户情况什么的，以及这周的计划；下午是全公司例会，各分公司都会视频接入，大家互通一下有无。"

"最近不太忙，因为快过年了，很多候选人都想把年终奖拿了之后再离职，所以是淡季。旺季就忙了，需要处理的简历、联系的候选人和客户太多了。有时我买了水果放在公司冰箱里，忙到忘了吃，都烂了。"

"刚才简单跟新人复盘了一下今天工作可以改进的地方。我的主管休产假了，本来是她负责带的一个新人就转给了我。这个新人想要通过试用期的话，需要成三单，比较难。但是，她分担了我的一部分工作，而且还挺有主动性的，所以我想帮她一把。"

她提议去"撒椒"吃川菜。"这个可能很辣啊，你吃得了吗？"我问她。"我是云南人啊。"她说，父母都来自云南，在她很小的时候去珠海闯，把她带到了广东。"我会说普通话、云南话、粤语、英语，所以香港客户一般都是我来跟。"

"完全听不出来你的云南口音啊！那你的英语又是怎么练出来的呢？"

"我一直都在外企，英语用得比较多。上一份工作是在一个美国化工公司当销售；到了凯锐达，很多香港客户说的是英语。所以就练出来了。我们部门除了主管，英语最好的就是我了。"

"那怎么从销售转猎头了呢？"

"还在上家公司的时候，一个程序员朋友带我玩过一阵子比特币。我觉得区块链啥的还挺有意思，对互联网技术很感兴趣。但是，我不是科班出身，想进互联网行业从事技术相关工作的话，很难。"

"但我比较擅长跟人打交道。我做了一下调研，发现猎头这行门槛没那么高。能成单，给公司挣钱，就可以留下。当时，我为了研究这个行业，看了很多书，最好的一本叫《猎头之道》，作者就怎样成为百万顾问总结出了一套可以落地的方法论，给了我很大的启发。"

"说实话，比我们公司的培训讲得都好，把很多零散的知识点给串起来了，用一张大图呈现来龙去脉，很容易理解。我当时看完这本书去凯锐达面试，面试官很满意。但是因为我没有其他同事那样光鲜的背景，也没有任何行业经验，所以凯锐达很犹豫。"

"我也去另一家猎头公司 Future Power（以下简称'FP'）面试了，结果拿到了 offer。我把这个情况告诉了凯锐达，他们才给了我一次终面的机会。"

"终面需要凯锐达的深圳 boss 参加，他当时在香港出差，跟我说下周回来了才能面试。但是，FP 的 offer 接不接，这周就要答复。所以，我跟凯锐达说明天我去香港找 boss 终面，行不行。"

"他们答应了。在香港的面试也比较顺利，聊得挺愉快的，我就成功拿到了凯锐达的 offer。后来，boss 告诉我，被我去香港找他的'要性'触动了。"

"那你为什么没有选择 FP 呢？"

"在 FP 压力太大了。他们要求员工每个月至少给客户找 15 份简历，我们只需要找 8 份。而且凯锐达'传帮带'比较好，很在意员工的成长，经常搞培训；上下级关系很融洽，没什么办公室政治，只需要专注于做事就好了。"

她说，在这样的氛围下，她第一年比较拼，基本天天晚上 9 点才下班，"太晚的话走夜路不安全"；回家之后还要继续跟候选人沟通，电话打到 12 点是家常便饭。

"帮公司赚了 100 多万。国内一般的猎头公司，每年每个猎头给公司赚的钱大概只有三四十万，而我转行的第一年就做到了百万顾问，特别开心，特别有成就感。"

"但是，后来身体出了点问题，经常感冒咳嗽；所以今年开始就悠着点了，尽量不加班到太晚。虽然我的很多客户加班都很厉害，但我个人是旗帜鲜明地反对'996'的，因为我看到很多公司是为了加班而加班，其实没那么多事，坐在办公室里耗时间没意义。"

回家的路上，她在海门村的晨光牛奶店买了盒酸奶。"这个城中村的环境挺不错的，你住着感觉怎么样？"我问她。"还不错。我跟别人合租了个 2 房 1 厅，我每个月出 3 000 多。其实，海河雅苑不算城中村，只是挨着而已。我是不会住城中村的，感觉有点乱，虽然更便宜。"

※　　　※　　　※

今天早上见到 Linda 时，她比昨天镇定多了。"HR 老大去香港生二胎了，不在公司，没人点名，时间就不用卡那么死了。"她说，昨晚跟候选人打了个 40 多分钟的电话，打完就 11 点半了，自己再刷刷手机，快 1 点才睡。

我问她为什么不今天再打。她说："互联网的特点之一就是快，今天能聊，就尽量不拖到明天。"

我觉得凯锐达这种上班时间对标传统企业、下班时间对标互联网企业的安排不太合理，问她能不能跟领导申请一下，灵活一点，晚一些上班。

"大家都没有提，就我提了，那不是'枪打出头鸟'吗？我们公司 director（总监）以上的工作时间就比较弹性，9 点多才能在公司看到，下午 5 点多就走了。谁叫我不是 director 呢？"

"而且我还没有为公司创造足够多的价值。"她说，工作中需要公司提供各种各样的资源，"早上晚一点来"也算是一种资源，但在找老板要资源的时候，这种资源的优先级不高，所以自己先克服一下。

中午她没带饭，12 点下班，我们去吃云南米线。经过华为智能生活馆时，她问我用的是什么手机，我说是小米。她给我秀了秀今年新买的牛油果绿色 iPhone 11，说自己用惯了苹果，觉得安卓还是不够漂亮和精致。

"那你在公司用 macbook 吗？"

"不用 mac，用公司发的上网本。我之前玩比特币时买过一台 mac，但不习惯用触摸板，而且关闭按钮在左上角，也很抓狂。当时要复制一个 token，我对 mac 系统不熟悉，结果复制漏了一位，导致几个币找不回来了，从此 mac 就放在家里吃灰了。"

"你玩比特币是怎么回事呢？"

"我有个程序员朋友开发了个软件，监控各个交易所的不同币价，然后通过低买高卖的方式赚差价。我看他赚了些钱，就投了 3 000 块钱进去，结果滚成了 7 个比特币。我爸爸还想给我赞助一笔钱呢，我没敢要。"

"比特币涨到 2 万的时候，我听到风声说国家要禁止虚拟货币交易，就把手头的比特币全卖了，清空离场。结果，后来比特币又涨了 5 倍多，而且国内的政策只影响境内交易，不影响国际交易。"

"如果当时不卖，我现在还房贷的压力就小多了。"她说自己虽然吃了个亏，但也上了一课："看问题要全局化，要有国际眼光，不能听风就是雨。"

"我也在接触一些区块链公司，看看能不能发展成客户，但发现普遍不太靠谱。都是聪明人，也能挣钱，但是投机性比较强，不想接他们的业务。"

"现在国家明确提出要重视区块链了，你考虑过重回这个行业吗？"

"不考虑了。国家重视的是这个技术，虚拟币只是技术的运用，而且国家政策也在打压炒币和交易所。"

"干猎头比倒腾比特币赚钱慢多了吧？你的心态能转变过来吗？"

"我们公司在薪资和个人成长上平衡得比较好。其实，凯锐达的薪资水平不如友商，但工作强度也相对小一些，对于那些出发点不完全是赚钱的人来说，在这里工作比较舒服，也有所成长。所以，我们公司成员比较稳定，人才不怎么流失。"

"凯锐达给我开的月薪连还房贷都不够，每个月我爸妈还要支持一点。他们经常劝我回老家考个公务员，再嫁个医生，安安稳稳过过小日子算了。但是我要留在深圳，他们也支持，不然就不会帮我买房了。"

"我虽然经济上有压力，但之前有国内猎头公司想挖我，薪资翻倍，我都没答应，因为我觉得外企比较正规。国内很多小猎头公司，没有'传帮带'的制度，也没有耐心，从员工入职那天就开始压榨，希望能马上看到产出。"

"新人进来了先当 researcher，去找简历，这是最辛苦的活。结果找到后把简历给自己的上级，由上级跟进后续沟通。这一单如果做成了，功劳都算上级的。"

"另外就是国内一些猎头公司的商业道德水准不高，会挖客户的人。比如说，阿里和腾讯是竞争对手，我们为了避嫌，就不会同时做两边的生意，而是只接一边的单，这样就可以名正言顺地挖另一边的人。"

"有的猎头是两边的单子都接，一边帮阿里挖腾讯的人，一边帮腾讯挖阿里的人，然后给 HR 一些回扣，这样挖人的时候，HR 即使知道，也会睁只眼闭只眼。"

"我干猎头还是带有些理想浪漫主义的，不只是为了赚钱。我觉得，通过我这座桥梁，优秀的企业能招到合适的人才，为社会创造价值，四舍五入相当于我也为国家建设添砖加瓦了吧？"

※　　　※　　　※

今天有一件大喜事——Linda 买的房要交房了，她请了半天年假去收房。中午在公司楼下见到她时，她涂了个大红唇。"专门化了个看起来攻击性强一点的妆，让开发商知道我不是好欺负的。"

"上午在忙啥呢？"

"跟进了 6 个面试，我要作为中间人向两边了解对对方的评价。因为候选人和客户面试完都在忙其他的事，我们聊得断断续续的，沟通效率不高，比较花时间。"

这种状态在互联网行业中很常见。很多人同时负责两三个项目中的某个环节，要跟上下游的多人对接。如果沟通能力不行，工作就不好推进。我问她："你是怎么应对这种情况的呢？"

"需要一些沟通技巧，比如看人下菜碟。有的 HR 比较积极，那就正常推进；有的会明确跟我说两小时后再找她，那我就先处理别的工作；当然，也有态度差的，对我很不耐烦，那就先暂缓跟进，反正还有其他客户可以服务。"

她的房子买在龙华区的"宏隆华府"，交通不太方便。我们先坐地铁去红山站，出站后转乘摩的，1.5 公里的路程开价 10 元。我坐在后座，司机大哥把电瓶车直接开上了机动车道，飙得我心惊肉跳。

宏隆华府的配套还不错：隔壁是家乐福，马路对面是茂业百货。我们到的时

候，小区院子里正在放《好日子》，她请的验房师已经在楼下等着了。

"这个房是我去年买的，建面不到 90 平，精装修，三房两厅。6 万多一平，但是强制收了近 30 万的装修费。可能是政府限价了，开发商想在装修费用上把价格补回来一些吧。"

"首付是家里把珠海的房子卖了帮我凑出来的，房贷每个月 1 万多，家里和我一二开。这个季度的房贷，我靠卖比特币的钱还可以勉强支撑。但从下个季度开始，必须拿奖金才供得起了。"

"正常情况每季度成 3 单，拿奖金需要成 6 单，而且我们成单的标准是候选人必须通过试用期，所以候选人接 offer 入职后，我还要继续服务 3 个月。"

每个月 1 万多的房贷还需要家里分担，我感觉她供这个房子有些吃力，问她为什么不买个便宜点的。"我觉得还好啊。"她说，猎头是个越老越吃香的行业，服务的互联网科技也在成长；自己对发展有规划，拆分成落地方案后，又觉得能 hold 住，问题不大。

"但是，现在互联网的发展不是慢下来了吗？我认识的好多程序员，能力很强，收入很高，但天天担心失业了找不到工作，很焦虑。你为啥这么有信心呢？"

"我们抬头看路多啊，跟各个公司都打交道，所以对行业整体情况的了解比低头做事的人强。虽然现在大环境不好，很多公司在裁员，但同时也有大量客户在通过我们招人。"

"公司培训时跟我们说，2008 年金融危机时，公司金融方向的业务也受到了影响，但还在坚持聊客户和候选人。扛过去之后，行业回暖，之前聊的人就派上了用场。行业不可能一帆风顺，起伏是常态，认识到这一点，心态自然就平和了。"

"而且我专注于中高端职位，跟他们聊多了，知道他们怎么看行业，怎么应对中年危机、失业危机这些困难。他们还是比较乐观的，我也就知道天无绝人之路。"

到了她家门口，工作人员先让她剪彩，然后验房师开始工作。这个验房师蛮专业的，拿个小棍这敲敲、那打打，拨弄一下开关，检查一下地板，没多大功夫就记了满满一张纸。工作人员在旁边脸都绿了。

验房结束，她拿过记满问题的小本本，一条一条跟工作人员核对，确认下次验房能否修复。她还提出要开发商提供竣工测绘报告，想结合自己计算出的建筑面积跟合同核对，看看误差有没有超出国家规定的范围。同来验房的邻居看她这么专业，赶忙凑过来加微信。

看完房，我们坐公交去地铁站，她一直在低头聊微信。"是刚才那个邻居，她没做任何准备就来收房了，看我挑出来这么多问题，很慌。没想到她看上去这么年轻，竟然已经当妈妈了。我发现，买房的都是结了婚、有小孩的，我这种单身的比较少。"

※　　　※　　　※

"昨天收房太激动，失眠了。"早上见到 Linda 时，她说自己吃了褪黑素，1 点多才睡着。"业主群里一直有人反馈验房发现的问题，什么厕所里面没有排风扇、热水器外面没有罩子之类的，不管了，反正短期内也不打算去住。"

她问我这个房子是应该租出去还是自己住。我觉得这是道送分题："还用问吗？你昨天验房那么仔细，舍得租出去吗？"

"主要是离地铁站太远了，坐摩的又比较危险，而且坐地铁要一个多小时，在深圳来说，有点太久了。如果是开车上下班，我就不纠结了。"

今早上班时我们没有骑自行车，她一边走路一边打了个电话。"有个候选人拉肚子了，原本约在 10 点的面试要迟到了，想让我帮忙跟面试官打个招呼。"

我有点不解："这种事情让他自己说一声不就完了吗？"她说，很多候选人的沟通能力相对弱一点，需要她在中间协调。"再说，猎头赚的其实就是信息不对称的钱，如果让候选人和面试官直接对接，那猎头也没有存在的必要了。"

"既然赚的是信息不对称的钱，那猎头算不算中介呢？"

她有点生气，因为"中介"这个词在猎头行业是带有贬义的。"专业的猎头应该是咨询顾问，左手公司，右手人才，了解双方的需求，提供建议，把优秀的人才匹配到合适的公司。"

晚上她加班到 7 点半，我们一起去楼下的"秦小月酸汤臊子面"吃晚饭。"好累啊！"她说为了冲季度奖金，加大了找候选人的力度。今天聊了一个 1982 年的女生，港大 MBA 毕业，刚从加拿大交换回来，在华为待过，级别还不低。

"太难伺候了。"她说问候选人对工作有什么要求，对方说没要求。她根据候选人的情况推荐了几家公司，又全部被否了。询问原因，候选人又不说。

"朋友介绍了一个比较 senior 的候选人，下周要出差，所以约了周六见面聊聊。但是，他把地点定在了离自己近的宝安福永那边，我过去要 1 个多小时。跟候选人说了一下，结果他有点刚，坚持不换地方。"

"一想到周六还要去福永，就感觉身体被掏空。"她说，平常每天都在聊，周六就想静一静。"再来一次，我一定考个研究生回云南当公务员。房车不愁，日子安稳潇洒。在深圳累死累活，可能要奋斗一二十年才能达到的生活水平，是我现在回云南就能拥有的。"

"如果跳槽的话，薪资涨幅能让你经济压力小一些吗？"

"小不了多少吧。今年互联网整体偏冷，我跳到其他公司跟现在也差不多。我主做 Fintech（金融科技）方向的工程师，2018 年单子还比较多，但 2019 年明显少了一些。我最近在考虑转型做 IoT（物联网）这个方向。我觉得，5G 时代，IoT 会比较火。"

"有些同事跳去了甲方，但我觉得甲方的精力聚焦在公司内部，来回接触的就是那么些人，眼界会变小。我在凯锐达还有成长空间，能学到东西。等我什么时候能带团队，从 0 到 1 做一个新方向了，那不管是升职还是跳槽，就都比较主动了。"

"其实，你的加班时间，跟我之前采访的其他互联网人相比，真的不算长。你为什么会感觉这么累呢？"

"跟人打交道，幺蛾子比较多，太耗费精力了。"她说，之前有个客户是深圳上市公司，要找一位技术 VP。候选人原来在阿里工作，年薪 200 万，她千方百计把这个候选人跳槽后的年薪预期也维持在了 200 万，毕竟在深圳成本比在杭州高，这样做相当于为客户省钱了。"

"结果和 CTO 面试的时候，候选人突然接了个电话。我都无语了：毕竟是上市公司啊，而且是 CTO 面试，你接电话也太没有礼貌了吧？！眼看要成的一单，黄了。"

"有个香港的候选人，年薪 30 多万，我帮深圳的客户谈到了 40 多万加期权，本来要成了。结果突然冒出来另一家香港公司，给他的 offer 年薪直接 double 了。这一单又没了。"

"我当时觉得这个涨幅有点蹊跷。以我对候选人的了解，他的薪资不至于 double，所以他入职后我还在跟进。结果，候选人干了半个月，发现公司有问题，留了一堆坑给他填，就又回来找我。"

"我很崩溃，但也得强忍着情绪，去找当时也很崩溃的深圳客户，向他们解释候选人碰到了什么问题、现在解决了什么之类的，并问他们能不能再给候选人一次机会。为了赚这笔钱，受了一肚子气。"

"还碰到过客户跟候选人签阴阳合同。本来候选人年薪 60 万，但合同上写的是 45 万，这样客户可以省一笔猎头费。我本来不知道，但继续跟进候选人时，他说漏了嘴，我又回过头来找客户追讨应得的佣金。"

因为猎头是乙方，在合作中偏弱势，像上面说的这种情况，即使是客户或者候选人的"错"，猎头也要打落牙往肚里咽。我问她："你在工作中积累的负能量，怎么发泄呢？"

"睡觉就好了。我在上家公司当管培生时做过一阵子客服，用户会把对公司的怨气撒到我身上，还把我骂哭过。现在当了猎头，这种人身攻击基本没有了，最多受点夹板气。"

"比如客户处理招聘进度不及时，候选人会抱怨，这时我就要把责任揽过来，尽量不让候选人对客户产生什么负面印象。现在，我也成熟了，知道自己赚的就是这份钱，所以处理起来比较理智，不会往心里去。"

※   ※   ※

今晚，她请候选人在万象天地的莆田餐厅吃饭。我在门口远远瞅了一眼：对方是个戴眼镜的帅小伙，看上去文质彬彬的。不到 8 点，晚餐结束，候选人下楼走了，她过来找我。

"聊得怎么样？"

"还不错。"她说，候选人是 1993 年惠州人，很优秀；本科在上海交大读的计算机，硕士去南加州大学学了金融，毕业后在微软工作了 1 年多，做数据分析。

因为没有打算留在美国，所以候选人通过猎头加入了深圳一家 5 年的独角兽公司。但是，干了 1 年多以后，候选人对公司和个人的成长都不太满意，又动了换工作的念头，就找到了凯锐达。

因为背景履历好，所以一家北京电商公司和一家东南亚电商公司的深圳分公司都想要他，这哥们儿正在纠结中。"主要有 3 点。他自己一直做数据分析，北京那家让他继续做老本行，深圳这家让他做数据仓库，他不知道哪个前景更好。"

"再就是团队氛围。他在美国待了很久，更偏向于外企宽松一点的文化，对本土企业的工作强度道听途说过一些，觉得自己不一定能适应；但是，北京公司的名气比深圳公司要大很多。"

"还有就是父母希望他留在深圳。但如果机会真的很好，应该也能说服父母。我要帮他把这 3 个点给理顺，还要尽量往深圳公司上靠，因为这家公司才是我的客户。"

"要把候选人关注的点梳理清楚，需要的专业知识还挺多的。你没有实际从事过相关工作，在不具备这些知识背景的前提下，怎么给出让候选人信服的方案呢？"

"上网查啊，跟候选人聊啊。要跟候选人和客户聊很多次的，就像剥洋葱，一层一层把双方的情况和需求了解清楚。所以，好的猎头也是职业规划师。"

她的工作需要花大量时间去跟候选人接触和深入沟通，而且候选人都是中高端人才。于是，我问她既然单身，有没有考虑把候选人作为择偶对象。"今晚这个小哥哥就不错啊！"

"是不错。"她说自己是个很被动的人，即使觉得对方很好，也不会主动出击。"但是，我又不喜欢男生太主动。之前有个候选人，也是海归，约我吃饭，我去了。"

"但是见了两三面之后，他太热烈了，经常在微信上说'我好想你'之类的话。我觉得进展太快了，而且白天工作很忙，也不能经常跟他聊微信。"

"我跟他说明了白天的工作情况，但他还是很频繁地找我聊。我觉得压力太大了，就刻意减少了回复的次数。后来，他也就慢慢冷下来了。如果这个男生没这么激进，大家先从朋友做起，慢慢发展，我觉得还是有可能的。"

"其实，我之前是不想找互联网人的，因为工作的时候聊互联网，休息的时候还聊互联网，很烦。主要是近两年没什么认识新男生的渠道，加上年龄也大了，就把这个限制取消了。但是，技术男普遍不够有趣，约我出去就是吃个饭，也没啥其他活动了，不好玩。"

"那你可以提议玩什么，让技术男带你玩啊！"

"你约我出来，我提出玩什么，不太好吧？最好都是你来安排。"

她说，因为职业的关系，自己是一个比较好的聆听者；但这个过程中会积攒一些负能量的东西，她也需要倾诉，所以她对那些愿意听她好好说话的男生很有好感。

"但是，有些候选人跟我聊过之后，是因为觉得跟我聊天很舒服，所以才想跟

我进一步交往。我当时的内心 OS 是：我听你叽里呱啦说了两个小时，是因为这是我的工作，而不一定是我喜欢听你说好吗！所以，这类男生也被我 pass 掉了。"

聊到感情，她来了兴致；都到家了，她不想回去，我们就又去大沙河公园走了走。广场上有很多叔叔阿姨在跳交谊舞，人气旺极了。"这里有没有相亲角啊？"我问她。

"莲花山有，这里不知道。有，我也不参加。我没怎么参加过相亲活动，因为有同事去过，跟我说女生质量普遍比男生高，很多去相亲的男生都是秃头驼背，年纪也比较大。"

"而且深圳女生很主动。我的候选人入职新公司后，抱着自己的猫发了个朋友圈，就有妹子跟他私聊：'喵喵喵，好想变成一只猫，躺在你怀里。'这么直接吗？比不过，比不过。"

不想找程序员，自己不主动，也不参加相亲活动，那只能找朋友介绍了。她说，前同事就到处托人介绍男朋友，结果认识了一个阳江富二代。那个男生没谈过恋爱，但外表平平无奇，属于丢到人群里就找不到了的那种。

"男生很喜欢她，两人还在恋爱阶段，就给她在深圳买了将近 1 000 万的房子。首付和房贷全都由男生家里来出，只写女生一个人的名字。后来，两人结婚生孩子了，她去月子中心坐月子，一个月 5 万多，都是公公婆婆出。"

"嫁入豪门是不是很辛苦啊，要伺候这个那个？你能接受豪门吗？"

"没问题啊。我已经在托这个前同事介绍了，但还没有碰到合适的。'高富帅'轮不到我，但只要其中两点，不算过分吧？"

"我现在对待感情比较冷淡，因为觉得一旦陷入一份亲密关系，就会变得谨小慎微，有点依赖男方，自己变'弱'了，所以潜意识里对亲密关系有点排斥。"

"我以前花在感情上的时间太多了，工作上没什么成长，所以 2018 年刚进凯锐达时比较拼，精力主要放在工作上。"她说自己的初恋男友是大学同学，对她很好。

"他拍照很厉害。我之前参加主持人比赛之类的活动，他给我拍了很多照片，还做成了相册。那时候我太小了，不懂得珍惜，有点作，总是嫌他这里不够好、那里不到位。"

"嫌弃多了，就慢慢疏远了。他后来去英国读了计算机，回国进了央企工作，在北京定居了。后来，我才知道，他的爸爸是山东的一个局长，家里条件很好。"

"现在回过头看，他对我挺好的，也懂得生活，唯一的缺点就是比较追求安稳的小日子，没什么野心，"她顿了顿，补了一句，"但我觉得这样也可以接受。女主外，男主内，男生把家庭照顾好也很好啊。"

她说自己高中上的是全国百强学校，本来成绩不错，但高考时轻敌了，最后比一本线低了 3 分，悲催地上了个二本。因为对学校不满意，所以在大学没怎么上课，经常跑去外面兼职，"到广交会当翻译，做英语家教什么的，总之就是在英语上投入的时间比较多"。

大四找工作时，她认识了一个华南理工计算机系毕业的学霸。当时，她觉得自己的学校不好，想去中山大学读个硕士，就开始准备考研。碰到什么问题，她都会请教这个学霸。

学霸当时在"四大"工作，虽然非常忙，但对她有求必应。如果需要当面辅导，他还会省出加班时间，跑到 Linda 的学校去找她。"有空就来学校请我喝奶茶，周末也拉我去打羽毛球，对我很好。"

"但是，他从来没有向我表白过。我问他，他的说法是'喜欢你，但是爱不起来'。我参加的社团有演出，邀请他来参加，他还专门请假过来了。"

"演出结束的时候，我当着所有人的面向台下的他表白，结果他都没有上台。"Linda 说，因为男生一直跟她暧昧而不明确表态，她很受伤，不想再拖下去了。

"如果还跟他有联系，我觉得自己走不出来，所以就把这个男生和有关联的朋友全部删了，从此失联了几年，只知道他在'四大'一边工作一边考了美国的研究生。"

"他去美国后加回了我。有时候，我工作上拿不准的地方，还会给他发语音，他都很有耐心地听我说。最近他刚刚毕业，想去硅谷找工作。"她说，曾经提出去美国找男生玩，但学霸以"要找工作，生活不稳定，城市没确定"为理由给拒绝了。

　　转了一圈，说了一路，她说想去西丽吃个糖水，坐下来聊聊。"下次有机会带你去水围，离福田口岸很近。很多香港人晚上下了班，都会入关到那里消夜。"

　　跟学霸无疾而终时，Linda 还在上一家公司，去香港出差认识了一个新西兰华裔，人不是很安定，经常换工作。当时，这个华裔对她有意思。两人接触了一段时间后，Linda 觉得跟他在一起没什么压力，比较能做自己，所以降低了对男朋友经济条件和上进心的要求。

　　当她觉得两人的关系可以更进一步时，华裔又表示自己如果将来不想工作了，可能会回新西兰吃低保，对未来也没啥规划。"他觉得那种状态太不稳定了，不想确定恋爱关系，所以最后又不了了之了。"

　　在凯锐达实习的时候，Linda 认识了一个在香港做金融的男生，一直当哥们处，说话开玩笑毫不忌讳。但突然有一天两人就暧昧起来了，她说话也开始谨小慎微。

　　她说这个男生曾在圣诞节送她心形的巧克力，她开玩笑说"其实，我更喜欢花"，结果男生第二天就送给她一大捧白玫瑰。

　　她知道男生做金融比较忙，去香港出差时就没有主动联系他，怕打扰他工作，但是发了个带定位的朋友圈。结果，男生看到了，就赶紧私聊她，想请她吃饭，开车接送她。

　　这个男生家庭条件不差，但是家里不断给他安排相亲，希望他娶一个有钱的老婆。男生对此非常反感，经常向 Linda 抱怨吐槽。

　　"但是，他做了个很迷的操作。有一次我们吃饭，他把手机递给我，让我随便看，结果我看到微信里有他跟好几个相亲对象的聊天记录，而且聊得还挺好，完全看不出来哪里反感了。"

　　"我问他什么意思。他说都是家里帮他安排的，其实他很排斥。我满脸问号，特别生气，当时就拍桌子走了。但他就在那儿眼睁睁看着，也不挽留我。"

　　这件事之后，她就不再主动找这个男生说话了。但是，男生又会跟没事人一样继续找她聊天。她晚上胃疼，想买香港的药时，这个男生又会在第二天买了药人肉送过来。但两人的关系也就到此为止了。

　　"我在那个华南理工学霸之后，碰到的都是这种对方条件还不错，但就只是暧昧一下的情况。可能我是渣男体质吧。我自己也总结过经验教训，发现是这样的：男生都是"985""211"毕业，还留过学，家庭条件也很好。"

　　"但是，能培养出这样的男生的家庭普遍比较强势、有想法，对未来儿媳有比较高的要求，我不一定满足。所以，男生会在喜欢我和听家人的话之间摇摆，下不了决心。"

我倒是觉得，因为她同时接触金融和互联网，这都是目前中国发展比较好的行业，中高端人才多，所以潜移默化把她的择偶标准拔高了，甚至可能把两个行业互斥的优点给糅合了起来。既要金融的 fancy，又要互联网的简单，哪里有这样的神仙男友啊？

今天上班时，她把自行车停在一边，打了半个多小时的电话，脸上表情不太好。"怎么了？"我问她。

"候选人找我。"她说，这个人是北大硕士，之前在腾讯工作，收入还不错，家庭条件很好——家里人给他在深圳买了房，"但在腾讯的绩效考核不太好，我帮着做了很多工作，跟客户一再保证他能力没问题，他才顺利入职现在这家公司"。

"但是，刚才他跟我说，公司太远了，不想去了。昨天他才第一天上班。给我气的……我问他：'你面试的时候去过公司，当时就知道距离远，为什么还要接 offer 呢？'"

"结果他说，为了装作很厉害。我说：那你就继续装下去啊！他又说：我没有必要向谁证明自己。我……我一般对候选人都是客客气气哄着的，今天第一次喷人。"

"你要么早一点不接 offer，我可以安排其他人。接了 offer，又在第一天上班就反悔，浪费所有人的感情，你这是对我工作的不尊重！能不能不要这么幼稚！"

"马上就过年了，公司一些岗位甚至可能提前放假了，如果这个候选人真的下了决心要走，在这个时间点找一个人补上是非常非常困难的。"

※　　　※　　　※

有一天，我在过地道时，看到一个外卖小哥正在吃力地推车上坡。他们挺辛苦的——不小心翻车了，宁愿自己摔破点皮，外卖也不能洒；必须争分夺秒，哪怕饭还是热乎的，迟到也要被罚。

服务行业就是这样：两点一线、日夜奔波，跟着客户的节奏走，赚着两头伺候的钱，不知道什么时候那个一起还房贷的人才会出现。知乎上有个问题是"当猎头会掉头发吗？"Linda 的回答很幽默："已经在向我的程序员客户看齐了。"

工作虐她千百遍，她待工作如初恋。别说她的父母，有时我也会好奇她乐此不疲的原因。她说自己是知乎的重度用户。知乎是她了解所服务行业的重要渠道。也是在知乎上，我看到了她坚持下去的意义：

"你为什么选择当猎头？"

"很有意思啊！每天都有新鲜的事、新鲜的人、新鲜的知识，可以一览行业前沿，洞悉人间百态。我做的是 Fintech 方向，感觉为推动全球经济和科技发展贡献了一丢丢力量，因为人才是第一生产力。"

"你为什么来深圳工作？"

"来深 5 年，圳在追梦。作为一个奔三的小白领，深感深圳遍地是机会。因为这是一座阶层尚未固化的新城，对于我这样没有任何背景但有能力的年轻人而言，这里一切皆有可能。"

交互设计师车书兰*

作为"被时代推着走的人",对当前工作并不满意的书兰,选择了一忍再忍。但经过新冠肺炎疫情的冲击,她开始以更积极主动的心态思考接下来的人生规划。左边是工作 5 年的公司和恋爱 6 年的男友,右边是异地更好的潜在工作机会,她的下一步会怎么走呢?

突如其来的新冠肺炎疫情席卷了全国。4 月底的深圳,很多人已经换上了夏装,但病毒没有因为温度升高而消失,所以口罩还是不能离身。永丰社区六区门口增设了岗哨,每个进小区的人都要量体温、查通行证。

小区门口的新湖路是一条美食街,马路两侧全是餐馆。但因为疫情,一些店没能扛过这个冬天。"陶冶居"大门紧锁,玻璃门上贴着"旺铺招租",着实有些悲凉。

8 点 35,书兰出现在了小区门口,眼睛有点红肿。她说上了 7 点半的闹钟,但赖了一会儿床,所以迟到了 5 分钟。她还没吃早饭,先去旁边的 KINGARCH 面包房买了块蛋糕,然后去坐地铁。

---

* 本章画师: 持持。

离小区比较近的地铁站有 2 个，都是步行差不多 5 分钟的距离，但因为疫情流量管控，坪洲站的乘客队伍都排到地面上了，放眼望去全是年轻人，深圳真是座年轻的城市。

我们去的西乡站没什么人在排队，车上也不算太挤。"等下要在宝安中心转一趟车。"书兰说她的公司"易客"做智能家居业务，跟大多数科技公司一样，在南山区。"那你为什么租住在宝安区呢？"我问她。

"住了好几年了，那时候收入还不高。"她说这边城中村多，生活比较方便，旁边还有大阡里可以逛，去南山坐地铁也很快。"我和男朋友住的 2 房 1 厅，一个月只要 3 000 出头。"

她说租住在南山比较贵。男朋友是程序员，刚入职一家独角兽公司，鼓励大家在公司附近租房，步行时间在半小时内有补贴。"我们已经在他公司旁边找了个房，打算下周搬，但房租直接涨到了 7 000 多。"

转 5 号线之后，车上空了很多，她掏出手机开始刷脉脉里的"看机会"。"你这是准备换工作吗？"我问她。"先看看呗。"她说，受疫情影响，公司的一些线下店铺关门了，大家都在传可能要裁员，"据说客服已经裁了一些"。

"不过，我是做软件设计的，应该不会被裁。"她说，因为疫情对线下影响大，供应链开不了工，硬件业务比较被动，所以公司想在软件上增加投入，她的工作量反而变大了。"无所谓，裁我的话，正好休息几个月。"

"是工作太累了吗，还是干得不开心？"

"我也不知道怎么讲。"她说，易客的大部分员工都在深圳，但因为公司除了做自有品牌的产品之外，还是北京一家智能家居大厂"好智家"的供应商，所以在北京放了一个小团队；客服部门在太原，因为老板是山西人。"我是软件设计组的组长，带了六个 UI 和两个 UX。"

我听过 UI 和 UX 这两个词，知道都属于设计范畴，但具体含义和区别不是太了解，让她详细说了说。

"UI 的全称是 User Interface，也就是用户界面设计师；UX 是 User Experience 的缩写，我们一般叫交互设计师，或者叫用户体验设计师。它们的区别主要是，UI 侧重于'好看'，而 UX 侧重于'好用'。"

"举个例子吧。"她打开 iPhone 上的"家庭"app，指着界面右上角的"+"，解释道："这个按钮是加号好看，还是圆圈里放一个加号好看，是 UI 的工作；但按钮是放在左上角还是右上角，是 UX 的工作。"

"那 UX 怎么决定是放在左上角还是右上角呢？"

"所以，UX 需要深入了解业务和产品，从业务逻辑角度来判断，而不是只关注好不好看。假如我们的产品是专门针对左撇子用户的，发现他们一般用左手拿手机，那最常用的按钮就要尽量放在左侧，方便他们单手操作的时候，左手大拇指能够容易按到。"

她说自己是从 UI 转到 UX 的，因为 UI 太表面了，UX 钻得更深，她觉得更充实、更有所成长。

"那为什么还想离职呢？"

"我们老板管得太细了。"她说，老板是工程师出身，早年移民美国，中年回国创业，办了这家公司；虽然是理工男，但一直对 app 的设计细节"指手画脚"，让她们组左右为难。

"怎么个指手画脚法呢？"

"我们的 app 叫易家，功能跟家庭和米家 app 差不多，都是智能家居管理平台。易家可以统计智能设备的使用次数，比如一盏灯开关了多少次。"

"这个数据肯定是有用的。比如说夜灯，如果开关次数太多，说明用户的睡眠质量不好。所以，我支持 app 统计数据，可以用来分析用户行为，给用户推荐个改善睡眠质量的电动窗帘啥的。"

"但是，老板想把数据呈现在 app 上，还要做成曲线，每盏灯什么时候开的、开了多久，都要展现给用户。我们觉得这样在 app 设计上太复杂了，而且大多数人都是刚开始接触智能家居，不太关心一盏灯开了多少次。"

"结果，老板说他就关心，而且认为这是一个差异化的点，友商没有，所以我们要做。他还说了一个场景，就是一个独居的人，正常情况下起夜，夜灯亮的顺序应该是卧室、客厅、厕所；如果有一天发现只有客厅的灯亮过，那就说明家里进人了，要赶快报警。"

"那在客厅装个摄像头不就好了吗？"

"是啊！我们觉得他提的点太小众了，花 80% 的精力为 20% 的用户服务，在目前只有几万用户的体量下，没必要，应该先把精力放在主功能上。但是，老板嫌我们想得不够远，坚持要做。"

她说，这类分歧多了之后，老板好像对她们组有点偏见。"我们跟三星合作的一个项目，他看了 UI 之后很满意，跟我们说：'国际大团队设计的就是不一样啊！'我们没敢告诉他，其实都是我们组自己设计的。"

"感觉老板有点不信任我们了，凡事都要过问得很细。"她说，这种束手束脚的感觉太累人了，是她萌生去意的主要原因之一。"我想试试好智家，毕竟合作比较多，对他们很了解，但是不知道进不进得去。"

"我想看看大公司都是怎么干活的，学习学习。我手头只有两三个项目就忙成这样了，而对接的那个好智家 PM（产品经理）经手的项目有七八个，她是怎么做到的呢？"

出了塘朗地铁站，我们跟大部队一起，又步行了 10 分钟左右，快 9 点半才到达她公司所在的南山智园。"今天算来得很早了。"她说，疫情期间在家办公了好几周，现在刚回办公室复工，打卡不是很严格，平常都是 10 点左右才到。

写字楼下有两名保安给大家测体温，进楼要出示公司开的办公证明。如果通信大数据行程卡显示是从武汉回来的，还要出示两次核酸检测都是阴性的证明。她说现在是特殊时期，白天不离开公司，午饭叫外卖，晚饭公司包了，就在办公室吃，下班再跟我聊。

我在园区转了转，发现几个知名手机品牌——黑

鲨、红魔、努比亚，都在这里设有办公室。停车场里停着几辆印着"RoboSense"的车，车顶上架着一些像是摄像头的设备，我查了一下，是个为自动驾驶提供技术支持的公司。

11 点半之后，陆续有外卖小哥把外卖放到楼下的外卖架上。疫情期间他们没法上楼，只能让客户下来取。大多数人下楼匆匆取了外卖，就赶紧上楼了。

因为深圳的疫情基本控制住了，所以园区的食堂开放了堂食，但就餐的人不多。每张桌子都用硬纸板把食客隔开，防护措施做得很到位。

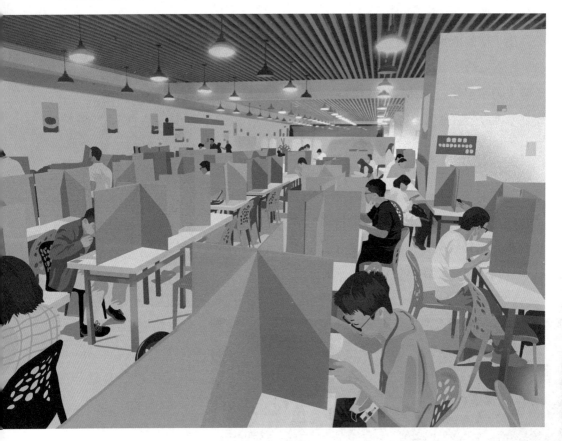

下午 5 点 40，我看到外卖架上一个外卖也没有。三三两两地有人背着包从楼里出来，应该是下班了。一辆快狗打车停在路边，上面下来两个人，开始搬车厢里的盒饭，我问了一下，说是公司订的员工餐。

9 点半，她终于下班了。"今天在忙啥呢？"我问她。

"上午到公司，先开了个小组周会，安排这周的工作。"她说，现在她们组满负荷运转，需求已经排满了。"我们的模式是这样，所有要提设计需求的人，都跟我对接，然后由我来统筹安排。"

"理论上，我们组都没有空闲时间了，所以我会强调不能接私活，也就是说需求不能直接提给我的组员；否则接了但完不成的话，责任自负。我每天的工作基本都是：白天各种人过来提需求，拉我开会；晚上才有整块时间做需求。"

"需求不是已经排满了吗，你还接新需求？"

"是排满了啊，而且我有一个表，每天几点到几点做什么，写得清清楚楚，别人跟我提需求的时候我都会给他看：'喏，你的需求我没时间接了。'"

"但是，总会有优先级更高的新需求，或者想插队的需求过来打乱我的节奏。"她说，要插队的需求特别多，自己作为中间人，要承担大量的协调工作。

"我正在做 A 需求，B 需求过来找我说自己比较紧急，要插个队。我肯定做不了主，就让他去跟 A 谈，看别人愿不愿意往后排。B 跟 A 谈完了，A 还不能给出准确答复，因为要来找我，问如果让 B 插队的话，A 需求会推迟到什么时候。"

"我就又得评估 B 需求要做多久，然后给 A 一个答复。因为这周的需求已经排满了，A 需求起码要排到下周，他不一定愿意让 B 插队，所以 B 需求可能又想插到 C 需求的前面，我就让他再去跟 C 谈……"

易家 app 看上去也不是很复杂，我不太理解为什么有这么多设计工作量："你们怎么会有这么多需求呢？"

"返工的需求比较多。"她说，很多 2B（即 to business，面向企业）的需求是老板跟客户的高层聊过后直接拍下来的，再交给 PM 落地。因为 PM 对其中的一些业务细节不是很了解，又不敢去问老板，所以会根据自己的理解提需求。

"因为需求的来源是老板，那肯定没得商量，要插队到其他需求前面。这时候，只能由我厚着脸皮去找其他需求的人谈。别人也知道这是老板的需求，没法拒，但还是会不高兴。"

"结果，花两个月把老板的需求做完之后拿给客户看，客户觉得这个功能做在app里不方便，还是放在网页里好。这时，app上的设计就全部不能用了，要针对网页重新设计。相当于旧需求作废，要开新需求，又要重新排期，很烦。"

我倒认为这无可厚非。老板和客户都不是产品专家，不会用产品方法论描述业务。PM虽然懂方法论，但不熟悉业务。所以最后提的需求就会不伦不类，可能废弃。按自然法则，这种事情多了，PM绩效考核不达标，就会被淘汰；客户需求满足不了，公司就开不下去。

"我觉得从法理上说，这样好像没问题吧？你管这个需求废不废弃呢，只要工资照发就可以了啊。"

"但我在填绩效考核表的时候，不会把它们算进OKR。没有给公司带来收益的工作量，我写上去的话感觉太较真了，不想给同事留下这样的印象。"她说，即使算进OKR，自己也会觉得投入的心血浪费了，心理上很难接受。

回家的地铁上，她还在钉钉上跟同事沟通。"就是在协调需求插队的事。"她说今晚走得还算早的，"因为想回去洗个头，所以有个需求就放到明天了，估计明天又会很忙"。

※　　　※　　　※

早上见到书兰时，她的眼睛又有点肿。"昨晚没睡好吗？"我问她。

"我睡眠质量不太好。"她说，因为白天在公司太紧张了，晚上回家后要刷刷抖音、微博，缓一缓。"11点左右洗个澡，精神了，再玩会儿手机，更精神了，一般1点半之前睡觉。"

"晚上只睡6个多小时，所以我一般要午休半个小时，睡得可香了。"她说，昨晚在想跟我聊的绩效的事。"我们部门去年的绩效不好，没给我涨薪，我很不爽；后来领导开导我，说今年多给我涨一点。结果因为疫情，今年整个公司都不调薪了。"

"我想起来，入职时公司给了我5 000股期权，每股2块钱。那时，我也不太懂这些，觉得公司还挺大方的。但昨天仔细一算，就算现在一股涨到了 10 块钱，我干了 4 年，期权也就值 5 万块钱，其实没多少。"

"后来我又陆陆续续买了不到 10 万块钱的期权，反正钱在手里放着也是放着。有一次，技术同事还问我，有没有关注期权调整的邮件，好像对员工不利。我都没怎么关心，觉得员工还能玩得过公司么？再说我在公司也待得挺久了，还是比较相信老板的人品。"

"怎么说？"

"早期我们还没拿到投资的时候，有一段时间比较困难，一些人的工资发不出来，老板跟他们实话实说了，让他们另谋高就。但是，一些老员工留了下来，不拿工资，帮公司撑过来了，后来公司盈利的第一个季度，老板就把欠他们的工资都补了回去。"

"既然老板的人品没问题，只是干涉业务的话，我个人觉得这个公司还是值得待的，但可以考虑换个业务。你能不能申请调岗呢？"

"应该不行。"她说，跟好智家对接的那个部门想让她去，她也很感兴趣，但她觉得组织架构的变动太大了，公司不太可能批准，就没有提。

"如果离职的话，我想休息一阵子再找工作，不想骑驴找马。"她说前几年边工作边看新机会，不知怎么被 HR 知道了，还专门找她谈了一次话，她很不喜欢那种感觉。

"但是，我又不太确定能不能找到一份比现在更好的工作。"她说，老板总是挑刺，嫌她们组这里不好、那里不行，搞得她现在很没有自信，"而且我学历不高，之前找工作时因为这个被卡过，一直有点阴影"。

"你啥学历啊？"

"我是大专的。"她有点不好意思，说自己老家是茂名下面十八线小镇上的，高一开始"跟风"学画画，"大学读的是无锡工艺职业技术学院艺术设计专业，也算是科班出身"。

"但是不喜欢无锡，冬天太冷了，冷到骨头痛；也不喜欢无锡男人说话那种吴侬软语的风格，觉得太小家子气了。"她说，毕业后原本打算去上海找工作，但一个关系很好的同学想来深圳。

"我当时觉得无所谓，就决定如果买得到高铁票就来深圳，否则就去上海。结果，买到了票，就来深圳了。其实，我找工作也没有刻意往互联网、智能硬件上靠，我是一个被时代推着走的人。"

"这么随意的吗？你家里对你去哪里工作没意见？"

"他们不太干涉我，他们有自己的事情要忙。我爸妈的态度是离家近最好，去其他地方也不反对。"她说，虽然现在跟男朋友在深圳买了房，但如果别的城市有更好的机会，也愿意去试一试。

"那个房太远了，还没通地铁，我们也不去住，租出去了。"她说，对城市没什么执念，在深圳拥有的也不多，为了更好的发展，可以舍弃掉这些。

"那你有没有认真考虑过好智家呢？"

"两年前去出过差，跟他们一起办公，感觉还不错。但是，我想去的部门没有公开招聘的岗位，我不太好意思主动问，想等着跟那边有工作上的交集时顺便提一下。"

"我们的 app 现在没什么用户，也没有数据。"她说自己没法根据用户数据来改进设计，比较缺乏那种正统的数据驱动设计的方法论，担心好智家对这方面的要求比较高，"而且我觉得像嵌入式工程师、硬件 PM 什么的会比较抢手，设计师的话没什么核心竞争力"。

但我不这么认为。书兰本身就是做智能硬件的，跟好智家的业务相似。加上公司跟好智家合作，大家彼此了解，工作风格和流程都很熟悉。这两个都是加分项，我说："我觉得你去好智家没问题。"

"不知道。"她说，好智家有个设计师跟她合作比较多，两人很聊得来。这个设计师曾经问过她在易客工作了多久，还向她抱怨过一件事。"他们在制定一套设计规范，想找技术开发成标准控件，供合作伙伴直接调用。"

"但是跟技术的沟通不畅。技术把控件开发出来之后，他们觉得跟设计图不符，但又不知道怎么用技术听得懂的语言，把问题跟技术聊清楚。"

"我就跟我们公司的技术商量了一下，我说把这个事情接下来得了，帮好智家把这个需求做了。这个设计师知道后跟我说：'你们怎么这么好！'"

"他既然跟你说这些，说明很认可你啊！我觉得如果你找他内推，他肯定会答应的。"

她有点犹豫："我觉得他是个单纯的设计直男。他今年要去 IXDC（国际体验设计大会）做分享，专业应该不错，但跟我一个外人抱怨他们公司的事，说明他不懂职场套路。"

"既然关系不错，你先找他聊聊呗！"我觉得她想多了，可能是平常工作太忙，没时间抬头看路，对用人市场的实际情况不了解，有点自己吓自己。我又问她："你入职易客的时候也这么纠结吗？"

"完全没有。"她说，刚毕业时，去了一家外包公司，"反正不是自己的项目，能通过客户的验收就可以了，所以对作品质量要求不高，本来可以花 5 天时间精雕细琢的一个需求，领导非要压到 3 天"。

"我很不爽，直接跟领导杠上了。那时候年轻气盛，不开心马上就辞职了。"她说，第二份工作就是易客，2015 年加入，"是公司的第一个 UI 设计师"。

她说自己这几年跟着公司一起成长，见证了易客整个设计团队从无到有的过程；公司发展的每个阶段需要搭建怎样的团队，都见识过。

"你这个经历太难得了，一般人根本没有，你去好智家肯定没问题！"

"但是，好智家这样的大公司是不是已经把团队搭好了，不再需要新员工具备这些经验了呢？"

今天，书兰 7 点 45 就下班了，解释道："回家写专利报告，这种需要整块时间来构思的事情，不能在公司做，因为会被频繁打断。"

"今天还顺利吗？"我问她。

"同事跟技术吵了一天。"她说，上午易家 app 的主程过来找她的组员，说想在一个页面加个"中间层"，"但我们不知道什么叫中间层，主程在那里干解释了半天，UI 听不懂，觉得是伪需求；我也听不懂，最后只能是我们妥协了，给他们做"。

"我们公司就是这样，技术说的东西我们听不懂，我们说的东西技术也听不懂，所以很难说服对方。只能比话语权，反正我们公司是硬件的话语权最大，软件其次，然后是产品，最后才是设计。"她很无奈。

"比较烦的是硬件团队的工程师思维太重了，当做出来的产品体验不好时，需要我们来帮着从设计层面圆场。比如说，我们的一款产品是智能烟雾报警器，安在天花板上的那种。"

"升级固件的时候，要按住这个报警器上的一个按钮，然后在手机上操作。你想，这个报警器在天花板上，用户操作起来很麻烦，还要站在凳子上面。你说这种情况，设计怎么去优化用户体验呢？"

"产品部门也很难搞。昨天不是跟你说老板提过一次做曲线的需求吗，后来产品部门就想沿着老板的思路，把所有的数据都做成曲线。但是，我们看后台统计的用户画像，大多数用户都是家庭主妇。我们组都觉得这个群体不会关注曲线图，但产品部门就坚持要做，我们只能让步。"

"不过，有一个特例。就是如果跟好智家合作，好智家设计师的话语权比我们公司产品部门的话语权大。"她说，因为跟一些好智家设计师关系不错，所以当她说服不了产品部门时，就会试图说服好智家的设计师。如果好智家的设计师被说服了，就会帮她去说服产品部门，达到围魏救赵的目的。

"下午主要是走查跟三星合作的那个项目，看看 app 里的 UI 和交互符不符合我们的设计稿。三星的要求很高。"她说，跟三星合作的工作量特别大，沟通成本特别高。

"三星在韩国嘛，跟我们对接的都是韩国人，要用英语交流，发邮件。我的英语不好，都是把要说的话用中文打出来，然后机翻，再发过去。我发现他们也是这样，因为我收到的邮件里，英文句子不完整，可能是他们复制粘贴的时候漏掉了。"

"但是，邮件发来发去比较慢。而且之前出现过一个问题，就是当我们要讨论一个比较复杂的情况时，机翻不准确，互相都不太理解对方的意思，聊着聊着就发现偏题了，讨论不到点子上，项目卡在了这里，推进不下去。"

"要么就是我们以为韩国人听懂了，韩国人也以为我们听懂了。然后，大家各自开工，结果下次再讨论的时候，发现两边做的东西对不上，才知道是上次大家的沟通出岔子了，只能返工。"

我很诧异："就不能招个翻译吗？"

"之前招过一个，但是后来离职了。"

"那就再招一个呗？"

"招没招我就不知道了，反正现在没有。"

"那你能不能跟公司提议招一个呢？你是公司元老，完全有资格提啊。你甚至有资格牵头招一个吧？"

"我觉得自己的工作做得还不够好，不想去管其他的事情；而且我跟 HR 的纠葛也是一言难尽。"她说，目前设计组全员投入一线项目，没有人在后方总结经验教训，沉淀一些方法论上的东西来提高大家的工作效率，就想在这个方向上招两个人进来。

"但是，我又没时间找简历，所以是 HR 部门找到简历后发给我审核，看要不要约面试。结果，我发现十几份简历里能看的只有两三份，其他都有硬伤，比如文字没对齐、配色不好看什么的，在我这儿连第一关都过不了。"

"这样的事情出了几次之后，HR 就拉我开了个会，对着大屏幕过简历，让我挑毛病，这样他们好了解我的标准。"她说，这就导致 HR 对她有看法，觉得她要求太高了，HR 的 OKR 不好做。

"所以，我提给 HR 的招聘需求就比较难推进，因为他们觉得我不好伺候，不太愿意接我的需求。"她说，有一个美国海归设计师，在北京滴滴前瞻部门工作，很看好 IoT，跟易客联系了好几次，有意跳槽过来。

"但 HR 觉得她的薪资开得有点高，快到 30k 了；另外就是怕她来了之后发现还是要去一线干活，不完全是在后方做沉淀，会有心理落差，做不长久，这样 HR 又白干了。"

"我跟 HR 反复沟通过，说别人去美国光学费就花了 100 万，要的月薪真的不算高；而且给候选人提前打过预防针了，对方说没问题，可以一边做项目、一边沉淀方法论。但 HR 还是很犹豫，最后没发 offer。"

下了地铁，出站时经过麦当劳，她说前几天刚出了款新品叫"5G 炸鸡"，想去试吃一下。"今天的工作餐有一个炸鸡腿，没吃过瘾。"

"晚上吃的啥啊？"

"公司订的工作餐，一荤两素，今天是一个炒青菜，一个炒土豆丝，一个炸琵琶腿。"

她说这个炸琵琶腿自己比较喜欢吃，但一周只供应一次。

"吃得也太素了吧！你们这个工作强度，这样吃营养跟得上吗？就算一天一个鸡腿也没多少钱啊，公司很抠吗？"

"反正我们的待遇是不如友商的。"她说，工作餐是自己申请，行政统计，申请多少份公司就提供多少份。因为有人嫌不好吃，也有人下班了，不在公司吃饭。

"我们组就有一个女同事，每天 6 点半准时下班。布置给她的活也都能完成，但质量不高。出图蛮快的，但后来我发现是从 dribbble 上直接抄过来的，只改了个颜色。"

"另一个同事有阵子忙项目的时候，晚上 10 点回去洗漱一下，睡到凌晨 1 点，然后来公司继续加班到 4 点，再回家睡一下，8 点多又来公司上班了。"

"她们两个的态度差距太明显了，我就想把那个不加班的换掉。也跟 HR 说了，不占 headcount，所以 HR 一开始答应了。然后，我就开始招人，也面了一个不错的男设计师，开价跟上家公司持平，不到 20k，我觉得蛮划算的，因为他去其他公司月薪应该可以超过 20k。"

"结果，HR 又跟我说 headcount 不够，操作不了。我一再追问，HR 承认说是觉得他要求的薪资太高，不想给。"

※　　　　※　　　　※

周五早上出发时，书兰的心情看上去不错。"终于周末了！"她说，"我们组每周五会做个分享，今天的主题是最新的移动端设计准则。有的组员是校招来的，又辛苦，工资又低，如果每天都是重复性的机械劳动，专业上没有成长的话，真的不太好。"

"你觉得自己专业上没有成长吗？"

"怎么说呢。"她说，去年年底晋升成组长并开始带团队之后，管理的琐事比较多，业务上投入的时间就少了很多。

"比如前阵子苹果和安卓分别推出深色模式后，它们的差异和关联是什么，我很想完完整整看看官方设计规范。"

"但是，我英语不好，读英文文档比较吃力。现在每天太辛苦了，休息的时候就完全不想动。有时候，我会在排期里排一些设计组的需求，就是为了留出一些供大家成长的时间。"

"但项目经理都会让我把需求往后排，把他自己号称更紧急的需求往前挪；然后还会装模作样地跟我说：'你们还是要预留一些让自己成长的空间。'这个时候，我都在心里吐槽：'我们的成长空间就是被你的需求挤掉的！'"

"我比较愿意接好智家的需求，可以边做边学他们的方法论。但是我自己已经接不过来了，只能交给组员去做。"她说，如果在公司有足够的自主空间，她可以接一些对设计成长有帮助的需求；但目前手头的需求大多是机械劳动，没什么成长，最大的焦虑也源于此。

"那你当了组长之后，管理上有成长吗？"

"可能有吧。"她说，其实自己不想当组长，杂事琐事太多了，比较浪费时间。有些同事能力不够，还没法独立完成需求，就会经常向她请教问题。"我觉得有点受打扰。"

"我的业务水平还没到可以带别人的阶段，其实我更希望有人带带我，帮我形成一套方法论。但是，毕竟来公司有好几年了，那些后面招进来的人都当了组长，我如果不当个组长的话，好像面子上不太过得去。"

"月底要入职的一个设计师，在上家公司是设计组长，跳过来之后的 title 是'高级交互设计师'。她不想做管理了，想专精于业务。"她说自己的想法是类似的。

"说实话，我没有感觉到自己在管理上有什么成长，所以还是想优先提升业务能力，从一个有经验的设计师，成长为一个有自己的方法论、理解产品和商业、能从一个比较高的维度去影响公司决策的设计总监或者是设计合伙人，像 Jony Ive 那样。"

"我希望能在 35 岁左右的时候，在腾讯这样级别的公司带一个团队，负责一个相对独立的项目，有自主决定权。还有 7 年时间。"

"如果业务不行，去做管理，很难做好。我们的联合创始人就是。"她说，这个人 40 多岁，技术出身，但现在基本不干活了，每天在公司里转悠。"比较邋遢，同一款式的鞋买好几双，到公司发现穿错了，还发朋友圈，是那种比较朴实的技术直男。"

"他每天捧本管理学的书在那看，说是要提升管理能力；后来还组织我们去会议室一起听书，希望大家都有管理方面的成长。结果，有一天，他跟我们说：'不想占用大家的周中时间，要不我们周六来公司听书，讨论讨论管理学吧。'"

"其实就是暗示我们周末来公司加班，但最后一个响应的都没有，就不了了之了。"她说，有时候其他需求想插队但插不进来，都会找这个联合创始人当说客，"每次我都跟他说，人不够，忙不过来，要加 hc"。

"他总说自己没权限，让我们提高效率，而且要把周末也算进排期。有时候，插进来的需求对我们的排期影响太大，我就会怼回去，结果他就会过来跟我说：消消气，人都是 emotional（感性）的，有时候不要太理性，让我学着'情感补偿'。"

"补个鬼！你要不是公司领导，谁听你的……你说他的这种管理，能管出什么东西？"

周五，书兰一般会早一点下班，跟同事聚个餐啥的。晚上，她跟同事去方大城吃饭了，10 点半才结束。"今天三星的项目，韩国那边向我们反馈了 200 多个 bug，说如果修复不了就要解除合作。我们的技术同事心态有点崩了，找我聊聊看怎么办。"

她说，这个同事是开发组的组长，跟她同级，三星项目刚开始的时候，他的兴致还很高，但做着做着就感觉自己好像是在做外包；加上今天一下爆出了这么多 bug，就有点不想干了。"他说想转去 AI 部门，闲一点，做一点自己感兴趣的技术研究。"

"明天要加班过这些 bug，我不想来公司了，在家远程会议接入。"她说自己周中工作比较累人，周末一般不刻意安排，也就是玩玩手机啥的。"上周男朋友临时想去惠州玩，但我觉得没有提前规划，有点累，不想去，后来就没去，在家休息。"

她说自己有轻微的社交恐惧症，跟一些朋友在微信上聊得很 high；但见了面反而没啥可聊的，一起吃个饭就各自回家了，然后继续聊微信。"我现在的朋友主要是同事，有种大学同学的感觉，大家相处得挺开心的。"

※　　　※　　　※

周六，书兰在家加班，我跟她男朋友翔宇去穿越东西涌。翔宇的公司实行的是大小周，周日上班，强度也挺大，但跟书兰休息时偏宅不同，他一般双休时要抽出一天时间去徒步出出汗，跟我在蚂蚁金服工作时的习惯一样。

我们8点出发，开了近100公里，10点才到东西涌。因为疫情，今天基本没有其他游客。11点半左右，我们正在吭哧吭哧爬礁石，翔宇告诉我书兰给他发微信，说刚起床。

"她周六一般都四五点才睡，报复性熬夜，中午才起床。"他说

两人之前是外包公司的同事，谈了一阵子恋爱后，2014年就同居了。"6年时间，我们也没闹过什么大矛盾，感觉很快就过去了。"

"你们俩一个设计师、一个程序员，是怎么走到一起的呢？"

"其实，在跟小兰谈恋爱之前，我们公司老板娘给我介绍了一个幼师相亲，但见了几次面之后感觉聊不到一起去。太小了，什么都听我的。"他说自己想找个更"势均力敌"的，两个人平等一点，"甚至是她能改变我。如果是'一言堂'，精神上就会觉得不匹配"。

他是湖南人，"我做的西红柿炒鸡蛋是咸的，而广东是甜的。刚开始交往时，我们因为口味不统一都可以吵起来"。但在一起久了，他慢慢发生了一些改变："刚来广东时，我没有辣椒酱吃不下饭；后来习惯了这边的饮食，觉得白灼、白斩也很好吃。"

"我一个理工男，也不关心艺术那些东西。但小兰就拉我陪她去看达利的展览，我去了也觉得还蛮有意思的。"他说自己跟书兰在一起之后打开了很多，"两人有所碰撞，生活会多姿多彩一些"。

"你们俩谈了这么久还不结婚，家里人不催吗？"

"催啊，我妈催得比较多。"他说自己是独生子，妈妈退休闲下来之后，儿子结婚生娃好像变成了她唯一的寄托，"已经不是催我，是喷我了。所以，我有点着急"。

"但小兰事业心比较强。她还有个弟弟，家里人的心思都在弟弟身上，所以她

不着急。我又不想把我的情绪传递给她，所以现在都是自己扛着。希望明年把证领了吧，就差一张证了。"

我们从山上通过一条小路下到海边时，迎面走来一个人，互相看到对方后，翔宇和他都惊呆了。"这是我同组的同事，昨天我才跟他提今天要来东西涌，今天他也来了。"他们简单聊了几句，就各自继续出发了。

"这个同事是江苏人，但在长沙买了房；老婆是长沙人。"他说，同事老婆在长沙的银行工作，孩子跟着妈妈一起生活。同事一般两周回一次长沙，跟家人一起过个周末。

"也是我上一家公司的同事，本来去了湖南卫视，但不习惯国企氛围，跟领导闹矛盾，又辞职回了深圳。他说计划再干两年，拿到50%的期权，就去长沙。不容易。"

"我们也好不到哪里去。我跟我女朋友周中只有晚上回家可以聊聊天；有时候加班回去太晚或者太累了，就不聊了。所以，也只有周末才有时间好好相处。"

"我周末必须抽出一天来陪小兰逛街、看展、吃饭，要不然两人没有什么交流。幸亏我们是第一家公司的同事，有感情基础，不然，我们现在才认识的话，肯定走不到一起去，根本没有时间和机会去熟悉彼此。"

"当时我加班，她就陪我加班，一路走来建立了革命感情。我们俩都在互联网行业，能互相理解，我觉得这很重要。"他说，两人比较有默契，如果发现有一段时间没有好好沟通了，都会尽量抽出时间来聊一次，保证两人步调一致。

我跟他说了上周跟书兰聊的话题，即书兰工作好像不太顺心。"有一年了吧。"他说，去年女朋友跟他抱怨在公司被老板挑战比较多。"我的意思是钱多钱少倒是其次，但一定要开心，所以要么换个工作，实在不行在家休息一阵子，反正我的收入应付我们俩的开销压力不大。"

"小兰也跟我提过想去好智家试试，我觉得没问题啊，我也不是一定要在深圳，换个城市体验一下生活感觉也不错。北京可以的，医疗和教育资源都比深圳好。"

"那你自己是怎么规划的呢？"

"我在上家公司的时候节奏不是太紧张，还比较闲，7点前就可以下班了。但是，跳到这边之后一下子变成了朝十晚十，还要大小周，没法兼顾工作和生活了，尤其是不知道将来有了孩子怎么办。"

"这边有个啥情况呢，校招生比较多，都比我年轻。他们是白纸，还有很大的成长空间。但我干这行6年多了，该会的都会了，而且行业这几年发展得也比较慢。我在两家公司做的来来回回就是那么点东西，感觉没什么进步了。"

他说自己经过了工程师初期闷头干活的阶段、中期的半瓶子醋阶段，到了现在的中后期，"工资也挺高的，但买了房之后突然感觉失去了目标，不知道下一步该干什么了"。

"所以，我现在每天中午在 app 上学英语，想看看微软这类外企的机会，把生活和工作平衡一下。国内的互联网公司，我看是够呛了。"

※　　　※　　　※

周一上班时，书兰告诉我，周六的视频会议从 11 点开始，持续了 3 个多小时。"把所有的 bug 过了一遍，让大家认领一下，然后排期修复。"

我跟她说，穿越东西涌时，翔宇告诉我很喜欢你跟他这种势均力敌的状态，能改变他。她说翔宇从没跟她说过这个。"我以为男生都喜欢那种对自己唯唯诺诺的小女生呢！"

"他以前很严肃的，不怎么开玩笑，经常把我的调侃当真了，还会生气。"她说，理工男脸上没什么表情，有时候容易引起误会，导致自己跟准婆婆之间关系有点紧张，"她会觉得是不是我造成的"。

"我比较喜欢听摇滚乐，有一次问翔宇有没有听过黑豹乐队的 *Don't Break My Heart*（《别让我心碎》）。他说没听过，这首歌太老了，是他妈妈那个年代的，他妈妈可能听过。"

"我就拿他的手机给他妈发了条微信，问她有没有听过这首歌。结果，第二天，她妈妈在我上班的时候给我打电话质问我，说'你是不是跟我儿子闹别扭了，是不是欺负他了'啥的。我满头问号。"

"后来才知道，他妈妈看不懂英文，去查了这首歌的名字，以为是我把她儿子的心给伤着了。我特别生气——我父母知道我上班忙，都不敢打扰我，你还在我上班时跟我说这种话！"

"她把儿子盯得太紧了，好像是我要把他抢走一样。"她说自己因此有一点恐婚，觉得结婚就背负了某种责任，更不要说生孩子了，"他妈妈说要过来带孩子，但是我非常不愿意跟老人一起住"。

"现在过年我们各回各家，亲戚朋友也不会说闲话，毕竟还没结婚。"她说，如果结婚了，性质就变了，没法像现在这么"潇洒"，"单身的同事出去玩可能都不叫我了，默认我要回家陪老公、照顾孩子"。

"而且我觉得要孩子是一件很恐怖的事，以现在的工作状态，肯定要不了。"她说，公司里那些有孩子的同事，普遍是夫妻双方一个忙一点多赚钱、一个闲一点照顾家。"翔宇将来的发展应该比我好，如果有孩子，我肯定在事业上要牺牲一点，但那就达不到我 35 岁的预期了。"

"我觉得谈恋爱不结婚很好啊。"她说自己有朋友是不婚主义者，活得挺自在的，"但再过 2 年我就 30 岁了，可能我的想法也会变，谁知道呢"。

"现在互联网人的感情问题很麻烦的。"她大学时的一个闺蜜，1993 年的，在上海饿了么做运营，找了个 1994 年的小奶狗，"工作不好，也没啥事业心，属于那种'恋爱大过天'型的男生，比较黏我闺蜜"。

"我跟她去日本旅游的时候，晚上回去要商量明天的线路，小奶狗还发脾气，嫌我闺蜜不理他。我觉得很无语。因为疫情，小奶狗的公司两三个月发不出工资，他交不起房租了，还找我闺蜜借钱。"

"我闺蜜说肯定不会跟这个小奶狗结婚。我问她：'那你们还在一起干吗？'闺蜜说：'工作太忙了，分了就不好找了。'我很气，但她说的也是实话——现在的工作节奏，只能找同事，不然真的不好找对象。"

"明天要搬家，今天早点回去收拾东西。"她 8 点就下班了。她说今天排期还比较顺利，因为组里谁擅长什么工作，现在也都摸清了，所以每次排期基本都是谁擅长的需求固定由谁来做。

"一直做一样的东西，大家不会觉得没有成长吗？"

"之前让大家自己选过，结果老板盯得最多的需求没人选——都去选那个最容易的。"她说，有一次组员正在做一个需求，被提另一个需求的人软磨硬泡，插了个队。

"结果，新的需求比较急，她前期评估不足，把自己搞得非常狼狈。匆忙赶出来的需求质量也不高，返工了好几次，把我们正常的排期和规划都打乱了。"

"还有一次，就是疫情期间我们在家办公，我看周报，发现一个同事怎么每周都在做同一个需求？我跟她聊了之后才得知这个需求所属的那款产品延期上线，所以这个需求就一直在改，她也一直在跟，影响了我们的总排期；后来就改成我统一安排了。"

"这种情况出现过几次后，大家就不会吸取教训吗？"

"没有吸取教训。"她说，组员对需求的把控比较弱，能不能保质保量完成、什么时候能完成，没她判断得准；吃了亏之后反思的意识也不强，下次又掉到同样的坑里去了。"有些组员比较内向，各种领导来游说一番，很容易就心软了。"

"我以前没有意识到这个问题，最近半年才开始思考：为什么大家知错不改呢？前段时间面了那个被 HR 拒掉的男设计和滴滴的女设计之后，发现他们在面试时，都会跟我反思以前工作时吃过的亏。我才意识到，是公司招聘标准的问题。"

"专业度这个东西真的是一分钱一分货，我们组好几个设计师月薪不到 8k，跟 20k 的人确实有差距。公司不舍得在人才身上花钱，就要承担员工能力不够的后果。"

※　　　※　　　※

今天，我去帮忙搬家。到的时候，他们正在打包，东西堆得满地都是，屋里一片狼藉。楼下挖掘机正在挖路，翔宇说从每天一大早一直挖到次日凌晨，他都

崩溃了。但书兰说无所谓，她晚上戴耳塞睡觉。

两人住的这栋楼临街，灰比较大。我帮着搬电视机的时候，发现电视机的上沿落了很厚的一层灰。"很久没打扫了吧？"我问他。

"是的，有一个月了吧。"他说自己没时间打扫，都是请保洁阿姨——40块钱4个小时，很多边角地方照顾不到。"我们双休才请阿姨。单休的话，先睡饱，然后出去玩，就不敢让阿姨一个人在家——之前楼上出现过丢东西的事情。"

他说两人搬到这之后购置了不少家具，因为书兰比较注重生活质量，觉得虽然房子是租的，但生活不是租的，希望在一天的辛苦工作之后，回家有个相对舒适的环境可以放松一下。

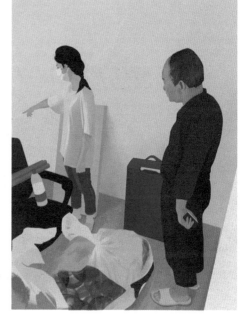

两人一边打包，一边把一些不要的东西连卖带送给了门口看热闹的一个大叔。"那是房东请的管理员。这一栋楼都是房东的，他不住这里。我们从来没见过他，只知道他在银行上班。"

下午3点，东西打包得差不多了，翔宇叫了货拉拉，运到了位于南山区的鸿城花苑。小区离腾讯滨海大厦很近，隔着一条马路就能看到造型独特的办公大楼。

这里的环境比城中村好太多了。小区人车分离，有一个巨大的中心花园，翔宇说是请香港的景观公司设计的。新房

在5楼，屋里非常干净素雅。一个开放式的阳台正对着中心花园，一片绿色中，孩子们的玩闹声若隐若现。

书兰说这个房子的上一个租客是个韩国人，搞得很乱。她没有来过，但

看过视频，印象很不好。疫情在国内爆发时，那人回韩国了。结果，现在国内疫情控制住了，韩国又爆发了，他暂时回不来中国了。

"中介是翔宇的亲戚，觉得这个房子不错，就帮我们预留了。他把东西给韩国人寄回去了，又打扫了一遍，所以比我之前在视频里看到的好多了，我还挺满意的。"

翔宇说，他在签租房合同时，看了房产证上的信息——房东是新疆人，中介说在伊朗做生意。1999 年买这套房时要 40 多万，现在已经涨到 800 多万了。

书兰在阳台上接了 2 个电话，解释道："好智家有个跟我们合作的设计师要离职，问了我一些比较急的交接问题。然后，HR 又给我打了一个电话，得知我不在公司后，就说明天到了公司再说。"她说心里有点忐忑，不知道是好消息还是坏消息。

工作日难得忙里偷闲，我们把东西都搬到屋里之后，就在阳台上吹吹风。我想，书兰和翔宇，是深圳千万奋斗者的缩影。他们付出了很多，结果却常常不尽如人意。成长的烦恼夹杂着迷茫与困惑，是应该放弃还是应该坚守呢？

阳台下有一棵很大的杧果树，挂满了绿色的果实，现在还不能吃；但收获的季节不远了。

内容从业者林悠*

在事业单位工作的"斜杠青年"yoyo利用业余时间当起了小红书上的穿搭博主，还想去国外学艺术，由此引发了离职、找工作、申请学校的连锁反应。被家人和单位保护得很好的她，能够有所突破，成功开启寻梦之旅吗？

初见林悠，是在抖音火山版的直播间里。网名叫 yoyo 的她一大早就上线了，美颜滤镜开到看不出脸上的皮肤纹理。在线观众不多，她没有表演任何才艺，只在新观众进入直播间时说"欢迎某某某，欢迎~"，之后就低下头尴尬地玩起了手机。

早上 8 点，yoyo 带着一罐自己做的红糖姜母茶出现在岗厦地铁站；她在福田区一个事业单位上班，离这儿还不到 5 公里。她没有编制，月薪 5k 出头，虽然疫情期间打车更安全，但每天打车有点奢侈，所以地铁还是通勤的第一选择。

---

* 本章画师：持持。

"其实，我之前都是 8 点半才出门的。"yoyo 说单位规定 9 点上班，不需要打卡。因为她的工资在深圳实在不够花，下班后要熬夜做副业，所以起得比较晚，有时候还会迟到。"但我们领导很好，很照顾我，只要工作能完成，迟到几分钟也就算了。"

"副业就是做直播吗？"

"不是，直播才刚开始尝试。成熟一些的副业是在小红书上做穿搭博主。"她说自己利用空闲时间做小红书已经有两年了，"一般是晚上下班回家拍照，中午大家都在午休时，我就找个安静的地方用手机修图、写文案"。

"你上班时间挺早的，中午不睡的话，下午不困吗？"

"我做喜欢的事情时，沉浸在自己的小世界里，感受不到外部干扰，不饿也不困。"她说，之前直播都是早上 5 点多起床，播 1 个小时再去上班。虽然睡得少，但毕竟是 1994 年的，精力旺盛，还扛得住。"如果有点困，喝点柠檬茶之类的东西提提神就好了。"

她说自己两个月前刚提了离职，但还在交接工作。为了站好最后一班岗，就提前了半小时出门，争取不要再迟到了。"正好可以去单位饭堂吃个早饭。"

"事业单位这么稳定，为什么提离职呢？"

"不喜欢自己的工作。"她说，在这个单位干了 3 年，因为怕被末位淘汰，第 1 年的所有心思都在工作上，没有想过喜不喜欢这个问题；第 2 年工作慢慢熟悉了，发现一些没有意义的杂事越来越多，自己应付差事的心理越来越明显，干得不开心。

"什么是没有意义的杂事呢？"

"主要是写公文、写材料。"她说，尽管自己可以出于工作责任，把自己的负面情绪压下去，写出符合领导要求的文章，但因为对公文内容完全不感兴趣，所以心理上其实很排斥，很心塞，"每天到了单位后，心情一下 down 到谷底"。

"也不是嫌工作辛苦，主要是觉得没有意义。"她说自己写的那些东西，都是下属单位做出的业绩，她只是做了个封装以便向上汇报，"本身并没有产生什么价值"。

她现在已经开始找工作了，但具体走的时间还没定。一方面是领导已经习惯了，有什么事情第一反应还是找她；另一方面是新工作还没找好，领导为她着想，让她先把工作定下来，再正式离职。

我问她想找什么样的工作。她有点面露难色："我想申请去国外读个艺术类研究生。工作只是过渡性质的，等我拿到大学的 offer 就会辞掉，可能只干 1 年，所以不太好找。"

"我想找个政府关系专员这样的岗位，工资最好过万，攒点学费。"她说，清华深圳研究院曾主动联系过她，明说看中她的资源，但薪资不高，"其他半国企性质的科研院所也找过我，这种类型的单位工资都只有几千"。

"理想的情况下，我明年想去伦敦艺术大学读策展专业。"她说自己很喜欢看展，如果工作时能沉浸在艺术氛围里，是件很幸福的事。绘画或者音乐类专业要求艺术功底，她不满足；而策展专业强调的是艺术鉴赏和统筹规划等综合能力，她觉得可以试一试。

学校是申请制的，需要提供作品集。她完全没有这方面的经验，不知道如何下手，就花了将近 1 万块钱，请了个辅导老师带她准备作品集，预计 10 月份才能完成。

因为新工作和学校的 offer 都还没有着落，就从稳定的事业单位裸辞，家人会很难接受，所以她离职的消息还瞒着家里，打算等拿到学校的 offer 后再跟家里坦白。

地铁车程 20 分钟，我们从石厦站下车，出了地铁就是单位。这里不是商业区，人流量不大，交警在单位门口指挥交通，一切显得井然有序。她说中午要写小红书的稿子，我们约好下午下班再见。

6 点下班，6 点半 yoyo 才出来。"在打印明天面试要用到的简历。"她说今天没啥事，主要在准备交接材料，"中午吃完饭后把今天要发的小红书图片和文案整理好了，还睡了半小时"。

"因为下班早，大多数同事回家吃饭，所以饭堂晚上准备的饭不多，6 点开饭，晚去 10 分钟就没饭了。回家煮紫薯糖水吃。"

她说晚上跟 vivo 约了视频面试，要回去准备一下，"是个政策分析的岗位，也要写材料"。

在事业单位写材料，在小红书上"写材料"，在 vivo 还要写材料。"你是啥专业啊，这么擅长写材料吗？"

"我是学编导的。"她说，学校的口号是"能说会写强制作"，自己加入了文学社，暑假还在报社实习，文字功底一直不错，很早就确定了想走媒体这条路。

"90 后"对新媒体比较熟悉，但她刚毕业时觉得类似于 B 站这样的互联网公司门槛太高，想都没敢想。"大多数同学都去家乡电视台了，我也一样，就去了惠州电视台。"

"那不是很好的单位吗，很稳定啊！"

"我家里也这样认为，但我比较喜欢折腾。"她说，在电视台工作了一段时间，觉得这种一眼望到头的生活跟她的性格冲突太大，就想出去闯闯，"但是去哪里闯，还没有想好。家人强烈反对，说工作这么稳定，我还不知足"。

"我觉得只有再找一个事业单位的工作，他们才能放心让我离开惠州。"当时她恰好有个朋友在龙岗一所学校的教务处工作，那边在招人。家里也觉得这个单位还行，朋友就内推了她，让她过去面试。

"因为我上次来深圳还是高三，为了一次面试专门过来一趟不划算；不如多投几家，一次面完算了，就把简历挂在了智联招聘上，结果现在的单位联系了我。"

"两边我都面了，都对我挺满意的，很快就给我发了 offer。"她说，之所以选择现在的单位，主要是因为福田相对龙岗更像市中心，"我当时还在玩摄影，想认识一些模特，他们的活动范围主要还是在市里"。

"这个单位的淘汰率很高，我那一批招了二十多个人，要刷掉十几个，所以我的危机感很强。"她说自己工作第 1 年没有谈恋爱，也没有搞副业，每天加班到 9 点多，没事就看别人写的材料，学习公文写作模式，周末也不休息。

"后来考核的时候，单位的大领导看了我的文章，夸我写得很好，我就留下来了。"正式工作之后，她成了单位主笔之一，干的活和有编制的人没什么区别，工作量和难度都比同一批社招的人大。"提了离职之后，我一个人的工作，领导让我交接给三个人。"

"其中一个交接对象，上海交大硕士毕业，只比我大两岁。"她说这个男生之前在南山区一个科技企业工作，年薪近 50 万，但是加班比较多；他想换个轻松点的工作，就被单位挖了过来，还给了编制，"结果来了之后马上变成咸鱼了"。

"我们办公室的热线电话响了，他从来不接。仗着体制内不会随便开人，挂个闲职混日子。我问过他喜不喜欢这份工作，他说不喜欢，就是过来养老的。"

虽然这个人是名校毕业，但她不喜欢这种精致的利己主义者。"我还是想找一份自己喜欢的工作，即使不给钱也愿意做的那种。"她说自己大学时喜欢摄影，观察生活很细致，本来很有好奇心。

"现在天天写公文，内容上自己做不了主，只是套模板，没有创造性，也不需要好奇心。搞得我做自媒体都没有想象力了。其实，我很喜欢写东西的，但前提是写的内容我感兴趣。"

地铁快到站了，微信上有人找她。"是经纪公司的姐姐，跟我敲定今天要发的内容。"她说自己签约的网红经纪公司建议她在下午 5 点到晚上 8 点之间发帖。

"说是这个时段大家都下班了，玩手机的人比较多。但我发了几次，效果不太好。我觉得反而是因为高峰期内容太多，我的流量被那些大号分掉了，所以想试试晚点发。"

从岗厦出站，步行 10 分钟，就到了她租住的深大新村。房东把 100 平方米的房子隔出 5 间，她跟室友小树合租了其中较大的那间，卧室带着一个卫生间，还带一个小阳台，放洗衣机。其他人则是共用一个卫生间和一台洗衣机。房间小东

西多，屋里显得有些乱。

"我以前都是一个人住的，但为了攒留学的钱，才在豆瓣上找人合租。"就这样认识了1995年的雅思老师小树，yoyo觉得她很理想化，跟自己的堂妹有点像，感觉很亲切。

她说，小树在COCO park附近跟一个姐姐合开雅思培训工作室，本来赚点小钱过过小日子没问题；但受疫情影响，线下学生少了很多，收入骤减，工作室养不起两个人，小树就在家待业了。所以，一个月3 450元的租金，她出2 200，小树只出1 250。

"她也要攒学费。"yoyo说小树9月份要去香港中文大学读宗教学研究生，1年制，学费10万港币，"跟我一样，选专业完全是出于兴趣，不考虑好不好就业"。

"你们俩既然手头都不宽裕，为什么不住远一点呢？房租可以便宜一些啊！"

"钱是赚出来的，不是省出来的。"她说，时间和钱相比，前者对她来说更重要。"我要拍的那些品牌都在附近，把上下班通勤的时间省出来做副业，赚的钱就可以把房租抵掉了。"

面试8点开始，她打算先化个妆，表示对面试官的尊重。她们俩共用的化妆台上放了一盒耳环，yoyo说是从1688上买的，本来打算跟小树一起开个淘宝首饰店，但两人的商业理念不一样。

"我是理想加现实，想既卖自己喜欢的，也卖自己不喜欢但好卖的。小树比较理想化，只想卖自己喜欢的，不管好不好卖。"她担心这样做生意如果产生分歧会影响感情，所以还没开起网店来。

8点，面试开始。vivo的HR说想为他们的互联网公共战略中心外聘一个主编，这个角色的工作内容主要是通过解读宏观政策对智能手机行业的影响，来给业务人员和高管提供参考。

HR 先问了些常规问题。轮到 yoyo 发问，她关注的主要是工作时间和编制的问题。对方说 vivo 实行大小周，弹性工作制，理论上早 8 点半到晚 6 点半，中午可以休息两小时，"但针对一些突发事件，需要对政策进行快速解读，要求随叫随到，可能会占用休息时间"。

关于编制问题，HR 有点打太极，只笼统地说正式员工和外聘员工人力体系不同，薪资待遇不同，但考核机制一样；如果部门有 headcount，自己的价值也体现出来了，有从外聘转正式的可能性。

面试 40 分钟结束，几乎没有聊到业务细节，我感觉 yoyo 问的都是网上可以查到的东西，有点浪费提问机会。"是的。"她其实对 HR 说的一些东西是有疑问的，但没敢问太细，说是"怕暴露了自己的无知"。

面试结束后，她赶紧把今天的小红书发了。我给她点赞，发现她搭配了 7 身造型，在照片上标出了优衣库、ZARA、Bershka、URBAN REVIVO（以下简称"UR"）、FILA 这几个品牌，就问她是哪个品牌赞助的。

"你猜？"

因为封面上的两套穿搭都标的是 Bershka，我问她是不是这个品牌。"不是，其实是 FILA。"她指着照片上的鞋说，这几套搭配的服装都变了，只有鞋没变，所以不需要刻意标出来，这样比较自然。

"像 FILA 这样的大品牌，如果找我发内容，发完一般就把东西送给我了。但小品牌为了控制成本，可能会让我寄回去。"

发完小红书，已经快 9 点了，她赶紧去厨房煮紫薯糖水。我问她："如果去 vivo 的话，可能会比较忙，这个点都不一定回得了家，副业就要放一放了，你可以接受吗？"

她说自己有心理准备，如果薪资还不错，是可以接受的。"节奏紧张一点的公司说不定反而能让我更紧张一些，挤出时间来做自己的事。事业单位比较松散，

我很容易被影响,所以回家后状态也比较松散,效率不高。"

她把削好的紫薯蒸了一会儿,然后盛到大碗里捣成泥,再放到锅里煮,快9点半了才吃上晚饭。"好难啊!"她说,跟在老家的朋友相比,觉得自己太辛苦了。有时候手头比较紧,副业也不顺利,心情会很差,"但又不想过老家那种退休般的生活"。

"我现在只有20%的内容是广告,但其他80%花的时间精力一点也不比广告少。"她说自己早期的帖子取得过150万阅读量的辉煌成绩,近期的帖子风格没什么变化,却只有几百阅读量。

"落差太大了,付出没有回报,很打击积极性。带着这个困惑去问过公司,让他们给点建议,但公司也说不出个所以然来。看别人做得风生水起,我挺焦虑的。"

吃完糖水,她开始换衣服拍照,准备下一篇帖子的内容。我问她:"工作了一天,晚上7点到家,马不停蹄忙到10点半,你累不累?"

"完全不觉得累。"她说,因为干的是喜欢的事,还蛮享受的。所以,如果工作也是自己喜欢的,那幸福感就非常强了。

晚上要拍的是UR的淑女风连衣裙,跟她今天发的"甜酷风"很不一样。我问她是不是UR的广告,她说不是,只是想换一种风格,不然路会越走越窄。"一些名媛风网红还可以接到GUCCI和LV的广告,有机会我也想试试。"

"不是广告的话,这些衣服都是你自费买的吗?"

"是啊,不过拍完我会退掉的。"她说,现在的服装店都是线上7天、线下30天无理由退货,所以除了自己特别喜欢的款式外,她拍完的衣服都会退掉,这样做内容就没什么成本。

她把沙发上的杂物挪到床上,从堆放在房间门口的鞋盒里翻出好几双鞋,又从首饰盒里挑出跟连衣裙颜色一样的发带,架好落地镜和补光灯,去阳台搭配好衣服,就回到屋里开始用B612 app对着镜子自拍了。

※　　　※　　　※

今早 yoyo 请了假去面试，我们 8 点半在岗厦坐地铁。她特意换了一套偏商务风的连衣裙，还化了个妆，比平常上班时的素面朝天精致多了。我说："跟平常的风格完全不一样啊！"

"我在单位想当个小透明，不然同事老是大惊小怪：化了个妆，做了指甲，穿衣风格改变了，都会问我怎么了。我觉得有点别扭，所以宁愿穿得土里土气去上班，免得他们说。"

"其实，今天上午没有算我年假。"她说自己只有 5 天年假，比较珍贵，领导知道她要去面试，但只用半天时间，就不走请假流程了，打声招呼就可以了。

"领导对你确实不错啊！"

"是啊！还撮合过我和同科室的男生呢，很照顾我。"她说，领导原来是驻港部队的，转业后分配到了这个单位。

"感觉五一之后找工作的需求一下子变得迫切起来了。"她说，之前没正式提离职时总感觉有后路，现在领导已经批准她在工作时间出来面试，就必须正视这个问题了。"我跟小树商量过，起码要保证一个人的收入能够付房租。她还没找到工作，就只能靠我了。"

上午要面的这家公司叫"深圳市智能制造行业协会"，听起来蛮正规的。她之前跟 HR 在电话里约的面试时间是 10 点，但 BOSS 直聘上显示的是 9 点，为了保险起见，我们 9 点前赶到了公司，结果被告知面试 10 点开始，app 上搞错了。

11 点 15，她出来了。聊了这么久，我感觉有戏。"创始人亲自面的我，一个40 多岁的姐姐。"她说，创始人很喜欢她，觉得碰到了爱折腾的同类人，对她各方面都很满意，唯一纠结的点是不确定她要什么，来了能不能安心干活。

"我很坦诚地说，薪资是第一位的，具体做什么我不太在意。创始人说没关系，可以多尝试几个岗位，跟她一起跑政府也行，去谈项目当销售也行，月薪可以开到 10k 出头。"

"但她跟我明确说不希望员工有副业，一方面是需要加班没时间搞副业，另一方面是希望大家在工作中多投入一些，不要分心。"这是 yoyo 最大的顾虑，所以表示需要好好考虑考虑。

回单位的路上，yoyo 说想去皇庭广场的 UR 逛逛："每周更博前，都会来看看这几个快时尚品牌有没有上新。"我们路过了无印良品和中国李宁，我问她做不做这些品牌。

"我的受众主要是 18 岁到 25 岁的青春活力型女生，无印良品太素了，更适合 30 岁以上的女生。"她说，李宁够酷，是她的风格，但热点不够，所以不做，"一般有热点的都是上新比较频繁，网友搜索搭配比较多的品牌，比如优衣库"。

她在 UR 买了条粉红色的裙子："一眼就喜欢上了，但会在家放一段时间，多看看，如果还是很喜欢就会留下来，否则就退掉。"她说自己搭配做多了之后有点审美疲劳，能入她眼的衣服越来越少了。

她看了眼昨晚发的帖子，只有 10 个点赞。"怎么回事呢？公司帮我把控内容后，点击量反而没有以前高了。"她说浏览量上不去是她目前面临的核心问题，再这样下去那 20% 的广告也不保了。

"前阵子还收到了小红书的警告，说我这个季度 2 000 以上阅读量的文章没有超过 8 篇，如果下个季度到来前没有改善，就要冻结我的创作者认证，一些后台数据就看不到了。感觉我是在给小红书打工。"

我问她有没有跟小红书官方咨询过点赞量变少的问题，她说没有渠道。"其他博主也有类似情况，一个拥有 1.6 万粉丝的博主，本职工作是电台主播，跟我一个经纪公司的，点赞量也很少。我问过公司，公司只说'要把内容做好'，也不说现在哪里不好，要怎么做好。"

"那你有没有跟点赞量多的博主交流过呢？"

"我加了一些群，但大家好像不太愿意深入交流，只是把自己的帖子发到群里，让别人帮忙点赞评论。"公司不给力，又没有战友，碰到问题自己单打独斗解决不了，她的对策就是"狂做内容，多发一些帖子看看大家喜欢什么"。

今晚她在饭堂吃完饭才下班，一上地铁就戴着耳机看"带货薯"的直播——小红书的工作人员在给大家讲解小红书的直播带货规则，比如老外不能出镜、佣金比例是多少、怎么结算提现之类的。

"6 月份是小红书周年大庆，有大促活动，鼓励我们 5 月份抓紧练兵。这个月就开播，下个月才能有流量扶持等各种官方福利。"她说自己目前图文类型的内容点击量不高，所以想试试 Vlog 和直播带货，"但是，我拍视频表情总是不自然，怎么卖货也没经验，所以心里没底"。

"带货薯"直播结束后，她又打开博主 lu.meng 的视频看了起来。"感觉很自然，好像是在跟闺蜜聊天一样，有亲近感。"她说自己也想尝试这种风格，"但我觉得自己太普通了，就是一个素人，好像拍 Vlog 也没什么可分享的"。

看了一路穿搭视频，她决定了，视频结构模仿 lu.meng，这两天先把脚本写一下，周末拍一期看看效果。

※　　　※　　　※

周日，yoyo 约我去她家吃午饭，帮她下午拍视频出出主意。她说昨晚睡觉前边想怎么拍视频边刷小红书，越刷越兴奋，失眠了，让我晚点再过去。我 1 点到的时候，她和小树还在厨房里切菜，我帮着择菜，不大的厨房里挤了三个人，炉灶的热气把房间变成了蒸笼。

"在网上买的菜吗？"疫情期间，为了减少聚集，买菜 app 十分火爆。每天晚上，我都可以在马路上看到很多穿着各种颜色衣服的骑手。

"不是，我早上去岗厦村买的。"她说周末一般自己在家做饭，不太吃外卖，担心不干净。我问她周末一般怎么过，她说以前比较喜欢逛街，现在变得比较居家。"惠州的朋友过来找我玩，让我带她去逛街，结果逛着逛着就去超市了。"

"深圳的周末也没什么可玩的，就是逛街、吃饭、看电影，比较单调。"她说自己的社交需求比较少，尤其是做了小红书之后，业余时间都在搞副业，不怎么主动约朋友了，"去参加博主活动也是，别人找我聊天，我不拒绝，但是有一堆人的时候，我不会主动找别人聊天"。

她打开小红书，给我看博主"小骨啊骨"发的帖子："一个人上下班，节假日没人一起出去玩，全宅在家里拍照拍视频，数据不好的时候心情也会低落。刷朋友圈，看到情侣在一起，也会觉得很孤单。"她说自己很有共鸣。

"小树就潇洒多了。"她说小树因为读了宗教学，就在胳膊上文了一个如来和一个耶稣的图案，做很多事情的出发点特别纯粹，就是由着自己的性子来，"活出了我想要的样子，所以跟她很合得来"。

"我对别人的看法比较有所顾虑，很害怕自己的想法跟家人不合而引起矛盾。"她说自己从小就喜欢各种衣服，但家里对她的定位是乖乖女，所以她不敢当着家人的面穿不符合这个定位的衣服，"打耳洞也不敢跟他们说"。

她说家人的思想比较保守，即使她现在工作干得不错，也还是觉得她回老家嫁人生孩子，安安稳稳过一辈子更好。"可能是我爸小时候把我保护得太好了，怕我在外面受委屈吧。他说，如果我回去，送我一辆车。"

"他们不懂，不是钱的问题。"她说，去年把自己攒下的钱都寄回家了，也不是因为家人缺钱，而是想向他们证明，走自己的路，她也能过得不错。"他们不理解我，我现在回家都少了。前年还每周都回去，但去年就是一个季度回一次了，回去也不开心。"

"那你将来怎么打算呢，是留在深圳，还是回老家？"

"还没想那么远呢。"她说，因为和小树的近期目标都是去读书，毕业后自己可能会发生比较大的变化，现在规划意义不大，"不过，我对深圳没有执念"。

她说，有朋友为了做小红书就直接搬去上海了，因为小红书的总部在那里；还有做电商直播的朋友搬去了杭州九堡。"我也是一样，事业在哪里就可以去哪里，北方也没问题；虽然我没去过北京，知道冬天很冷，但如果真的有好机会，这些都可以克服。"

忙活到快 2 点，总算吃上饭了。yoyo 做了腐乳炒空心菜、炒土豆丝、菜脯蛋，小树做了青椒炒肉，味道都很好。"你的学费攒得怎么样了呢？"我问 yoyo。

"还在攒呢。"她说，签约经纪公司后，广告收入反而变少了，就接了一些拍摄的工作。有个网店专门从各地淘快时尚品牌的打折款，然后加价卖到没有这些品牌专柜的城市。店主在小红书上看到她，就找她当模特，拍上身照。

"之前店主要求我在试衣间拍，但是有时候线下已经卖完了，她就要把衣服寄给我。一个月寄 5 次，一次寄 40 多件，一大袋子，不方便去试衣间拍，我就问她能不能在家里拍。店主答应了，说只要把家里的窗帘换成试衣间的那种灰色，看不出来是在家里拍的就可以。"

我觉得这个店主头脑蛮灵活的，感觉比她签约的公司要更靠谱。"你有没有跟这个店主深入交流过一些业务上的事情呢？"

"聊过，但她主做淘宝，对小红书没有什么系统性的了解，我觉得收获不大。"她说，希望能有一个人在旁边直接告诉她存在的问题，教她怎么做，"因为我很多时候不知道问题出在哪里，感觉都在瞎琢磨"。

吃完饭，准备拍视频。她一边敷面膜一边打扫卫生，把补光灯和落地镜架好，然后开始化妆，折腾到 5 点半，终于开拍了。"Hello 大家好，今天来给大家录一期 UR 的新品开箱加试穿。"

可能是有点紧张，这句招呼打得很不自然。她反复地看刚才的录像，一会儿觉得表情太生硬，一会儿觉得光打得不好，一会儿觉得手机放得太高，把她拍矮了。

来回录了几遍视频开头，她始终觉得不自然、不满意，又坐回沙发上看别人的视频找感觉。"我想模仿 lu.meng 的风格，但实际拍出来差太远了，完全拿不出手。"

"你是学编导的，不是应该对拍视频得心应手吗？"

"我的专业只在技术层面有帮助。"她说，怎么剪辑、字幕应该用什么颜色和字体、人物表情和语气，这些更偏审美层面的问题，不是编导专业擅长的范畴。

拖到 6 点 45，她说："拍不下去了。找不到感觉，眼神不好看。休息一下晚上再拍吧；实在不行，就继续做图文好了。"

※　　　※　　　※

"昨天晚上熬夜把视频拍了。"她说昨天我走后，她意识到自己的一个问题是没有目标，"昨天下午我就没有设目标，比如今天必须拍完什么的。晚上，我给自己设了个目标，今天必须开个头，结果反而找到了感觉，表情自然了，就拍到 12

点多。今晚再收个尾"。

"还问了另一个博主打光的问题，她叫我把那盏黑色的大灯关掉，因为那个灯打光不均匀，侧面看上去会比较奇怪。我按照她的建议调整了一下，灯光果然自然了很多。"

"但是又发现了一个新问题：有些衣服我穿着效果很好，但好在哪里我说不上来，视频内容很虚。"她觉得自己缺乏剪裁、面料等服装专业知识，所以冒出了去买手店当店员的想法，就像李佳琦在做直播前是化妆品导购一样，"打算周末去买手店看看，了解一下情况"。

我觉得，她对一些问题的思考虽然不多，但执行力挺强的，动作很快。"你这么一说，好像还真是。"她表示可能是工作造成的，"写公文不允许我独立思考，都是照本宣科，所以我的思考能力退化了"。

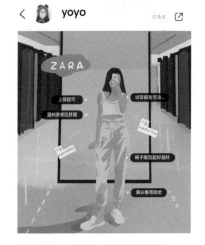

ZARA上新 | 夏季穿搭，清凉显腿长哦🌿

Hi——三五更新的
yoyo准时粗线啦
今天po期夏季穿搭
本期的色彩主题是绿

♡ 187   ☆ 99   💬 10

"今天可能比较忙。"她说昨晚刷 BOSS 直聘，看到一家曾经聊过的创意设计公司还在招人，觉得挺匹配的，所以约了下午过去面试。"中午要去 ZARA 逛一下。我看网店上新了，小红书上也有些人拍新款了，得跟一下这个热点，趁周中人少拍几套。"

中午，我们坐地铁去万象天地的 ZARA，那个店的款式比较全，而且试衣间很有辨识度：镜子很多，拍出来显得空间很大。"店员都认识我了，知道我要来拍照，会预留更大的男试衣间给我。"

她说上午工作出了点问题，一篇稿子被副局长打回来了。"是个汇报材料。理想情况下，要从四个层面汇报，其中一个层面的资料不好收集，大概要花一个星期，但稿子明天就要交了。我跟领导都觉得那个层面不汇报的话无伤大雅，但副局长还是不同意。"

"那怎么办呢？"

"时间不够了，明天我们直接交，他同不同意无所谓了。"

"那他会找你们麻烦吗?"

"不会,他人很好。"yoyo 说,副局长是"80后",很年轻。她第一年工作干得不错,副局长很喜欢她,在得知她单身后,就想把自己的弟弟介绍给她。

"因为我们客家人比较贤惠嘛。"她说,副局长的弟弟之前接触过一些深二代拆迁户,那些人"整天好吃懒做,以收租为生,一顿饭花 2 000 块;他们家很不喜欢这样的类型"。

"结果,过了两个星期,副局长叫我去办公室。我还以为是谈工作,把本子和笔都带过去了。到办公室一看,副局长的爸爸和弟弟都在那里坐着,他很郑重地给我介绍,我才知道是喊我过来相亲的,太尴尬了。"

"又过了一个星期,副局长问我:'考虑好了没有,是不是可以向你家里提亲了?'我满脸问号,果断拒绝了。后来,他就不提这个事情了。"

拍完 ZARA,我们去面试。她说这是一家上市公司,经常接政府项目,应该还不错。但到了公司所在的写字楼,刚出电梯,我就看到有几个男生挤在一起抽烟,烟头扔了一地。

一个女生把吃完的外卖盒随意地往垃圾箱上一抛,没有扔准,掉到了地上。这个女生看了一眼,也没有管,就径直走开了。"员工素质不高啊!"我心里暗想。

面试 3 点半开始,6 点 40 才结束。yoyo 说,一共面了 3 轮,第 1 轮 HR 了解基本情况,第 2 轮跟政府关系总监聊业务,第 3 轮跟人力总监谈待遇。"感觉聊得还不错。"

她说这个政府关系总监能力很强,70 年代参加工作,从基层员工一步一步打拼到现在的位置,跟深圳很多政府单位都熟悉,也认识她单位的领导。

"总监跟我说,公司里有很多艺术专业的毕业生,我如果来的话,可以找他们多交流交流。但是,她问我在公司能不能待久,担心我从体制内跳到体制外,适应不了。"

"第 3 轮,公司开出的薪资范围是 6k 到 10k。我一开始要 15k,人力总监直接说不可能。"她退了一步,说因为疫情的影响,可以打个折,12k。总监没有明确拒绝，说要回去商量一下。"如果薪资能令我满意的话，这家公司是目前面试过的最喜欢的，业务我很感兴趣。"

下午的面试比较顺利，她想庆祝一下，去水围吃晚饭。她说吃过一家很好吃的凉拌花甲，但带我转了两圈没找到。"我很久没出来吃饭了，店在哪里都忘记了。"

"你平常消费应该不高吧？"

"是的，但我也没有刻意省。"她说，周中吃饭堂，周末自己做，上班都是素颜，化妆品用得很慢，衣服是快消品牌，本来就不贵，买也是为了工作。除了租房，没什么大的开销。

"以前谈恋爱也不怎么花钱。"她说自己对精神层面的要求比较高，谈过一个博士男朋友，身上有很多吸引她的闪光点，但最后两人还是没有走到一起。她不愿提及感情细节，我也不好追问太多。

"现在认识的都是单位的男生，他们普遍没什么想法，不像我这么爱折腾。大家不是一路人，所以宁愿单着，也不想将就。"

"现在赚钱主要就是为了留学。"她说，没有签约的时候，每个月起码接 7 单广告，能赚 1 万多。结果，签约之后，一年才接了 7 单，收入断崖式下跌。

"那你为啥还签约呢？"

"是这家公司主动找的我，当时向我承诺，签约之后收益一定比之前高。"她说，这家公司是个 1996 年的港女风网红开的，跟她说旗下广深博主比较多，会帮大家牵线认识，抱团取暖。结果，签约之后发现全是空头支票，也从来没有对她们做过任何系统化培训。

"那你能不能解约呢？"

"还不行，合同里有坑。"她说，当时签的合同上写着，如果 3 个月内公司没有给博主介绍广告，博主就可以主动解约。其他情况下博主主动提解约的话，要赔 10 万块的解约费。

"但是，套路很深。我签约前，在小红书上留的是私人邮箱，广告主直接跟我联系。签约之后只能留公司邮箱，那个邮箱我进不去，是公司管理的。"

"还有一种情况是，品牌爸爸，比如优衣库，会找到我们公司，指定要甜美少女系网红。公司看我符合这个人设，就把这个活儿派给我。帖子发完之后，优衣库跟公司结算，公司再把广告费给我。博主和广告主不能直接联系了，必须通过公司这个中间人。"

"现在公司也给我介绍广告，但是我拍了之后，公司说客户不满意，不能用。我也不知道是不是真的不满意，都是公司的一面之词。"她说以前接过一次优衣库的广告，一开始公司说优衣库会把衣服寄给她，但后来改口让她自己去买，开发票找公司报销。

"从那时起就觉得公司不太透明。跟同公司的另一个博主聊过这个问题，对方也有类似的情况：她签约前接优衣库的广告，一条 1 000 块；签约后，公司说优衣库是大客户，打 7 折，只付给她 700 块。其实，这 300 块钱到底是优惠了，还是进了公司的口袋，我们都不知道。"

※　　　※　　　※

周五晚上，yoyo 想去 COCO park 的西西弗书店买点艺术类书籍，每天洗完澡看半个小时，为作品集做准备。她说这周面的创意设计公司下午给她打电话了，

先介绍了一堆福利，什么周五下午茶啦、年底双薪啦、集体旅游啥的，然后开始谈薪资，从 7k 一直挤牙膏到 10k。

"说是试用期 10k，过了试用期之后视情况涨薪。我问她'视情况'是什么意思，她要我下周再过去一趟，当面把细节聊清楚。周末，我还想跟作品集辅导老师聊一聊，听听她的意见，看看这份工作对作品集有没有帮助。"

她说，因为对政府关系总监印象不错，跟搞艺术的同事打交道可能对自己的自媒体副业有帮助，所以还是偏向这家公司。"vivo 还没给我答复，不管了。人工智能公司也给我打电话了，我说我实在不想再写材料了，所以回绝了。"

周五晚上的 COCO park 挺热闹的，很多人坐在露天茶位上，面前放着一杯喝的，边聊天边玩手机。"好久没来，都不熟悉了。"她说以前没有做小红书的时候，下班和周末经常过来逛。现在有事做了，觉得"不属于这里，节奏太慢了"。

"你为什么要做小红书呢？"

"因为每个女孩都有一个服装梦。"她说，读大学时，在豆瓣认识的一个网友做了个公众号，叫"前方女高能"，"通过采访女性达人，来宣传 girl power。我很感兴趣，就加入了公众号的编辑队伍里"。

"采访了一些女达人，也长了见识。活得很精彩的优秀女生，要么是事业做得很好，要么是活出了自我。她们感染了我，让我也想成为那样的人。"她说，到深圳工作之后，觉得这个城市很有活力，点燃了自己折腾的热情，自己也做起了"斜杠青年"。

"我读书学的是媒体，自然想到做自媒体咯。"她说刚来深圳时，合租的室友是个模特，而自己正好玩摄影，所以两人合作了一个公众号"深活研究所"，室友负责上镜，文字由她包办。

她们尝试过开淘宝服装店，但没什么人买；也转型做过美食博主，发现点一大堆也吃不完，浪费钱。她觉得那时公众号和微博的红利期已经过去了，就试了试小红书，没想到第一个穿搭帖就获得了近 1 800 个赞，然后一直坚持到现在。

"那个模特室友有自己的事业要忙，我想再找一个志同道合的人一起把小红书做好，但找不到。小树没什么想法，比较享受当下。虽然我跟她关系也很好，但如果她也是折腾型的就更好了，这样我们可以互相督促、互相帮助。"

她说身边的女性朋友都是过小日子的心态，懒得折腾。男性朋友都是单位的大叔，可能连什么是小红书都不知道。公司曾经提出她的账号可以走 CP（情侣）路线，但她不认识合适的男生，只能作罢。

"其实，我去留学，也有一些打开社交圈的想法，因为可以认识很多搞艺术的人，其中可能有我的合伙人。但也有一种可能，就是学艺术的人家境都不错，不想再辛辛苦苦去折腾了。"

※　　　※　　　※

今天，她请假去创意设计公司聊最后一次。我们 11 点半到公司，她 1 个小时后出来了："定下来了，6 月 1 日入职。"她说，最意外的是单位领导昨天找总监聊过了，希望能给她把薪资定到 12k，总监答应了。"通过试用期就涨，为我破了一次例。"

她的选择意味着一连串的不确定性——新的本职工作能否顺利完成？体制外的工作方式能否适应？更长的通勤距离和更大的工作强度会不会挤占副业？国外疫情日益严重，留学计划会受到什么影响？

当前谁都不知道这些问题的答案，就像深圳特区建立时，谁也没想到当年的小渔村会变成今天的大都市。我想，只要 yoyo 继续折腾下去，坚持"改革开放"，或许也能"杀出一条血路"，收获属于自己的激荡人生。

产品经理刘畅*

有时候中年危机不是源于你不行，而是因为你太行了。奔四的刘畅是较早留学美国的海归，也在互联网大厂摸爬滚打过，等到要安定下来时，选择了有着慢节奏的成都。没想到，"安逸"背后潜藏着的中年危机，打了这名互联网老兵一个措手不及。

刘畅租住的曼哈顿国际首座是个高档小区，紧邻车水马龙的人民南路四段，但出入口在闹中取静的桐梓林中路上，到地铁站只用步行5分钟。两支老年自行车队从这里穿行而过，给忙碌的工作日早晨增添了一抹休闲气息。

8点15，他背着健身包出现了，准备下班后去撸铁。"上家公司太忙了，基本没怎么运动。现在节奏没那么紧张了，争取每周练几次。"他去年夏天从上海一家互联网金融公司离职，歇了小半年，然后加入了"国银金科"成都事业群；这是一家银行旗下的金融科技公司。

他是我来四川后第一个主动跟我说普通话的人。"成都总体上还是四川人居

* 本章画师：左十二。

多。"找工作时猎头告诉他，本地人想出去工作的很少，很多人跳槽的首要条件是"留在成都"。

"不过，我们办公室的本地同事跟我说，明显感觉这几年蓉漂在变多。"他说这个同事之前都不怎么需要说普通话，但上一份工作在创业公司，发现开会时全国各地哪的口音都有。"对于那些在北上广深买不起房的年轻人来说，在成都安家是个不错的选择。"

地铁坐 5 站，出站后步行 1 公里左右，就是他公司所在的四川国银大楼，通勤非常方便。"我们 9 点前要打卡，等我一下哈。"他在楼下站定，掏出手机，打开一个 app，操作了起来。

"我们有三种打卡方式，一种是去办公室刷指纹，一种是用刚才那个广州事业群做的 app，还有一种是用武汉事业群做的 app。广州 app 不限距离打卡，方便大家疫情期间在家办公；武汉 app 在距公司 500 米内才能打卡。"

"我之前远程办公时用广州 app，但现在回办公室了，理论上应该用武汉 app了，但我还是用广州的。原因特别二：我之前在武汉 app 上申请账号的时候，它提示我绑定一个 ID；我以为这个 ID 就是工号，绑定成功之后，同事告诉我 ID 不是工号，需要重新申请。"

"搞笑的是我的工号是另一个人的 ID，我用武汉 app 相当于在帮那个人打卡。我想把绑定的 ID 给改了，问了武汉那边，结果告诉我要直接动数据库，让我去找程序员。太折腾了，我还是继续用广州 app 算了。"

打完卡，我们去公司旁边的"包粥天下"吃早饭。疫情期间公司食堂关了，而且公司食堂味道不如外面。他一般来这儿吃 4 个小笼包加 1 碗黑米粥，一共 8 块钱。

"最近有点慌。我已经闲

了两周，没啥事干，也没人过来找我。放在互联网公司早就被开除了。"他说，在上家公司忙成狗，在这边闲成狗，两个极端之间的巨大落差让他很不适应。

"我要是有编制就不慌了，反正不犯大错就不用走人，安安心心混下去也行。但我们签合同的有末位淘汰考核，能混多久也不知道，如果把一身功夫混废了，出去还有没有竞争力也不好说，所以不敢混。"

"但是，不混呢，又有种有力使不出的感觉，这边和纯市场化的互联网公司还是挺不一样的。"他说，前几年银行看支付宝做得风生水起，意识到自己在互联网时代已经落后了，想要追赶，所以搞了个偏互联网的国银金科探探路。

公司在好几个城市都有研发中心，也就是事业群，原来的定位是服务总行业务，现在多了一项任务——把内部的好东西"产品化"，也就是用互联网方法论将其沉淀提炼成产品，推广到全行业，尽一些社会责任。这是招刘畅进来的主要目的。

"但是，公司不懂互联网的玩法，在我来之前都没有 PM 这个角色。以前给总行做项目的流程是，总行直接给事业群提一句话需求，技术就敢排期，然后开干；结果 bug 多得不忍直视，像我们的打卡 app 就老崩。"

"路子这么野？"

"我刚来的时候都惊呆了！后来观察了一下，发现他们之所以敢这么玩，主要是年底考核标准是'做过了什么'，而不是'做成了什么'。互联网公司常见的 DAU（日活跃用户数量）、下载量、结果导向？不存在的。"

"反正总行看的是有没有，不是好不好，有个东西交差就可以了。"他说，即使是这样，还是有很多人压根不干活，而是靠讨好领导在公司混下去。

"领导孩子过生日，有个哥们提前把场子订好，然后跟领导说：'知道您比较忙，孩子生日当天我去接，您下了班直接去参加生日会就好了。'"领导知道这个人不干活，但还是睁只眼闭只眼。

"公司招我进来就是做产品化的，肯定不能不干活。但是，我干了半年，发现阻力很大。"他说自己是个光杆司令，一个人将整个公司的好东西产品化不太现实。领导也意识到了这一点，就给他弄了个兴趣小组，其他部门对做产品感兴趣的同事可以加入这个小组。

"本意是筛一些人出来跟我一起干。"他一开始办了几个产品讲座，还有几百人过来听，但越到后面讲得越专业，很多人就不来了，"兴趣嘛，又不是KPI，听不懂就没动力继续听了"。

"而且我跟好多来听讲座的人聊过，真正对做产品感兴趣的人比较少。他们的想法基本都是一边在这干着、一边准备考公务员。只要能捧上铁饭碗，干什么无所谓。"

"那我就一个人干吧，慢一点也行。但是发现在做产品的时候，很多接口需要其他事业群提供。因为这个事不算他们的KPI，所以他们的配合积极性不高，而且异地沟通效率太低了，心累。跟领导反馈过，他也没办法，让我先做点成都事业群内部可以搞定的事情。"

"我前段时间写了篇季度工作总结，昨天发给副总裁了，汇报我这几个月看到的问题，有成都的，也有总行的，主要是两点。"

"第一点，建立产品化工作的考核与激励制度。事业群原来只服务总行，现在多了一项产品化。工作量增加了，但薪资待遇和奖惩措施没有调整。既然不算KPI，那当然是能不干就不干。"

"第二点，建立从上到下的产品化机制。既然输出的产品打的是总行的名号，那肯定是要总行先做好顶层设计，再布置给事业群去拆分和落实。现在，总行不管，放手让事业群去做。事业群又没有战略高度和统筹能力，做出来的产品格局不够，也无法形成合力。"

"我消化一下哈，"我打断他，"我理解的是这么个情况：银行想学互联网做产品，就从互联网公司挖了些PM。PM来了之后，发现银行缺少互联网公司的基础设施，原来干的活，现在没法干。要自己搭基础设施的话，又没有权限。是这意思吗？"

"就是这个意思！其实，我之前跟HR聊过这个问题。当时提得比较直接，我说战术上的勤奋不能弥补战略上的懒惰，总行想做产品，不能光指望我一个事业群的小兵。要么你给我足够的权力，要么招一个类似于张小龙那样级别的高管来牵头。"

"HR也蛮坦诚的，告诉我她们的顾虑：这个角色以前没有过，做的事也是新的，怎么判断招进来的人是否符合公司的要求呢？他级别这么高，万一没起到作用，HR担不起这个责任。"

"另外就是，如果招来了合适的人，公司真的变好了，不是变相说明原来领导的能力不行？"

"哇，你的这些观点好尖锐啊！领导能接受吗？"

"他说我是第一个写这种东西的，也一针见血地点出了很多问题，明天跟我长聊一下。"

"那他这算是肯定还是否定你呢？"

"我也不知道。"他说自己之所以写这个总结，就是想探一下领导的口风，从而调整自己的职业规划。"我后年就40岁了，接下来的路要怎么走？如果领导完全不在意我提到的这些问题，觉得多一事不如少一事，那我的工作就推进不下去，趁早骑驴找马。"

"不过，领导约我聊，说明还有沟通的空间，但也不好办。国企的反应速度没有互联网公司快，即使他松口了，实际落地还要多久也不好说。这边合同一年一签，如果今年等不到上层的调整，那我还是啥也干不了。你说我能不慌吗？"

大楼门外有一张很小的外卖台，上面的外卖不多。11点45，刘畅下来了，他说成都的疫情控制得比较好，大家更偏向于堂食，而不是外卖。

"复工后，我把旁边的饭店吃了个遍，感觉还是习惯吃手擀面。我是郑州人。"他带我去吃刚开的"新疆饭店"。我点了份手抓饭，45块钱一份，但端上来一看，只有几块肉，性价比很低。他安慰我："算了，疫情之后，餐饮行业都在涨价。"

我问他上午在忙啥，他说花了1个多小时制定PM培训规划，剩下的时间就在跟郑州以前的同事聊天，了解外面的行情。"都是我的组员，一个年纪比我还大的男的，觉得升职无望，但是辞职了又不知道去哪，有点中年焦虑。"

"还有个女的年龄比我小，最早是做客服的，后来我带她学习商业分析，她转型当了数据分析师。她也是觉得上不去了，想跳出去看看，但已经买房了，很犹豫。她在等公司裁员呢，拿笔钱再走。"

"他俩都是温水煮青蛙，我发现这点体制内外倒是差不多。"他说跟身边一些同事聊过，很多人对外界不了解，尤其是校招生——虽然也会觉得现在的工作氛围跟入职前的设想有点差距，但不知道问题出在哪里，也没想过下一步怎么走，就先不好不坏地干着。

"我现在体制内外都待过了，感觉这是个围城。在互联网公司的时候觉得压力太大了，生活牺牲太多。到这边之后确实闲了，工作时间是上午9点到11点半，下午2点到6点，还不到8小时，但员工的专业度和积极性都不如互联网公司，而且行政干涉比较多。"

"公司有零食贩卖机，我今天上班时本来想打杯咖啡，结果发现不能用。问了同事，说是10点后才开始供应，因为公司不希望大家把零食当早饭吃。这个管得有点宽了吧！"他说如果当时在互联网公司知道这边是这么个情况，离不离职还真不一定。

吃完饭，我们去旁边的星巴克，他买了杯桃子茶喝，最近"银联62节"到了，优惠力度很大。我问他："你为啥从上海来成都呢？"

"因为我年纪不小了，该考虑定下来了，所以跟老婆商量了很久，对比了好几个选择。"他说，在郑州没什么互联网工作机会，肯定回不去了。

"当时的第一反应是留在上海。但我有个关系很好的同事是上海人，平常工作就够累了，他说带孩子比工作还累。周六一大早就带孩子去上培训班，上一天；周日上午继续，只有下午能休息。"

"我留在上海的话，安家压力大，子女教育也是个麻烦事儿，还不光是上培训班这么简单。上海有钱人多，可能涉及同学之间的攀比问题。我和我老婆都不是为了孩子可以牺牲一切的人，所以上海就算了，北京也一样。"

"也考虑过杭州，去阿里，但工作强度跟我在上海差不多。除了阿里没啥特别好的选择了，其他公司开不出这么高的待遇。而且杭州房价现在已经很高了，开销也不低，那边又没什么社会关系，就不考虑了。"

"我上家公司在东南亚有业务，我去出过差，对那边还挺熟悉。离职后，我带老婆去了趟新加坡，看看她喜不喜欢这个国家。她觉得那里很干净，有秩序，文化跟中国也接近，但她是内蒙古人，气候不习惯，太热了，受不了。"

"离开上海也有气候原因，梅雨季节太潮了，东西全都发霉了。冬天太湿冷，我们北方人不习惯。江浙沪那边虽然风景不错，有山有水的，但我工作的那几年基本没时间陪她去旅游。"

"也去面过腾讯，但金融相关的是边缘业务，不在总部。我收到的面试短信告诉我去一楼接待处，结果我去的时候发现一楼没有接待处，就问保安，保安告诉我腾讯的接待处在五楼。"

"我去五楼接待处取了个号，然后等着叫号。结果，快到面试时间了也没叫到我，我就按短信上留的联系方式打电话，发现是个空号。语音提示说号码变更了，要加个9。"

"电话打通之后，对方告诉我不是这一栋楼。我赶过去，他们说面试的领导还在开会，让我等着。过了半个多小时，面试官来了，迟到了也不道歉。他问我上家公司支付业务是怎么做的，我向他介绍之后，他又挑战我，说这么做有问题。"

"但我们就是这么做的，而且这个做法在市场上已经得到验证了啊！"面试下来，他觉得腾讯的这个部门非常不专业，不真诚，感觉不是想招人，而是想了解行业情况，从面试人身上套话。"薪资还不如我上家公司。我从上海去深圳，不可能接受降薪的。"

"在成都生活性价比很高，我以前在这儿工作过，比较熟悉，而且我拿到了满意的 offer。"在各种取舍之后，夫妻俩折中选择了成都。

快 1 点了，他要回公司睡个午觉。"我本来没这习惯的，但同事全都睡了，灯也关了，我一个人在那工作显得有点格格不入，所以也稍微睡一会儿。"

6 点准时下班，我们骑自行车去春熙路上的百盛时代广场，他在这儿报了私教，一节课 280 块。"我现在基本不加班了，争取一、三、五都过来练练。"他说自己以前有健身习惯，但在上海工作太忙了，断了两年多，现在已经完全看不出健身痕迹了。

健身房里有个挺壮的女生，刘畅说是同事，跟他年纪差不多大，但是资历比较老，校招进来，已经干了十多年，每天的主要工作就是写写汇报材料。

"她重心主要在生活上，有点提前退休的感觉。她和老公是双职工，各种收入加起来一年有小一百万了。如果没什么野心，这些钱在成都过过小日子，其实挺舒服的。"

"但是，我还过不了这种生活。"他说自己趁着年轻还想多做一点事情。只要有了这样的心态，在哪里都不会太轻松。

※　　　※　　　※

"昨晚没睡好。"上班路上，刘畅说搬到成都之后睡眠质量下降了，睡得比较浅，有点动静就醒了。"主要是靠近主干道，有点吵。不过，我在上海时住的是老小区，隔音也不好，但那时工作太累了，每天一沾枕头就能睡着。"

"你应该是好久没有准点下班了吧？不加班的话，你晚上一般怎么过呢？"

"昨天健身了，回去算晚的，到家已经9点多了。洗个澡，然后陪老婆说说话。"他说老婆是做测试的，上海的工作还没辞，在成都远程办公。因为每天都宅在家里，长期一个人待着，所以他下班后一般都会回家陪老婆聊聊天。

"以前她在办公室，还可以跟同事聊聊天，满足日常的社交需求。我虽然很忙，但收入比现在多，陪她的时间少一点，她也就认了。现在回成都了，钱少了，但时间多了，她就想要我多陪陪她。"

老一个人在家闷着确实也不太好。我问他："为什么嫂子不考虑把上海的工作辞了，在成都重新找呢？"

"疫情期间机会不多，我们看了看，都是些小公司，薪资待遇不理想。另外就是我刚来半年，还在熟悉新公司，她也换工作的话不太稳定；如果我们接下来想要孩子，就比较麻烦。"

"我老婆做测试比较久，也碰到职业瓶颈了。她不是事业型女生，谈不上多喜欢工作，专业技能也就那么回事。我们担心继续做测试路会越走越窄，所以也在考虑要不要转型干点别的。"

中午，我们在公司楼下的"隆江猪脚饭"吃饭，大份鸡腿饭里有两个卤琵琶

腿，只要17元，性价比挺高的。他说上午9点半开始业务培训，老师介绍一个做了十几年的项目的业务架构，一直讲到11点。

"我听了一会儿就跟不上了。一个业务模块被拆分成了五层，老师介绍每一层都是干吗的。但我问老师为什么要这样拆，他解释不清楚，说这个项目的经手人太多，完整经历了项目演变全过程的人很少，也没留下文档。"

"反正是在电脑上开远程会议，我就一边挂着、一边想下午跟领导怎么聊。我提的两点诉求——'建立产品化工作的考核与激励制度'和'建立从上到下的产品化机制'，在事业群这个层面都比较难办。不管了，聊完再说吧。"他抽了根烟，上楼去了。

6点半，他才下来。聊了这么久，我以为会有好消息。"聊得一般吧。"他说，领导首先就明确了现在公司的制度和文化不可能改变。"不可能引进CPO（首席产品官），更不可能授权让我去动顶层设计，基本把我在总行这个层面做产品的路堵死了。"

"但是给我开了个口子：保留兴趣小组，允许我在自己的职责范围内做产品化尝试。看起来是给了我一个机会，实际上是把难题抛给我了。"刘畅说他刚入职半年，待遇是谈妥了，但级别没定。HR跟他说的是等年底考核之后，视结果来定级。

"我当然是希望级别评得越高越好啊！"但是"在职责范围内做产品化尝试"是个很虚的描述，具体该干什么，怎么定KPI，都不知道，他心里就完全没底了。

"我跟领导说不知道考核标准，领导回答得很隐晦，大概意思就是说这么多人混，考核不也都通过了吗？我的解读是还有半年才考核，要不我就跟大家一样，不求有功但求无过，随便找点什么事应付过去，保持现状。"

"要不就用这半年时间好好想想在职责范围内有什么可以做的，搞个能拿得出手的东西来，争取考核得个优秀。但是，我现在一没权力、二没资源，只有个兴趣小组，想折腾出一些真正有意义的事情来，太难了。"

他感慨道，本来是打算到国银金科之后能消停一阵吃吃老本，结果刚歇了半年，就碰到了更大的麻烦。"现在要自己给自己找活干，自证存在的价值，还不如工作难一点、累一点呢！"

※　　　※　　　※

周六下午 2 点，我到刘畅家里的时候，他刚起床没多久。"昨晚 1 点多睡的，9 点多醒了一次，玩了会手机又睡着了，12 点半才起。"他说自己周末一般不刻意安排，睡个懒觉，磨蹭一下，吃个饭，看看书，写写公众号，玩玩《王者荣耀》，一天就过去了。

"两天都宅着吗？"

"我最近在筹备一个关于产品的个人公众号，因为平常比较忙，所以都是周末抽一天来写。还有一天，我老婆会拉我出去逛逛街、吃个饭啥的，她宅不住。但可能是我年纪大了，周一上班时就会觉得没休息够。"

刘畅租的房子在 23 楼，170 多平方米，两人住绰绰有余。近 20 平方米的大阳台视野很好，楼下川流不息的主干道和对面人来人往的四川省中西医结合医院一览无余。"你为啥租这么大的房呢？"我问他。

"我本来是想租两室一厅的，中介带我看了，不满意，他就给我推荐了这套。一开始开价 7 500 块，我觉得有点贵，而且我们两人住确实用不着这么大。"

"后来，中介跟房东联系了一下。房东说如果年付，可以降点价，我们就谈到了 7 000 块。我看她朋友圈，发现是个哈尔滨富二代，家里开酒店的。她常驻北京，每天晒车晒包，应该不差钱。我就继续跟她砍价，说我一次签两年，6 500 块行不行，最后她同意了。"

"桐梓林是老牌富人区，各种配套比较成熟；而且这个小区交通很方便，但二手房价格才两万出头。我们当时考虑过，要不要跟房东商量一下，把这房子买下来算了。"

"但是，一方面觉得靠近主干道有点吵，另一方面我老婆觉得周边没有大超市和商场。"他说，已经在考虑买房了，但方案还没定。"因为将来很可能会去高新区工作，所以在看那边的学区房。但是房价比较高，要 4 万多，而且人流量比较大，有点嘈杂。"

"或者再往南边一点，买在兴隆湖附近，环境好。但缺点是配套不完善，上班要开半个多小时的车，进城也不太方便。"他觉得目前先租房子也无所谓，以前在美国留学、在成都和上海工作都是租房，已经习惯了。

"你还在美国留过学呢？"

"是啊，读了两个硕士。"他说自己本科读的是郑州大学，2005 年毕业后，本想走一条那个时代很流行的路——先留学，再移民。于是就去硅谷读了个软件工程研究生。

但是毕业后，恰好赶上 2008 年金融危机，美国受影响比较大，留学生不好找工作，很难申请工作签证和绿卡。为了能留在美国，就只好继续读博。

"因为那时 3G 还不普及，流量比较贵，所以我导师想跟 WebEx 合作，看看怎么在小带宽条件下，用视频编解码技术，在保证视频质量的前提下尽量减小视频体积。"

"结果，博士读到第 2 年的时候，爷爷身体不好，进进出出 ICU 好几次。我放假回国，家里人劝我回家待一段时间，把老人送走再出国。"

"其实，我那时已经很适应美国的生活了。我读的是个私立大学，很多同学都是在职的，早上 7 点过来上课到 8 点半，然后去上班。下了班之后，晚上 7 点过来上课到 9 点多。我白天比较闲，就去健健身，兼职打个工啥的。"

"休息时间钓钓鱼、打打高尔夫，开车出去 camping（郊游）。社交圈子也不局限于华人，跟老美和其他国家的移民都打交道，其实生活挺丰富的。"

"当时一心想留在那边，所以回国时只带了两小箱日用品，把车和其他家当啥的都扔在朋友的车库了，原计划是把爷爷送走就回美国继续学业，然后找工作。"

"结果，回国之后，爷爷的病情有所好转。我在家住了一段时间想回美国，但我爸强烈要求我一直待到把爷爷送走。时间长了，家里人觉得我天天赋闲也不是个事儿，干脆在郑州找个工作先干着。"

"但我那时还没毕业，情况比较复杂，不好就业。找来找去，找到一家早期给苹果提供支付技术的外企，这时我家就劝我留在国内，不要去美国了。"

"主要是我爸。他是军人出身，在部队里待了20多年，对欧美国家有点敌意。而且他年纪大了之后肯定要跟着我生活，所以强烈反对我移民。"

"我2005年出国的时候，中国加入WTO还没几年，经济一般。到美国之后，发现美国的整体环境、教育、医疗、科技，都把中国远远甩在后面。但2010年回来时，发现中国发展得太快了，很多方面比5年前有了长足的进步。"

"加上在美国博士薪水比较高，如果不搞底层研究，很多公司不想招博士。而当时做视频的网站只有Youtube一个，如果读了博士的话，就业路子比较窄，前景有点看不清楚。"

"这些因素综合起来，后来我就决定不回美国了。博士不读了，跟导师商量了一下，改成了硕士。车托朋友卖掉了。家当的话，朋友要的就直接拿走，不要的就全扔了。在美国的积累几乎清零，人生轨迹完全改变了。"

"回来之后，本来我的首选不是郑州，打算去大城市看看。那时，留学生还是很值钱的。但我爸妈在体制内干了一辈子，对我的期盼是平淡是福，做个普通人就好，所以我就一直在这家外企干下去了，还认识了我老婆。"

"但是，外企的郑州分公司基本相当于总部的外包，接触不到核心业务。我干到2015年，觉得没什么成长空间了，就想出去闯一闯。领导知道后，说成都分公司的空间大一些，不想流失人才，建议我先转岗到成都看看，我就和老婆来了成都。"

"在成都分公司干了两年，又觉得遇到了瓶颈。当时，上家公司正在扩招，我觉得机会还不错，互联网又是上升行业，就想跳过去。但是，我爸没怎么接触过社会，对外面不了解，又很大男子主义，对自己看不惯、看不懂的东西比较排斥。"

"所以，我当时想辞掉外企的工作去互联网公司时，他坚决不同意，觉得互联网公司不稳定。后来是因为一个叔叔的女儿在腾讯当 HR，他向这个女孩子打听了一下，得知现在互联网公司比外企更吃香，才答应让我去上海。"

"其实，我当时想离开郑州，也有我爸的原因。他很固执，人老了之后思维开始退化了，比较保守；有时候还不讲道理，跟我观点不一样的时候老试图改变我。我想过自己的生活，好像只有远离他才行。"

"转行到互联网之后，第一年我主要是融入新环境，顾不上其他事。但从第二年开始，干着干着发现了一个问题，就是公司开拓了新业务线，缺人，急于扩招，所以筛选不严格，导致招进来太多'精致的利己主义者'。"

"大家都盯着新业务的蛋糕，钩心斗角的太多，做实事的太少了。我走之前部门爆出来一个大瓜——有个来头很大的总监在业务数据上造假被发现了。我觉得业务没希望了，待着心累，就撤退了。"

刘畅走南闯北，换了好几个城市和工作，嫂子一直陪伴、支持着他，我觉得非常不容易："你讨了个好老婆啊！"

在厨房洗水果的嫂子听到了，跟我说之所以愿意跟着刘畅到处漂，很重要的一个原因是父母都是老师，而且比较开明，思想很先进。"我是小朋友里第一个家里有电话和电视机的。"

嫂子说自己有个姐姐，拿全奖去了美国，而她只拿了半奖，不想给父母增添负担，就留在了国内。"但我爸妈希望我离开内蒙古，到外面闯闯。"

到饭点了，刘畅提议去他吃过的一个很有特色的苍蝇馆子。我们打车到一个老住宅区，穿过一扇园区大门，找到一栋很老的办公楼，楼下一个人都没有，看起来跟餐馆完全扯不上关系。

坐电梯上顶楼，才看到店招牌"好吃西昌火盆烧烤"。再步行到天台，一个露天烧烤店像新世界一样出现在我们面前，感觉有点魔幻。他说上次来的时候爆满，可能是因为疫情原因，今天人不多。

"这次疫情之后，互联网裁了一批员工，我看网上关于中年危机的文章点击量暴增，都说过了 35 岁就会失业。"他说自己也难免对 40 岁这个槛有些忐忑，虽然已经有了未雨绸缪的意识，但还没有明确的规划。

"我的选择好像不多。"他说，比较尊重长辈的意见，如果彻底换个行业，不

搞互联网了，家里会觉得不稳定，肯定不同意。要么就继续干下去，再用空闲时间做点副业。

　　"我跟老婆商量过，是不是可以弄个花店啥的，准备去昆明花卉市场考察一下，从那边进货。但我感觉疫情影响经济，大家的消费收缩，钱都花在最基本的生活保障上了，对买花这种消费升级可能会比较节制。我对副业的要求是风险可控，所以很谨慎，还在观望。"

　　"之前兼职做过咨询工作，有个咨询公司拉了一群还在上班的比较资深的互联网人，弄了个松散的组织，然后对接企业帮着做咨询和培训啥的。但大家的时间总是凑不齐，后来慢慢就不做了。"

　　"主要还是现在工作和生活都比较安逸，我做副业没什么动力。"他说，去上海前买了台 PS4，结果工作太忙了，拆都没拆；现在回成都了，业余时间就玩玩游戏，喝喝工夫茶，享受一下生活。

"那现在定下来了，要孩子的事也该提上日程了吧？"

"我家里也在催。但工作接下来怎么推进还没想好，年底留不留得下来都不一定，现在没法要啊。"他说，离开郑州后好不容易过上了自己的生活，如果有了孩子，家人肯定会找各种理由来成都帮忙带孩子，到时候又要磨合，麻烦事太多了，比较累。

"孩子也可能影响我的事业选择。为了赚奶粉钱，工作干得不开心也要干，不能忍也要忍。"他说上家公司有个司龄近 10 年的同事，是他大学同学，农村的。"他读书时挺开朗的，但我去了之后发现他好像有点抑郁了。"

"后来得知他在老家有两个妹妹，没工作，他要拼命赚钱养家，压力太大。我跟他聊过，大意是说你现在钱赚得也不少了，是不是可以放过自己，稍微缓缓。他说如果停下来不知道该干什么，唉。"

"我以前在美国工作时，有个同事是夏威夷人，给我看了他家的照片，太漂亮了，搞得我都想去那边定居过田园生活了。"他说以前看过行为经济学的相关内容，里面讲欲望和幸福感的关系，意识到现在月入过万的人幸福感可能还没有百年前的牧羊人高。

"现代社会拔高了人的欲望，但带来的幸福感并不匹配。像马云、乔布斯这样的人，或许人生的追求从财富变成了名声，再变成留名青史，家庭对他们来说只占整个人生的很小比例。"

"但像我跟我老婆这样的大多数人注定是普通人，对事业没有太高追求，不想为了事业一味牺牲家庭，更希望取得一个平衡，就没有选择北上深那样以事业为主的城市。"

我们边吃边聊，结束的时候已经很晚了。回家的路上，都 11 点半了，竟然还有一群大爷大叔在路灯下面打牌，成都人确实懂得享受生活。

※　　　※　　　※

新的一周开始了。体验完成都的闲适周末后，我发现自己好久没有过这种慢节奏的生活了。中午在公司旁边吃神仙面时，我问刘畅："从成都的外企跳到上海的互联网公司后，生活和工作节奏变化应该都挺大的，你是怎么适应的？"

"我在外企那几年，北美业务增长很快，但 app 体验非常差。公司决定大改版，需要重新梳理十几年的老代码，工作量非常大，所以我当时加班比较多，还要熬夜跟美国那边开会，其实强度不算低。跳到互联网公司后，这一块没太多需要适应的。"

"不适应的地方主要在于工作方法还是有点不一样，比如外企的产品有比较详尽的文档可以参考，但国内互联网公司发展得太快了，文档的更新往往跟不上，我刚去的时候有种无从下手的感觉。"

"上周不是跟领导聊了吗，说产品化不好推进。"他说，上午领导给他找了个活：有一个新的服务总行的项目，申请了 3 个月，刚批下来。"就是闲鱼的基金版本，比如有人买了定开基金，结果封闭期内着急用钱，就可以用我们的平台找人接盘。"

"项目团队里没有 PM，领导想让我带过去一套正统的互联网方法论，培养一下大家的产品思维。"

"那很好啊，你有事干了，年底绩效考核有得汇报了啊！"

"其实，我刚来的时候就做过一个总行项目，有些坑。"他说，只要考核标准不变，项目团队就算按野路子来也能完成工作。加上自己跟他们没有从属关系，带过去的那一套方法论对方接不接受，不好说。

"再就是做总行的项目时，事业群没什么话语权，有时候明显不合理的需求只能硬着头皮接下来，跟我的产品价值观有点背离。"他说之前有个需求，是某一项业务，用户在公众号里操作到最后一步时，页面上要留一个客户经理的联系方式。

"产品的设计是放客户经理的微信二维码，让用户加好友。结果，总部的业务人员不同意，说不能给微信引流。当时，我就无语了，用户都已经在公众号里了，已经是微信的用户了，跟引流有啥关系呢？"

跟刘畅聊了几天，我感觉他回成都之后的职业生涯确实不太顺利；虽然谈不上公司和他谁对谁错，但水土不服是肯定的。"你了解过成都其他公司吗？是只有国银金科才这样，还是都这样呢？"

"我加了几十个猎头，都是工作找我，我不怎么主动出击，所以对其他公司不太了解。"他说有个关系比较好的猎头是本地一家小猎头公司的合伙人，对成都市场比较熟悉，各公司的 HR 基本都认识。

"他跟我说这两年互联网整体行情都不好。就成都来说，我现在的坑就不错，比这个更好的几乎没有了。要么去大厂在成都的分公司，收入也不低，但就是要玩命。"

"他推荐过两家独角兽，一家叫晓多，做智能客服机器人；还有一家叫极米，是做投影仪的。我了解了一下，觉得各大公司都有自己的智能客服解决方案了，晓多只能去服务长尾上的小客户，未来发展让人看不清楚。"

"极米是做硬件的，我理解的是深圳那边的企业更靠近供应链，更有优势。那极米的优势在哪里呢？而且我不懂硬件，也不知道这个行业的前景怎么样。"

"我当时回成都，首选还是金融行业，毕竟一直都在做软件和互联网金融；而且这个行业发展这么多年了，相对稳定一些，不会过时。所以，我拿到 offer 后就懒得去了解其他行业了。"

下午 6 点，我在楼下等他下班去健身房，看到很多从楼里出来的人拎着两个盒子，印着"汉源大樱桃"和"大五星枇杷"。他说这应该是其他部门的福利，"我们逢年过节也会发红旗超市的购物券"。

健身结束时，嫂子来找我们，一起去太古里吃饭。虽然是工作日，这里的人气依然很旺，而且基本都是年轻人。"成都人收入不算高，但是敢花钱。"嫂子指着路边的 GUCCI 说，不知道从什么时候开始，成都奢侈品的消费力就排到全国第三了，超越广深，仅次于北上。

"但是，成都又很接地气，大家不会觉得路边摊就比高级餐厅差。"她这句话我深表赞同，因为每天在公司楼下等刘畅时，都可以看到很多跟他挂着一样工牌的人在小吃摊买凉面。

刘畅建议去"蓝蛙"吃薯条汉堡，说之前工

作的外企就在对面的 IFS，他下了班经常来太古里吃饭逛街。"我还上了蓝蛙名人墙呢，喝够了 100 个不同的 shots（短饮）。"

"那家外企本来接一些企业和政府的单子，过得还挺滋润的。但我走之前，有一笔两亿美元的单子被军火商抢走了。"他说，公司丢了这个单子之后元气大伤，在他离职后不久，就卖给了一个世界五百强公司。

"其实，我当时离职有点亏，因为卖了之后所有人都升了一级，我不走就是总监了。而且当时的房价只有现在的一半。"提起买房，他很感慨，"北上深的年轻人都是奋斗一辈子才供得起一套房，必须为事业牺牲生活，才留得下来"。

"广州我不太清楚，但杭州我了解过。我那些在阿里的朋友，普遍买在余杭，基建和配套比市里差远了，但因为阿里人有钱，所以把房价带了起来，其实性价比很低。他们平常忙得要死，周末休息时都不是享受生活，只是为下周的工作缓冲一下而已。"

　　"成都的房价是这几个城市里最低的，年轻人买得起，还款压力也不大。在成都的互联网公司干总体不太累，加上本身生活氛围就很浓，所以成都的年轻人休息的时候有精力享受生活。反正，我考察下来，工作和生活平衡得最好的城市就是成都。"

　　我对此深有感触。成都的烟火气，确实是我去过的大城市里最浓的。疫情期间国家鼓励地摊经济，我屡次经过的和平社区广场，一到傍晚就摆满了地摊，有很多居民前来选购，非常热闹。

　　　　　　※　　　　　　※　　　　　　※

　　　　　　　　　　　　　　　　　今天开始要参与新项目了。中午下班，刘畅拉我去太古里的苹果手机店——他刚买不久的一台 iPad 屏幕出了点问题，想拿去售后看看是怎么回事。

　　　　　　　　　　　　　　　　　"上午跟基金闲鱼项目组开了个会，主要是让大家描述当前碰到的问题是什么。虽然项目组没人懂产品，但通过他们的描述，我可以提取出一些能套用产品方法论改进的点。"

　　"然后，我再做一些启发性提问，比如：这款产品的目标用户是谁？我们要达到什么商业目的？就是用产品方法论帮大家把这款产品的逻辑理顺，这样大家在做的时候就更有重点、更有条理。"

"但是，响应的人不多，会议氛围让人有点尴尬。我觉得一方面是大家平时没有想过这些问题，反正项目是总行布置下来的，我们只负责执行就可以了。"

"另外就是，我们的很多会议不是结果导向的，大家习惯了这个会开过就行，不用得出结论性的东西，所以都有点漫不经心。"

"不过，我也发现了一些可以干的事：之前做项目都是管生不管养，产品上线就是终点。现在引入产品的理念后，要既管生又管养，比如产品上线前怎么定义产品价值、确定用户画像，上线后怎么维护、迭代。用产品方法论梳理一遍后，其实事情还是挺多的。"

下午下班，他打电话给嫂子，一起去吃"钢管厂五区小郡肝"。他说，下午在网上搜基金转让的资料，看到另一家银行的一个产品设计报告，觉得很有参考价值，就发给了项目负责人。

"他拉了个群，把报告丢到群里，然后一堆人点赞。过了两个小时，我在群里问大家看完报告有没有什么想法，一个回我的都没有。"他说自己最担心的事情还是发生了：项目组对他的产品方法论不太感冒，这个项目中还是没有他的位置。

"那咋办呢？"

"我自己梳理一个产品方案，给到项目组呗。即使他们不执行，我对上面也有个交代，通过年底考核应该没问题，"他叹了口气，"就是没啥成长了。我来之前以为自己可以接受吃老本混日子的生活，但现在才发现其实不甘心就这样了，还是想再做一点事情。"

"我经历了外企、民企，现在到了国企，三个企业的好处都看到了，胃口被拔高了。其实想想，疫情期间多少人的公司倒闭了，失业了，我现在有一份稳定的工作，收入也还不错，真的很幸福了。但是，有了对比之后，人的心态就容易失衡，由奢入俭难啊！"

"我前几天看脉脉，有人说阿里今年35岁以上的P7不再晋升了。"他说，其实当时入职国银金科后，HR有一次跟他聊天，说漏了嘴，"本来不打算招超过35岁的PM，但公司发现如果要招我这个水平的人，找不到35岁以下的，才把年龄限制放宽了"。

"但形式很严峻。这几年，各岗位都在年轻化。新人的起点越来越高，而因为互联网发展放缓，老人的成长变慢了，所以新人追上老人用的时间越来越短。可能再过一两年，就有35岁以下的年轻PM能达到我现在的水平了吧。"

"这样看来，对大多数人来说，中年危机好像是无解的，跟努不努力关系不大。35岁以后的那些人，有的是同一件事重复干了10年，专业技能其实跟入行3年的新人没有太大区别。这种人拼劲、拼体力，对新事物的敏感度都下降了，竞争不过年轻人，被淘汰是自然规律。"

"我这种是属于在互联网公司受过高强度训练的正规军，水分不多。但大多数公司因为产品不算复杂，用不到这么资深的人，从大厂挖个25岁的PM就可以搞定了。总监和副总的坑又少，一般都被占了，没有我的位置。"

"疫情期间情况特殊，没想这么多。现在疫情缓解了，开始考虑这些有的没的，越想越慌。"

如果沙拉是轻食，那串串绝对算"重食"。这家店的泡椒牛肉串看起来很诱人，吃起来却很辣。虽然刘畅不太能吃辣，但泡椒的辣中带着酸，伴着牛肉香，让人欲罢不能，越辣越想吃。辣得不行了，就喝点水，喘几口气，休息一下，再继续战斗。

外包团队负责人晓文[*]

从北京来到成都"休假"的晓文，本想借这个机
会给自己的外包公司组建一支本地团队，并尝试从乙
方转型到甲方，但碰到的困难显然超出了预期。虽然
大家干劲很足，但战术上的勤奋似乎收效甚微。

"工作是我的恋人"是晓文的微信签名。周日当然是"恋爱"时间，我们在午
饭时间的交谈屡次被他的"恋人"打断——"女朋友"发来的企业微信，跟女朋友
发来的微信一样必须秒回。

"啥事儿啊，周末还要找你？"

"项目出了 bug，客户在群里 @ 我呢。"

"那不是应该去找项目负责人吗？"

"找了，负责人没回消息，可能是周末出去玩了吧。"他很无奈，说其实每个项
目都指派了负责人，但客户还是喜欢找他。"我们的项目负责人普遍是技术出身，
沟通能力比较弱；而且对产品、运营啥的不太熟悉，有时候解答不了客户的疑问，
客户就只能找我了。"

"本来还想着换个节奏慢的城市，可以休息一下了。"晓文半年前从北京来到
成都，想为自己的外包公司"天软"组建一支本地团队。"外包有时需要驻场，我
们的理想模式是每个城市维护一支小团队，就近服务客户。"

---

* 本章画师：陈翩翩。

他在华阳整租了一栋4层别墅，开始了在成都的独居生活。我问他为什么一个人住要租这么大的房子，他说想体验一下。"四室两厅，一个月才8 000多块，跟我在北京租两室一厅的价格差不多。"

天软的总部在北京，除了刚成立的成都团队外，还有深圳、重庆、郑州和日本团队，但各地人数都不多。"我希望每个团队都能扩充到十个人左右，这样团队氛围比较好维护，也方便管理。如果接了大单子人手不够，各团队互相搭把手就好了。"

"我认识的做外包的人都是在公司上班，业余时间兼职接单。你们公司为啥要求外包人员全职呢？"

"疫情稳定之后，很多传统公司看到了互联网的价值，就想找外包团队做点产品试试水。但这些企业普遍没有互联网意识，需要外包团队给出完整的互联网解决方案，这要求比较多的时间和精力，兼职做不到。"

2点了，他回到4楼工作室，开始用微信视频面试一对定居德国的中国情侣。这对情侣在德国7年了，近3年都是自由职业，男生做后端，女生做前端；因为欧洲的疫情比较严重，很多客户的项目都终止了，所以目前比较闲，想接点国内的单子。

说是面试，其实没聊什么技术细节，更多是在互相了解情况。小两口在埃森市，说生活成本跟北上深差不多，但房租要低一点。两人最关心的是薪酬。天软的薪资体系有一套很复杂的计算方式，晓文对着一份文件介绍了半天，但我没听懂。

面试完，我感觉这两个工程师谈不上经验多么丰富，对技术和业务的理解也比较浅，水平一般。"这种程度的工程师国内一抓一大把啊，价格也不高，为啥不在国内找呢？"

"主要是他们了解当地文化，能讲当地语言。"他说，因为天软不像很多外包公司有钱就赚；他们接单前会考察这个项目的可持续性，不做见光死的项目。

"互联网项目都不是一锤子买卖。前期开发我们不赚钱，主要靠后期维护盈利。只有业务活下来了，天软每年才会有一笔稳定的维护费收入。这种项目往往需要深度合作，跟客户的沟通量很大，本地团队比较有优势。"

收拾一下出发，去万象城跟同事碰头。"今天要跟成都的产品负责人易蓉敲定产品架构怎么搭建、模块怎么划分、下周要做哪几个功能、交给谁来做。"

"不能明天上班再聊吗？"

"这是个互联网教育创业项目，9月份是招生旺季，我们想赶在之前上线产品。"他说，客户是北京一家做"互联网+幼教"的创业公司，叫"幼智园"，业务是帮幼儿园做数字化、智能化。

"两个创始人都是传统行业出身，不懂互联网的玩法。但是，我们挺看好两人的，对方也对天软提供的服务很满意，我们就达成了战略合作。

"幼智园专门成立了成都分公司，交给天软成都团队来运营，专注于互联网业务。总部负责搞定资金渠道和幼儿园资源。我们4个人把主要精力放在幼智园项目上，现阶段也接一些外包。如果以后幼智园发展得不错，不排除我们投入全部心血，就不再接外包了。"

因为成都团队刚成立半年，加上疫情期间在家办公，3月份才回办公室，大家还在磨合。为了抢进度，如果周末能把一些战略层的东西讨论清楚，周一就可以直接开工了。

万象城一楼的"太平洋咖啡"人气很旺，连室外都坐满了人。易蓉已经到了。她是新疆人，从成都大学毕业后，先后在成都腾讯和北京百度工作过，因为觉得北京压力太大，所以回到了成都。

听两人聊了半天，我大概明白了幼智园现在的主打产品"学费助手"是怎么

回事：幼儿园学费普遍是一学期一收，好处是家长经济压力小，坏处是幼儿园回笼资金慢。

学费助手是企业微信里的小程序，核心功能是给家长提供无息分期学费贷款，钱由幼智园找的资金方出；这样幼儿园可以把学费改成按年收，但家长能分期交，两全其美。

敲定下周要做的事情之后，两人接着讨论成都的团队要怎么搭建。"现在有你负责产品，我们还差个技术负责人。"晓文说他认识一个后端工程师，对方牵头搞了个小外包团队，他想把这个团队收了，让这个后端工程师来当成渝地区的技术负责人；今晚约了对方聊一聊。

"还得招个项目管理负责人，把你解放出来。"易蓉说，现在晓文啥都亲力亲为，纠缠在一些琐碎的细节里，在创业中不是啥好事，"还是需要有人来考虑更上层、更全盘的东西"。

加班结束，易蓉带我们去新华公园吃"巴蜀大宅门火锅"。酸梅冰粉刚端上桌，就有一个胖胖的男生背着双肩包过来了。晓文介绍说这是他早期在北京做外包时的合作伙伴生哥，刚从广州飞过来，想在他的大别墅借住一阵子，体验一下成都生活。

生哥是广东人，运营了一个关于技术的公众号，搞"技术营销"：自己不需要费神创作内容，而是从各种国内外技术媒体上订阅收费文章，洗稿后发到公众号上。

"人气冲起来之后接广告，一个月能赚20k+。我有个朋友养了几个这种号，一个号做一个技术方向，每个月收入轻松破10万。这种事很多搞技术的人看不上，但其实很赚钱，适合我这种没有感情的赚钱机器。"生哥的语气里透出一丝得意。

晓文不敢苟同，说自己做事不是为了赚钱，而是为了创造价值。生哥反驳他："赚到钱就说明创造了价值嘛！"

生哥继续跟我们分享他的生财之道："阿里云最近要办个技术大会，找我合作拉人报名。拉满50个人之后，每多拉1个，阿里云给我90块钱。我准备搞个返点活动，只要通过我的邀请链接报名，返10块钱，这样可以薅一波阿里云的羊毛。"

吃完饭，我们去"贰麻酒馆"坐了一会儿。项目的客户端主程达达、设计师关鹏，以及晓文下午提到的后端工程师于虎也陆续来了，大家小酌一杯，聊聊天。

他们都不是天软的员工。达达有一支 3 人客户端团队，关鹏有一个小设计工作室，于虎有一支 4 人后端团队。不同团队间是合作关系，一般是客户把互联网业务整包给天软之后，天软再把部分工作分包给他们。

达达是宜宾人，之前和老婆在上海做 P2P，暴雷之后转行做保险，觉得没啥想象空间，就干脆做起了自由职业。"反正也买不起房。"他说，虽然也能勉强凑个上海的首付，但要背 30 年房贷。因为不想当房奴，所以回了成都。

"负担太大了。我们是丁克，不想要孩子就是因为不想有负担，可以说走就走。"他老婆比较有想法，觉得按部就班的日子有点无聊，就去韩国读了个硕士，顺便做做化妆品代购。

"现在生意跑起来了，有固定客户，我们就在规划下一步的发展。因为亚洲化妆品这块韩国和日本比较领先，所以我们打算办个 5 年的日本签，找个小城市定居下来，感受一下那边的工作和居住情况。反正我远程办公，在哪儿都行。"

关鹏是绵阳人，已经在成都安家了，老婆孩子都在这边。他的工作室主要在"特赞"上接甲方发布的设计外包单。如果发现客户还有技术外包需求，就把技术的部分交给天软做。

于虎跟易蓉是老乡，目前没有接天软的单子，而是作为一个外聘技术团队参与到了朋友公司的几个项目里，跟对方签了独家合作协议，按月领工资。

"跟你认识这么久了，觉得你挺靠谱的，而且你也适应自由职业的工作模式。"晓文表达了希望于虎加入天软并负责技术的意思，向他承诺加入之后手头的项目可以继续做，除此之外还可调动天软的资源，扩充团队，接新项目，收入肯定会更高。

"对啊，你去天软再招几个人呗。现在招人挺容易的。"关鹏说，疫情期间，很多留学生出不了国，就只能先在国内找实习。"我们就招了几个。但要注意筛选，很多人简历上的爱好是高尔夫，履历是 NGO（非政府组织），一看就是冲着申请国外高校去的，没打算踏实工作。"

于虎兴趣不大。他说现在手头上已经有 3 个项目了，4 个人刚好能 hold 住，工作不累，对薪水也比较满意。"客户不希望我们再接外面的项目了。这个客户很稳定，我不想得罪。我们团队的状态也很稳定，不太想打破。"

"你说起来是自由职业，但实际上不是跟这家公司绑定了吗？为啥不干脆加入他们呢？"我问他。

"这家公司不在成都。公司也不允许正式员工远程办公。"于虎说，成都本地除了一线公司的分公司，自己进不去，其他90%都是创业公司，干过几家，没多久就倒了，工资还不到20k。"我主要接北京和海外单子，工资标准按那边来，比成都本地要高。"

"既然是远程办公，你为啥来成都呢？考虑过杭州吗？"

"杭州房价太高了。"他说，有同学在阿里巴巴，戴着工牌去买茶叶蛋，发现排在前面没戴工牌的人一块钱一个，到了他同学变成两块钱一个。"另外就是成都不排外。我在广州读的大学，别人明知道我不会说粤语，还非要跟我说粤语。"

回家时路过欧尚超市，我买了点面包和牛奶。恰逢年中大促，加上政府发了一波消费券，都快9点半了，超市里还是人山人海，结账的队伍排了近30米。如果中国每个城市都像成都一样有这么旺盛的消费力，内需早就拉动起来了。

※　　　※　　　※

早上我下楼去厨房时，晓文正边吃早餐边捧着本《最初的爱情，最后的仪式》。他说自己一般5点就起了，冥想半小时，然后看看书，再洗漱吃饭。今天周一，12点前要发周报，所以还把周报写了。"三块内容：上周工作汇总，本周核心目标，本周工作安排。"

因为北京新一轮疫情的震中在新发地，离他上周出差的地方只有20分钟车程，所以为了保险起见，他预约了做核酸检测。我们10点左右到迪安医学检验所时，人已经很多了。他打开微信读书，边排队边看《我每天只工作3小时》。

"你现在创业，还有时间同时看两本书啊？"

"同时看好几本呢！"他说，正在采用男女双视角，以自己的感情经历为原型创作一部小说。女性视角他不知道怎么写，所以多看点书找找灵感。"每天睡觉前写半个多小时，打算在 30 岁之前写完，还有 3 年。"

"怎么，感情上受伤了？"

"是啊，分开一年多了，但感觉还没走出来。"他说，前女友是公司同事，谈了两年，家长也见了，本来打算今年领证，结果女生觉得他目前的工作状态不是正经上班，没有安全感，所以提了分手。

"什么叫'不是正经上班'？"

"我大学毕业之后就开始创业了，一直都是做外包，没有在公司上过班。"他说，因为步入社会后缺少集体经历，所以有点社恐，不知道跟人打交道的度。

"她是我当时唯一可以敞开心扉交流，暴露自己脆弱的人。我把公司碰到的问题——财务的、人事的——都向她坦白了。但可能这样反而给她造成了太大的压力，让她对我们的未来失去了信心。"他说，掏心掏肺却是这样的结局，对他的打击很大。

等了 1 个多小时才轮到他。刚刚做完咽拭子，一个客户就打电话找他咨询外包。对方好像挺着急的，三言两语介绍完项目，就问他接不接，可能是要尽快向领导汇报。

他没有直接回答，而是追问了一些问题，以便了解项目当前进展和已经投入的人力资源，然后帮客户分析了项目整包和人力外包的利弊、疫情期间驻场的可行性，以及需要什么级别的工程师。

客户显然对这件事的复杂度没有心理准备，一时语塞了。晓文解释说，整包要对项目最终效果负责，需要协调和考虑的细节很多，人员投入也很大。因为目前手头上的项目比较急，再接一个整包的话忙不过来，两边的项目质量都会受影响。

如果客户自己把控项目整体，只是缺少某些执行角色，那人力外包就够了，天软还能接，价格也比整包低些。"只有你这边把项目需求给得更明确一些，我这边才好评估能不能接、怎么报价。"客户表示要先请示一下领导，之后给晓文答复。

做完核酸检测赶紧回公司，周一事情还比较多。晓文说天软各城市团队都在

WeWork 办公。成都办公室在高新区佳辰国际中心，七人间一个月 10k；北京办公室在望京，一个工位就要 4k。

2 点开始上班，他把销售拉到大厅开第一个会，确定这周要推进的任务，主要有跟幼儿园园长约时间拜访、评估让小米金融当资金方的可行性和列举广告投放渠道。

我本以为接下来要让销售给出这 3 项任务的完成节点，没想到他自己揽过去 2 项，只把约时间的任务留给了销售。我看不懂这是什么操作——为什么他要替销售干活？刚想问问具体情况，下一个会就开始了——他要跟另一个客户商量项目细节。

他把所有参与这个项目的同事拉到线上会议室里，让客户直接跟他们聊细节，自己则开始梳理人员报价方案：1 名项目经理，远程全职；1 名产品经理，本地远程兼职，可驻场；还有 2 名中高级后端工程师，远程全职。后面 3 个人的价格不低。

客户觉得价格偏高，有点犹豫。他倒是很洒脱，跟客户说"云队友"平台上有便宜的，也可以去看看。对方马上就服软了，改口说"主要还是信任你们的能力"。

接下来的两个短会，一个是跟易蓉讨论学费助手的产品设计，一个是跟关鹏开视频会议，讨论官网设计。

产品设计跟官网设计是关联的，因为不同的产品设计需要配不同的官网文案，进而影响官网设计。易蓉说今晚 7 点前会给出调整过的产品设计，然后晓文据此拟出官网文案，明早关鹏再给出设计排期。

"这两个产品相关的短会，给什么、什么时候给、要什么、什么时候要，你们梳理得还挺清晰的，安排得明明白白，条理性比我见过的很多小公司强多了。"

"这是外包的优点之一。"晓文说，因为项目的方向是甲方前期决定的，乙方更多是后期落地，所以只要战略上不出现大的调整，战术上的安排就不会太混乱。

"这也是我们能远程工作的原因。"他说，项目前期，乙方很少参与甲方的头脑风暴。后期落地时，双方的沟通也不多。整个过程中，当面沟通和异地沟通的效果差距不大，所以远程办公对项目质量的影响是可控的。

下午的最后一个会，是给新来的运营同事设定工作目标，让她想想怎么通过新媒体触达潜在用户。这个会结束后，白天的工作就算完成了。晚上7点跟北京还有个电话会，他打算回家接入。我们6点半走的时候，其他同事还没下班。

他带了本《不能承受的生命之轻》在地铁上看，感觉很快就从工作状态切换到了生活状态，不像我认识的很多互联网人需要一个"放空"的中间状态。"你是怎么做到的呢？"

"这就是自己当老板的好处。"他说，很多老板的工作量不一定比员工小，但感觉比员工轻松，是因为时间可以自由支配，节奏掌握在自己手里。"员工都是被支配，上面一张嘴，下面跑断腿。所以，有个好领导很重要啊！"

地铁坐5站就到了，通勤很方便。我们7点前踏进家门，他叫的外卖来不及吃，先开会。有个北京的同事这周要去谈一家幼儿园，对学费助手的一些贷款政策细节不太了解，而这恰好是园方关心的，所以他要给同事解释清楚。

会议7点半结束，易蓉把调整过的产品设计发来了，他边吃饭边拟学费助手的官网文案，但进展不太顺利。"你觉得钱到底重不重要呢？"他说自己对钱不太敏感，想不到什么好文案，干脆休息一下，跟我聊聊天。

我说："我觉得钱很重要。但生哥那天说自己是'没有感情的赚钱机器'，我个人不太认同，还是要给社会创造价值。如果你做的事真的有价值，是一定可以赚钱的。"

"我也是这么想的。"他说，后来没有跟生哥继续合作下去，也是因为大家对钱的态度不一样。"其实，天软不是我创建的，生哥他们才是创始人。"

"我读书的时候经常泡一个技术社区，这个社区的创始人，就是天软的创始人兼CEO。"他说，生哥是CEO的弟弟，跟着哥哥一起做外包赚点钱，"他们办社区，接外包，出发点都是挣钱，而不是因为多么喜欢技术"。

因为读大学时就开始接外包了，他很喜欢这种灵活的工作方式，所以毕业后就以合伙人的身份加入了天软。当时的天软才刚刚起步，单子时有时无，加上对客户没啥话语权，还存在客户结款不及时的情况，资金流比较紧张。

CEO 觉得这个生意不太赚钱，就跳槽到了甲方，结果动摇了军心，给公司造成很大的打击，资金上就更捉襟见肘了。为了维持公司的运转，晓文只好把读书时接外包挣的钱拿出来给员工发工资。

"但是，发现接单断断续续和回款慢的问题还是解决不了，我那点钱砸下去填的是个无底洞；就把公司交给了生哥，自己打算另谋出路。结果刚交出去没两个月，生哥就跟我说公司运营不下去了，想申请破产清算。"

"公司破产的话，我垫进去的那笔钱就拿不回来了。而且我爸在老家管理很大一片枣林，是个尽职尽责、很讲信誉的人，我受他影响很深，不想让员工和客户失望。我当时做了一下心理斗争，觉得如果亲自接手的话，公司还有点希望活下去。"

"所以，2018 年我就又掏了笔钱，把其他人的股份都买过来，让他们退出了。现在公司还欠我小 50 万呢。"他说，回过头看，是因为跟创始团队从一开始就三观不合，他想做事而其他人想赚钱，大家内耗严重，最终导致公司发展不顺利。

"我对钱并没有多么大的渴望。我老家在很偏远的十八线西北小镇，但家里给我营造了一个相对好的成长环境。当然，只是物质上不匮乏，不是多有钱，我读大学时还申请了助学贷款呢。"

"高考没考好，调剂到了第三志愿北京工业大学经管系。我对专业不感兴趣，大一就开始看国外视频自学编程，当时的想法很简单，就是成为优秀的软件工程师，接外包还贷款。大三开始在学校组织团队，后来发展到了十来人，毕业前手头就有 30 多万了。"

"但是，做外包之后，认识了一些真正优秀的工程师，有的是海归，有的有大厂背景，有的是名校科班出身。跟他们一比，我有那么一瞬间觉得自己心中那个成为优秀工程师的梦永远不可能实现了。"

"当时就在考虑转型。因为工程师思维都是以解决问题为中心，而外包就是围绕解决客户的问题这个目标开展工作，所以我毕业后才选择继续做外包。"

他说，当初自学编程时看过很多教程。国内的视频，看完后发现自己这也不会、那也不会；而国外的视频，看完后充满信心，觉得自己无所不能。"这就是打压式教育和鼓励式教育的区别，所以中国出不了乔布斯，这样的怪才在幼儿园时期就被打压下去了。"

"我加入幼智园，目标是改变中国教育的土壤，培养出我们自己的马斯克。"

他说之所以看好这家公司，有信心实现自己的目标，是因为两位创始人的经历比较特殊。

"创始人是夫妻档。女方家里是从商的，做这个项目动用了家里的资源；男方家里是银行的，把北京的房子都抵押了，贷款做这件事。"他觉得这两人舍不得孩子套不住狼、不留后路的创业精神很难得。

"夫妻俩认识的时间不长，都知道对方为了项目赌上了身家性命，最后可能一无所有，但还是走到了一起。"他说，创始人夫妇对事业的投入和对彼此的感情比较符合他的价值观，所以天软花了 150 万入股幼智园，作为合伙人投入到了这个项目中。

我虽然很欣赏他的情怀，但心里还是暗暗咯噔了一下：甲方偏重战略思考，乙方偏重战术执行，两者区别很大。乙方出身的天软要想扮演好甲方这个角色，可能不是花点钱这么简单。

聊了半小时换了换脑子，他继续想官网文案，我就回屋洗漱了。过了 1 个小时，我去楼下喝水，发现他在一楼大厅的地毯上睡着了。休眠的极米投影仪在墙上打出几扇假窗户，音箱里发出簌簌的风吹声，还真有点催眠作用。

※　　　※　　　※

一大早，晓文就去高新网球中心打网球了。他跟易蓉合请了一个教练，每周抽一两个早上练一把。我9点20赶到球场时，私教课已经结束了，他正在场边跟同事开电话会，商量明天去雅安的事。

"去雅安干吗？"我问易蓉。

"北京那边谈了个资金方，是一家叫'小贷'的互联网金融公司。他们在对我们做尽调，说明天想找一家幼儿园看看。雅安正好有家做得不错的幼儿园是我们的客户。本来说是创始人来带着看，但疫情期间他离京不方便，就只能晓文上了。"

"他们有点担心晓文看上去太年轻了，撑不住场面。重庆有家幼儿园是我们的目标客户，最近在看友商的产品，所以能否拿下小贷还挺关键的。"

刚回公司，易蓉就向晓文表达她的担忧："刚才开会提到友商已经在挖客户了。虽然大家都在全力开发学费助手，但有个核心问题好像没想过，就是客户为什么会选择我们，而不是友商。"晓文一下被问住了，让她继续说。

"毕竟学费助手直接涉及金钱，使用门槛有点高。如果不先跟幼儿园建立信任，他们很难接受这款产品。"易蓉提出可以去线下跑幼儿园，跟园长做深度访谈，然后免费帮他们做线上推广。

"线下教育受疫情影响挺大的，幼儿园应该有宣传的需求。如果我们能够采集幼儿园的信息，就可以给家长择校提供很好的参考。一旦形成这种双赢的局面，学费助手的推广就容易多了。"

"你们怎么也要操心这个了？不是说幼儿园资源由北京来搞定吗？"

"他们之前是有些资源，但那时没有互联网思维，做的是一锤子买卖，客户都流失得差不多了。"晓文说，天软加入前，他以为北京能搞定幼儿园，但随着项目的不断深入，发现北京用传统玩法积累下来的一点家底达不到做互联网产品的要求，成都几乎要推翻重来。

晓文赞同易蓉的想法，让她先初步拟一个园长访谈提纲和希望产出的内容，下午大家一起头脑风暴一下。到饭点了，下楼吃饭时，我们看到 WeWork 响应政府号召，在大厅弄了个摆摊集市；不过商家都选自在 WeWork 办公的公司，很有创意。

下午刚上班，易蓉就把大家都拉到会议室，分享她利用午休时间完成的园长访谈落地方案，征求一下大家的意见。

"首先要给园长一个接受访谈的理由：我们要做幼儿园版的大众点评，帮幼儿园做宣传，帮家长收集信息。需要呈现的内容，只有园长才有最全面、最

权威的版本。"

接下来确定访谈内容。当易蓉说需要有幼儿园实景照片时，晓文提出异议："那还得请摄影师，成本太高了吧？"易蓉说："我们先不考虑成本问题，先把家长需要的信息都罗列出来，再看能不能落地、怎么落地嘛！说不定幼儿园自己可以提供照片呢？"

其他访谈内容包括园长的教育理念和未来规划、老师介绍、招生信息等，比较详细。晓文面露难色："我原本预计一个访谈花半小时就够了，如果按你说的来，可能就需要一整天了。"

易蓉很无奈："跟刚才一样，我们先不考虑时间成本，现在只看这些信息是不是家长需要的。如果是，再想办法嘛。比如，我们几个先去把访谈的核心流程跑通，然后招些勤工俭学的幼师专业学生，让她们去跑呗。"

我比较赞同她的思路：先定目标，再讨论可行性。创业嘛，就是要挑战自己，否则很难创新。如果可能超出能力范围的事情想都不敢想，那就不要创业了。"你为啥对成本这么敏感呢？"我问晓文。

"天软的友商里，对成本不敏感的全挂了。"他说，外包公司接单不稳定，没有固定收入，但又要给全职员工发工资，这是笔固定支出，如果成本控制得不好，资金链很容易断裂。

头脑风暴在仓促中结束，因为成都本地的一个资金方要来公司找晓文和易蓉了解一下幼智园的情况。3点左右，一位看上去像传统企业总经理的中年大哥带着几位女同事过来了，在会议室一落座，就开始给我们发名片。

名片上印着公司名"贷贷科技"和网址"idaidai.com"。我注意到其中一位同事的头衔是"技术总监"，但怎么看她也没有搞技术的那种气质。我想在官网上看看这个公司的介绍，结果发现网址竟然打不开。

我通过百度搜到了他们的官网，网址是"fenqidai.com"。网页上介绍说，分期贷是贷贷科技旗下的分期借贷产品，"通过产品让商业场景与金融机构相连"，其实跟幼智园的业务模式没有本质区别。

自称科技公司，却连名片上的网址都是错的，让我感觉不安。我在天眼查上搜了一下这家公司，发现当前竟然有 4 个法律诉讼，且大股东的股权被冻结了。

我再点进大股东的主页一看，好家伙，这姐们有 3 条自身风险、11 条周边风险和 70 条预警信息。她关联了 8 家企业，第 1 家是凉山州一个县城的矿业公司，还有 2 家教育咨询公司。

我越看越觉得贷贷科技这家公司不靠谱，但在会上又不方便明说，就只能给晓文发微信："先不要透露太多业务细节，原因等下详聊！"但他讲得眉飞色舞，压根没看手机。

3 点 45 会议结束，他把客人送走后，看到了我的微信，问我是怎么回事。我跟他复述了在名片、官网和天眼查上的发现，告诉他："这家公司的业务方向跟你们高度重合，很有可能是想做类似业务，打着提供资金渠道的旗号过来套话的。"

"有道理啊！"易蓉说，刚才开会她也觉得很奇怪，贷贷科技把产品细节、幼儿园情况、变现渠道等核心内容打听得一清二楚，临走时还说所有能发的资料尽量都发给他们，"作为资金方，要的东西有点超纲了"。

晓文沉默了一会儿，啥也没说，就去跟刚到办公室的关鹏开另一个会了。

※　　　　　※　　　　　※

去雅安的车上，易蓉又提起昨天贷贷科技的事。"这家公司是董总找的，我对他的印象一直都不太好，感觉这人信不过。"她说，董总是幼智园曾经聊过的一个资金方的投资经理，也在其他公司挂职，有好几个身份，"我也说不清楚他到底是干啥的"。

北京创始人觉得董总对资金渠道还挺熟悉，想把他招进幼智园。"董总入职前，把我们员工的微信加了个遍，到处了解业务情况，问得很细，结果入职第二天就提了离职。"

"为啥离职呢？"

"不知道，"晓文接过话茬，"没跟他聊过。后来，我把他挽留下来了，资金渠道对幼智园还是挺重要的，我希望他能继续做这块业务。"

"结果，董总留下来之后，到处收集业务数据，把我们内部系统的账号、密码全都要过去了。"易蓉说,董总不像是来踏实干活的,感觉跟贷贷科技一样,想过来挖核心情报,然后自立门户。

"我现在不太关注这些事情;对员工要包容。"晓文说。

"创始人跟你一样单纯,"易蓉嘟囔道,"我之前跟他也聊过董总的事,他的回答跟你一样,暂时不考虑这些问题。"

车程 2 小时出头,我们顺利到达雅安市天全县。小贷的人还没到,我们去幼儿园旁边的海益茶楼跟早到的销售团队会合。其中有一个新面孔,是个 40 多岁、有点胖的光头大哥。易蓉说他是公司的大销售万总,一直在做幼教行业,上午刚从广东那边飞过来,下午由他主讲。

晓文忙着给万总介绍幼智园的互联网业务,说他将来要做数字化幼儿园。"帮助行业实现数字化是我大学以来的梦想,所以一直都非常感兴趣。我一定要把幼智园做上市!"

万总表示赞同,说幼儿园数字化之后,他想象的场景是家长可以通过摄像头远程督促孩子吃药,还可以拿到一个幼儿园周边 10 公里内的父母信息,然后在朋友圈里向他们精准展示幼儿园广告。晓文觉得万总懂他,越说越兴奋。

　　万总自称是一个什么幼教工作委员会的秘书长，在人民大会堂开过会。"如果系统做好了，我把各地教育局局长约到北京来谈。我们把企业微信和教育局资源整合起来，然后让教育局和腾讯联合发文推广。"晓文听得耳朵都竖起来了。

　　2点左右，小贷风控团队的3个人过来了，他们看上去也就30多岁，挺年轻的。幼儿园午休结束了，工作人员先带我们简单参观了一圈，之后园长就过来了，大家围坐在一起接着聊。

　　小贷先问了好几个关于幼智园的问题。万总打断了他们，说因为疫情，外人不方便进幼儿园；今天情况特殊，园长给开了个绿灯，但时间有限，所以让小贷先问与幼儿园相关的问题，公司的事情可以等下在外面聊。

　　小贷请园长做了一下自我介绍。园长说自己是英语专业出身，11年前创业办了这家幼儿园；学费一年1.5万左右，很多孩子是县机关、教育局、老师和本地生意人的子女。

　　"典型情况是父母在外工作，孩子跟着爷爷奶奶在天全生活。也有特殊情况，就是父母都在加拿大，孩子在这儿，因为随时可以通过摄像头看到孩子，放心。我们是疫情之后全县第一家开园的，复园率在90%以上，给一线医护人员的子女学费直接打5折。"

　　万总赶忙接茬："疫情之后能撑下来的都是不错的机构，做得一般的都死掉了。"小贷的人也附和道："看到这么多孩子，就知道这家幼儿园不错。"

　　接下来的问题就有点尖锐了。小贷问园长："既然家长的经济条件普遍不错，还有分期的必要吗？"园长很坦诚："我们之前推过信用卡，失败了。很多家长看抖音，说信用卡和贷款不安全。"

　　"但我们园是3年制的，如果一次性交3年费用，将来学费涨价的话不再额外收钱。这种情形下，家长可能有意愿分期。"

　　小贷刚好有个人是银行出来的，做过信用卡风控审批，说大银行也不愿意下沉，觉得下沉群体容易逾期。"学费助手会不会碰到类似的问题呢？"

　　园长不卑不亢："现在孩子都有唯一的学籍号，家长信用跟孩子的学籍号挂钩，加上有我们托底，绝大多数家长犯不上为了几万块钱把孩子的前途搭上，还是比较保险的。"

小贷提出想看花名册和收费单据之类的敏感信息，园长也都很爽快地答应了。旁听下来，我感觉园长思路清晰，业务熟练，对答如流。一个县城幼儿园园长能有这样的水平，出乎我的意料，怪不得能做到全县第一。如果我是小贷的话，应该会很满意。

回程的路上，晓文组织北京同事开了个电话会，同步今天的进展。除了报喜之外，他还表达了一些担忧：今天小贷来的 3 个人不像能做主的样子，而且他们不熟悉幼教行业，即使愿意提供资金，流程可能也会走得比较慢，赶不上 9 月份的招生旺季。

"今天这种好一点的幼儿园，园方和家长一般都不差钱，分期可能不是刚需。现在因为疫情，出现了一个资金短缺的窗口，学费助手有了切入空间，所以北京这边一定要推一把，加加班，争取拿下小贷。"

今天，易蓉正在跟开发测学费助手的支付流程，就被晓文拉到旁边，晓文说从雅安回来后，董总觉得给小贷的数据不好看，想让成都团队牵头做一个新后台系统，以便把公司现有的幼儿园客户以及交易记录等信息更好地呈现给资金方。

"怎么又是这种事，"易蓉说，"他每见一个客户就要说一次数据不好看，找我们要新数据。账号和密码都给他了，怎么操作也教了，让他自己去后台拉就好了啊！"

"我问了一下北京的销售，他们说跑下来的幼儿园信息很多都存在 Excel 里，而这次给小贷看的数据是从学费助手的后台拉出来的，不包含 Excel 里的那些，不全。"

"那让销售把 Excel 里的数据录入后台不就可以了吗？"

"录入系统不好用，他们不愿意用啊！"

"那现在的数据是怎么录进去的呢？"我问。

"不好用，不是不能用，"易蓉对晓文说，"你跟销售好好解释一下，互联网产品不是一上来就十全十美，让他们先用现在的系统录入，我们集中精力把学费助手怼上线了，再腾出精力来迭代录入系统吧。"

"开不了这个口。我自己都觉得不好用，他们肯定更不会用了。"晓文说销售的主动性不高，只有拿出一个很好用的系统，才能倒逼销售动起来。"如果他们靠谱的话，这个项目早就做成了，哪会拖到由天软来接手？"

"那不能招点更靠谱、更有主动性、更有 owner（主人翁）精神的销售吗？"我问他。

"这样的话对资质要求比较高，招人成本太高了。"

"那上周说的园长访谈又不做了呗？我们现在是一坑未填，又开一坑，"易蓉明显有点情绪，"该让下面执行的事情就要坚决交出去，而不是他们碰到一点困难我们就往回揽。你现在就像个不敢放手的妈妈。如果我们帮他们把所有困难都搞定了，还要他们干吗？"

"你的第一优先级应该是通盘规划，把所有事情梳理清楚后安排到人，而不是自己纠缠在那些细枝末节里。现在我们缺少一张大图，拆东墙补西墙的现象太严重了。"她又指着自己电脑屏幕上的 PRD（产品需求文档）说："我们联调学费助手时，这样的事碰到多少次了？"

"今天 A 来反馈'缴费查询'模块出问题了，找我们帮忙，解决了。明天 B 来反馈'学生管理'模块出问题了，找我们帮忙，又解决了。后天 C 又来反馈'年级管理'模块出问题了。"

"为啥问题层出不穷？因为各分支业务是有关联的，下面的人不知道这个关联性，以为只动了自己的业务，其实影响了别的业务。所以，需要我们站得更高一点把控全局。如果每碰到一个问题我们都扑上去，治标不治本，那会没完没了。"

"你是技术思维，考虑问题看的是工程难度。而我是产品思维，会从业务和产品角度考虑问题。按 9 月份上线的目标倒推，我们应该三四天就有一个阶段性成果。现在都卡了多久了？"

易蓉有点着急："我真心不希望这个项目黄掉。我快 40 岁了，如果再这样混两年，在成都就不好找工作了。除非我趁现在还有战斗力马上离开。"

她的情绪平静下了一些："我在上家公司都是带人，定战略，很久没有写过 PRD 了。来这儿做执行我无所谓，只要公司发展得好就行。但是，现在我不能只做执行了，因为公司缺少一个纲领性的东西来统筹全局，这件事没人做。"

"你俩又不是做业务的。我理解的是，这些业务层面的工作不是应该由北京那边负责吗？"我问易蓉。她说："早期熟悉这块业务的人员全部离职了，也没有好好交接，现在最熟悉业务的就是我俩了。"

※   ※   ※

这个周日，晓文宅了一天看《隐秘的角落》，直到傍晚才出发去赴弟弟和弟妹组织的饭局。小两口是玩吃鸡游戏时认识的。弟妹是成都本地人，开了个美容院，家里经济条件不错。弟弟是上门女婿，跟岳父母其乐融融地住在一起。

吃完饭，我们又去旁边的火火茶府打了会儿麻将。我不会玩，一边观战、一边刷手机，看到易蓉发了个在阳台烤肉的朋友圈。我认识的几个成都互联网人，在辛苦工作之余普遍还能享受生活，真让人羡慕。

晚上回家时，晓文告诉我，他决定年底搬回北京了。"这种闲适的生活，现在还不适合我。我想成为褚时健那样的人，虽然年纪很大，但心态始终是二三十岁。在人生的最后一刻，还可以为了梦想奋斗。"

我想，工作中的乙方要变成人生中的甲方，要交的学费可能不低。好在年轻就是本钱，好在晓文还年轻。

客服主管钱蓓[*]

　　客服工作的特点是"用耐心对待客户，把悲伤留给自己"。新手妈妈钱蓓把所有的精力都倾注在了琐碎的工作和难带的孩子上，异地的老公能帮忙分担的不多。维持现状，当个小透明，就是她小小的愿望。

　　"和韵春天"的位置相当偏僻，这里在成都南三环以南很远，甚至不再限行。周边几乎没有任何商业配套，卖豆浆包子的小三轮在空地上支了几张桌子，供还在等车没吃早饭的上班族们对付一顿。小区门口是一条断头路，路的尽头是一片庄稼地。

　　8 点 43，钱蓓开着一辆川 E 牌照的比亚迪出来了。她向我连连道歉，说孩子昨晚折腾到 1 点才睡，早上 6 点多就开始闹，耽误了一会儿，迟到了 10 分钟。

　　"川 E 是哪里的车牌啊？"

　　"泸州的，我是泸州人。"她把收音机调到 FM 105.6，说自己一般开车时都会听这个精英 1056。"我之前还参加过节目的义卖活动呢，把读大学时的登山包卖了 5 块钱，换了张火锅券。"

---

　　*　本章画师：吴绮雯 gokibun。

"为啥只卖 5 块钱呢？"

"以后可能用不上了，放家里又占地方，半卖半送给别人算了。其实，这个包还挺有纪念意义的。我大学时跟朋友约好去青海玩，结果票都买了，被她临时放了鸽子，就干脆一个人去了。"

"坐火车，硬座，15 个小时才到西宁，背的就是这个包。本来打算玩一周的，但后来条件太艰苦了，只玩了 5 天就回来了，站了 15 个小时。"

"我不文身、不抽烟、不去酒吧，但还是很喜欢折腾的。以前单身时，看到有特价机票就请 2 天假，和周末凑成 4 天出去旅游。现在有了孩子，就没法浪了。"

"那能不能带孩子一起出去玩呢？"

"现在还太小了。我晚上推她下楼散步，蚊子把她手都咬肿了，出远门更不可能了。而且我感觉生完孩子还没完全恢复。"她说自己车技其实挺好的，上下班都不需要导航，但怀孕后脑子好像反应慢了，每个月都会有剐蹭。

"别人都说孩子 3 岁上了幼儿园之后，家长就比较省心了。这两年你辛苦一点，等孩子大一点再出去浪呗！"

"不行哦！上班时间肯定是要父母带啊，我休息时如果出去浪，把孩子丢给他们，他们心理肯定会不平衡的。"

"那现在你跟你老公上班之后，你父母还是他父母来带孩子呢？"

"我父母带，他们跟我住一起。我老公不在成都，他在泸州水务局工作，也在看成都的机会，但还没发现合适的岗位。"

"在泸州工作？你们以前是同学吗？"

"不是，是老家红娘介绍，相亲认识的。"她说自己比较喜欢理工直男，不用猜来猜去。虽然这个群体不解风情，但可以把老公"打碎重组"成自己的菜，所以尽管两人异地，她也接受了对方。

沿着天府大道往北一直开，跨过府河时，对岸密集的写字楼群就是成都互联网行业的聚集地——高新区，各大厂的成都分公司都在这里。过河的一小段路非常堵，交警甚至把由水泥墩子隔开的一条南向车道给强行变成了潮汐车道，疏导浩浩荡荡的北向车流。

"来得及吗？几点打卡啊？"

"我们是弹性工作制，不打卡。"她说，一般开近 1 小时的车，9 点半之前到公司，8 小时工作制，扣除吃饭和休息时间，晚上 7 点半左右下班。"我加班比较少，晚上都是回家吃饭，家人会给我留饭。"

"不加班的话，工作干得完吗？"

"还好，我白天比较紧张，中间基本不休息。我的工牌一直都是放在车里的，因为每天早上开车进来，中午吃带的饭不出楼，晚上又开车走了，工牌放身上也没用。"

她的公司"第一时间"（以下简称"一时"）主打一个类似于"今日头条"的资讯类 app，"总部在北京，成都分公司大多数员工是客服，有少部分技术和运营人员为客服产品提供支持，所以女生比较多"。

进入高新区，一股现代化气息扑面而来，大街上满是年轻面孔，有种到了深圳的错觉。拐个弯就是公司所在的 OCG 国际中心，她直接开下地库。空车位还挺多的，公司补贴后的月租停车费 400 元，在这个地段应该不算贵。

她边按电梯边问我："你吃饭了吗？这附近吃的很多，没吃早饭的话可以看看有没有喜欢吃的。"

"我出发找你前就吃过了。你吃了吗？"

"走之前喝了一碗我妈熬的银耳粥。"她说自己来不及在家吃早饭，一般都是带点鸡蛋面包啥的到公司吃。"等会儿再喝杯咖啡。如果没时间午休的话，下午再喝点茶。客服是个慢反馈行业，没有那么多兴奋点让人打起精神，所以要靠咖啡和茶。"

白天的办公区没什么商业和生活气息，大家都在上班，整体感觉比较冷清。11点半开始，三三两两地有人到路边的红旗超市买快餐。我看了一下，一份套餐的价格在15块左右，比较实惠。

12点是一波就餐高峰，大多数人还是倾向于吃好一点。公司周边的各种餐馆几乎座无虚席，办公楼下的配送等候区挤满了来去匆匆的外卖小哥。

下午 6 点多，陆陆续续有人拿着包往楼外走。门口没什么人等外卖了，在餐馆里吃饭的人较中午目测少了七成。天府三街和吉泰路的交叉口人流量和车流量很大，估计很多公司都是这个点下班。

钱蓓 6 点 50 多从地库开车出来了。"今天在忙啥呢？"我问她。

"我想想啊。"她说自己现在带团队，没有背很明确的个人任务，每天的工作有点杂乱。"到公司先把早饭吃了，然后看看舆情，了解一下昨天的团队工作情况，才开始忙我自己的事。"

"我们公司每半年考核一次 OKR。但因为客服需要直面用户，为了针对他们的需求和投诉快速做出响应，客服每个月都要考核，来督促大家绷紧这根弦。"她说自己会把半年 OKR 拆分到月，再大致拆分到周，然后布置下去。

"我的日常工作主要有几大块吧。第一块是跟团队相关的。"她说，因为客服门槛相对较低，也没有所谓的科班出身，所以人员平均质量一般。"大多数人没什么职业规划，在工作中也不会主动思考，所以，重复琐碎的工作，比如在一线对接用户，就交给她们执行。"

"因为我以前做过运营，有一些业务视角，理解客服工作的背后逻辑，所以我现在主要是坐镇后方，为一线提供指导和保障。我会沉淀一些方法论上的东西跟团队分享，让偏执行的人在每天做重复工作的同时有成长的机会。"

"我也会鼓励一线人员沉淀出一些东西跟其他人分享，所以会跟有意愿的同事一起梳理她们的想法，过她们准备的分享内容。但这样的同事比较少，大多数时候还是由我来牵头。"

"什么算是客服的方法论呢，可以举个例子吗？"

"比如说前段时间微博上曝光的——中信银行员工违规把池子的个人账户交易明细提供给笑果文化的事情，就是因为银行负责这件事的员工没有基本的职业底线和风险意识。可能是因为笑果文化是大客户，自己的 KPI 十分倚重对方，就配合客户泄露了用户信息。"

　　"因为客服是个对外表述的行业，所以也有言多必失的风险。我会通过复盘类似的典型舆情事件，从中吸取经验教训，强化大家的保密意识，防止大家在工作中泄密或者说错话，陷公司于被动。"

　　"另外，偶尔会出现一些下面的人搞不定的用户，那我就要亲自上阵了。比如说，有的用户会纠缠客服，问怎么把'头条号'里的内容转发到'一时'里。"

　　她笑了笑："不知道是不是来搞事情的。我们跟'今日头条'是竞品关系，怎么会给他们引流呢？像这种在公司现有规则下无法满足的用户需求，客服又不可能直接怼回去，只能用话术软处理了。"

　　"还有些用户，一上来就说要去电视台和微博曝光。'一时'里有付费内容，也支持打赏作者，有人会说发现一些文章的内容很有煽动性，涉嫌非法集资。这种算是高危投诉，一般需要我来接手处理。"

　　"团队以外的工作，主要是训练智能客服机器人。"她说，客服是 AI 运用得最广泛的行业之一，公司内部有自研算法团队，也会从外部采购算法。不同算法适用于不同场景，客服需要根据实际情况调整。"业务在发展，语料也要更新，这块也是由客服负责。"

　　"但这些都是日常工作，不出成绩。所以，我这半年还参与了一个项目。"她说，公司去年刚开始做智能语音客服，还没上线，目前只在小范围内试用，"我们作为需求方和用户，要配合开发调试，配合产品选型，还要出语料，评估程序跑出来的效果什么的"。

　　客服的专业度大大超出了我的预期，其实门槛一点也不低。"我原以为客服只是简单打打电话，没想到背后要做的工作有这么多。"

　　"你说的那是接线员，不是客服。"她说，广义上看，客服是公司与外界沟通的双向管道。"所使用的工具包括但不限于电话、邮件、微博和公众号。只要是能触达用户的渠道，都在客服的职责范围之内。"

　　"比如，客服是用户与部门之间的管道。用户反馈 app 有 bug，我们要把 bug 反馈给对应的部门，这就要求客服团队对整体业务有所了解，知道什么问题大概由什么部门负责。"

　　"客服也是用户与高管之间的管道。公司达到一定规模之后，高管不可能对每一条用户反馈都亲自过问。这时就需要客服从海量反馈中筛选出有价值的信息，再反馈给高管，让高管对一线情况有所了解。"

"比如，在微博上只要有人 @ 我们公司的官方号或者高管，无论是提 bug，还是对产品、业务、公司有意见，客服都会跟进。虽然不一定每条都回复，但有价值的信息我们一定会转发到内部对应的人那里。"

我掏出手机，打开微博，问她："我经常看到雷军的微博底下有网友反馈问题，一个叫'小米服务那些事'的账号回复得很频繁，这就是客服吧？"

"没错，这个号就是客服团队在运营。"

她说得轻车熟路，给人一切尽在掌握中的感觉。"那你每天工作起来应该还比较轻松吧？"

"早期产品 bug 多的时候，客诉量比较大，稍微辛苦一点。现在稳定下来了，就还好，总体工作压力不大。"她说，现在担心的主要是未来的发展，有点中年危机，"尤其是生了孩子之后，感觉记忆力下降了，心态也变了"。

"我是 1990 年的，今年 30 岁了，没有大学刚毕业时那么无忧无虑、那么'笨'了。我们这行的天花板比较低，要开始考虑下一步的职业规划了。"

"但是又很矛盾。"她说大多数团队成员跟自己毕业时差不多，过一天算一天，不去想太多。只有少数人比较清醒。"我带过一个小姑娘，她想得比较清楚，知道干客服不是长久之计，所以入行时就计划好了，只干两年，然后转岗。"

"我很欣赏她。但她也有个问题，就是因为知道自己两年后就要转行，加上年轻，所以有点浮躁，没有'笨'人那么踏实，有的没的想得比较多。这样就会分散精力，影响工作。"

"我现在的状态跟她当时有点像。这个当前工作和未来规划的度怎么拿捏，是比较考验人的事，我还在摸索。"

※　　　　※　　　　※

今天早上，小区门口的断头路上出现了几个蔬菜摊，菜量不多，我估计是周

边农民自己种的，吃不完拿来卖。路边有家还没开门的"玛雅房屋"，透过玻璃外墙可以看到屋里的房源海报，一套136平方米的三室两厅简装二手房开价240万，比我预想的贵很多。

8点25，钱蓓出来了。我跟她说这个地方前不着村、后不着店，不知道为什么房价这么高。"余杭的房价被炒起来了可以理解，毕竟有个阿里巴巴。但这里啥也没有啊？"

"这里是天府新区，由国务院直接规划和审批，来头很大的。"她说，5公里外有个新川科技园，是跟新加坡共建的；还传闻省政府会搬迁到附近的兴隆湖，准备打造第二市中心。"而且旁边的地铁站年底就通车了，所以房价涨了一波。"

她说自己的房是2016年买的，当时只要6 000多一平方米，还不限购。"我们老家亲戚在成都买房的人很多。我哥哥家就住我楼上，当时是跟他一起看的房，觉得这个楼盘比较便宜，离工作单位也不远，就定了，其他房看得不多。"

"你们这边买房是什么规矩呢，老公出钱、老婆出车，还是俩人合买？"

"别人我不知道。我买房时还没结婚呢，自己买的。"她说老公在成都没房，但在老家有房，"房价也1万多了，跟成都差不了多少"。

"你晚上回家后一般怎么安排呢？"

"先吃个饭，然后就是带孩子呗！给女儿洗澡、喂奶，陪她玩一玩，看看绘本啥的。但是时间太短了，也就早上起床和晚上下班后可以陪陪她。我8点多到家，她10点就睡了，每天陪她的时间不到两个小时。"

"两个小时感觉不短了呀！我以前的同事都是11点才下班，回去孩子早就睡了，只能吃完晚饭跟孩子视频会儿。"

"看你跟谁比啊。"她说，表哥和嫂子在老家工作，每天中午都可以回家，晚上6点多就下班了，陪孩子的时间比自己多很多。

"我的陪伴质量也不高。"她说，客服要在工作中耗费很多耐心，所以对最亲密的人反而有点不耐烦。"我陪孩子时还会玩玩手机啥的，有时候也要处理一下工作。"

"昨晚，我在准备半年考核的 PPT，加班到 2 点多。边带孩子边工作效率太低了，经常被打断，没法集中注意力，只能等她睡着之后再写。"她说这个年纪的小朋友特别难带，"稍微不注意就把我的擦脸油拧开，拿手指头抹了之后往嘴里放"。

"绘本看了 3 分钟就不看了，开始哭。"她说自己看了一本育儿书，叫《可怕的两岁》，书上说这个年龄段的孩子必须全神贯注陪着，"这样一整天下来，上班时间是公司的，下班时间是孩子的，没有自己的时间，非常耗人。我觉得做全职妈妈比上班难多了！"

"我以前很喜欢逗别人的小孩，觉得好可爱呀！现在有了自己的孩子，才知道孩子也有个性，跟我不合的时候会发脾气。我家所有插座孔都堵住了，但孩子还是喜欢摸。我不让她摸，她就闹。讲道理她也听不懂，只能'打'。"

"没有其他的解决办法了吗？"

"晚上到院子里散步时会跟其他的妈妈交流，她们说都是这样，这种问题是这个年龄段小孩的必然，解决不了。"她说，幸亏有父母在这儿帮忙带孩子，为她分担了非常大的压力。

"那带孩子的事，老公基本帮不上什么忙咯？"

"今天是周五嘛，他一般今天晚上回，周日晚上走，只有周末的时候可以带孩子。他平常没有尽到带孩子的责任，周末和休假时就让他多带带。"

"老公没有尽到责任，那能不能让婆婆帮儿子带呢？"

"其实，我觉得父母是没有义务帮子女带孩子的，这本来就是子女自己的事。父母的义务在子女成年之后就结束了。"她说，如果婆婆来带的话，会有亏欠她的感觉。婆媳关系处理起来也很麻烦。"现在只能亏欠我妈了，以后再补偿她吧。"

"之所以现在我妈愿意带孩子，是因为心疼我，不是她多想带。"她说自己每天都能感受到父母因为带孩子而产生的烦躁情绪，所以以晚上回去会安抚一下他们。

"我虽然很感激我妈，但也很矛盾，不知道让她带孩子好不好。"她说自己看育儿书知道了"第一依赖人"这个概念。"我之前休产假时，孩子还小，没有个人意识，所以让她怎么来就怎么来，比较好带。"

"那时，我每天都在她身边，所以她的第一依赖人是我，比较黏我。我洗澡时，她都在厕所门口哭着要妈妈。现在恢复工作了，孩子也大了，有了个人意识，就不那么听话了。白天都是我妈带，她对我有了分离焦虑，第一依赖人就变成了我妈。"

"问题是，我妈和我的育儿理念有点冲突。比如我女儿爬到沙发上玩，我就不怎么管，反正也不高，如果掉下来长个教训，她下次就不爬了，但我妈就非要过去把她保护好。"

"有时候，我妈把女儿哄睡了，我再把她抱到自己房间去睡。晚上她醒了，发现是我，就会在床上打滚哭闹，哄也没用。我有点生气，就会假装打她，但我妈也被吵醒了，就会过来抱她哄她。"

"前阵子我带她去打疫苗，打完之后她吐了一个星期。所以，我感觉她现在潜意识里把我和打她、打针给关联起来，我是黑脸，而外婆是红脸。我不赞同我妈的育儿方式，觉得太溺爱孩子了，但现在女儿跟她更亲，大部分时间也是她在带，那就只能随她了。"

今晚，她不到 6 点半就下班了。"其实，事情还没做完，但不是很着急，下周再做吧。我老公这周在自贡出差，今天下班就直接来成都了，已经到家了，我早点回去吃饭。"

"今天在忙啥呢？"

"昨晚没睡好，今天有点迷迷糊糊的。"她说，9 点半的周会开到 12 点多，1 点把午饭吃了，再趴一会儿到 2 点上班，"下午主要是在打酱油，想不起来干了些啥"。

"哦，开了几个会。"她说，之前参与智能语音客服机器人项目的 2 个技术同事离职了，但交接工作做得不好，新人来了之后对一些细节不太清楚，所以她拉了个会给他们"补课"。

"他们告诉我，今年的研发资源倾向于信息安全，OKR 里客服产品的比重不大。"补课结束后，她又跟研发和产品同事聊了半天，好说歹说，找他们要来资源开发智能语音客服。

"昨天忘说了，我的日常工作里，开会占的比重也挺大。"她说，因为客服离舆情比较近，所以只要是跟舆情打交道的部门，都会时不时找她们。

"比如疫情期间，网上有各种谣言。其中一条说抽烟可以杀死病毒，官方的辟谣还上了微博热搜。这个时候，PR（公关）就要出动，把'一时'上所有类似说法的内容都给删掉。他们会找我们开会，讨论如果有用户投诉时扯到了抽烟杀毒客服应该怎么处理。"

"类似的还有法务和 GR（政府关系）部门，比如用户在'一时'上看到了侵权或者涉政的内容，并投诉我们，法务和 GR 就会拉我们讨论客服的处理流程和方案。"

"如果说舆情是玩火，那么客服的任务是在早期投诉阶段安抚用户的情绪，解决用户的问题，把火灭掉。如果投诉处理得不好，发展成了高危投诉甚至上了微博热搜，火烧了起来，那么 PR 和 GR 就要出动了。"

"除了舆情之外，产品部门也会找我们了解用户的槽点和需求。虽然他们自己也会通过各种渠道收集用户反馈，但毕竟我们是全公司接触用户最多的部门。当然，我们也会主动找别人开会。比如有的 bug 遭的投诉太多，客服就会反馈给产品或技术部门，找他们要修复时间表，再答复用户。"

"这样来来回回的沟通，加上昨天说的几块工作内容，其实强度不小的。你昨天说周边好多公司看上去都是 6 点下班，我基本不可能，那时事情还没干完，所以都是 7 点多到 8 点才走。"

"但是叽里呱啦说了这么多，看上去每天忙忙碌碌的，有多少能让我成长呢？"她说，产假休完回来半年多了，现在完全进入了工作状态，要开始自己的转型计划了。

"你是怎么计划的呢？"

"我目前的想法是，在推进智能语音客服落地的过程中，了解各环节起了什么作用。"她说，现在自己作为需求方，主要跟运营对接，不怎么接触研发和产品，视野比较局限，"但我的优势是离用户近，对用户的需求把握得比较准"。

"如果能把这一条线串起来，理论上我就可以独立负责一款产品了。通过这款产品，我又可以触达背后的业务，搞清楚这款产品在整个商业模式中扮演的角色。如果达到这个效果，那我就从现在的单一客服视角升维到了全局商业视角，发展机会就比较多了。"

"这就是所谓的 T 型人才吧？先写竖，再写横。我觉得这条路线挺合理的，对那些未来规划不清晰的人而言是很好的参考，算是一个通用的成长方法论。其实，你能这么想，就已经超脱客服视角了。我认识的好多互联网人，思维始终跳不出那一亩三分地。"

"主要是我现在的领导比较有想法。我以前是那种活得没心没肺，下了班就啥也不想的'笨'女生。这个领导来了之后，手把手带过我一阵子，很多方法论是她教给我的，让我养成了主动思考的习惯。所以，跟对人很重要。"

"我读书时哲学学得比较好，而很多底层问题其实可以从哲学层面分析，所以领导带我带得动。很多同事是带不动的，领导有意教，她们无意学，那就没办法了。"

"而且我们公司不压榨员工，给大家留出了思考和成长空间。我们的企业文化之一就是鼓励大家不要当螺丝钉，可以在能力范围内做一些跨界的事情。"

"比如，我要是想在智能语音客服的落地中干一些产品和运营的工作，公司是鼓励的；总部的 GR 团队到成都出差，去拜访政府部门，我想去也可以一起去；智能语音客服的招投标过程，我也参与了。"

※　　　　※　　　　※

周六，钱蓓和老公陶跃带孩子到伊藤洋华堂的"椰子宝宝"上早教班。她在教室里开家长会，老公在大厅的游乐场带孩子玩。他穿着黑 T 恤、牛仔裤，腰间亮闪闪的钥匙串和脚上纯白色的篮球鞋一样显眼，是比较典型的理工男打扮。

"你们报的早教课怎么收费啊？"我问陶跃。

"我们谈下来是 7 000 多块，按次收费。但一共有几次，不记得了。"他说，上课时间是每周六下午 5 点，所以这天他都会带老婆孩子来附近玩，"我周末一般没啥安排，就是陪陪家人"。

他说自己学的是通信专业，在泸州水务局下属的一个单位做通信支持，工作日就住家里，周五下班出发来成都。"泸州现在还没有火车站，说是 2021 年才建好。我都是直接开车回来，3 个多小时，很累。"

"不考虑回成都工作吗？"

"调不回来啊！我们单位，水利相关专业才是主力，通信是边缘业务；而且我们用的技术比较老，没有核心竞争力。"

"辞职了重新找呗？"

"我倾向于在体制内工作，比较有保障。"他说，有大学同学校招去了华为，收入确实很高，但太累了，他没这么大的野心，"也有同事干了几年辞职出去找工作的，很多东西要重新开始，我觉得他太有勇气了"。

"那你的意思是继续异地？"

"是啊！如果我在泸州发展得好，那就我在泸州、她在成都呗！"他说自己小时候父母关系不太好，对他有些影响。"我觉得夫妻感情比是否异地重要。两人不恩爱，即使在一起，给孩子树立的也是坏榜样。所以，我很注意这一点，要把好的一面表现给孩子。"

"而且成都的节奏太快了。如果调到成都水务局，6 点下班，到家也 8 点了，陪孩子的时间不多。"他说，成都水务局还有可能加班。"有个同事参与了一个重点项目，基本是'996'的节奏，跟孩子见一面都难。我本来以为他今年会升职的，结果没有。"

钱蓓开完家长会过来了。孩子的饭点到了，她从老公的书包里拿出孩子的蘑菇肉末稀饭，找了个有座位的教室开始喂饭。陶跃去餐馆提前取号了。

"你老公刚才跟我说他可以接受一直异地，这个你们沟通过吗？"

"他当然愿意啊，这多好，不用带孩子。"她说自己单身时，其实是比较排斥异地恋的。"我爸是修铁路的，一年只在家待两个月。我妈在老家开了个超市，既当爹又当妈还要操持生意，我觉得她特别辛苦。"

"我老公还没跟我谈恋爱的时候，就跟我妈'串通'起来说服我接受异地恋。"她说，妈妈比较强势，导致自己有点"讨好型人格"；加上原生家庭父母经常就是分开的，她习惯了，所以后来就答应了。

"现在觉得异地也还行。"她说老公那个在华为的同学，上午出门时孩子已经去幼儿园了，晚上回家时孩子早就睡了，只有周末可以跟孩子当面说说话，"与其他回来过这种生活，还不如维持现状。每天晚上9点他定时跟我们视频，我觉得也还好"。

"你说华为这种节奏到底是不是对的？"她问我，"像互联网这样频繁更新迭代app，到底是不是对的？虽然我就在互联网公司工作，但还是会感觉节奏太快了。"

她说，自己跟老公一样，不太喜欢这种快节奏的生活。"老家的节奏就很慢，实在不行我就辞职回泸州吧。"

"你能接受回老家？"

"可以啊，在成都生活成本有点高。"她说妈妈在老家的业余生活很丰富，是个"丝巾大妈"，"喝酒，唱K，跳广场舞，夜生活丰富得很！每天比我回家都晚。把孩子完全绑在她身上，她要炸的，所以现在请了个阿姨。如果回老家，我自己带孩子，请阿姨的钱就省了"。

"那为啥现在不回老家呢？"

"主要是孩子的教育问题。"她说老家的教学质量不如成都，为了孩子也要留下来。"我小姨家是泸州体制内的，她家女儿，也就是我表妹，是在成都上的私立寄宿高中。"

"那时交通更不方便，我小姨和小姨父每周五下班后开好几个小时的车来成都，很晚才到，就是为了照顾我表妹，周末给她做点好吃的补充营养，周日再开回去，为孩子付出了很多。小姨比较强势，对表妹要求很高，我小时候不懂，觉得表妹好辛苦啊。"

"但是，我表妹非常优秀：钢琴10级，川大本科，西南财大金融硕士，才25岁就通过学校的项目去美国读博了；打算毕业后回西财教书。从她身上，我看到了子女教育和家长付出的重要性，所以目前我们的打算是自己牺牲一点，让女儿在成都接受教育。"

"不能让老公辞职来成都吗？不一定去华为这么忙的公司，找个轻松点的工作呗？"

"也不是没考虑过。但是，如果他辞职了，过了两年发现在成都发展得不好，这个锅谁来背呢？我更愿意他是因为有好机会回来，而不是因为我回来，然后事业上要重新开始，这样我压力太大了。"

"我认为私企都不太稳定，包括华为，都不是特别稳定。"她说，因为自己工作不是很稳定，而老公在事业单位，"可以干一辈子，不太存在中年危机之类的问题"，所以想保一个人稳定，这样整个家庭就相对安稳一些。

"而且他在体制内，我在体制外，我们可以取长补短。"她说，跟老公交流时，发现体制外的思维更偏商业，比如两人在聊一些投资机会的时候，老公就会觉得她比较懂。

"体制内人情味更浓。"她说，体制内改革很难，上层想推动点事情，阻力很大，碰到的人情世故跟自己在公司高层身上观察到的现象比较类似，她可以参考借鉴。

"我们商量过，异地这件事其实有解决方案，最好的情况是他调过来。我们一直都在关注成都水务局的岗位调动情况，今年有个机会，但隔天要通宵值班，对身体伤害太大了，还在考虑。而且成都的竞争压力肯定比老家大，我觉得他在泸州更容易往上升。"

"那你们有没有一个时间表之类的，在什么时候一定要解决异地的问题呢？"

"老公是我自己选的，我们都比较追求安稳，不是那种很有想法的人。现在的生活也是我们自己选的，如果再定一个目标，把日子过成了工作，那样太累了。"

"而且，其实每个人的接受程度不一样。"她说，在老家的朋友，在华为的朋友，她本人，对每天花多少时间陪孩子、陪家人，标准都不一样，但大家也都这么过来了，"自己想开点就好"。

※　　　※　　　※

7月是盛夏时节，但成都的白天并不热。我观察了一段时间，发现这边的天气有个特点：经常会下一晚上的雨，但早上就停了，所以很凉快。

"这个就叫'巴山夜雨'。幸亏我老公昨天出发得早，下雨开夜车挺危险的。"

周一早上见到钱蓓时，她说昨天在家带了一天孩子，比上班辛苦多了，很怀念单身的生活。"高中时玩《剑网3》比较猛，我妈还去网吧抓过我。现在只能在带孩子的间隙偶尔开一局农药了。"

"我以前读书时很文艺的。"她说自己读的是四川一所野鸡大学的新闻专业，业余时间写写小说、读读诗，是比较典型的文科女。毕业之后，校招进了"一时"，做内容运营。

"为啥从新闻转到内容运营了呢？"

"在新闻单位实习过，一开会就困。"她说自己的文笔比较随意，不适合偏正式的内容，"现在写年终总结、来年规划，做分享PPT啥的，都很困难，经常被领导怼'这么好的内容，被你写小了'"。

"我是2012年来成都的，当时'今日头条'才刚刚起步，我们公司的发展跟它不相上下。我是看中了这个机会才转行的。虽然那时工资不高，但工作压力不大。每天下了班之后去健身房骑骑动感单车，运动完之后吃个凉面，小日子过得很舒服。"

"那为啥又转客服了呢？"

"字节跳动发展壮大后，我们公司就'退居二线'了，内容运营的成长空间有限。另外就是当时的客服由各业务线自己做，比较散，公司想成立一个客服部门，把所有客服资源整合到一起。新部门要招人，我觉得这是个机会，就转了。"

"我知道有些素质不高的用户可能会把对公司的不满迁怒到客服身上，甚至骂人。像你这样从其他行业转到客服的人，能够处理好这类情况吗？"

"我的转行幅度已经算小的了。"她说自己团队有个学护理专业的同事，在医院实习过，本来可以转正的，"但她觉得每天面对病人压力太大了，所以转了互联网"。

"基层客服对专业没要求，只要学历是大专以上就可以了。当然，大公司还是偏向于招本科。据我了解，从别的行业转客服，普遍是因为看好互联网的发展，而当客服是一条低门槛的入行渠道。"

"至于处理用户的负面情绪，跟是不是其他专业转过来的关系不大。当客服之前肯定要培训的嘛！大多数用户的素质还是比较高的，可以好好说话，跟我们商量着解决问题。"

"当然，也有特殊情况。疫情期间，'一时'上有个武汉的创作者打电话过来骂我们，说公司偷了她的钱。这种算是高危投诉，需要我介入。因为我的同理心还比较强，能站在用户的角度考虑问题，所以即使对方骂我，我也能保持冷静。"

"我先安抚她的情绪，跟她聊了聊，才知道她是做教育的，老公是做旅游的，在疫情期间受到的影响都比较大。他们要养孩子，还房贷、车贷，手头很紧张。最近，她的付费内容收入不理想，怀疑是我们动了手脚。"

"了解事情的来龙去脉之后，我们团队的其他人挺生气的。但我没什么情绪，把投诉解决之后组织大家复盘。当然，我能比较淡定的原因也是因为我不在一线，最激烈的负能量已经被一线挡下来了，所以到我这里的投诉软化了很多，我能比较理性地处理。"

"对于一线来说，因为我们的客服本科的比较多，整体素质不错，所以培训完之后，大家普遍能够比较客观理性地看待一些恶言恶语。我们会自我心理暗示：用户针对的是公司，不是自己，不会太往心里去。"

"当然，一线客服的情绪不可能完全不受影响，这时我就会安抚一下她们。实在难受的，出去透透气，缓一缓。谁叫我们干的就是这份工作呢。"

"我是觉得各行有各行的难。我们公司的法务每天要处理很多恶性侵权碰瓷的案件，信安审核人员每天要看很多色情和暴力内容，也都是脏活累活。人的适应性很强的，只要自己能想通，不太把一些东西当回事，也就真的无所谓了。"

"客服这个工作比较琐碎倒是真的，因为你面对的每个人都不一样。"她说自己当了客服之后，整个人变得理性了很多，"因为对待用户不能有什么情绪，反而是你要帮他消解情绪，解决问题"。

"以前我是偏感性的，还要宣泄情绪；现在比较理性，所以小说也不写了，诗也不读了，觉得有点矫情。再加上要带孩子没时间，以前那些爱好全丢了。"

"我单身时，每周都要打一两次羽毛球。我老公追我的时候，周末经常从泸州来找我打羽毛球，不知道是不是装出来的。"她说，因为是小地方的，家里对她的个人问题催得比较急，很早就开始帮她安排相亲。

"接触过一个海关的公务员，也接触过富二代，感觉性格合不来。"她说不想找经济条件太好的，因为自己相亲过的这类人优越感都比较强，"有点傲娇"，她不喜欢。

"我比较看中人品、三观和共同的兴趣爱好，对物质没有很高的要求。"她说自己的婚戒是在淘宝上买的高仿，小两口把钱省下来去澳大利亚度蜜月了。

坦白说，这个决定还是让我有点吃惊。"为啥呢？"

"一方面是我老公家里经济条件一般，不想给他增加负担；另一方面是当时我们收入不高，觉得既出国度蜜月又买几万块的戒指，划不来。其实，我对形式上的东西看得比较淡，要不是父母要求，我连婚礼都懒得办。"

"既然对物质没有很高的要求，那你还担心什么瓶颈呢，成不成长无所谓啊！"

"也不能说对物质没有要求，我觉得更准确地说是能接受现状吧。"她说自己跟妈妈比较起来没吃过什么苦，所以收入不高也就认了，"我每天就背个公司发的双肩包，觉得活得糙一点也挺好"。

"那你是想活得糙，还是没得选、只能活得糙呢？"

"我调整一下自己的说法哈，也不能叫活得糙，而是比较务实吧。比如我看《乘风破浪的姐姐》，黄圣依家里用的是 7 万块钱的 LV 垃圾桶，我就很不理解；也不好看啊！如果我有这个钱，应该会用在更有意义的地方，比如做慈善、资助贫困生什么的。"

"即使将来经济条件改善了，我也不追求奢侈的、给别人看的生活。"她说认识的一个比较有钱的朋友，年收入稳定在 100 多万，在成都有好几套房，海南也有一套——冬天过去度假的时候住。

"她很讲究生活品质，吃东西会看营养成分表，坐月子去收费十来万的月子中心，但出门还是喜欢坐地铁。"她说这个朋友跟自己的消费理念比较接近，"如果我有钱了，也不会买豪车，可能会换一辆更舒适、更安全的车，30 来万，在城市里开开足够了"。

"那你跟老公有没有想过搞点副业啥的补贴家用呢？你下班要带孩子，他下班后应该有时间的吧？"

"陶跃没什么商业头脑，干不了副业。我以前做内容运营的时候自己注册了个号，写点东西，赚点广告费。怀孕时，闲得无聊，玩过分销平台，把一些产品链接分享到妈妈群里，赚个推广费。有了孩子之后，啥都顾不上了。"

"不过，我现在的生活质量其实也不差。我家不刻意省钱，该花就花。"她说老家很多亲戚每天都在琢磨怎么投资，哪里利息低，再贷一点出来买理财产品，赚差价。"他们不缺钱，但把心思都花在挣钱省钱上，反而没有怎么关注生活质量，过得还不如我。"

今天，她近 10 点半才下班。"事情有点多，上午一到办公室就跟产品负责人开了个会。"她说，因为半年考核之后，产品规划肯定会有调整，所以在不同产品上投入的客服资源也会有变化，要跟产品对齐一下。

"聊的时候会涉及比较多的产品视角，梳理公司产品线需要全局视野，很多一线客服不具备这个能力，只能我自己上，工作量还蛮大的。"

"下午就主要是写明天要用到的半年考核汇报材料，越写越焦虑，每天两点一线，看似很忙碌，但总结的时候感觉好像也没干啥。智能语音客服还没上线，另一个大项目也黄了。"

她说，这半年其实上线了一款部门主导、自己参与的舆情监控产品，本来成都分公司想把它推成主打产品；但上线没多久，总部就推出了一款类似的产品，而且做得比成都好，把成都的用户都抢走了。"这半年近乎等于白干。"

"这种事一出，我再给产品和技术部门提需求，人家就不一定接了：万一又黄了，不是又陪客服浪费了半年？但你说是客服的锅吗？分公司本来就没有话语权，以执行为主，战略都是总部来定。当两边的业务撞车时，胳膊还能拧得过大腿吗？"

"分公司高级职位本来就不多，客服的天花板就更低了。转型的话，大方向规划起来容易，可真要落地了，很多东西要从头学起，哪有那么简单。"

"那你有没有想过换家公司呢？"

"成都的客服岗位选择不多，大一点的公司就那么几家。去创业公司吧，客服又不是核心岗位。"她说也知道阿里合伙人童文红是前台出身，跟公司一起由山鸡变凤凰，"但这样的小概率事件可遇不可求。我觉得自己看走眼了，加入 OFO 这种公司的可能性更大"。

"其实，我每天都很焦虑，只是没有表现出来，也不会表现出来，不然是给家人徒增烦恼，因为他们也帮不上忙。"她说，毕竟客服这份工作对情绪控制的要求比较高，她能够消化自己的焦虑。"我会用碎片时间看看樊登读书会什么的，学一点系统的情绪管理方法。"

※　　　※　　　※

今天中午，我跟成都蚂蚁金服的一位工程师朋友吃了顿饭。他是四川人，之前在北京美团工作，但既没有户口也没有房，留不下来，只好回了成都。因为他在美团总部做的是核心业务，而在蚂蚁金服成都分公司做的是客服产品研发，算是边缘业务，所以他心理落差很大。

在蚂蚁金服的收入，在成都安家是比较容易的。他说自己有点野心，买了房、生了娃之后，感觉心安定不下来，还想再搏一把。但是，身边人普遍比较安逸。他找不到同类，很苦恼，还动过回北京的念头。

"先干个两三年吧，等孩子上幼儿园了，我再去折腾一点事。"

晚上 11 点多，钱蓓才下班。"总结会从下午 2 点开到 6 点。领导不是很满意，我们总结完之后，她又说了半天。"钱蓓说，本来计划开完会团队一起去外面做个 SPA，也泡汤了。

"老板说我们太纠结于日常琐事了，没有跳出来站在一个更宏观的层面看问题，总结能力太弱了；明明做了很多事，但没有汇报出来。这样的话，以后在跟其他部门要资源时，就没什么说服力。"

"什么叫更宏观的层面呢？"

她举了个例子："我们在汇报时说上半年投诉率 10%，下半年投诉率 9%，然后就没了。最关键的东西没说，比如这减少的 1% 是怎么做到的呢？是因为使用了什么工具、贯彻了什么思想？总之，单纯的数据没有感知，要提炼出数据背后的逻辑。"

"我就不太擅长干这种事。"她说，散会后，老板又叫她一起对下半年的规划。"老板希望我先从上到下，把大目标用一句白话讲清楚，再逐层细化，把任务布置下去。每次我做这种事情都比较头疼，感觉很难达到老板的要求。"

"心累。"可能是被领导怼了，也可能是时间有点晚，她开车比较猛。"感觉付出没有得到相应的回报。带孩子也很心累，有时候工作太忙，跟女儿生疏了，她不理我，我都觉得挫败感挺强的。"

"也很矛盾。我一边觉得每天陪孩子的时间太少了，一边觉得上班工作、下班带娃，没有自己的时间。以前也想老公回成都是不是可以分担一点压力？但有同事即使老公在身边，也是丧偶式婚姻：男的不管孩子，就知道在沙发上玩手机，还不如眼不见心不烦呢。"

异地的老公、年幼的孩子、琐碎的工作，在可见的将来，好像都不会发生什么大的变化。钱蓓现在的状态，可能还会持续一段不短的时间。"那就只能维持现状咯？"

"这3年应该是吧。"她说想在女儿读幼儿园之前在高新区置换一套学区房，这次不想让家里出钱了；同时维持职场竞争力，慢慢往上爬，业余时间再做点小投资。"都是常规操作。我就想当个小透明。四川人嘛，图个巴适，目标不想定得太激进。"

我想，其实钱蓓这样的小透明是大部分人的写照。他们没有明确的中长期目标，生活和工作充斥着鸡毛蒜皮，过着不好不坏的小日子。虽然你不一定注意过这些小透明，但在你没看到的地方，他们支撑着行业、社会和国家的运转。

夜里的成都又下雨了。晶莹剔透的雨滴洒落府河，南下汇入长江，流经泸州，终于来到陶跃身边。我无意评价他人生活，唯愿两人早日"君问归期已有期""共话巴山夜雨时"。

在线教育从业者芒格[*]

> 老外芒格不远万里来中国开英语培训工作室，并不只是为了赚钱。因为看到了中国的发展潜力，他过着"不健康但是有希望的生活"，起早贪黑地追求着中国梦。我们欢迎这样尊重中国国情，融入中国社会的人。无论你来自哪里，作为一名中国互联网人，都是好样的。

清晨 6 点多的"通北名苑"刚刚醒来。小区门口四下无人，一辆三元送奶车孤零零地停在这里。循着不远处的讲话声望去，街心绿地的健身器材旁，早起的大爷们正在一边活动筋骨、一边交流晨练心得。

6 点半，1991 年的格鲁吉亚小伙芒格走了出来，近 2 米的个头把手上的电脑包衬托得格外袖珍。我注意到他的一头棕发还湿漉漉的，问他是不是刚洗完澡。

"是的，清醒一下。"他说自己 2 点多才睡，6 点就起了，太困了，所以洗个澡再出发。"我平常都是骑车上下班，昨晚回来时车胎爆了，今天就不骑了。"

"怎么这么早就上班呢？"

---

* 本章画师：持持。

368

"我今天的第一节课在 7 点，教一个 17 岁的中国富二代 Tom 英语，要在 7 点前到办公室。他在纽约读高中，那边是晚上 7 点。"

"既然他在纽约，学英语为什么不找本地老师，而要找你呢？"我很诧异。

"Tom 混得比较惨（unsuccessful life）。他很胖，之前在中国读高中，但成绩太差，被劝退了，家里就给送到美国去了。他在那边读私立语言学校，但学习能力比较弱（slow learner），跟不上，基本开不了口。"

"本地老师不知道怎么有针对性地把 SAT（美国高考）分提上去，而我能针对中国学生的情况搞应试教育，家长更看得到效果，所以他妈妈就报了我的班。"

"那你为啥不多睡一会儿呢？反正也是远程教学，在家里把课上完了再去公司呗？"

"主要是家里没有办公环境。就像健身，在家也能简单练练，但我还是倾向于去健身房。"他看了眼手机，叫的滴滴快到了。"另外，高峰期太堵了。你不了解北京的交通，提前 10 分钟出发，路上能省 1 个小时。"

车来了，他钻进后座；车顶太矮，他脖子都伸不直。他说自己打车时一般都会睡一觉，因为晚上睡眠严重不足。"其实，我昨天 10 点不到就回家了，但要在网上找老师，所以熬到比较晚。"

"我们比较缺老师。"他说自己运营了一个英语培训工作室，现在有 10 个学生，基本都是高中生。4 个老师服务 1 个学生，分别负责听、说、读、写。他亲自参与 Tom 和另一个北京学生 Evan 的教学，其他老师都是在 Upwork（一个国际化的外包平台）上找的兼职。

"但兼职就不太稳定，大多数老师教一阵子就不干了。有些慕名而来的家长想给孩子报名，我只能推掉。"他说最近一直在找老师，"昨晚跟一个美国人聊，他开价每小时 100 美元，我觉得线上教学这个价太高了，打算今天砍砍价，谈到每小时 25 美元。"

"你一下砍这么多，还怎么谈？"

"都谈成好几个了！"他说自己都是按照价格从高到低来排序，先跟收费最高的人砍价。

"疫情期间很多美国人失业了，又只能居家隔离，没有收入，在网上教英语是个不错的经济来源。他们现在时间多、手头紧，稳定的每小时 25 美元比有一单没一单的每小时 100 美元更有吸引力，所以很多人愿意接单。"

他说，因为白天要上课，晚上要招人，为了照顾他们的时差，所以才早起晚睡，并不是自己天赋异禀。"如果明天早上没课的话，我可能就一觉睡到中午了。"

我们出发得比较早，一点都不堵。走京通快速路，15 分钟左右就到了公司所在的运河文化产业园。7 点不到，园区里还没什么人，芒格没有吃早饭的习惯，径直上楼办公了。

我不适应他的作息，晕晕乎乎的，还没睡醒，就去早餐店吃了点东西，又趴了 1 个多小时，才缓过来。这里离中国传媒大学很近，入驻了很多文化传媒公司。产业园主打中式园林风格，不像互联网园区那么有现代感、科技感。

产业园门口就是通惠河，河边

的一排沿街店面大都闭门歇业了。疫情的突然袭击难以预料，白色的出租"讣告"就贴在红色的招聘"喜帖"上，让人唏嘘不已。

　　中午 12 点左右，芒格发微信问我在不在园区，我以为是喊我吃饭，没想到是让我陪他去取钱。我问他为什么不用手机支付，他说老外要开通微信支付或者支付宝的话，要求非常苛刻，流程非常复杂，一般人根本玩不转。

　　"下午的计划是先吃饭，然后健身。"他提议去公司附近一家味道不错的西餐厅吃西餐，但不记得具体位置了。我们顶着大太阳骑车找了一圈，快 2 点才在一栋写字楼的底商找到了他说的这家

ACTION CAFÉ。

　　"你饿不饿？"他说这个点吃饭是他的常规操作，担心我不习惯。"我都是错峰吃饭，而且一般叫外卖，不去食堂。公司园区没什么老外，我觉得自己在一堆中国人里有点尴尬，所以喜欢单独活动，不喜欢扎堆。"

　　"上午在忙啥呢？"

"7 点到 9 点上课。接着就是跟一个在 Upwork 上找的微软退休工程师开会。"他说现在的教学流程大概是这样的:"除了少量教学任务外,我主要承担组织者的角色,要分别跟学生和老师约时间,然后排课。"

"上完课之后,学生要对老师进行评价,老师也要给出教学反馈。评价和反馈不发给对方,而是发给我。我会就学生的评价跟老师聊一聊,看看教学过程有没有需要调整的地方;也会把老师的反馈发给家长,让他们了解教学进展。"

"这些信息,包括课表、老师薪酬什么的,我都会记录在 Excel 上。你可以理解成在线教育的所有组织工作,我都是用 Excel 处理。"

"现在学生和老师慢慢多起来了,手动处理的工作量太大,我想找个精通 Excel 的人把这些操作的逻辑给提炼出来,看看怎么自动化。"那个工程师退休前就在 Excel 团队,收费 200 美元 / 小时,很贵,但很专业,他觉得值。

"然后就在招老师。昨天加今天上午一共聊了 3 个人,都在旧金山,也是在 Upwork 上找的。"他说自己用了 6 年的 Upwork,很喜欢这种一手交钱一手交货的模式,方便、简单、快捷。

"上面什么人都有。我还碰到一个在好莱坞工作、帮演员训练口音的人。我想找他来帮学生纠正发音,他说自己正在忙一个电影项目,忙完了可以试试。"

"懂 Excel 的工程师在中国一抓一大把,中国的外教也很多啊,何必找国外的呢?"

"中国的外包网站猫腻太多了。"他说自己不懂技术,分辨不出候选人的真实水平。有些人吹得天花乱坠,实际上名不副实。而 Upwork 相对实在一些,候选人对自己的描述还比较客观。

"这个退休的工程师水平高,还好交流。"他说以前也找过中国工程师外包,不仅水平一般,而且要"管",不然交付质量不高。"我是个比较客气的人,希望对方能自我驱动,不需要我装成有点凶地去管。大家按合同来,你拿结果,我付钱。"

"至于老师,之所以不找在中国的外教,是因为我觉得他们的质量是最差的(the lowest)。"他说自己找的老师一般都是美国人,最好是在本土或日本生活,"美国最认可的亚洲国家就是日本,所以我觉得日本的外教比较优质"。

边吃饭,他边点开微信群里的语音,是 Evan 在练口语。他用还算标准的中文跟 Evan 说："我很喜欢听你的声音，多说一点话。"Evan 的妈妈听了芒格的留言，在群里回复："我都脸红了。"

"你这算是鼓励式教育吗？我听说西方的教育是以鼓励为主，我家里人基本没有夸过我。"

"这是中国家长对'鼓励式教育'的一种典型曲解。"他说，有的教育机构为了赚钱，会迎合这种曲解，一味讨好学生，对课程中发现的问题绝口不提。

"其实是该骂就要骂，但该夸一定要夸。"他说自己接触过很多家长，因为害怕孩子骄傲，即使孩子取得了好成绩也不表扬，但出了问题就一顿批，结果孩子跟家长的关系越来越疏远。

"Evan 的妈妈就是这样的。"他说，Evan 的爸爸是国内一家上市公司的高管，不太管孩子。Evan 在北京上私立高中，但成绩不好，被同学瞧不起，也不敢跟家里说。

"有一次跟我打电话，说在学校跟同学吵架了，想跳楼，我听他语气不对劲，就骗他说要上课，让他接微信视频。我一看，果然是在天台，就借着上课的名义跟他聊了聊。他的情绪平静下来之后，才打消了轻生的念头，回教室了。"

"我的学生什么时候学会抽烟、什么时候谈恋爱了，家长都不知道，但是我知道。"他说，很多家长忙着赚钱，跟孩子相处的时间很少，管教孩子的方法不得当，而孩子正处于叛逆期，所以关系搞得很僵。

"他们愿意把小秘密告诉我，是因为我不评价（judge）他们。"他说自己跟普通老师最大的不同，就是爱学生。"他们既把我当老师，又把我当成倾诉对象。我其实也扮演了心理辅导员的角色。所以，我对老师的要求很高，他们要投入感情，要爱孩子。"

"我跟中国一家比较大的青少儿英语教育机构的老师聊过，他们吐槽说这种纯商业化机构把教育当成生意来做，对学生没有感情。老师就像麦当劳的员工一样，只是拿钱办事，不热爱工作。"

"我每个月至少跟老师们打一个电话联络感情。沟通很重要，人与人之间连接（connectivity）的建立很重要。如果只谈钱，是招不到好老师的，不然这些家长就不会找我了。"他说自己的学生基本都是富二代，正在读私立高中，将来想出国留学，但成绩不好。

"家里找最贵的老师也没效果，就找我试一试。这些孩子在家都是小皇帝，被宠坏了，一味讨好他们效果很差。我比较不卑不亢，不会因为学费给得高就唯唯诺诺，也不会因为成绩不好就看不起你，学生反而比较吃这一套。"

健身房就在园区里，我们 3 点到时，只有 1 个人在练。"好久没来了。"他说自己有运动习惯，但疫情期间健身房不开，所以改骑自行车了。"我买了辆 2 500 块的捷安特，但这个月已经爆了 3 次胎。感觉这辆车的配置跟不上我的强度，打算换一辆 6 万左右的 TREK。"

"6 万？"

"是有点贵，等到黑五再看看，那时在美国能打到 5 折以内。"他说自己认识一个在北京教书的意大利人，骑的车更贵，要 10 多万。"疫情期间他工资照发，还不用去办公室，就老约我骑车；跟我说不打算回意大利了——赚得少，还有病毒，在中国多爽。"

"对我这种骑共享单车都要算周卡还是月卡更划算的人来说，花大几万买辆自行车，还是很难理解。"

"我在顺义那边还见过 20 多万的自行车呢。其实，你想，这点钱在北京能干什么？买房子远远不够，买车又堵得厉害。"他说有个学生在北京有3套房，其中1套是300多平方米的大平层，从没住过，也不出租，就在那空着。

"有什么意义呢？还不如拿这钱买几辆好自行车，周末跟老婆孩子一起骑车出去郊游呢！女生还能减肥！这不比爸爸开车、妈妈和孩子在座位上玩手机要强多了？"

话虽这么说，但在每组训练的间隙抓紧玩手机的，却是他自己。"我在协调（coordinate）上课呢！老师在南非，学生就是Evan，他午休到现在刚醒。这就是富二代的生活（rich people's life）。"

训练一个半小时结束，他叫了星巴克外卖，说5点要开个会，需要来杯咖啡。"如果不是这个会，我就要睡1个多小时。身体太疲惫了，我可以秒睡（fall asleep in 1 minute）。"

晚上9点多，整层楼几乎走空了。他准备回家，邀请我去公司看一眼。这是家文化传媒公司，里面一个没有窗户的独立房间就是他的办公室，面积不大。进

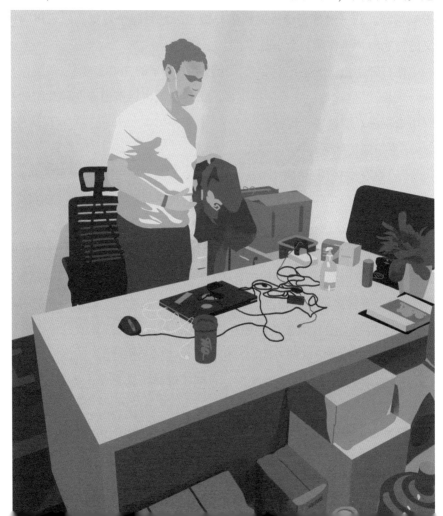

门就是办公桌，桌前的地上堆满了桶装水和红酒礼盒。

"怎么是家文化传媒公司呢？"

"这是联合创始人 Chris 的公司，免费给我用。"他说 Chris 也是他的投资人，在工作室的起步阶段帮着介绍了些客户。现在业务跑起来了，新客户都来自口口相传，就不再需要 Chris 出力了。

"Chris 最大的作用就是偶尔跟我聊聊天。他不常来公司，但来的时候我们都会聊到很晚。"他说这家公司的很多员工不认识他，不了解他的业务，也不会说英语，所以基本不跟他交流。他成天一个人闷在屋子里，没什么社交。

"这是家传统公司，规矩比较多，比如不能在办公室吃饭。虽然我跟老板是朋友，但不想搞特殊，不然员工知道了肯定有想法，所以我都是叫了外卖，把门关上偷偷吃。

"白天在这里睡觉也不方便，有人会进来拿东西。大家都在工作，我在睡觉，影响不好。我一般都是等大家出去吃饭了，赶紧睡个短觉，起来再喝杯咖啡，就又能打起精神工作两三个小时了。"

他打开手机上的星巴克 app，给我看他积累的 360 多颗星。"喝两杯咖啡可以换一颗星。"他说自己晚上睡得不多，虽然白天可以挤出一些碎片时间补觉，但睡眠质量不高，要靠咖啡提神。

"下午在忙啥呢？"

"一直在跟经理 Beth 开会。"他说 Beth 是工作室唯一的正式员工，快 40 岁了，在私立学校工作了很久，有近 15 年的教学经验；前几年把工作辞了，处于半退休状态。"去新西兰旅居了 2 年，然后回国生了二胎。"

"现在孩子大一点了，不用花那么多的精力照顾，她觉得可以重回职场了，就跟我一起做英语培训。时间比较灵活，也不用来办公室，她可以兼顾家庭。"

"最近有很多家长向她咨询剑桥通用英语五级考试，说是小升初的敲门砖。她觉得是个机会，跟我商量要不要开设相关课程。我们打算研究一下这个考试，看能不能总结出一套应试的方法论，再招几个老师来执行。"

"一直聊到现在，也没吃晚饭，只喝了咖啡。太累了，不想吃饭，只想睡觉。今天的工作就到此为止吧。"

我都准备洗漱睡觉了，11 点 18 分，芒格在微信上给我发了一张截屏——他刚跟一位 SAT 老师 Kristen 打了 40 多分钟的网络电话。"她正在给 Tom 上课呢，教不下去了，给我打电话吐槽。她觉得 Tom 就是个智障（retarded），完全带不动，情绪有点崩溃。"

"老师这么说学生，不太合适吧？"

"欧美老师就是这样。"他说，应试教育以分数为标准，所以英语培训的 KPI 很明确，就是提分。"东南亚的英语老师，尤其是菲律宾人，又便宜又能吃苦，能接受我设定的教学目标。"

"但我的很多学生家长不差钱，指定要欧美老师。欧美老师优越感强，不管你孩子上我的课之后考多少分，该付的钱一分也不能少。因为不是结果导向，所以提分效果一般。但是，疫情导致很多欧美老师失业，他们没了讨价还价的本钱，只能接受我的条件。"

"压力当然更大了，有些人就会不适应，比如 Kristen。那我只能安抚她，说 Tom 本来就是被学校和社会遗弃的孩子，家长也嫌他笨。但我在教他的时候，发现他不是笨，只是学得比较慢：别人花两小时能掌握的知识，他要花十小时。"

"但 Tom 的优点是记性好，学会了之后不容易忘。我觉得这个孩子还有救，在带他的时候会跟他说好好学，将来考个高分，证明别人都是错的。我让 Kristen 耐心一点，也可以试试激将法。"

"听你这么说，Tom 和要自杀的 Evan，好像都是富二代问题少年啊？为啥有钱人家生的都是这种孩子呢？"

"不是有钱人家生这种孩子，是穷人家的这种孩子我们看不到而已。"他说自己带的很多学生都是社会边缘人（outside of the society），属于"正统教育"下被淘汰的群体。"他们并不是坏孩子，只是不适应主流的教育方式。"

"针对这种学生，必须量身定制教育方案，没法标准化、批量化，很难上规模，对大公司来说投入产出比不高。"他说，也正是因为这样的原因，他的业务才能在角落里慢慢生长。

※　　　※　　　※

大暑下的北京，太阳的威力很猛，把路边的向日葵都晒蔫了。2点多，我到健身房时，还是没什么人。芒格已经换好了衣服，坐在卧推凳上全神贯注地玩手机。

我问他在干吗，他说跟昨天一样，在协调上课。我很好奇："天天协调？协调些什么呢？有这么多东西需要协调吗？"

"主要是在上课时间以外，老师和学生不能直接联系，需要我来传话，工作量比较大。"

"那为啥不让他们直接联系呢？"

"以前都是直接联系，但有个女学生考去新西兰之后，把教她的几个老师挖走了，模仿我们的商业模式，做成了我们的竞品。"他说，为了避免这种情况再次发生，从那以后，学生和老师要沟通，都必须经过他这个中间人。

"但是，上课环节老师和学生肯定要直接沟通，所以我们对课程全程录音，以此为震慑，希望他们不要夹带私货。这样一来，整个课程的每个环节我都参与，基本做到了可控，但代价就是我需要24小时在线（stay connected）。"

他说昨晚又是快1点半才睡，不到5点就热醒了。Upwork上有人找他，也睡不踏实，就干脆起床洗了个澡，然后马不停蹄地开始工作，连把自行车送去补胎的时间都抽不出来。

"但是，正好错峰了。下午健身房这么空，朝九晚五的人可享受不到。"他说，大多数人一天能集中精力工作的时间也就三四小时，其他时间有效产出不多，还不如来这撸会儿铁，换换脑子。

"他们是被公司规定的工作时间锁在了办公室里。"他说，大家一起通勤，一起吃饭，堵车排队啥的其实浪费了很多时间。"不过，他们自己也做不了主，只能按公司的规定来（They can not manage their time, but they are managed by their managers）。"

"我要不是来健身，就会睡一觉，因为正在上课的老师很靠谱，我很放心。自驱力很强，基本不用我管，安安心心等她的教学反馈就可以了。"他说这个老师人在日本，是个 17 岁的日裔美国姑娘，能说流利的英语和日语。

"日本人做事挺认真的。"他说自己虽然没去过日本，但从这个老师身上能感受到日本的精细和严谨。"我最佩服的 3 个国家就是德国、日本和以色列，都是缺少资源的小国家，反而被逼出了很多难以替代的创新，比如丰田车，性价比非常高。"

"像加拿大、澳大利亚这种资源大国就不行，没有什么拿得出手的东西。包括美国也是，太懒散了。我觉得它们是在吃老本。"他说自己有个朋友移民去了美国，在佛罗里达一家医疗公司当程序员。

"佛罗里达是美国新冠肺炎疫情感染人数第二高的州。"他说，上周末两人聊天，他告诉朋友北京的电影院都解封了，结果对方完全不关心，说他们都是照常上班、照样泡吧。

"我跟他介绍我的工作室，他说：'你又不是学教育出身的，母语也不是英语，怎么还能教英语呢？'我说：'我不用亲自教，可以招懂教育、母语是英语的人来教啊！'他完全没法理解。"

"这就是井底之蛙。人在舒适区待久了之后，对小圈子以外的事情一点概念都没有。我跟他讲接下来的发展计划，他说我被共产主义同化了，竟然开始做下一个 5 年规划了。"

"他也不理解我为什么来中国，觉得太辛苦了，没必要，还不如留在格鲁吉亚，或者去欧洲。"芒格说自己的父母还在老家，但叔叔一家在荷兰生活，可以投奔，都比在中国生活轻松。

"那你为什么来中国呢？"

"你相信自然选择、进化论这样的科学理论吗？"

"当然啊！为什么问这个呢？"

"我也相信。这是我们继续聊这个话题的前提。"他说，格鲁吉亚的国教是东正教，跟天主教是敌对关系。"有一些宗教，是排他的，而且很极端。比如，教义说人是上帝造的，不是进化来的。如果你不认同，那就要处死你。"

"欧洲很多国家宗教泛滥，信众对宗教的崇拜超越了对科学的追求，导致很多人缺少基于科学的理论体系。一些原来的科技强国，穆斯林移民越来越多之后，被宗教慢慢侵蚀，科技不断走下坡路。"

"美国的话，大家过得太舒服了，跟我那个朋友一样，没什么斗志；一份工作干一辈子，很安稳，但很无聊。"他说，因为家里经济条件不好，所以自己比较有危机感，很小就想做生意赚钱。

"我尝试过从肯尼亚进口玫瑰到老家卖，但这个生意被当地黑帮垄断了；因为他们在海关有人，还有自己的运输船什么的，所以能把价格压到很低。像我这样正经做生意的，要办各种证件，交各种费用，完全竞争不过他们。"

"而且我老家的很多年轻人都是赚快钱心态：干这个项目，需要多久？要1年？那不干了。只做'短平快'的事情，赚到钱了赶紧买辆车，没有长远考虑。"

"中国就不一样了。"他说，大部分中国人没有宗教信仰，国家也提倡科学技术是第一生产力；老百姓很勤劳，相信努力就会有回报。大环境鼓励奋斗，所以对于想做事的人来说，中国是很好的选择。

"我在格鲁吉亚读了本科，学的是国际政治。因为想从事科技行业，加上在哈尔滨有朋友，知道那个城市生活成本不高，所以准备报哈工大，读个计算机硕士。结果，这个专业不收文科生，我就改报了英语。"

"但是，一去哈尔滨，就发现自己不喜欢这个城市：基础设施很老旧，太冷了，年轻人没什么想法，感觉死气沉沉的。"他说自己只上了3个月的课就没去学校了，开始做点小生意。

"在学校旁边租了个小门面卖阿拉伯卷饼，夹肉夹菜，再放点自己做的酱汁，但生意不好。然后就来了北京，在一个国际学校当外教。"他说，那时过得比较健康，每天去健身房，吃健身餐，早睡早起，也不加班。

"周末在北京参加各种线下创业沙龙，认识了Chris。他有点资源，想拉我一起做学英语的app。"他打开手机，给我展示了一个类似于网易公开课的demo。"客户是企业和政府机构，付费看英语教学直播和视频，跟现在一样，也是美国老师教。"

"Chris 负责找客户，我负责开发 app。我白天要上课，都是下了班之后才能熬夜做这个项目，所以锻炼出了晚上睡得少、白天利用碎片时间快速入睡的能力。"

"我女朋友在哈尔滨，本来想等我在北京安定了之后搬过来，但我是一个正在打仗的士兵，这时候给我一个女朋友做什么？"两人就这么不冷不热地维持着异地恋。

"这款 app 已经可以运行了，但里面还没有课程。因为近两年中美关系比较敏感，而我们的客户里有政府机构，所以不太好谈。我跟 Chris 商量了一下，就把业务从 2B 改成了 2C，做青少年英语培训。"

"做了两年，刚开始很困难，现在顺利多了。"他说，除了中国，没有几个国家能提供这样的创业土壤。"但是，跟中国学生接触多了之后，我很担心他们的未来。"

"现在很多孩子玩抖音，跟着一些短视频学英语，其实都是 Chinglish，但他们没有分辨能力。说唱在高中生里很流行，其实歌词都没什么正面意义，但他们觉得很酷，就会模仿。中国的年轻人继续被这样误导的话，会不会走上欧美衰退的老路呢？"

边练边聊到快 6 点，他叫的外卖到了，是"吉野家"肥牛鸡排饭。他说自己已经很适应中国的饮食，平常主要就吃这类外卖。

"吃完赶紧回办公室，晚上事情还很多。"他说，今晚的一个重头戏，是今天上课的老师们会陆续把教学反馈发给他，他需要逐一回复——如果描述得清楚就发邮件，描述不清楚就打电话。

"还要根据这些反馈，结合学生评价和教学情况，及时调整每个老师的教学方式。做这件事，我需要一个安静不被打扰的环境和一个连贯的时间段来思考和梳理，只有晚上的办公室才符合我的要求。预计又要干到 1 点多了。"

周日早 8 点，我到芒格家的时候，他已经在办公桌前开始工作了。"我没有节假日。培训行业，周末比平常更忙。"他说昨晚没睡，跟 Beth 打电话到 6 点多，收拾收拾，洗了个澡，我就来了。

"聊啥了，聊一通宵？"

"上周 Beth 跟我讨论了一个新业务模式。"他说 Beth 之前工作过的私立学校找她，说很多学生毕业后要出国留学，虽然学校开设了英语课，但对于那些拿钱砸进来、基础比较差的学生来说，如果不接受专项训练，考试很难通过。

"学校想把考试专项培训外包给我们。昨天中午去跟学校领导吃了个饭，碰一下，聊聊合作的可行性。"他说因为疫情和中美关系的原因，很多原本计划去美国上高中的学生过不去了，私立高中的生意就更好了。

"吃了 4 个多小时。领导很认可我们，还给我们介绍了另一项新业务：很多家长没有能力辅导孩子写英语作业，孩子问妈妈这个单词怎么读，妈妈也不知道。"

"在 app 上查一下不就知道了吗？"

"有钱人哪有这耐心。能花钱找人解决，何必自己动手呢！"他说，领导建议他们提供一对一英语作业专项辅导，一次半个小时，收费不要太高，应该会很受欢迎。

"晚上又去跟北京一家医院的几个神经科医生聚餐，喝了点酒。"他说，这家医院建了个网络学习平台，医生需要学习在线课程来修学分。"我想拿下其中英语课的内容，所以要跟他们搞搞关系（refresh relationship）。"

"医生为啥要学英语呢？"

"中国的医生都要在国际期刊上发论文，还要参加国际会议。"他说，昨天参加聚餐的几个医生专业水平都很高，但英语不行，在国际会议上发言都是背稿子，而不是真正地演讲，跟其他国家同行交流也很困难，"他们有提升英语运用能力的需求"。

"那他们愿意跟你合作吗？"

"愿意啊！等这一波疫情结束之后就正式推动落地。"他说，其实给医生准备专业相关课程，比给高中生准备考试课程要难，但他的开价反而低了很多，想以此表达诚意。

"那你能赚到钱吗？"

"只要医院愿意合作，我不收钱都行。"他说，签约这家医院，就可以撬动北京其他医院，进而拿下别的城市的医院，钱可以后面再赚，"而且来看病的有很多是大人物，可能会带来新的生意"。

"聚完餐之后，就给其中一个医生上课了。这个医生是我以前的学生介绍的，我免费教她，她觉得效果不错，才介绍科室里的同事给我认识。"

"为啥免费教呢？"

"因为我以前都是教高中生，他们的目标是考试，而医生的目标是开会、发论文，所以我的教学方法需要调整，早期没法保证教学质量。我就跟她商量，我免费教，她配合我打磨针对新客户群的教学方法，看她愿不愿意。"

"Tom 也是，他虽然难带，但收费比其他人低。"芒格说，因为考试提分效果不如其他孩子，他想看看自己的教学方法哪里出了问题，需要怎么改进，所以亲自带。"我说可以免费教，但他妈妈不放心；她愿意付全款，但我还是打了 6 折。"

"我不收钱，又投入时间精力，看起来亏了，但其实我是在研发新的教学方法。客户群体扩大了，将来赚的钱就会把现在的亏损补回来。先有耕耘，才有收获嘛（You gotta invest before harvest）。"

"等新教学方法成形后，我打算招一些有神经学背景的人，比如医学生、退休医生甚至是在职医生，把他们培养成老师，来服务我的医生客户。"

"昨晚就在跟 Beth 聊这几项新业务怎么落地、我们怎么分工。"他说，Beth 把孩子哄睡着后就打电话过来，两人聊得很投入，没怎么注意时间，把电话挂了才发现已经到第二天早上了。

"听起来 Beth 挺靠谱啊，对公司业务也很上心。这样的人才，不考虑给她点股份期权，把她和公司利益绑在一起吗？"

"我对股份比较慎重，一般不想往外分。"他说，Beth 是北京本地人，家里比较有钱，对经济不太敏感，"她是因为赋闲太久了，觉得跟社会有点脱节，所以想做点事，不是为了赚钱"。

他说，Beth 虽然工作尽责，但对商业模式、互联网都不是很懂，也不知道怎么跟老美砍价、怎么管理异国他乡的老师。"我尝试带过她，但她不感兴趣，所以现在让她专注于教学方法的研究。"

门铃响了，是星巴克外卖。"8 点半有个面试，对方是马里兰大学的教师培训师（tutor trainer），我觉得他可能适合我们，所以想打起精神跟他好好聊聊。这杯咖啡是为他点的。"

面试开始了，对方年龄不大，戴着副厚厚的眼镜，看上去挺老实。芒格戴着耳机，我听不到对方在说什么，只知道芒格问了问他的备考（test prep）经验，对听说读写各是什么态度。从两人的表情和芒格的回复来看，他对这哥们挺满意。

提问环节结束，他接着向对方介绍自己的情况："我们的理念是，每个人都是独一无二的，有独特的才华。我们想发掘、鼓励他们，所以创造了一种定制化的、一对一的教学模式，让老师和学生都满意。"

"我们的优势是英语培训，全球最大的市场在中国……没有学校里的行政杂事，可以专注于教学……因为公司小，所以每个员工都有话语权，可以参与公司决策……"

他也给对方打了预防针："老师必须非常有耐心，因为教学周期长，一般是两年；而且学生年纪普遍不大，有时候学得不好甚至会哭。但课后我们会复盘，看问题出在哪里。"

"我们只招最好的老师，将来还会用 AI 技术来辅助教学。"他最后给面试人画了个饼，"新冠肺炎疫情发生之前谁都没有想到，我们公司将来发展壮大也会出乎大家的意料"。

面试一小时结束，芒格摘下耳机，告诉我双方都觉得还不错。"他说时间过得好快。我准备一会儿就把课程资料发过去，让他给 Evan 试讲几节课，看看效果如何。"

10 点要上课，可以休息半小时，芒格终于有空带我参观一下他的房子。"租的是自如的一室一厅，签了 1 年，月租金不到 7 000 块。因为旁边就是地铁站、超市和万达广场，我觉得价格还行。"

进门的地上摆了几双崭新的大码锐步运动鞋，白得发亮。"都是'6·18'在京东上买的，很便宜，才 100 多一双。"他拽了拽自己的 T 恤，说是买车时送的骑行服，因为穿着很舒服，所以又买了 5 件同款。

"我所有东西都是网购的，太方便了。"他又指着走廊里一辆前轮被拆掉的自行车说："这也是网上买的，商家把零件发过来，我自己组装。本来今天的计划是吃完饭之后把车修了，再去健身。但太累了，下午不打算出门了，在家补个觉。"

他的屋里陈设比较简单，也很干净，但感觉不是打扫出来的，而是没怎么用。除了厨房灶台上的锅和盘子有点生活痕迹，其他地方基本保留了租下来时的原样。"我搬过来一年了，有个箱子还没拆；其实，办公室才是我的家。"

临近上课，他在美团上把午餐点了，预约12点送达。10点整，他给 Tom 打视频电话，开始上课。今天的课是他陪 Tom 做作业，氛围比较轻松，两人就像聊天一样，Tom 做一题，他讲一题，而且主要是说中文。

"你看这一题，单词你不会都做对了，如果单词会的话能考更高分。"

"infer 是什么意思？我不记得了，你有很好的 memory（记忆力），你肯定知道。"

上午的课12点结束，外卖也到了——一大份烧鸡公，两大杯烧仙草，我们边吃边聊。我问芒格："在 Tom 做作业时这么频繁地跟他互动，而且还是说中文，教学效果能保证吗？"

"这个孩子的注意力比较难集中。"他说，如果让 Tom 自己在那做作业的话，很容易写着写着就发呆或者玩手机了，所以需要一直把他的注意力拉回来。

"如果跟 Tom 说英语的话，他跟不上，教学效果很差。"芒格说今天其实不算正课，而是上了一星期的课之后，帮 Tom 缓冲一下，给他点信心。

"你以为这种闲聊式教学很轻松是吧？其实很难。因为要求老师会说中英两种语言，还要知道怎么备考，还要能跟这样逻辑思维比较弱、学习能力相对差的年轻人交流。"

"他的作业，文件名都是定制的，叫《Tom，先做第一部分》（Do this first Tom）、《这是第二部分》（This is the 2nd part）、《终于到了最后一部分》（Hurray the last part!），既可以表达对他的尊重，又可以减少他对作业的厌烦情绪。"

"教这类学生，你既不能表现得太像个老师，不然他们觉得你太严肃，又不能太随和，不然他们不听你的。度的拿捏很重要。"芒格说能同时做到这些点的外教少之又少。

"我的核心竞争力之一，就是学贯中西。"他说自己在中国待了 5 年，熟悉中国市场，而身为格鲁吉亚人，他又了解西方的玩法。"在这个交叉领域里，商业机会很多。"

"比如，我聊过的很多美国 SAT 老师不知道怎么找客户。他们在本地上课，收费一般是每小时 20 美元，现在因为疫情，课都停了。我给他们开两小时 50 美元，还是线上，很多人都不相信有这种好事。"

"一些美国人想来中国当外教，但不了解中国国情。比如在上课时不能提'marijuana'（大麻），不然可能会被直接炒掉。他们不知道这东西在中国是不合法的。"

"很多国际学校招外教，但不知道怎么管理，该不该把外教纳入日常管理体系。"他说自己对中西方文化都有所了解，既可以给外教做培训，又可以给学校做咨询，还可以把不适合自己公司的外教转卖（resell）给适合的学校。

吃完饭，他要睡觉了，不知道几点起，让我先回去。"起床后可能要把老师们这个月的工资算一下。"他说，欧美老师太较真了，有时候多上了半小时课而没有结算都要跟自己扯半天。

※　　　※　　　※

"今天上午没去办公室，在家跟一个加拿大人打电话。"芒格做完一组深蹲之后，跟我说，这人昨天私信他，自称在英国文化教育协会（British Council）工作，因为疫情不能上班，工资也停发了，所以很多同事着急找活路。

"他说可以提供一个 40 人左右的同事名单给我，都是有意愿兼职教英语的；前提是他来当经理，管这 40 个人。我以前没碰到过这种事，所以比较谨慎，要多跟他聊几次。"

"昨晚，Beth 二面那个马里兰大学的人，没过，她觉得水平不太行。但暑假旺季马上要到了，我还是打算发个 offer，试试看。"他说这个美国人很认可他们，表示开价低一点也没关系，想跟着学习一下，"我准备跟他谈到每小时 15 美元以内"。

"你先做下一组啊，我处理点事情。"他拿起手机坐到一边，过了一会儿说道：

"有个正在上课的老师跟我说身体不舒服，好像是新冠肺炎的症状，没法继续上课了。"

"很麻烦，如果他要请病假的话，就得找人代课。但学生跟他的默契已经培养出来了，如果要保证教学质量，就要找水平更高的老师，目前我能想到的只有我和那个日裔女生。"

"这个老师是美国人，在莫斯科的 Yandex 工作。如果他真的确诊新冠肺炎了，我准备问问俄罗斯的朋友，帮他找家好点的医院。我表达对他的关心，他也会对我更忠心（The more love you show to people, the more loyalty you get from them）。"

"不过，打工和创业就是不一样啊。"他话锋一转，说这个老师觉得自己不舒服，就直接撂下学生不管了，而自己以前生病时会装作没事继续上课，不让学生看出来，"他可以随便换一份工作，但我就要考虑公司的形象和客户的感受"。

健完身，才 3 点多。他下午没啥事，提议去瑞幸喝杯咖啡。我觉得他这样每天晚上睡 4 个多小时，白天靠咖啡续命，还经常去健身房的生活方式对身体的消耗过大，向他表达了我的担忧。

"我也知道这样很不健康，但为了创业，必须要牺牲一些东西。"他说，非要在"健康但没什么指望的生活"和"不健康但是有希望的生活"间选的话，他选择后者。

"这也是我来中国的原因。"他说，走在路上，看到中国年轻人的眼里有光。"中国的发展空间太大了。相较于欧美来说，中国给了我希望。就像瑞幸，即使星巴克在中国已经有很多店了，瑞幸还是能开起来。"

"为什么欧美的 5G 发展不如中国？因为那边太舒服了，老百姓不愿意改变，新事物对他们的吸引力不大。就像电子支付，反正国家人少，很多店一天也就接待那么些顾客，用纸币也不麻烦。而中国人口这么多，科技可以大大提升效率。"

"其实，我特别想用科技来赋能教育。"他说，当前的在线教育，只是把传统教育的那一套搬到了线上，对科技的运用还很初级。"比如 AI，我没看到哪家英语培训机构在用。"

"给学生定制课程时，AI 能发挥很大的作用。我都让学生用 Quizlet 背单词，这款 app 会用 AI 判断哪些单词学生没记住，有针对性地训练他们的弱项，比一刀切效果要好。"

"还有，很多孩子上课注意力不集中。我在想，是不是可以开发一款 AI 摄像头，追踪孩子的目光，分析他的注意力，一旦孩子走神了，就提醒老师。"

"高考结束后，很多高中生不知道怎么选专业，家长也不懂。如果有 AI 能跟孩子一起成长，知道孩子喜欢什么、擅长什么，就可以在填志愿时帮他做决策。"

我觉得他说得挺有道理的，问他有没有尝试用 AI 做点什么，他说还没有。"应试教育的普遍目标，是在某个框架下取得好成绩。只有先考了高分，才有可能跳出这个框架。"

"我现在还是专注于考试。只有在现行规则下能帮学生拿到高分，我再激进一点用科技改造教育，家长才信得过我。"

我觉得芒格对中国国情的理解还挺深入的，一些思维方式根本不像老外，但脑洞又很大，有西方的冒险精神。中国互联网的发展，吸引着越来越多像芒格这样的人来华追求实现"中国梦"。但他们要打破中西文化的壁垒，在戏台上唱好歌剧，道阻且长。

"对我来说，中国是个健身房，我在这里得到了锻炼。但这样的环境不适合生活，所以再干几年，我可能就'退休'了，和女朋友去美国或者欧洲。"

芒格点了一杯意式浓缩。或许是因为这么喝的人不多，店员愣了一下。他说自己其实不喜欢这个味道，只是为了提神。黑褐色的液体看着就像中药，他端起纸杯一饮而尽，也许困苦就快过去了。

网络安全白帽子蔡和颂[*]

> 技术是把双刃剑：黑帽子用它为非作歹，白帽子用它"维护治安"。西北小伙和颂选择了后者，靠着自己的努力收获了不错的工作，却陷入了"温水煮青蛙"的境地。尽管有女朋友的全力支持，但"守正"有余而"出奇"不足的他想要有所突破，恐怕没那么容易。

东坝佳苑在东五环外，前不着村后不着店；除了门口的一个生鲜超市，目光可及的周边啥配套都没有。上了岁数的居民在花坛边坐着歇脚，穿着白衬衣的房

* 本章画师：一口锅。

产中介蹲在广告牌旁，百无聊赖地刷着抖音。

8点40，和颂骑电瓶车出发去上班。通勤路况很差，骑着骑着自行车道就没了，大车、小车、非机动车混在一起，十分危险。他速度很快，还边骑边玩手机，看得我心惊肉跳。

进入酒仙桥地区后才有了点城市的感觉。大批年轻面孔涌入我们路过的兆维工业园。车程15分钟，我们到达公司所在的星泰大厦，这幢写字楼闹中取静，入口在一条小路上。我们拐进来后，熙攘的人群瞬间消失，只有几个快递小哥蹲在地上分拣包裹。

和颂边停车边说："等下我啊，我先上去打个卡，然后下来抽根烟。"眨眼的工夫他就回来了，告诉我之所以这么着急忙慌，是因为早点打卡就可以早点下班。

"我们公司规定，9点到9点半打卡上班，6点到6点半打卡下班。如果9点上班，6点就能下班。"他说，公司没有加班文化，在互联网行业比较少见，"刨去中午吃饭休息的1小时，基本是8小时工作制"。

路对面就是个小区，我问他既然上班这么赶为什么不租在附近。"我跟女朋友住，不想合租。整租的话，这边的小户型都是'老破小'，六层楼，没电梯，住着不舒服。但就这都被抢光了。剩下那些100平方米以上的，月租金1万多，不划算。"

"东坝佳苑是回迁小区。我租的自如，120平方米左右，还有阿姨定期来打扫，一个月才7 500。我领导住燕郊，也是120平方米，你猜一个月多少钱？2 000都不到。"

"那他来上班不折腾吗？"

"这就是当领导的好处——他不用来上班。"和颂说自己就职的"云安网星"是一家互联网安全公司，创业初期主打 2C 的手机安全助手。"去年刚拿下 D 轮融资，体量大了，开始拓展 2B 业务，为企业提供安全产品和服务。我就是那时候进来的。"

"2B 业务大都是项目制，领导的工作主要是跟销售一起去甲方那儿把项目谈下来，后续由下面的人跟进落地。像我领导，他出去跑客户的时间比在办公室的时间多多了，不怎么来公司。"

"领导经常不在，项目节奏也不紧张，公司整体氛围很宽松。跟我们合作的甲方，要么安全团队比较弱，要么根本没有安全团队，碰到的问题比较初级，在市面上都已经有成熟的解决方案了，技术上没什么难度。"

"好处是工作比较简单，我还能腾出精力支撑其他同事，所以去年绩效评了优秀。但坏处是很多人都在混，在办公室看电影、玩游戏啥的。我为了跟大家打成一片，今年也开始玩《王者荣耀》了。"

"因为工作上的事情没啥挑战，自己的技术提升不明显，加上大环境太安逸了，身边的同事普遍在'温水煮青蛙'，所以感觉很慌。我是 1994 年的，还年轻，想搞点事情，但级别不够，没有话语权。"

他说自己比较看好 IoT（物联网）安全，用业余时间拉了几个同事做过可行性研究。"但他们觉得这不算 KPI，积极性不高。demo 出来之后拿给领导看了，他也懒得折腾，就只能先搁置了。"

我担心他下楼抽烟、跟我聊天会耽误工作，劝他赶紧上去。"没事！新项目还没开始，最近比较闲。"他说上班时经常被同事叫出来抽烟聊天，打发时间。"女朋友不让我抽，但不抽显得不合群，所以我现在改抽无味的电子烟，这样她就不会发现了。"

"你骑车时是在跟她聊微信吗？"

"不是。她要是知道我边骑车边玩手机，会说我的。"他说自己是在跟大学创业时的 2 个同学聊天。"他们一个在杭州，一个在深圳。我们还想再找机会创业，但不知道干什么，所以有灵感就马上抛到群里讨论。"

"最近在跟他们聊几个 idea（点子）。我有个朋友在西安开整形医院，客户都是美容院介绍过去的，但抽成特别高，医院赚不了几个钱。朋友问我能不能把新氧上陕西地区的用户信息爬下来，他们再挨个打电话推销。"

"还有个网红公司的老板，做私活时认识的，一直想让我过去负责技术。广西那个偷电瓶车的'窃·格瓦拉'，今年出狱之后本来准备签他们公司做直播，价格都谈好了，一年 200 万。但当地政府觉得宣传导向有问题，把合作叫停了。"

"这跟你的专业都没啥关系吧？"

"能赚钱就行啊！我对新事物的接纳程度很高的，只要能赚钱，我就愿意研究，看看自己能做什么。之前在同事家打农药，没烟了，叫了个美团跑腿，结果17 块钱的烟收了我 60，跑腿费 43。我一看这么赚钱，就注册了个美团骑手，想体验一下。"

"结果送了几次，发现这个钱不好赚。骑车倒不累，累的是在那种老小区里，门牌号啥的都不写清楚，我要问半天路才能送到。有些人拿了外卖谢谢也不说，哐地把门关上，贼不爽。"

6 点，和颂准时下班。我们到家时，女朋友小敏已经点好了外卖，等他再炒个菜就开饭。他在冰箱里翻找食材，我看到好几包枸杞。"我妈寄来的，我是宁夏人。"

小两口在厨房忙活，我在屋里随便转转。家具不多，一间次卧闲置着。客厅是主要活动空间，一张堆置杂物的床上"躺着"一把尤克里里，靠墙的桌上摆着电脑和 iPad，足有半人高的超级玛丽积木玩偶站在一旁，正在"来给生活比个耶"。

和颂洗菜切肉，动作挺麻利。在我认识的互联网人里，准点下班的倒还有几位，但能自己做饭的，除了他没别人了。他说大四在北京实习期间加班比较多，虽然同事们都习以为常，但自己不喜欢那种生活。

"可是，很多人都在过那种生活吧？"

"我知道啊，为什么我要跟他们一样呢？"他说自己并不贪图享乐，只是想追求工作和生活的平衡，"这也是我创业的动力，我觉得只有当老板才能自主安排节奏"。

我问他今天上班在忙啥，他说主要在写复测报告，剩下的时间就在随便逆向点东西。"你用的术语太专业了，我是技术出身都听不懂。'复测'和'逆向'是啥意思？"

"我们不是给企业提供安全服务吗，其中一项是帮他们做安全审计。"和颂说，甲方的产品在发布前会交给他们分析，看看有没有安全漏洞。"分析产品用到的技术，就是逆向。我把逆向时发现的问题反馈给客户，他们修复之后又发给我再次逆向，就叫复测。"

"我们就是所谓的'白帽子'。"和颂说，他们这种以保护和防御为目的进行逆向的黑客，统称白帽子。而那些利用安全漏洞谋取私利的黑客，则是黑帽子。两者用到的核心技术都是逆向，但出发点相反。"网络攻防就是黑帽子攻，白帽子防。"

"逆向到底是个啥技术，这么厉害吗？"

"你可以这么理解：根据菜谱做菜，是正向开发。吃过一道菜就知道是怎么做的，是逆向工程，简称逆向。像我是做 iOS 逆向的，客户把 app 交给我分析，我就可以知道它的实现原理。"

"知道了实现原理，就可能发现安全漏洞。比如，我把客户的菜谱逆向出来后，发现里面有白砂糖；但是这道菜糖尿病患者也会吃，那就有安全隐患，建议换成木糖醇。"

"逆向的难度其实比正向大，但很多客户没有这方面的技术储备，不知道黑帽子的存在，就会低估白帽子的作用。他们觉得不出问题是应该的。其实，哪有什么岁月静好，不过是有人替你负重前行。"

"但总的来说，跟企业合作还是比较舒服的。"和颂说，正因为客户不懂安全，所以不太会挑战审计报告，"而且企业项目一般有明确节点，项目结束就可以休息了，不像以前做 2C 项目，用户需求一个接一个，没有终点，要一直绷着"。

"企业也比较大方，不会抠抠搜搜的。"他说之前去甲方驻场办公，因为客户用的是内网，出于信息保密要求，他的私人测试机不能联网，所以工作开展起来非常麻烦。

"我跟对接人反馈了一下，他直接拍板把我的测试机买了下来，项目专用，就放在他们办公室里，不能带出去。那部手机很旧了，闲鱼上的同款才不到一千块，他给了我两千。"

"但后来也碰到些问题。"他说这个对接人是组长，实际干活的是 3 个组员，自己主要是跟他们打交道。"我分析客户的 app，发现了点问题，就反馈给了其中一个人，他说'我看看'。后来，跟另外俩人说事，我也把问题告诉他们了，结果都说要看看。然后，就没有然后了。"

"过两天跟组长汇报，我又提了这个问题，他就问组员进展如何。结果，三个人都说自己不太清楚，还要再看看，组长也没说啥。感觉他们比较注重过程，对结果不是很在意。我就不太适应这种风格。"

他掌勺的土豆片炒肉出锅了，老抽放多了，有点黑，但味道还可以，是香辣口味的。"放了点我妈寄来的油泼辣子，凑合着吃啊！"他说自己其实不太会做饭，都是大学期间"无师自通"摸索出来的。

"你大学时在外面租房子住吗？"

"是啊！唉，说来话长。"他说自己大学是在湖南郴州读的，"湘南学院，你肯定没听过"。那时，他家境不错，大一生活费每个月起码 5 000，"必须花完，绝不省钱"。

结果，大二时，爸爸染上了赌瘾，借了高利贷，家道开始中落。"追债的电话都打到我同学那里去了。受不了身边的闲言碎语，我就搬到校外租房住了。"

"没跟家里说，也不敢找他们要钱，只能打工挣生活费。"他说自己给还没开

业的酒吧发过宣传单，一天 50 块钱，"受尽了冷眼，第一次觉得社会不好混"。

"酒吧开业后，我去当服务生。很多客人都是高中生——小屁孩，狂得很！喝醉之后骂骂咧咧的，我也只能忍着。当时做阿拉伯水烟，我要先自己吸，把烟点着了再端出去。吸了一周，后来闻到那个味就想吐。"

"在酒吧挣得太少，我就去夜总会当'少爷'了，其实还是服务生，但一天下来小费能收 300 多。我认识的一个'公主'，都订婚了还在天天陪酒，结果有一次被客人喂了摇头丸。我突然觉得这钱不好赚。"他说自己不想再跟那群人有任何瓜葛，第二天就不辞而别了。

小敏不怎么说话，安安静静在旁边听我们聊天。黑乎乎的土豆片炒肉她基本没有动几筷子，但和颂问她味道怎么样，她还是会说："好吃！"

"小敏比较包容我，我做什么她都说好吃。"他说自己能找到小敏这样的女朋友，简直是上辈子积了大德。"她是南通启东本地人，家里条件很好。她爸爸和几个叔叔在银川做不锈钢生意，几乎把本地市场垄断了。"

"我们是高中时在李阳疯狂英语夏令营上认识的，其实只相处了两周，之后她就回江苏了。"和颂说两人一见钟情，谈了一个半学期的异地恋，天天打电话。

"但是没敢告诉家里。有一次找我妈要钱，说是上补习班，其实是偷偷买了部新手机。结果，有一天不小心被我妈看到了，她问我这手机哪来的，我只好承认了。"

"她去营业厅把我的通话详单拉出来，发现我只给一个号码打电话，就知道这是我女朋友。她打过去把小敏骂了一顿，说早恋影响学习，把我们拆散了。那是 2013 年，之后的 6 年我们就不联系了。"

"这么狗血？那怎么复合的呢？"

"其实，我一直都在悄悄关注她。"和颂说，小敏的电话他一直记着，对于黑客来说，通过电话在网上找到一个人不难，"我去年底在太原出差，平安夜晚上在宾馆刷微博刷到了小敏，突然感觉心里有点慌，就给她发了一条短信，大意是：你还好吗，还记得我吗，我很想你。"

"小敏是怎么回的呢？"

"我没回，"小敏笑着说，"我看到了，但没回。我没存他的号码，一开始还愣了一下，心想这是谁啊。都过去这么多年了，我对他的印象很模糊了，不知道怎么回。"

"我一晚上都没睡好。"和颂说，第二天他还是意难平，就心一横，直接给小敏打了过去，"紧张得手都在抖"。

"你接了吗？"

"我一般不接陌生来电的。但看到号码归属地是湖南，就接了，因为我老板是湖南人，我还以为是他。"

"然后呢？"

"我们聊了很久。"和颂说，好像也没有刻意找话题，只是叙叙旧，但感觉还是很好，就又开始每天煲电话粥了。

"你记不记得，有一次我们聊到早晨5点多，我8点就要上班了，都没怎么睡。"小敏说她是做室内设计的，那天去工地后困得不行，蹲在地上把头撑着，熬了一天。

"那你是什么时候重新喜欢上和颂的呢？"

"有一次视频，我看到镜头里的男孩在笑，觉得他笑得很好看，眼里都是我。"

"因为很久没见了嘛，我搞了两张周杰伦的演唱会门票，打算过完年邀请小敏来北京玩。结果，她来了之后，演唱会因为疫情取消了。我们就在市里玩了一下，发现相处起来还是像六年前那么自然。"

"3月份，我们就一起去了趟大理，在洱海边住了一段时间。"和颂说他们没有刻意安排行程，每天就吃吃宅宅，在人少的地方散散步。小敏指着外卖里的炸酥肉，说这个菜就是在云南吃到的，每次吃都能回想起那段愉悦的时光。

"当时我心想，两人好不容易又在一起了，如果小敏回江苏，我们再异地下去，那就'凉'了。所以，我有点破釜沉舟的心态，豁出去了。"和颂说，原计划是两人都辞职去上海找工作，"但小敏没有让我动，她来了北京，然后我们就正式在一起了"。

我问小敏当时怎么下的决心，她说自己没有想太多："我觉得我们的性格比较契合。要解决异地问题，总有一个人需要做一些妥协的。"

"那我还是比较谨慎的。"和颂说自己在小敏找工作的问题上花了不少心思，"当时有两个还不错的选择：一个是阿里刚成立的什么云设计部门，可以在家办公；还有一个是现在这家公司，专门设计别墅。"

"她在老家的时候设计的是普通住宅，收费也不高，所以公司不太上心，她没什么成长。"和颂说，住别墅的老板普遍不差钱，要求也高一些，更锻炼人。"我觉得，随着经济的发展，大家的精神需求肯定越来越高，设计的重要性会慢慢体现，所以还是要把专业搞好。"

"这份工作不太好的地方在于，老板们平常比较忙，只有周末有空，她们就要上班，今天才休息。我觉得设计师就是个需要熬的职业，所以没关系，甲方有时候也要求我们周末加班，那我就周一调休，跟她一起过。"

吃完饭已经快 9 点了，我怕影响两人休息，准备打道回府。"还早着呢，再聊会儿呗！我们都是 1 点多才睡。"和颂说他的业余时间安排比较随意，如果有状态，就看看技术文章和博客啥的，没状态就娱乐一下。

今晚应该是没状态，他跟小敏开了一局农药。"我以前脾气有点冲，玩游戏碰到猪队友，输了，会喷他们。但是，跟小敏在一起之后就不会了，她玩得比较好，

可以带我。"

"我感觉跟小敏在一起之后心态平和了很多。"他说，刚来公司时有点傲娇，看不起组里那些司龄比他长但技术不如他的人，觉得别人是混子。"小敏经常劝我宽容一点，多看看别人的优点。她的话我还是能听进去的，慢慢发现'混子'也有值得学习的地方。"

"比如，我们跟友商提供的产品在功能和价格上都差不多，怎么说服客户选择我们呢？有个同事技术不行，但话术很厉害，说我们早年是做 2C 出身，后来才转 2B，兼具甲方乙方思维，考虑问题更全面。客户果然买账。

"还有个同事是从体制内出来的，平常不太干活，但很懂体制内的那一套。我们提供的安全服务是虚拟产品，经常碰到的一个问题是甲方领导视察时没有东西可看。这哥们就包装了一台服务器，把各种数据打在大屏幕上，领导很满意。"

不早了，我起身告辞。他坚持送我，顺便把垃圾带下楼扔了。北京 3 个多月前就开始实行垃圾分类了，但我看到楼下的"其他垃圾"桶里，还是装满了瓜皮剩饭。

"你们小区不用分类吗？"

"说是要分。我之前都是分的，但是有一次下楼看见一辆大车把所有垃圾混在一起运走，我就再也不分了。"

※　　　※　　　※

今天早上，和颂的出门时间不变，但路线有些变化。"我们先去公司打卡，然后回来接我女朋友。送她去上班之后，我再回公司。"我看了下地图，小敏公司所在的望京 SOHO，跟星泰大厦在同一方向，其实是顺路的，不明白为什么要折返一趟。

"主要是想让她多睡一会儿。"和颂说，小敏 10 点半才上班，如果迁就他，小敏就要早起。如果迁就小敏，他打卡时间比较晚，下班也就晚了。

"那让她自己去上班呢？"

"周围没有地铁，坐公交还要转一次车，折腾 1 个多小时。如果打车，早高峰又很堵。门口的共享单车晚一点就没了，她又不太会骑电瓶车，而且这条路很难走，车比较乱，我不放心。你跟我们走一趟就知道了。"

　　9 点打完卡，我们迎着反向车流，9 点 17 回到小区，和颂进去接人。10 分钟后，他载着小敏出来了，路上两人一前一后，有说有笑，车速比他自己通勤慢了很多。"反正我打过卡了，她上班还早，就不着急了，溜达溜达呗。"

　　如他所说，小敏通勤的这条路很烂。本来这儿挖那儿挖尘土就大，洒水车经过后，地上泥泞不堪。我骑自行车跟在两人后面，衣服上溅得斑斑点点。大货车、

面包车、小轿车、快递三轮车、电瓶车、自行车各不相让，攀比谁的时间更贵。

9 点 47 把小敏送到望京 SOHO，我们折回星泰大厦。这一早上跟打仗一样，我有点累，问他："以你的技术，魔改一下，远程打卡，应该不难吧？"

"那可不行，公司知道我们有这能力，所以规定一旦发现打卡作弊，直接开除。之前有过先例。"他说自己工作效率比较高，不差这点时间，没必要耍小聪明。

路过利星行广场时，他指着一辆停在路边的奔驰两座跑车，说自己曾经拥有过同款。"40 多万，在郴州买的，跟前女友分手时被她开走了。"

"啊，啥情况？"

"大学同学，谈了 4 年。"和颂说，前女友瑶依是个江西妹子，跟他一起从湖南来了北京，但没找工作，想当网红。"一到周末就开车出去给她拍照，然后修图。成片不好看，她还会生气。"

"那个时候，她没收入，所有开销都是我来负担。后来，粉丝多了，开始接广告，收入比我高了，就有点看不起我了。"和颂说，当时两人已经谈婚论嫁了，但彩礼太高，他拿不出来，瑶依就直接提了分手。

"她还要我那辆车当分手费。当时，所有朋友都劝我不能给，但分手对我的打击太大，一切跟她有关的东西我都不想再看到了，给她就给她吧。"

"结果，过了一个星期就后悔了。后面陆续找她要回来十几万，但车肯定是要不回来了。"和颂说自己刚分手时还不习惯一个人生活，每天拉朋友出去借酒浇愁，花了很长时间才走出来。

"我们都分了半年了，她还联系我妈，拉了个清单，说跟我在一起时哪些钱是她花的，哪个月的房租是她掏的，列得清清楚楚。一共才 3 万多块钱，要我妈还。"

"这有点过分了吧？在一起时，你没察觉到她很物质吗？"

"察觉到了，但当时觉得在一起这么久了，就算了。前段时间，她的现任不知道从哪里搞到我的电话，跟我吐槽。他跟瑶依是老乡，家里互相都认识，说现在一提分手瑶依就要跳楼，两家人都搞得贼累。我跟他说：'祝你们百年好合，不要让她再祸害别人了。'"

"那小敏知道瑶依吗？"

"知道，我都向她交代了。她说我太傻了，这么贵的车都给了别人；也有点吃醋，觉得我对瑶依更好，为她花了那么多钱。马上七夕了，我还不知道给小敏买点什么呢。"

照常 6 点下班，和颂去接小敏。酒仙桥地区高峰期巨堵，我们沿酒仙桥路往望京方向，在穿过机场高速的路口等红绿灯时，汽车霸占了自行车道，摩托车、电瓶车和自行车霸占了人行道，简直乱了套。"知道为什么不让小敏打车了吧，没一个半小时到不了。"

我们 6 点 20 到望京 SOHO 楼下，看见小敏提着一个蛋糕——原来今天是和颂的生日。到家后等外卖没啥事，我问和颂今天在忙啥。"没忙啥。逆向了一款 app，然后就在改晋升 PPT。"他说自己现在是校招生级别 P5，想跳到专家级别 P7，这样就可以带团队了。

"跳级的情况比较少吧？为啥要跳级呢？"

"我想向小敏家里证明，我比同龄人更优秀。她家比较传统，不接受外地女婿，隔壁市的都不行，更不要说宁夏的了。他们对小敏的要求就是一辈子陪在身边，哪都别去。"

"她在老家每个月工资才 1.5k，但步行 10 分钟就到公司了。来北京前，她奶奶还去庙里算哪个工作比较合适，结果算出来的那个只干了 5 天，工资都没要就走了。"

"现在这份工作主要靠拉客户赚提成。她一直在小地方生活，没什么社会经验，有点社交恐惧症；加上刚入职，还不熟悉业务，一个客户都没拉到，上个月只拿到了 2k 多的底薪。"

"但她花家里的钱习惯了，用的都是海蓝之谜。我们每个月点外卖都不止花 2k。我劝过她，让她不要再找家里要钱了，就花我的钱，稍微省着点。她还哭了，觉得我嫌她大手大脚。"

"但是，小敏的家人同意她来北京，不就相当于默认这门亲事了吗？"

"我觉得他们是在考验我，看看准女婿到底能混成什么样。"和颂说目前结婚的彩礼和房子都没着落，肯定达不到家长的要求，所以先一门心思努力赚钱。

外卖到了，是小敏专门为他点的牛肉拌面，就当长寿面了。生日蛋糕上的装饰，是一辆红色的敞篷跑车。"我们昨晚还在网上看保时捷 911 来着，喜欢的配置要 180 多万。"

"有这钱的话，先买套房呗？"

"我们还没想好在哪里定居呢。不想在一线城市，压力太大了。"他说有同事在北京买了个 60 平方米的"老破小"，花了 500 多万，自己完全不能理解。"我想在南方找个生活成本不高的二、三线城市，买套别墅。不过，现在也都是 YY 一下，啥时候才能挣到那么多钱啊！"

"你的奔驰是怎么挣到的呢？"

"大学时创业啊，也是搞安全，挣得比现在还多。"他说自己走上网络安全这条路纯属巧合。"去外地上学之前买电脑，本来我是想要外星人的，但我爸觉得苹果比较高级，就送了我一台 macbook。"

"大一时，其他同学都在玩游戏，我这台电脑玩不了，干着急。"他说闲着也是闲着，就看了李明杰的视频，自学了一点 iOS 开发，认识了后来去了杭州的景明和深圳的雪峰。

"他俩是搞 web（网站）安全的，参加了一些 SRC，我看能赚钱，贼酸，就跟他们一起搞。但发现搞 web 安全的人有点多，竞争比较激烈，就想换个方向。他们说，要不你试试 app 安全吧。"

"当时恰好有本刚上市的书，叫《iOS 应用逆向工程》，讲的是 app 逆向。我熬了两个月的夜，每天搞到凌晨四点多，对着那本书练习，然后就入门了。"

"我的好胜心比较强，看你做得不错，那我就要比你做得更好。三个人里，我是入行最晚的，但成长最快。而且那几年也是 app 安全发展得最好的时候，所以很快我的技术就不比他们差了。"

"大二时，我牵头成立了一个安全工作室，叫'墨眉'。"和颂说，这个名字源于他喜欢的动画《秦时明月》，号称"墨眉无锋"，是一把"无锋胜有锋的德者剑"，"预示着我们是主打防御、有道德底线的白帽子"。

"因为在湖南，尤其是郴州，做网络安全的公司几乎没有，加上当时国家鼓励大学生创业，所以学校给我们提供了一个 120 平方米的办公室，一年租金只要 1 万，水电费全免。

"刚开始还是参加 SRC 赚奖金，就我们 3 个人。但是我发现这行'独狼'比较多，就拉了一些人入伙，安了个'网络虚拟成员'的头衔。公司给他们派活，抽一点成，跑起来之后收入还不错，我就开始帮我爸还债，还贷款买了辆奔驰。"

"SRC 是啥？"

"就是有些企业会发布悬赏：如果你发现了我产品的安全漏洞，告诉我，奖金就归你。"和颂说得兴起，又道："也接企业安全的单子，比如网信办要来检查了，就赶紧找我们去做一点准备工作。"

"但是，我们体量太小了，接不到大单子，都是大公司接了之后再低价转包给我们，只能赚个辛苦钱。有时候，结款还不及时。有一次，我还完车贷和我爸的欠债后，手头实在有点紧，为了省钱，煮了一个月的挂面。"

"后来，我们还跟学校合作，让各专业最优秀的学生来实习。墨眉能发实习工资，还能开实习证明，离学校又近，所以很多学生愿意来。但我发现，很多年轻人干了这行之后，容易经不起诱惑。"

"掌握初级逆向技术的应届生去大公司当白帽子，税前一个月能开到 10k 出头，其实不低了。但如果去做黑灰产，税后一个月能干到 30k。"他说，身边有人曾因此被警察带走，然后彻底失去音信。

"到了大四，我们面临一个选择，就是继续办公司，还是出去实习。现在回想起来，真是自己作死——我们觉得工作室不算正经工作，在郴州的眼界和发展也比较局限，想去大城市大公司历练一下，见见世面，就把公司解散了。"

"啊？那也太可惜了吧？！"

"是啊！后来很多成员都去了阿里和腾讯。我们在郴州能做出一家这样的公司真的很不容易。"

"然后，大家就各自找实习了。我本来想去阿里的，技术面试都过了，到了HR 面试，她问我如果来了有什么规划。其实，我挺有想法的，大学创业也算成功，但当时为了表示谦虚，就说没什么规划，先踏实工作，走一步看一步。结果被挂了。"

"我在看雪论坛上关系比较好的一个网友在网星，他让我过来实习，说这边比较宽松，业余时间还能接接私活。我就来了，才发现做私活竟然这么赚钱，比我现在的全职收入都高。"

"啥私活呢？"

"接逆向单子啊。"他打开一个网站，主页上花花绿绿的字体写着"高价收TikTok 精准粉 +Q""QQ 引流能做的实力收加 Q 群"。"啥需求都有。我给客户逆向过东南亚竞争对手的产品，也帮营销公司分析过社交平台水军僵尸号的原理。收费很高。"

"那时候来钱太容易了，所以比较追求浮夸的生活：卫衣4 000多，羽绒服1万多。现在可能是经历了几家公司，过了那个阶段吧，跟小敏在一起之后，我把贵衣服都扔了，想'重新做人'，现在穿的都是几十块的淘宝货。"

"私活也不接了。这种打擦边球的行为处于监管盲区，很多人唯利是图。有人买了app的协议之后薅一波羊毛，反手再以低价把协议二次售卖，扰乱市场。也有人以'分红'的形式找合作：我提需求但不给钱，等你做出来了我去卖，赚了钱再分给你，其实就是空手套。"

他说认识很多接私活的同行，他们习惯了自由散漫赚快钱的生活，就不愿意再上班了。"这么多年过去了，还是东搞搞、西搞搞，没个正事。我觉得他们没想清楚自己要什么。"

"那你想清楚了吗？"

"我想在安全这个行业继续发展。短期内就是晋升吧，那些职级比我高的同事收入还不错。如果能升职，何必提心吊胆去做灰产呢？"

"长期呢？"

"还没想好，目前来看也是带团队吧。想过回湖南重启墨眉，毕竟还有些熟悉的客户和关系，学校针对校友创业有房租减免之类的扶持，也可以吸引一些优秀的学弟学妹加入。"

"如果他回湖南的话，你愿意一起去吗？"我问小敏。

"去啊，不然呢？"她回答得很斩钉截铁。

"但问题是，如果还是做以前的业务，那我们折腾一圈又回去了，没意义。即使能像网星这样接到企业的大单，跟现在打工也没啥本质区别。我还是想做点更有创新性、更能得到行业认可的事情，这不是还在跟景明和雪峰讨论嘛。"

"他俩是啥想法呢？"

"他们太保守了，没啥想法，都是我在推动。景明想先在杭州干着，攒个首付，再跟对象把婚结了，这样即使创业失败，他还有房子和老婆保底。雪峰也差不多，他说要等投资到位了才敢创业，这样公司不容易倒闭，手头也不会太紧。"

"这事急不来，边干边等机会吧。我们都是初入职场，没什么积累，不敢裸辞。现在没什么好的项目值得我们全职投入，还是先争取晋升吧。"

"今天得早点睡，一年一度的护网行动明天要开始了，早9晚9，周末不休息，持续 3 周。这个项目是公安部发起的，他们会找一些国企作为攻击目标组织红蓝对抗，看看有没有安全漏洞。我是蓝方小组长，要去客户那里驻场防护。"

"哟，公司很器重你嘛！"

"主要是领导觉得我办事不拉胯。小组长的杂事比较多，需要沟通协调这个那个。像昨天有沈阳同事问我来北京参加护网怎么办健康码，我都要负责解答。"

"而且我们公司做项目没提成，是死工资，所以很多人积极性不高。不像有的公司，在护网行动中如果表现好，当月薪水可以开到平常的 10 倍，他们就很有动力。"

"这次的甲方是个医药集团，在昌平那边，我查了下，要坐 15 站公交、6 站地铁，之后再坐 8 站公交，单程 2 个小时。打车的话要 100 多，理论上可以报销，但昨天跟项目经理宁怡确认时，她还拿不准，说是公司规定周末打车要报销的话，终点必须是公司。"

"这有啥拿不准的，去年能报吗？"

"我问了，她说不知道。她是新来的，跟我一样，也是第一次参加护网行动。"和颂说，估计是宁怡跟上一任项目经理没有交接好，不知道之前的规矩，又不敢问领导。"领导不会过问这么细节的东西，中层如果不给力，下面的人就比较吃亏。"

"即使打车能报，时间也不好把控。北京的交通很奇葩，7 点出发 7 点半到，但 7 点半出发 10 点才能到。宁怡说这次的客户比较强势，我怕打车迟到了他们有意见，但每天工作 12 小时、通勤 4 小时的话强度实在太大了，每年护网都有人猝死。"

"而且这次是两班倒。昨天，宁怡拿着排班表问我有没有意见，我才知道。我问她能不能改成三班倒，她说两班倒是客户定的，上个月就商量好了，没法改了。那你还问我个毛线？"

※　　　※　　　※

和颂 7 点出现在小区门口时，有些无精打采。"本来说好 9 点到，结果客户说第一天护网要做点准备工作，让我们提前 1 个小时。昨晚 11 点多就躺下了，结果 1 点半才睡着。"

"坐地铁肯定来不及了。打车吧，把发票留着，能不能报销再说。"他打了辆相对便宜的滴滴快车。一开始，交通还比较顺畅，但到了北五环广顺桥附近后，路上的车明显多了起来。

奥森附近堵得厉害，车走走停停，一点点往前挪。和颂有点坐不住了，车窗摇下来又升上去，手机掏出来又放回去。"师傅，刹车稳一点吧，有点晕车。"他撑着头，脸色煞白，在微信上叮嘱同事帮他签到。

经过西二旗出口之后，车终于跑起来了。8点15到达生物医药科技产业园时，离甲方公司还有5分钟的车程，和颂坚持不住了："师傅靠边停车吧，就在这下。"

"刚才手脚和半边脸都麻了，有几次差点吐了。我是晕车体质，就怕堵车。要是能在家上班就爽了。"他说，企业安全项目，前期开几次会把需求聊清楚，后期可以网上沟通，在哪办公其实无所谓；但公司没有出台远程办公的规章制度，所以还是得去办公室。

到甲方公司门口时，和颂看到有同事在外面抽烟，问他为啥不进去。同事说客户不是很着急，他到了之后给对接人打电话，对方让他等一会儿，凑够一波再下来一起接。

"这边管理比较严，进出都得有人接送。"同事说他们没有门禁卡，行动很不方便。"除了楼里有个便利店，周边啥也没有。拿外卖，抽烟，临时出来一下，都要跟保安打招呼，让他帮忙开门。"

晚上9点，我到园区时，和颂发微信跟我说他还在跟上夜班的同事交接，要晚一点才能结束，我就随便转转。这里入驻

的企业好像大多是药企，没什么人加班，园区乌漆墨黑的。但这个医药集团却是灯火通明，不知道是不是因为护网的缘故。

快 9 点半，和颂带着一帮人下来了，在前台挨个签名登记，再由甲方的人帮忙刷卡出楼。我看他们已经换上了统一的橘红色短袖，胸前印着一个大大的"戰"字。

和颂挥别同事，向我走来，说道："刚才打卡显示，今天工作了 12.6 小时。护网第一天，太混乱了。早上先开动员会，甲方把所有驻场的人拉到会议室，准备了 50 多页的 PPT 在那儿讲，到第 6 页时发现有问题，就把我们晾在一边，自己开始讨论。"

"PPT 讲完后给我们排座位——哪个公司坐在哪儿。我有个同事坐到别人公司那儿去了，客户对接人李老师很不客气，跟他说：'你，起来！不能坐在这！'态度贼差！"

"然后发工作服，就是我穿的这个，特别憋皮！我们有 12 个人，我挨个问了尺码，之后报给李老师，就 12 点多了。我问他管不管饭，他说没有预算，让我们自己解决。最后去客户食堂吃的盒饭，15 块钱一份，吃不饱，也不好吃。"

"我在公司一般要午休，不然下午干活没精神。吃完饭回来，我想睡一下，刚趴下就被李老师薅起来了，要我协调拉群。他们用的是内部聊天软件，不能开放注册，要找 IT 部门申请账号；但是又说申请不了那么多，只能给我们 6 个账号，让两班倒的人轮流用。"

"那消息不是串了吗？"

"是啊！不知道他们怎么想的。而且这个软件只有群主才能拉人，但是群主吃饭去了，联系不上，只能让李老师重新拉个群。然后，我就要在 3 个聊天软件之间切换——我们领导在钉钉里，护网的兄弟们在微信里，客户在内部聊天软件里。

贼乱！"

"客户把工作服给我，我刚发给大家，宁怡又拿了6件XL号的来了，看到我已经换上了，她还很诧异：'你们已经领好了啊？'"

"下午上班，开始给我们介绍任务，主要是负责盯设备上的报警提示，然后判断有没有威胁，有的话就提交给客户，他们来处理。这个提交威胁的系统，上午才搭好。"

"如果他们处理不了，会拉我们一起讨论。李老师让我们用心一点，还说'我们一天损失的钱就够买下你们网星'，感觉有点瞧不起人。"

"3点多的时候，我特别困，在那硬撑着。突然来了条报警提示。我打起精神追查了半天，发现是客户自己在做渗透测试。护网期间，每条报警提示都很重要，这种乌龙事件很耗精力。打仗的时候搞演习，想啥呢？"

"8点多，客户发夜宵，没我们的份。便利店也关门了。好几个同事找我，情绪很大，说早上坐了2个小时的车过来，熬了一天，还没东西吃，而且其他公司基本都是三班倒，没我们这么累。"

"我想找宁怡反馈，发现她已经走了，就只能在微信上跟她说。结果，她回：'我会经常来看你们的。'我很不爽这种态度，暗示她帮兄弟们谋点福利，结果她说：'需要我怎么做呢？'"

"我特别气，刚才都想跟领导申请把这个项目完全交给我，反正宁怡也没干什么实质性的工作。如果我负责，肯定比她强。但想了想，这次就算了，护网行动刚启动，临时换人风险太大，可能影响项目质量，明年再说吧。"

※　　　※　　　※

今天护网的上班时间恢复到了9点，路上没昨天那么堵，司机的技术也强一些，和颂的心情不错。"昨晚回去本来还想跟小敏聊会儿天，结果躺下就睡着了，太累了。"

"昨天销售跟我确定了打车可以报销，500一天。我觉得太折腾了，还不如在客户旁边找个宾馆，比打车还便宜些。她同意我的想法，但说公司没这项制度，她也不敢自作主张。"

2点时，我收到和颂的消息，说护网要暂停了，今天可以提前下班。3点，我匆匆赶到园区时，他叫的车都已经到了。"咋了？"我问他。

"听说今天出了个大事：很多国企采购了一家知名安全公司的设备，但红方直接用几个 0day 漏洞把某一批设备拿下，打穿了蓝方的防御，攻进了内网。好像是上面的领导得知后很生气，让这家公司把设备问题紧急修复后，再重启护网行动。"

"护网都组织好几年了，还出现这种第一天就被打穿的情况，确实不应该啊！"

"这就是国内网络安全的现状啊。"和颂说，他去甲方驻场时接触过的网安业务负责人，普遍 40 多岁，不太懂安全，可能是别的业务干得好调过来的。"安全这东西是出了问题才看得见，很多追求政绩的领导不重视。上行下效，整个企业的安全意识也就比较淡漠。"

"咱小老百姓就不操这份心了。"他说，昨天把准备工作完成后，今天的工作还比较顺利。"我在中台组，负责收集处理来自前台组的各种报警，筛选和处理后再统一交给后台组做决策。因为不在一线，所以节奏没有想象中那么紧张。"

"但还是出了个岔子。"他说，这次客户找了好几家乙方来共同扮演蓝方，一方面是因为不同安全公司各有所长，可以从多维度形成一个更完整的防御体系，另一方面是因为大家有竞争关系，可以起到互相督促的作用。

"上午的时候，我直观感觉一个 IP 有点问题，但我们的软件看不到这个 IP 的关联信息，要用到另一家公司的内部软件，但那个软件不对外开放。我就去问这家公司的人，结果他们说这个 IP 没问题。"

"中午吃饭的时候，我跟同事讨论，基本可以确定这个 IP 就是有问题。我吃完饭又去找那家公司，他们还是坚持说没问题。结果到了下午，这个 IP 果然在发动攻击，我赶紧拿着证据去追问他们，那边才发现漏看了软件上报的一条重要信息。"

"这种情况，多少有点玩忽职守了吧？会追责吗？"

"不知道，要看客户。他们自己决定，我们没有发言权。这种人很多的：护网开始前，一些小公司接了大公司拆分出来的项目模块，但人手不够，就在各种安全论坛上招临时工，三五千一天。就这种投机心理，护网效果能好吗？"

"中午吃饭的时候，坐我旁边的一个哥们，友商的，说他下午有事要出去一趟，懒得请假了，让我帮他打卡。我还没答应，他就走了。结果，下午刚上班，他盯的设备就报警了，客户找了他半天也找不到人。我又不认识他，不可能帮他背锅的。"

因为不知道护网行动要暂停多久，上海过来出差的一个同事准备先回去，等重启了再来。明早他就走了，提议今晚聚个餐。和颂回家换了身衣服，带上小敏，我们一起去"798"的"这儿没有酒"吃川菜。有一个在公司加班的同事也过来了，他们几个干掉了一瓶"牛栏山"。

吃完饭，我们在"798"散步消食。宁怡在微信群里找大家要日报，但回复她的一个都没有，场面比较尴尬。"威信已经完全扫地了。"和颂的吐槽得到了两位同事的响应："现在是她可以给我们打分，我们不能给她打分，不然怼死她。"

同事们走了，小敏觉得"798"不错，还想再转转。和颂边走边在知乎上看新疆旅游攻略，说护网结束后准备休个假，带小敏出去玩玩。换个环境，说不定能激发创业灵感。

"刚才那个从公司赶过来的哥们是后台组的，本地人，家里好几套房，不差钱，工作纯属兴趣。他搞逆向比我早，技术很好，但跟我一样也是野路子出身。"

"我觉得就安全这行来说，我们野路子不比科班的差。"他说，正是因为有旁门左道的经历，所以自己的心思更活络，反而更可能抓住机会。

"现在主要是时机未到，所以先按兵不动。如果下一波浪潮来了，大家都在同一起跑线上，我有信心我能更快，因为年轻就是资本，还有支持理解我的小敏。"

我欣赏和颂的少年壮志，也担忧后浪的年少轻狂，就像所有前浪那样。夜里的"798"褪去了商业与艺术交织的喧嚣，空旷的厂区平和而宁静。历史和现代在这里碰撞与结合，种下希望，未来可期。

人力资源经理田祺[*]

> 田祺来自985、211顶级大学，先后任职于国企、腾讯和阿里，因为经历大喜大悲而变得佛系，所以选择了"谈不上满意，也没有不满意"的新创业公司。心累的他口头上说着要"随遇而安"，但我听出的分明是一股不妥协的"少年气"。

这个紧邻西直门北大街的小区没有名字，布局也不同于常见的商业楼盘——露天停车场几乎占据了它面积的一半。8点55，田祺快步走出小区。他穿着一双旧而不脏的小白鞋，背着黑色皮质双肩包，带着水润光泽的头发梳得整整齐齐，一看就是精心打理过。

"车已经在对面等着了。"他的声音有点沙哑，我问他怎么回事。"最近天天面试，嗓子用得有点多。"他说自己刚入职不到半年的海淘公司"猕猴淘"业务发展不太顺利，关键岗位流失比较严重，要招人补位。

"但这两年大环境不好，又碰到疫情，电商行业的中高端人才普遍选择按兵不

---

[*] 本章画师：一口锅。

动，不会轻易跳槽，所以人很难招。"

他叫的礼橙专车停在路边，司机穿着白衬衣，戴着白手套，看我们过来了还帮忙开门，服务不错。

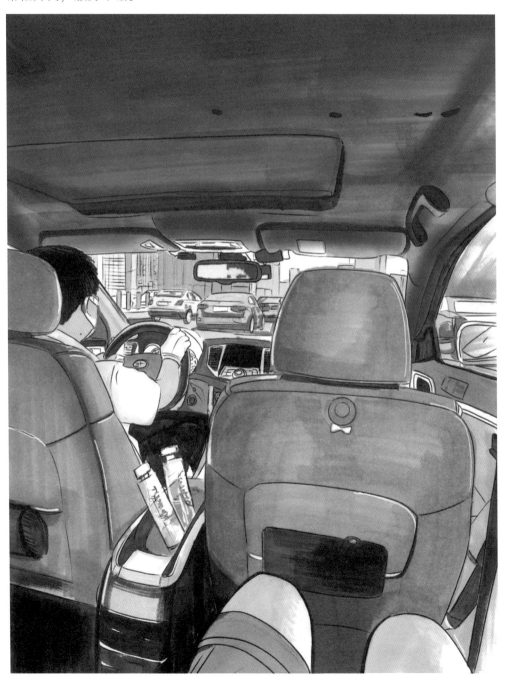

"那能不能在留人上多花点功夫呢？"我说。

他喝了口随车附赠的矿泉水，润了润喉。"我们最近也在筹备周年庆活动，想营造更好的公司氛围，也提一提士气。但对于高级人才来说，愿不愿意来，留不留得住，主要还是看业务这根主心骨。业务不行，其他方面再怎么锦上添花，留人效果也很差。"

他嗓子不好，路上我们就没怎么聊。经过近半小时车程到达猕猴淘所在的融京科技中心，车费95块，着实有点贵。我问他："公司给报销吗？"

"怎么可能！创业公司一般经济都很紧张的。"他说上下班打车钱都是自己出，光这一项开销，每个月要3 000多。

"那为什么不把这笔钱省下来，在公司附近租房住呢？"

"我跟大学同学合租现在这个两居室已经好多年了，习惯了。7k一个月，一人一半，再加上车费，其实跟在望京租房的价格差不多。而且从二环去别的地方

一般都是逆高峰，不堵车。"

"这里的房价已经很高了，对面那个小区一平方米10万。"他说，望京是北京互联网行业的新中心，接纳了很多搬离中关村和西二旗的创业者。"中关村在三四环，租金太高了，很多大厂嫌贵，搬到五六环的西二旗，结果那边也不便宜了，就把创业公司挤了过来。"

到了公司楼下，他在罗森便利店买了根4块钱的玉米当早饭，准备拿去办公室边干活边吃。

到中午饭点的时候，田祺说手头还有点急事要处理，让我先吃。公司楼下有一条地下美食街，有点小贵，一份全素麻辣烫就花了我30多；但是高峰期生意很好，顾客看上去大多是附近的白领。

3点出头，他才下楼吃饭。"刚面完一个高级市场经理。先市场

VP 面，然后我面，连面两场，这样候选人就可以少跑一趟了。"他说公司的面试流程跟阿里差不多，都是业务主管一面，业务线老大二面，HR 三面。

"上午在忙啥呢？"

"10 点有个 HR 例会，开到 12 点。"他说，猕猴淘在海外、杭州和青岛设有分公司；每周所有 HR 都要远程开会，互通有无，"说是互通有无，其实我们连国内的离职数据都不敢通气，怕动摇他们的军心"。

"海外工作环境跟国内有很大区别，比如在日本，因为日本人习惯在一个公司干一辈子，而且他们在公开场合比较客气，喜欢说好话，所以会上我们都不传播'负能量'，不然他们会担心，觉得人员离职问题这么严重，公司是不是不行了。"

"日本分公司已经连续 4 个月亏损了。那边想劝退 2 个员工，聊了 3 个月还没进展，你说磨不磨叽。"他说，因为国情、劳工法和文化不同，跟海外员工打交道比较麻烦。

"我们的周年庆活动想用员工的大头照搞个照片墙。中国员工二话不说，自拍一下就用微信发过来了。但很多海外员工因为隐私问题，非常严肃地拒绝了。"

"开会也是，一到下班时间，就嚷嚷着要散会，也不管讨论结没结束，一点'创业精神'都没有。所以你看，在互联网时代，日本的创造力不行了吧。"

"开完会，接着讨论怎么设计员工中秋月饼礼盒。"他说，这事本来交给了手下一个行政妹子小 C 全权负责，"一般情况下，你不是应该拿四五个方案让我选吗？结果，她就给了我一个方案，而且太凑合了，还不如超市里卖的那种"。

"假设月饼礼盒打样需要一周，制作两周，整理发货一周，掐着点就到中秋了，节奏很紧张。我一看这不行，就只能自己上了，拉了个设计师讨论设计方案，聊完就快 2 点了，马上要面试，饭也没吃。我 4 点还有个面试，先上去了啊。"

8 月底的北京气温很舒适，傍晚太阳没那么大，很多爷爷奶奶带着孙子孙女在融京科技中心门口的广场上玩。或许这些孩子的爸爸妈妈就在楼上加

班，吃饭时能跟自己的孩子短短地见上一面。

7 点，田祺下班了，他说身体不舒服，想早点走。"我们是 9 小时工作制，早上 9 点到 10 点打卡上班，下午 6 点到 7 点打卡下班。今天算是踩点下班了。"

"好像有点感冒。下午把面试都推了，在策划基层主管培训。"他说自己入职之后，发现公司中层管理能力不行。"老好人多，做事没魄力；明知道下属有问题也不敢开掉，这样最终伤害的是团队、是公司。"

他清了清嗓子："因为我们做海淘嘛，用户最担心的就是买到假货，所以诚信很重要。狝猴淘企业文化中最重要的一项就是诚信。"

"我们有个总监，开会时明确表态，说支持公司对不诚信行为零容忍。结果，上个月，我发现他的下属里有人互相代打卡，还有人用定位修改软件远程打卡。我想劝退他们，结果这个总监过来求情，要我网开一面。这不是说一套做一套么？我没同意。"

"用人上也不敢做决策，怕担责。之前好几个主管都出现过刚把人招进来就不满意的情况，所以现在招人有点畏首畏尾，每天都要拉着自己这条线的 VP 开会，讨论谁谁谁应不应该进来。VP 的主要任务是思考和制定组织战略，不是来帮中层擦屁股的。"

"等下回家写个日报就睡了。"他说，CEO 常驻海外，疫情之前会经常回国内出差，但现在回不来了。"可能是没有安全感吧，所以想通过日报这种频繁的汇报形式来更好地把握公司动向。"

"他本来只要求管理层写日报，但管理层又要求基层写日报，不然自己的日报不好写，于是全公司都要写。当然，写日报也有好处，可以逼大家抽时间总结，不然有时候浑浑噩噩一天就过去了。但很多人的总结抽象能力不行，写出来的是流水账。"

"小 C 就是，她的日报内容我基本没法用，跟她说，她还不高兴。我就干脆不让她写了，都是我先把日报的框架拟好，然后带着问题找她要对应的信息，再填进去。"

"小 C 不写日报的话，你怎么判断她是不是浑浑噩噩过了一天呢？"

"我偶尔会在下班前用 5 分钟到 10 分钟抽查她当天的工作细节和进度；而且我们还有周报呢，每周五交，这个就不能找借口随便写了。"

"不是有日报了吗，为啥还要写周报呢？"

"主要是去年有一个团队被我们从大厂整体挖过来了。他们是写周报的，老板觉得大厂值得学习，就要求大家日报、周报都必须写。"

"我不是一个精力很充沛的人，晚上在家把日报写完，就不再处理工作上的事了。顶多再参加一下远程面试，因为有些候选人还在职，白天不方便。"

住在二环的好处在高峰期时就凸显出来了。经过北三环安贞桥时，对向车流堵得寸步难行，而我们一路畅通，半小时到家。在北京能有这样的通勤体验，真是难得。

※　　　※　　　※

今早，田祺8点就出发了，见到我时，他有点无精打采。"昨晚跟打仗一样。我又去了趟公司，3点多才睡。"他说昨天回家后洗了个澡，把日报写了，然后随口问了一下周年庆的准备情况，才发现大事不妙。

"技术同事说最近跨境网络不太稳定，视频连线有点卡。我跟他说务必今天搞定，不然会影响明天周年庆老板讲话的效果。我有点犯嘀咕：都这时候了，怎么还没准备好？就给小C打了个电话，问她是怎么回事。这次周年庆由她负责。"

"她说一直在忙着做暖场用的回顾视频，其他事情没有盯着，但搞得定。结果，我一细问才知道，所有活动环节一次都还没彩排过。好歹是周年庆，起码也要串串场吧？"

"然后看了一下她做的视频，质量很低；没有主线逻辑，感觉就是把以前拍过的一些片段随意剪在了一起。拜托，这是要在周年庆上放的，而且今年的年会和团建都因为疫情取消了，办这个活动很不容易，公司很重视。就这么敷衍吗？"

"我有点慌，就赶紧回公司，拉人串了一下场，发现好几个地方衔接不起来。我处理这个情况忙到2点才结束，扛不住先回家了。我领导灏哥盯着小C做视频，熬到4点。"

"那不是都搞定了吗，为啥还要提前过去呢？"

"周年庆嘛，应该要让员工从进公司那一刻开始，就觉得今天氛围不一样。因为昨晚供应商在公司通宵布置场地，所以我要赶在大家来上班之前，把走红毯、签到、拍照啥的流程完整走一遍。"

上了专车，田祺瘫在后座。"昨晚才睡了 4 个多小时，中午要不要补个觉？"我问他。

"不睡了，午休时间太短，睡不饱就要起来，很痛苦。而且这个强度还不算高。"他说上个月初在做下半年的人力成本预算，连续熬了 2 周。"每天都是 11 点之后才下班。其中一个周末，一天加班到 2 点，另一天到 3 点。"

"做人力成本预算需要预估 headcount，但创业公司变数太大，headcount 很难预估，只能挨个找业务主管聊。我们公司计划两年后上市，倒排了销售指标，因为上市的关键一环就是看财务数据。"

"但是，我们现在的业务数据不好看。为了满足上市要求，最直观的方法就是控制成本。而对于轻资产互联网公司来说，控制成本最有效、最直接的手段就是裁员。但跟业务主管聊的时候，看他们为难的样子，我就知道指望他们裁员不太现实，肯定又要我出面当坏人。"

"所以你看，本来在行政和业务主管职责范围内的事情，他们完不成，都让我来接盘。昨天晚上，我跟灏哥说，等周年庆忙完要把小 C 换掉，不然我真撑不下去。"

"小 C 好歹也入职快两年了，在一个创业仅五年的公司算老员工了，没想到这么不让人省心。昨天我串流程的时候发现没有订喝的，我问她是怎么回事。她说：'不是每人都有一杯香槟吗？'我有点哭笑不得，这只是摆拍造氛围的道具，况且每人一杯香槟也不够啊！"

"这次活动有个小游戏环节。小 C 是 1995 还是 1996 年的，我本以为她年纪轻轻，会有很多天马行空的创意，结果她一个也想不出来。我就只能现学现卖了，在网上搜了几个，又找阿里的前同事要了几个，然后交给她去执行。"

"因为上一任 HR 总监——百度来的姗姐，对她的评价特别高，所以我接手之后对她能力上的感知落差特别大。我昨天在想，到底是哪里出了问题呢？"

"她态度没问题，但就是搞不定，也不向我求助。以前在阿里这个层级的行政同事就不存在这种情况，不说把事做得多好，起码可以完成，有问题也会跟我沟通。"

"日常的行政工作不像搞科研需要非常专业的知识，也不像搞艺术对天赋有高要求。只要肯吃苦，工作能力一定可以提升。我觉得问题就是小 C 进取意识不强。"

"但即使这个样子，她可能也是公司目前的最优选了。之前那个行政更差，老板来北京出差都发火了，撂狠话说：'你们北京要是不换行政，我就再也不来了。'姗姐才把小C招进来。"

"昨晚走之前，我跟她聊了一下，问她觉得问题出在哪儿。结果，她说是因为我没有给她太多支持。我一下懵了，不太能理解，就问她我该怎么支持才算到位。"

"她说姗姐给她布置任务时，会告诉她具体怎么做，而我没有，相当于没有手把手教她干活。另外就是，她做视频需要的一些素材，有些人没给她。"

"我觉得这可以算我没支持到位，但你也没跟我说啊！就让她把遇到的困难和问题列个单子给我，我去跟进。结果，过了一个小时也没等到单子。我再去问她，她说已经搞定了。"

"回去的路上，我一直在想她说的'支持'是什么意思；也许是姗姐对她的要求太低了。以前在阿里时，到处都贴着'今天最好的表现是明天最低的要求'，每个人都被推着走，永远不满意，总是在成长。"

"我来了这儿之后，对下属的要求更高了，逼她们从舒适区里走出来，可能比较难受吧。姗姐在的时候，年年给她们绩效打满分，所以小C就以为自己的工作已经完成得很好了，其实有点像是被捧杀。"

"现在，我手下有4个人，北京2个，杭州1个，青岛1个。小C和青岛那个对我的抵触情绪比较大；另外2个心态还比较积极，觉得是个自我提升的机会。我在想，为什么会有这样的差别呢？"

"可能是因为小C和青岛分公司的HR都是传统企业出来的。像华为、阿里这样的头部科技公司极度重视HR。但在很多传统企业，HR只是个收简历的低端岗位，从业人员素质差距很大。"

"所以，我来了之后，灏哥说要跟我一起把人事这块好好抓一下。有一次，他跟我们开会，开着开着小C哭了。我会后问她怎么了，她说以前没有这么跨级汇报过，觉得自己的工作没有达到领导的要求，压力太大了。"

"很多传统企业就是这样，老板'一言堂'，员工不能'讨价还价'，没互联网这么扁平。久而久之，员工会有点怕领导。月初有两个以前做外贸的妹子入职我们青岛分公司当运营，过来出差，我安排她们坐在运营总监旁边，想让她们多跟总监请教一下。"

"结果，两人动不动就跑到会议室，把门一关，闷在里面不出来。我跟她们说：'你们来北京，公司付出了差旅成本，不希望你们只是远程办公，换个地方干青岛的活儿，那出差就没意义了。希望你们多跟总监聊聊，增进北京和青岛的互相了解。'"

"你猜她们怎么说？'以我们的 level（级别），直接跟总监交流，不合适吧？'我都不知道怎么回答。这件事对我的冲击挺大的。"

10 点半的时候，田祺说要彩排下午的活动，中午没时间吃饭了。晚上 7 点，他问我在不在公司附近，说 8 点半灏哥要请他吃饭，这会儿没什么事，想下楼抽根烟，聊聊天。"本打算结束后去按个摩，然后早点回去睡觉的，又泡汤了。"

我问他活动办得怎么样，他说不怎么样。"以前在阿里组织年会，一般先用视频暖场，然后主持人串词，切入主题，引出主角，老板讲话。老板先感谢员工，然后总结去年，展望今年。整个流程比较顺，有一条主线一直牵着下面员工的注意力。"

"但是，今天暖场视频和开场串词的质量不行，场子还没有暖起来，大家就直接被'拽'到了老板讲话环节。而且老板全程都在讲业务，太干了，很多人就会觉得周年庆开成了领导训话，快听睡着了。"

"一般情况下，老板讲话的最后都是设定新一年的业务目标。本来公司今年的发展就不太好，每个月的绩效都不达标，影响绩效工资，相当于每个月都在给员工负反馈。当一个更高的目标出现时，大家直观上会感觉做不到，人心惶惶，场子就更冷了。"

"这种时候，一定要稳军心，把这个目标是怎么定的、怎么拆分、拆分后怎么落地告诉员工，从业务逻辑上给大家信心，场子才能热。最好在'大棒'之后再给根'胡萝卜'，比如达到目标全员薪资翻倍之类的，场子就有可能炸起来。"

"这一块在今天的活动里完全缺失。老板不断在那儿强调上市、上市、上市，下面一点反应都没有。可能是他通过视频感受不到现场气氛吧，在讲的过程中没有根据观众情绪对内容做出一些变换和调整。"

"核心高管可能会期待上市，但是公司有一大半人没有股份期权，上不上市对他们没啥影响，起不到激励作用。毕竟这是面对全员的活动，应该更多地着眼于基层员工。"

"还有一个环节是给老员工颁发服务年限奖励。其实，这个活动比较敏感，因为办得不好的话，新员工会觉得跟自己没关系，甚至会认为公司不重视他们。"

"所以，阿里办'五年陈'授戒仪式前会把定制的白金戒指摆到园区展览，就是为了让司龄不满 5 年的员工也有参与感，让大家知道只要自己努力，也能够成为授戒对象。"

"今天的效果就不好。老员工上台领到了个人专属的定制纯金徽章，兴高采烈。而台下的新员工觉得事不关己，低头玩手机，整个场子的氛围很明显分成了两个阵营。"

"颁奖之后，原计划是小游戏环节，本意是想把新老员工混在一起互动，抵消刚才的隔阂感。但颁完奖，小 C 订的餐食正好到了，大家开始吃饭，整个场子就散掉了。"

"我找灏哥要了几张公司的代金券，想把大家的注意力拉回到小游戏环节，但他觉得氛围已经变了，干脆让大家好好吃饭，不做小游戏了，所以活动就很潦草地结束了。"

"从今天活动的氛围来看，上市有点难。"田祺说，这次周年庆公司做了两周促销活动，数据有增长，但非常有限。"如果维持现状，没有什么创新的思路和打法，公司发展的瓶颈是看得见的。"

"目前仰仗的一个突破点，是把中国消费者不熟悉的海外品牌在国内推成网红品牌。但公司也有顾虑：万一我把你捧红了，你去别的平台呢？而且孵化爆品是个小概率事件，上市不能把宝全押在这上面，还是要重视日常销售。"

"其实，疫情给我们带来了一波红利，但我们没抓住。疫情刚爆发那阵子，国内口罩都卖光了，我们从海外进口的口罩和消毒液啥的销量很好，赚了一笔钱，吸引了一批新用户。"

"但是，我们公司运营能力一般，这批用户没有留存下来。国内口罩产能上来之后，进口口罩价格太高，卖不出去了，现在还有很多货压在仓库里。疫情期间最火的商品卖成这样，唉。"

"电商行业，流量非常重要。但从哪里引流，老板自己都不太坚定。之前一直说我们的主要战场是小红书，现在又说小红书过气了，要专注于抖音和快手，还想自建 MCN 机构培养网红搞直播。"

"也不能怪他，毕竟他不是运营出身，对流量的事不擅长。所以，我的任务之一是招人进来补他的短板。之前面过的高级运营人才，年薪都是一百多万，但几轮聊下来，基本能看出公司现在面临的核心问题，所以入职意愿很低。"

"高端人才招不到，在销售指标的压力下，公司容易病急乱投医。我们前几天招进来一个运营，37 岁了，但是只有中专学历。我心想，难道这人牛到可以忽视学历？"

"就去跟招这个人进来的主管聊了一下，结果主管认为只是招个干活的人而已，所以随便拉一个人进来先顶上，其他的没想太多。"

"这种人我一般都会卡掉的，他是条漏网之鱼。如果因为人员流动性大，着急补位，就随随便便放一个人进来的话，根据马太效应，团队平均水平很可能会越来越低，就更难吸引到高端人才。"

"另外，如果团队的空位随便招一个人就能补上，那从组织角度看，这个空位的门槛这么低，团队自己做不就行了吗？补位的紧急性和必要性又要打一个问号了。"

我打断他："我觉得你们老板有点失职。你们公司碰到的是整个电商行业面临的共同问题，没有现成的答案。能解决这种核心问题的高端人才，应该由 CEO 来牵头找，而不是你。"

"你说得对。主要是因为老板常驻海外，对国内电商的玩法不够了解，所以对人才引进这方面的工作有心无力。他更多的是发挥大客户 BD（商务拓展）的作用，跟各品牌的关系还不错。"

"不过，你确实提醒我了，其实我们需要一个中国区 CEO 来整体操盘。现在国内员工有不到 400 人，而且很多都是收购过来的小团队，拉帮结派的现象比较严重，大家思想不统一，没有形成合力。"

"比如，就流量来源的问题，几个团队吵了很久，现在还没结论。这个人觉得应该发力淘宝，因为他认识淘宝小二；那个人说抖音；还有人说快手。结果，老板一拍桌子说干脆全平台铺开。创业公司买流量的预算就那么点钱，要是全平台铺开，连个水花都砸不出来。"

"之前，我们从考拉挖来了一个团队，老大现在是我们家居类目 VP。其实，我不是很看好他，因为他在面试时表现得很犹豫，缺少创业者的果敢。如果 VP 都信心不足的话，公司发展动荡时他很可能离职，给公司带来更大伤害。"

"家居类目的数据不好看，还不到要求指标的 20%。VP 说是因为缺人；但人进来之后，业务没起色，又把锅甩给新人。前阵子还跟我开撕，说要调整团队的 KPI，把利润这个指标抹去，只保留销量。我坚决不同意。"

"老板还想把他培养成分公司 CEO。我觉得美妆 VP 都比他合适，因为美妆团队每个月的指标是全公司最好的。但是，老板反而不喜欢她们，说从考勤看，她们团队迟到最多，还不加班，7 点之后人就走光了。"

"迟到和'早退'还能拿到全公司最好的业绩，不是更说明美妆 VP 能力强吗？"

"我也是这样想的。我要是老板，只要能拿结果，你不来公司都行。我把观察到的问题都反馈给老板了，但貌似他比较喜欢服服帖帖的下属。每次布置任务，家居 VP 马上满口答应，但只能做到十几分。美妆 VP 会跟老板讨价还价，但能做到七十几分。"

"所以，什么样的将带什么样的兵。没办法，这些都是我来之前组织建设上留下的坑。我来填吧，就当交学费了。"田祺灭掉手中的烟，灏哥叫他吃饭了。"明天周末我要多睡一会儿，起床了再联系你啊。"

※　　　　※　　　　※

周六下午 2 点，我到田祺家的时候，他刚起床。"昨晚吃完饭回来就 1 点多了，再洗漱一下，又折腾到 3 点才躺下，但心里有事睡不着。月饼礼盒的制作进度不知道还赶不赶得上，还有那几个打卡作弊的员工要怎么聊。"

"主管不愿意唱黑脸，员工还不知道自己要被劝退，压力全转嫁给 HR 了。在哪里聊，用什么语气，才能尽量消除他们的负面情绪呢？越想越细，就停不下来了。"

"你好歹也是阿里前 HR，开人对你来说没啥难度吧？为啥还是会影响睡眠呢？"

"人跟人、公司跟公司不同，我来猕猴淘之后还没怎么开过人，所以需要针对这次的情况定制方案。对我来说，这是一个全新的'项目'，花的时间和精力就会多一些。"

"我每天晚上要喝一小杯威士忌助眠。"他指着床头地上的一瓶酒说。"以前在大公司，把执行做好就行了，心里不装事。现在的很多问题，我不想的话没人替我想，事儿可能就黄了。压力太大，不喝点酒，睡不踏实。"

"以前我在阿里时睡觉都是关机的，现在创业就不行了，随时有人找，所以理论上要24小时开机。但我还比较缺乏创业精神，睡觉时一般都静音。"

聊到这个话题，我正好有个问题想请教田祺："我在蚂蚁时睡觉也关机，但当时有个情况，就是凌晨两三点，部门群里会有人冷不丁抛出一个问题，然后@别人。"

"其实，这个点大多数人肯定睡觉了，提问的人也知道自己大概率得不到回复。但是，领导早上看到他这么晚还在工作，这哥们就会给领导留下他很勤奋的印象。"

"我觉得这个风气很不好。如果我以后开公司，想杜绝这种表演式加班的话，你说我是应该明确表态不提倡这种现象，还是不表态，让大家自主决策呢？"

"我理解你的意思，但你所谓的让大家自主决策是不存在的；因为你不表态，以员工的感知看来就是默认，本身就是一种意愿的表达。管理者的一言一行都体现了组织文化，所以如果不喜欢某种现象，可以干预。"

正在聊着，他接了个电话。我趁机端详了一下屋子。这间小两房在一栋没有电梯的老居民楼里，但保养得还不错。他的卧室有10平方米左右，将将挤下了一张床、一张电脑桌和一套衣柜。凌乱的家当中，桌上的一瓶SK2神仙水格外引人注意。

"同事打来的，跟我说个事。"田祺挂断电话，把手机充上电。"上周入职的一个运营，自称有5年工作经验，但都是在那种小工作室，没有在正儿八经的公司干过。刚才，她主管来找我吐槽，说她对业务很生疏，连'直通车'是什么都不知道。"

"我问他当时是怎么面的，他说：'我该问的都问了啊，这个有没有做过，那个

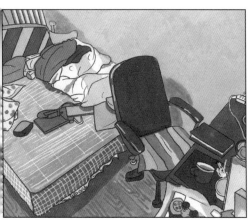

有没有做过，这个运营都说做过。'我说：'你有没有追问做过的细节呢？'他说没有。我跟他聊了一下处理方案，告诉他公司对这种事情的容忍度。"

"到底是哪个环节出了问题，才导致这样的人可以混进来呢？我觉得还是业务方对候选人的把控不够。面试之前，业务方基本不跟候选人接触，大部分简历都是我们团队和猎头找的，判断不了候选人的业务水平。"

"业务方又把标准放太低了，很多时候面了跟没面一样，觉得差不多就行。我之前给他们提过要求，新进来的人不能比团队现有水平最低的人还差，不然劣币驱逐良币，对公司的伤害太大。但执行还是不到位。"

"而且猎头不太靠谱，之前出现过为了多收佣金而故意抬高候选人年薪的事情。猎头的报价比我跟候选人聊的价格要高 10 万，多得太离谱了。猎头一开始还嘴硬，直到我说把客户叫来对峙，她才承认。钱不是这么赚的。"

"还有一次，我跟候选人聊完，他说不着急入职，结果猎头联系我的时候说候选人很着急。我又给候选人打电话确认，他还是说不着急，我就猜测：可能到月底了，猎头想早点成单冲业绩。其实，她实话实说，我会帮她的，没必要为了这么点事骗我。"

"这几天听你聊下来，感觉猕猴淘全是坑啊。"我有点同情田祺，"你可以看看新机会啊，何必留在这找罪受呢？"

"其他公司也好不到哪里去。"他说自己面过很多连续创业者，这些人做的每一家公司，虽然业务不同，但发展程度都差不多，"换句话说，很多连续创业者其实只是在不同的跑道上重复跑 5 公里"。

"这个规模的创业公司，都面临类似的问题。能解决就可以继续发展，不能解决就卡死了。猕猴淘给了我一个解决这种问题的机会，还可以近距离了解业务，加上跟灏哥也比较聊得来，已经不错了。"

"你倒挺看得开啊！"

"主要是我工作经历多，对大盘比较了解。"田祺说，他的第一份工作是在北京一个建筑承包公司的国际工程部当 HR，"命不好，专门做支援第三世界国家的项目"。

"第一年碰到利比亚打仗，往国内撤了 400 多人。他们怎么回来、怎么安置、劳动关系怎么处理，非常麻烦。"

"第二年做刚果项目，他们市中心有个军火库，跟我们的工地只有一墙之隔，炸了。我们死伤了几十个人。这个国家基础设施很差，保存不太好的尸体要走跨国殡葬运回来火化，受伤的人要安排治疗，还要赔偿啥的。"

"两年都在处理人力纠纷的事情，搞得我精疲力尽，再也不想碰劳动关系了。而且这些事干着没什么成就感，我就想换个工作。陆续面了几家公司，但好一点的都看不上我。"

"我是福建漳州的，当时想着如果在北京找不到工作就回老家吧。结果，在校友群里看到一个师姐说腾讯北京分公司在招劳动关系专员，要求是有两年左右工作经验的男生。说的不就是我么？就这样进了腾讯。"

"但入职的前几个月比较痛苦。国企和互联网的冲突还是很大的。最明显的一点是在开会的时候，别人说的每个字我都听得懂，但连起来不知道在说什么。我的直属领导是个女强人，对我有点'苛刻'，觉得国企背景的人怎么可能适应得了互联网行业。"

"那你是怎么适应的呢？"

"当时，我初入互联网的兴奋感还没有消失，而且腾讯的福利不错，有班车，伙食也很好。腾讯是个产品型公司，把员工当作用户，工作虽然有压力，但体验还比较愉悦。"

"我接手的第一个项目是离职员工回访，天天打电话。很多人在职时表现不错，离职也超过 1 年了。人才难得嘛，公司的本意是 1 年限制期过了，希望他们能考虑回腾讯工作。这个项目的 KPI 不好量化，很多人不愿意做，我就接了，做着做着就适应了互联网的节奏。"

"当时，腾讯处于战略转型期，'模仿'变投资，涉及很多员工关系的处理。像搜索业务，腾讯投资搜狗后裁撤了搜搜，要把相关人力和物力资产迁移到搜狗旗下。但腾讯是一线，而搜狗是二线，很多人不愿意，HR 部门就要想办法搞定。"

"在腾讯干了 1 年多，我的主管跳到了淘宝，劝我也过去。跟那边聊了一次，感觉还不错，他们想让我做企业文化沟通与品牌，蛮有诚意的。但是，我在北京待久了，懒得动，想拒绝又怕驳了主管的面子，就故意提了个过分的要求——薪资翻倍。"

"结果，他们想都没想就答应了；我就去了杭州。当时，阿里刚在美国上市，开始打造企业文化，我负责的主要是'五年陈'授戒仪式、家属开放日、员工大会之类的项目。"

"当时真是阿里企业文化的黄金时期：公司的思路很开放，给了我们比较大的自主空间。那会儿钉钉还没出来，公司宣传企业文化的主要阵地是在'来往'app，但来往的影响力还不够。"

"我们就在微信上开了个'阿里味儿'公众号。那会儿，微信还是我们的死对头，在'敌方阵地'做事，是一次很大的突破。放到今天，想都不敢想。"

"那我正好有个疑问：阿里和腾讯是竞争关系，苹果和谷歌也是竞争关系，但苹果系统里能装谷歌的 app，为什么现在阿里就不能开公众号了呢？"

"因为 2014 年的阿里才 15 岁，是个无拘无束的'少年'。但它慢慢长大，受到的外部挑战和监管越来越多，变成了沉稳内敛的青年，所以不像以前那么'外放'了，逐渐'收缩'到了自己的生态闭环里，在对外关系上采取了更保守、更稳妥的策略。"

"我在那个部门干了1年半，对工作内容挺感兴趣的，但不太喜欢团队氛围。当时，杭州还不是移民城市，很多同事都来自长三角，总是感觉跟我们外地人隔着层东西。"

"同事们都是公司和家两点一线，但我习惯下了班开个新场子享受生活，跟团队风格有点冲突。在工作上也经常被怼，说我没有阿里味儿。我很好奇，反问啥是阿里味儿，结果对方也说不上来。"

"再加上可能是水土不服吧，我在杭州老生病。跟同事聊到这个话题，她们还会生气，认为我是在嫌弃她们的城市。我就会觉得团队文化不太包容。"

"那时工作太忙，说是在杭州生活，其实没时间去熟悉这座城市，没有归属感。交不到什么新朋友，跟团队文化也不太合得来，所以每个月还回一两次北京，白天跟朋友聚一聚，晚上就住在朋友家里。后来，北京分公司一个边缘业务有转岗机会，我就回北京了。"

"我这人比较随遇而安，没有那么强的要性，跟阿里的文化有一点冲突。"田祺说，大学上选修课，他懒得去抢那些热门课，就选了佛教艺术和晚清军事史这样的冷门课，"其他同学要么逃课、要么睡觉，最后就变成了我和老师两个人聊天"。

"到了新团队之后，接手的第一个任务是推进两个员工解除劳动合同。但我了解后才知道，让他们走不是因为他们个人能力差，而是因为业务快死掉了。"

"主管为了给公司省补偿金，坚持要把锅往他们身上甩，那我只能按这个思路去聊。他们也不傻，坚持按法规来，不是我的一分不要，是我的一分也不能少。我又不想违心地强行甩锅，所以两边谈不拢，这事就一直拖着，主管很不高兴。"

"类似的事情出了几次之后，我觉得跟主管的价值观不太一样，两人关系比较紧张。他说我不太像个典型的HR，因为我不够'圆融'。"

"什么叫'圆融'？"

"比如HR评价候选人，优势劣势都会写，然后给出适不适合的结论，而不谈对错。因为跟人打交道不是非黑即白。"田祺说，圆融需要权衡和协调利弊，比较消耗情绪和心力，"术语叫'emotional exhaustion'"。

"阿里的工作强度本来就大，加上心累，我加完班坐地铁回家经常睡着坐过站。也不着急，默默下车，走到对面站台，再坐回来。有点像中年男人开车回家后，在车里抽根烟，坐半个小时缓一缓的感觉。"

"其实，我在腾讯做离职管理时更心累。我个人觉得，入职像恋爱，离职像分手。员工离职时对公司的态度，跟分手时对前任的态度本质上是一样的。离职管理的任务是尽可能把分手变成和平分手。"

"做离职回访时，大多数人的负面情绪都比较重。因为恋爱前期往往是甜蜜的，所以我会引导他们回忆刚入职时印象最深的事情和对他们帮助最大的人。他们会发现自己也被温柔地对待过，问题并不全是由公司造成的，负面情绪能消解很多。"

"从阿里离职时，主管给我做离职访谈，问我干得开不开心，我说不开心。他又问：什么能让你开心呢？我说去接触没有接触过的人和事，满足自己的好奇心，就很开心。他说我的想法不适合商业市场。"

"我也不知道适不适合商业市场，只知道离职之后的状态好了很多。困了就睡，饿了就吃，反而把生物钟调整过来了：6点多自然醒，看书到8点，然后去买菜，中午睡一觉，下午看看电影、逛逛公园，晚上约朋友吃个饭，后面还去东南亚潜水了几个月。"

"然后就到猕猴淘了。因为公司的规模还小嘛，没有形成自己的文化，所以主要做HRBP，就是'人力资源业务合作伙伴'，相当于连队指导员，深入一线，跟业务方协同作战。"

"怎么个协同法呢？"

"HRBP需要了解业务，然后抽象出一种思考逻辑，来对业务方进行引导式提问。比如，很多主管是大锅饭、老好人思维，在绩效考核时，给所有下属的打分都差不多。我会问主管：A和B分数一样，他们的产出真的一样吗？"

"主管会向我解释A和B各做了什么。结果，我发现A做的是新业务，而B做的是老业务；那么两人的产出其实不一样，因为新业务更难做。从这个维度来说，A的分数应该比B高。"

"这不是常识吗？还需要你来引导？"

"那是因为你在拿阿里的同事作为参考。我在阿里时跟你的想法一样，结果离开后发现很多人不具备这种分析问题的能力。所以，大多数企业只是不好不坏地活着，像阿里这样发展壮大的是极少数。"

"那你干吗离开阿里来这儿呢？"

"灏哥跟我价值观比较接近，他也是那种看结果的人，不干涉下属的具体操作，而且他很尊重我。之前开人的时候，我坚持给足额补偿，他虽然不赞成，但最后还是支持了我的决定。"

"阿里的那个主管，坚决贯彻'今天最好的表现是明天最低的要求'，从不肯定下属的工作。我们的业务都快死了，他还在喊口号，用'唯一不变的是变化''认真生活，快乐工作'来激励我们，也拿不出实际对策。"

"我觉得这就是 PUA 嘛，但看破又不好说破。如果业务有好转，你 PUA 我也就算了，但业务一天天变差还要假装被洗脑，跟着喊口号，就没有任何意义了。"

"不过，阿里的企业文化建设还是很值得学习的。因为相较于业务，文化和价值观更能聚人。即使业务失败了，也有人会因为认可公司价值观而留下来。留得青山在，不怕没柴烧。"

"公司文化可以吸引三观一致的同类，不是一家人不进一家门。那些高端人才，经济基础打好了，开始追求上层建筑，对文化有自己的判断，而不仅仅看待遇。所以，吸引普通员工靠待遇，吸引高端人才靠待遇加文化。"

"而且，我觉得企业文化建设要越早开始越好。对于创业公司，企业文化就是创始团队的文化，而团队中每个人创业的出发点可能不一样，有人为了情怀，有人为了赚钱，有人为了兴趣。"

"当公司继续发展，合伙人开始各自组建小团队时，各团队的出发点就会产生分歧，只是为了当下的共同利益集结在一起。如果没有统一的企业文化作为支撑，当利益发生冲突时，就容易出现内讧。"

"这就是为什么部队非常强调思想统一、步调一致。一段长期关系里，如果三观不合，往往就只能同甘、不能共苦，这样的团队是没有战斗力的。"

聊到快 4 点，田祺提议去附近的"五指生"做个推拿。这个品牌的按摩店消费不低，最普通的全身调理，75 分钟，要价 300 元，几乎高出很多社区按摩店一倍。

按摩完轻松了不少，他提议去通州吃烤鸽子。"平常太累了，我周末一般过得比较松散，睡大半天，按摩一下，再吃点好的。"刚准备离开，按摩师问他是不是修过眉，说这样的男生在北京很少见。我调侃他："搞得这么精致，为什么还没有女朋友呢？"

"我在感情上不太靠谱。"他说自己已经单身很多年了，上一个女朋友还是在腾讯时谈的同事。"她追的我。当时，我已经接了阿里的offer，还有一个月就要去杭州了。但她觉得异地没问题，我们就在一起了。"

"她比较黏人，每天都要跟我视频。但我刚去阿里，压力挺大的，时间精力有限，就有点敷衍。而且我时不时需要独处一阵子'回血'，不能给她持续的关怀和温暖，有点忽冷忽热。"

"那她就会闹，觉得我是不是变心了、出轨了啥的，还会审问我，问我到底爱不爱她。后来还要我把微信号给她查岗，我觉得有点过分，受不了，就主动提了分手。"

"听起来也没啥原则上的问题呀？有点可惜啊！"

"其实，底层价值观的分歧还是很大的。对大多数人来说，婚姻是必选项，只是时间早晚的问题。而对我来说，婚姻是可选项，不一定非要结婚，所以我和她交往时不够坚定。"

田祺说他交往前把对婚姻的态度明确告诉了前任，对方口头上也答应了；但相处一段时间之后，发现她实际上还是想谈以结婚为目的的恋爱。因为分歧在交往中不断放大，所以最后这段关系没有继续下去。

"这个女生是南方人。其实，我还是更喜欢北方姑娘，普遍比较独立，对男生没那么依赖。我也有用力喜欢过一个大学同学，她住在东三环的别墅区，家里有酒窖，从没坐过公交车，是有专车接送的那种大小姐。"

"我爱得太卑微了。有一次约她去蓝港玩，看到个要价200块钱的小手工包包，她随口说了一句好看，我就非要买了送她。结果，她说这个包是个晚宴包，用到的场合不多，不该买，有点不领情。"

"其实，那个包的要价顶我一周的伙食费。她走之后，我连水都买不起了，坐在亮马河边啃馒头还噎着了，觉得很委屈，就哭了。婚姻对这个女生是可选项，所以她的感情也比较淡，我应该是受了她的影响。"

"你同学啥背景啊，家里这么豪？"

"我是人大人力资源管理专业的，这个专业是全国第一。'华为基本法'的框架就是我们专业几个名气很大的教授搭建起来的。我这届 100 多个人，豪的不少，还有人开着 600 多万的宾利来报道呢。"

"刚来人大时，我有点自卑。我高中住校一个月的伙食费只要 200，有菜有肉，吃得很好，但到了大学要 1k。我妈的工资才不到 3k，压力蛮大的。"

"那有一个很现实的问题，就是如果你想留在北京的话，家里在经济上帮不了什么忙吧？"

"其实，我毕业时本来想回福建入伍的，当时那边的部队在招文职；但不是谈了个北京女朋友嘛，就没去。我家比较支持我，本来想把宅基地卖了给我凑个首付。但我一想到那样他们住哪儿，而且要背 30 年的房贷，每个月一万多也不知道怎么还，就算了。"

"那你考虑换城市吗？"

"想过，但肯定不回老家了。因为我家是漳州下面农村的，漳州对我来说也是个陌生城市，跟其他城市没区别。福州、厦门也没啥好机会。"

"深圳可以。我在腾讯时本来有机会调回总部，但是劳动关系这个岗位，我们 HR 跟法务部门的同事相比没啥优势，很容易被替代，在项目中的重要性也没那么大，所以就没去。而且在深圳买房的难度跟北京差不多，只有有比较好的机会，我才会过去。"

"广州的话，不会讲粤语比较难融入，暂时不考虑。上海也不适合我，感觉这个城市人情味不浓。之前去出差时在小店吃饭，老板把饭菜端上来就走了，也不说话；不像我在长沙吃饭，老板还会主动跟我聊天。"

"那去长沙可以吗？"

"可以啊！我觉得长沙烟火气很浓，很接地气，陌生人都很热情；成都也是。但饮食方面可能是个问题，我吃辣一般。不过，这两个城市我都只是出差去过，跟实际生活的体验可能还是不一样，所以找工作时没有刻意考虑过。"

"相比起来，我还是更偏向北京。而且我跟北京比较有缘分。"田祺说，老家现在还留着一张字条，其中有句话是"将来起码进京城"，"我妈说，在村里为我摆满月酒时，一个邻村的大仙路过，就请她一起吃，这张纸条就是她当时帮我算命写下的"。

"我高一时物理比较好，还得过奥赛奖。后来觉得理科比较枯燥，就转了文科，但是题海战术的学习方式保持下来了，结果高考时发现很多题都见过，最后考了福建省文科前50。"

"当时，省里组织报志愿咨询会，列了几个文科类的top（顶级）院校。清华和复旦太难进了；去北大的话只能读历史，但我不知道这个专业怎么找工作。人大可以报工商管理，但要学数学；也可以报自然资源管理，感觉还不如北大历史系；最后还剩个人力资源，就选了它。"

"我还是挺喜欢北京的。这个城市包容性比较强：二环是老城区；三环是科技公司，当然现在很多外迁了；四环是高校。历史、艺术、人文、科技，在这里都有所体现。唯一的缺点是空气和自然环境稍微差一点，但我感觉也还好。"

"那你不靠家人留得下来吗？"

"按现在的情况肯定是不行的，实在留不下来去二线城市也可以呀。走一步看一步，到时候再说呗！我在生活中不是一个很有规划的人，过得比较随意。"

"前几年春节，我都会随便找一个日本小众城市，独自去旅游。我一般不安排

行程，就是慢下来体验生活。去年去了金泽，每天睡到中午，找家小拉面馆吃饭；下午买张公交通票到处乱转；晚上再去酒店附近的居酒屋跟陌生人聊聊天。"

"为啥一个人去呢？"

"我觉得跟其他人一起出去的话，大家节奏不一样，要赶行程啥的，不自由。而且我很享受独处。小时候，我爸妈比较忙，经常一大早出门，很晚才回家，我习惯之后觉得一个人看看书、玩一玩也很好。"

"我离开金泽那天，居酒屋的老板打印了一张合照，请所有顾客签名，然后送给我。我觉得，一个人在外，只要心态是开放的，即使语言不通，也可以通过各种方式交流，结识新朋友。"

"我比较喜欢看闲书，去没有去过的地方体验生活。在阿里时，主管还怼过我，说这些东西不能构成生产力。我跟他说这就是我的生活方式，他说我这是对工作不负责。"

"我对在工作上取得多大的成就、赚多少钱，看得比较淡。"田祺说，考上人大后，高中为他拉横幅，村里为他摆酒，是他的大喜；初恋自己爱得太卑微，是他的大悲。"我大喜大悲都经历过，所以活得比较佛系。"

今天分公司新入职的HR同事来北京出差，中午田祺在公司旁边的湘菜馆给他接风。同事说他们上午在试吃供应商10元价位的月饼，有抹茶、蔓越莓等口味，问田祺喜欢哪种。

"我觉得添加剂有点多，档次不高。按灏哥的意思，我们起码要定20元价位的那种才拿得出手。"

"那一盒月饼光成本就快200了吧？对你们创业公司来说还是有点奢侈啊。"

"200？包装盒都是定制的，300都打不住！我也觉得太贵了，但灏哥的原话是'公司穷归穷，面子该讲还是要讲'。其实，月饼跟周年庆一样，只能锦上添花。业务发展得不好，发啥都没用。"

同事觉得有点尴尬，赶忙岔开话题："今年就业环境不太好。现在市场上人才供过于求，国际局势不稳定，经济受影响，大家都希望招来的人可以立刻上手干活，不需要培训，所以很多公司都不招应届生了。"

前两天，我刷朋友圈时，得知阿里在内部系统中隐藏了 P 级，这样不认识的员工在打交道时就不会"见级下菜碟"了。我问他们这个事在 HR 圈子里的解读，同事刚想开口，就把话咽了回去，望向田祺，那眼神的意思应该是"领导先说"。

"这是管理模式的选择，符合互联网去中心化、扁平化的趋势。另外，现在的年轻人对层级的观念越来越模糊，比较适应'没大没小'的环境。公司人才构成越年轻化，就越倾向于扁平化。"

"但是，我听说华为的层级非常鲜明，而且华为发展得比阿里要好。那到底是扁平化好还是层级化好呢？"

"我认为，华为和阿里所在的行业和所处的阶段都不同，要分开看。华为是早期中国企业家族式管理大环境下的第一个变革者，在科学管理基础上制定的'华为基本法'到现在还具有很强的影响力。我相信当有一天华为需要转型时，还会是变革者。"

"随着工业革命后社会分工的细化，基于血缘的家族式管理转向科学管理、科层制管理，更强调层级和边界。随着互联网兴起，扁平化、网状结构的组织又推动管理模式产生新的转变，HR 变成了现在所谓的'COE + HRBP + SSC'三支柱模型。"

"COE 是'专家中心'，相当于'总参谋部'，在后方统筹规划；HRBP 跟业务同在一线，为业务提供支持；SSC 是'共享服务中心'，主要通过标准化的方式提高 HR 事务处理效率，比如面试接待安排、缴纳五险一金等，相当于'总后勤部'。"

"归根结底，业务和组织在发展，管理模式也要与时俱进。在很多公司，HR 只是个招聘专员。其实，HR 的任务是通过各种方式，为企业长远发展提供组织和人才保障，帮助企业完成管理模式的转变，重要性比很多人想象的大。"

吃完饭，同事上楼了，田祺拉我去取快递。"这是我订的《读库》，睡觉前看看书，算是对日常情绪消耗的弥补。干 HR，尤其是在创业公司干 HR，是一件特

别消耗情绪的事。"

"为什么大多数创业公司最后都会死掉？因为很多创始团队来自大公司，战术层面很熟练，但没怎么做过战略决策，对公司发展过程中存在的组织问题没有预判，踩坑的时候摔得比较重。当业务增长放缓时，内部互相甩锅和办公室政治问题就都出现了。"

"而且，并不是所有人都能一直往上走。当公司发展到一定阶段后，创始团队的管理和操盘能力不一定跟得上。这个时候很考验 CEO 的认知和格局——你有没有意识到自己已经 hold 不住了？你愿不愿意引进职业经理人来管理公司？"

※　　　※　　　※

9 月的第一天，田祺告诉我，公司这两个月的重心是控制成本，今天要正式启动裁员计划了。中午，他没顾得上吃饭，5 点多忙完了，才下楼买了点关东煮。

"这周准备优化的一个老员工，工资很高，一个顶别人好几个，但是他负责的业务快死了。我很早就跟他的主管通过气了，让他帮忙打打预防针，不然别人很难接受。"

"结果，今天跟这个主管一聊，才知道他竟然给这个老员工的二季度 KPI 打了 100 分。我问他为什么，他说对下属重情义，坦诚点，下属就会理解公司的处境，才能心平气和地离开。"

"太天真了，这人一个月几万块钱拿着，一天啥事不干，还没人管，谁愿意走。你去跟别人谈，别人一句话可以把你怼死：我得了 100 分你都要赶我走，凭什么那些拿 90 分的可以留下来呢？这又给我出了个大难题。"

"跟那几个打卡作弊的员工聊了一下，反应都很激烈：一是不认为这个事很严重；二是觉得刚忙完周年庆促销就踢他们走，是卸磨杀驴。总监也过来求情，说减员会削弱战斗力。"

"如果这时候没人当坏人，姑息养奸，公司的原则性和组织文化就会越来差，管理者自身的影响力也会越来越弱。"

"按今天的情况，估计裁员比招人还难。今年疫情减免了五险一金，每个月公司可以省几十万。如果政策取消了，控制成本的压力更大，到时候要通过裁员来挤出这笔钱，还不知道怎么推进呢。"

"跟灏哥说了一下这个事，他说那月饼就不做了。但我觉得是捡了芝麻丢了西瓜。首先，你传递给员工的信息就是公司不行了，连个月饼都要省。其次，你刚给老员工发了比月饼更贵的纪念徽章，让连月饼都没有的新员工怎么想。"

"你们公司已经困难到这个地步了吗？"

"没有，这不是为了财务数据好看嘛！之前还出过另一个方案：管理层集体降薪，不拿绩效工资。被他们否了。其实，从这个角度来看，公司效益不好也可以解释了——上市的成本都从员工这省，上市的好处都让高管来占，那就不要怪员工干活敷衍了，人家又不傻。"

晚上9点21，田祺下班了。他点燃一根烟，说还没叫车，想先透口气。"下午又有个主管找我，让我帮忙劝退一个新人，因为这个人负责跟天猫对接，但业务不熟练。我问他这人是怎么招进来的，他说他们团队之前没有这样的角色，不知道怎么面试。"

"直接从天猫挖一个人过来不就完了吗？"

"工资开不起。也不是开不起吧，说白了还是为了控制成本。我们现在被上市搞得动作变形了，有点拔苗助长。但是，如果不设个高一点的目标逼自己一把，公司可能就这样了。"

我觉得，如果按猕猴淘现有的用人策略继续推进，田祺会不断陷入新人不给力、裁人难推进的恶性循环。他表示同意："我现在就是治标不治本。但是没办法，底层问题不是我一个人能解决的，就只能每天忙忙活活，到处救火。"

"好的HR应该尽量通过系统化、制度化的方式把组织和用人问题在前期规避掉。像这样不去解决核心问题，而是case by case（逐案）地去解决个体问题，看上去很忙，其实做的都是无用功。我现在知道姗姐为什么只干了1年就走了。我也先干1年吧。"

他又点燃一根烟："我有个朋友在阿里深圳分公司当总监，是我从康佳挖的，每次来北京出差都会找我喝酒聊天。他说可以帮我推荐深圳的工作。如果这家公司做得不好，我可能会考虑去深圳。"

"几个关系不错的前同事都劝我别折腾了，年纪不小了，应该安定下来了。但我觉得还是要有些少年气，不然当初就不来创业公司了。我发小在老家银行工作，一眼望到头，跟退休差不多，我过不了那种日子。"

他深吸一口烟："我专业里有个'双因素理论'，说'满意'的反义词不是'不满意'，而是'谈不上满意'。'不满意'的反义词也不是'满意'，而是'没有不满意'。"

"我对现在的自己就是这种感觉，谈不上满意，也没有不满意。但我还不想妥协，还想去探索这个世界，还愿意为了过上自己喜欢的生活换工作、换城市，那股少年气还没有泄掉。"

北京的秋夜有点凉了。可能是因为工作耗费心力，也可能是因为话题太沉重，田祺的声音压得很低。世间安得双全法，既然选择不妥协，就要拥抱不确定。他点燃第三根烟，不再说话。

视障软件合伙人晴天*

你是我的眼

带我领略四季的变换

你是我的眼

带我穿越拥挤的人潮

你是我的眼

带我阅读浩瀚的书海

因为你是我的眼

让我看见这世界

就在我眼前

——有感于无障碍、读屏软件和互联网

在微信上看到晴天发来的地址时，我都不知道"牟平"的"牟"读"mù"。如果不是因为这本书，我可能一辈子都不会来这里。牟平似乎也对我的到来有些意外，在"晴轩推拿"门口停车时，我从周围店家的眼神中

---

* 本章画师：波儿。

看到了他们对外地牌照淳朴而善意的好奇。

我8点20到店的时候，晴天正在帮一个小男孩按摩。孩子妈妈在旁边陪着，说孩子最近一直咳嗽，问晴天是什么原因。"缺水，太干了。"晴天的语气很肯定。

我问他是怎么知道的，他说通过手感就能判断出来。我对这个回答将信将疑，但墙上挂着的长春大学医学学士学位证书说服了我——人家可是正儿八经的"针灸推拿学"科班出身。

晴天的按摩店位于烟台市牟平区永安路上一个不起眼的沿街商铺，有南北两间不到 40 平方米的小屋。他既是老板，又是唯一的员工。北边这间屋子的 3 张按摩床，是他作为按摩师的"工位"。一旁的电脑桌，则承载了他的另一身份——"争渡读屏"合伙人。

按摩结束后，跟我一样好奇的小男孩吵着要看他怎么玩电脑。晴天演示了一款面向视障群体的赛车游戏，叫 *Playing in the dark Top Speed 2*（《黑暗中的游戏——极速狂飙 2》）。

这款游戏只有声音，没有画面，需要通过各种音效来判断赛车当前的状态。他说是老外做的，国内志愿者给帮忙汉化了。我打开官网，看到上面写着这样一句话——

Visually impaired people can play them just as easily as everybody else (and probably better). （视障群体也可以跟明眼人一样轻松上手，甚至比他们玩得更好。）

演示完毕，他叮嘱孩子妈妈明天继续过来，说再按两次应该就不咳嗽了。我问他为啥按摩还能治咳嗽，他说得还挺有道理："按摩是通过疼痛等感觉刺激身体分泌某些物质，来达到自愈的目的，本质上跟药物一样。只是跟药物相比，少了一个化学反应的过程。"

客人走后，他赶紧回到电脑前，开始处理累积的 QQ 和微信消息。刚才按摩时，我就听到电脑音箱时不时传出有点像磁带倒带的声音，等他打开显示器，我才发现原来是争渡把收到的每条消息都读了出来，但语速非常快，根本听不出来在说什么。

我问晴天这是用几倍速播放的，他说大概是 4 倍，一开始也不习惯，但听多了就好了。"这样处理文字会快一点，效率高。"他收到的消息大都是计算机问题咨询，有人问他雅马哈的驱动装了之后蓝屏怎么办，他在电脑里找了个"驱动精灵"，发过去让对方试试。

也有人说看到一家叫"爱心科技"的公司在卖争渡，550 元一套，有点动心，但不知道是不是正版。他很有耐心地解答："这个价格不对劲。销售拿货都不止这个价，何况是零售。"

晴天操作电脑十分熟练，快捷键用得飞起；在各软件之间切换自如，比我流畅多了，绝对是视障群体里的电脑专家。我问他帮这些朋友解答问题收不收费，他说都是义务的，用不着分那么清。

这一波消息处理完，他终于能喘口气了，就开始给我科普读屏软件："其实就是字面意思。使用得最多的场景，主要是把聊天消息、打的什么字、光标位置的内容读出来，是盲人群体的必备软件。"

怕我不能理解，他对着电脑上的微信跟我解释："控件你知道吧？就是界面上显示内容或者实现功能的单元，比如这里的时间文本框、公众号链接和表情按钮。你们明眼人是通过看控件去了解它的内容和功能，我们是通过听。"

"如果把光标放到时间文本框上，争渡就会把它显示的'15:33'读出来。但是因为我们看不到，用鼠标很难定位光标，所以用键盘配合快捷键更方便。"

"比如，争渡把小键盘的4、5、6分别设成了查看上一个、当前和下一个控件的快捷键。这样的话，不管光标在哪里，只要一直按4或者6，就可以遍历界面上的所有控件。"

"争渡会把光标所在的控件类型和它的内容一并读出来。比如，当前光标在公众号链接上，你按一下小键盘的6，光标就会跳到下一个控件上，争渡会读'表情按钮'。再按一下，再跳一次，会读'附件按钮'。"

"微信的无障碍做得还不错，但阿里就一般。"见我大概理解了，他打开淘宝云客服的网页，说这个页面最近改了一次版，反而改出 bug 了。"很多图标都对争渡不可见了。"

"什么叫图标对争渡不可见？"

"刚才微信界面上的表情和附件按钮，是没有显示任何文字的。争渡之所以可以区分它俩，是因为微信的代码里为无障碍功能预留了文字说明，告诉争渡左边的按钮是表情、右边是附件。"

"淘宝云客服页面的右侧有个'已购商品列表'，应该是用图标显示的。这次改版之后，原来给争渡预留的文字说明没有了，所以我们识别不出这到底是个什么图标。"

"我前几天写了个网页插件，给这些识别不出来的图标加上了文字和快捷键，这样就可以用了。"他想给我演示一下插件的效果，准备登录云客服，但网站提示他要用淘宝 app 扫码验证。"正好给你看看我们是怎么用手机的。"

"我不太用 iPhone。苹果其实很重视无障碍，官方 app 都做得很好。但苹果系统比较封闭，第三方 app 如果不提供无障碍功能，就用不了读屏软件。"

"我用的是 realme 手机，装了个天坦读屏。手机读屏 app，简单来说就是单指变双指，单击变双击。"他打开手机微信主界面，用双指上下滑动浏览对话列表，然后在屏幕上随便点了一下，天坦就用绿框标出了选中的对话。

"左滑是上一条对话，右滑是下一条对话。选中对话之后在任意位置双击，是打开对话。"他用相同的操作打开淘宝 app 的扫码功能，尝试对准显示器上的二维码，很快就扫到了，还说："因为显示器的位置

是固定的，二维码一般都在显示器正中间，所以能猜出大致方位。"

但扫码验证通过之后，还要刷脸验证。这个环节要求晴天面对前置摄像头，把自己的全脸放进手机上的一个小圆圈里，然后眨眨眼。他尝试了好几次，要么是角度不对导致眼睛不在圈内，要么是距离不对导致对焦模糊，折腾了半天才成功。

"设计这个功能的产品经理，估计没有考虑到盲人用户的情况。以前在蚂蚁工作时，公司的无障碍团队还获得过 CEO 大奖呢，看来我们做得还远远不够啊。"我唏嘘感叹。

"是啊，蚂蚁庄园现在都还用不了。无障碍化需求提了好几年，根本没人管。我们分析过为啥不能用，发现蚂蚁庄园其实就是支付宝 app 里的一个网页，但它没有采用标准技术方案，结果导致读屏软件识别不到控件。

"百度的产品也不好用，他们连无障碍团队都没有；读屏软件碰到的问题跟蚂蚁庄园一样。我们反馈之后，得到的答复是工程师为了提升性能，把标准方案给简化了。"

牺牲了视障群体的使用体验去提升明眼人的使用性能，作为一名工程师，我感到脸有些烫。晴天可能觉察到了我的尴尬，安慰我说："大公司推进无障碍化都很难。据我所知，好几家公司的无障碍团队都是边缘团队。"

"因为我们的需求是把现有功能给无障碍化，而不是开发一项新功能。在很多大公司，维护升级老功能不像做新功能那样容易出成绩，加上盲人用户占比很小，所以无障碍化需求对 KPI 的影响很小，排期优先级不高。"

"之前还出现过一种情况，就是因为产品经理不是盲人，生活习惯跟我们完全不同，很难设身处地站在盲人的角度考虑问题，所以做出来的无障碍功能不好用。"

"花了很大力气却换来这样的结果，后来我们就不好意思再提新需求了，还不如你们严格采用标准技术方案，把无障碍化留给盲人自己来做。这也是我做争渡的原因之一。"

"几家大公司里，腾讯的无障碍化做得还可以。QQ 空间的第一个程序员 Stone Huang，做技术总监的时候，直接跟我们对接需求，然后让下面实现，效率很高。可惜他调走后，接手的只是一个基层产品经理，没有决策权，无障碍需求都要排期，效率就低了。"

上午没有其他顾客，晴天一边跟我聊天，一边操作桌上的另一台笔记本电脑。"我的台式机比较老了，月初买了台联想小新，还没怎么用呢。昨晚发现争渡识别Excel有点问题，得看看是怎么回事。"

他在电脑上吭哧吭哧忙活半天也没有进展，只好在QQ群里发言求助。有人丢给他一个链接，打开一看，说是问题可能源于WPS——联想定制的Windows 10出厂自带WPS，它修改了一些系统信息，影响到了Office的读屏功能。

把WPS卸载之后，问题还是没有解决，他有点沮丧。我问他就用WPS行不行，他说不行。"WPS的无障碍做得很差，不支持读屏软件，所以只能用Office。我下午把系统重装一遍好了。"

快12点了，晴天准备下班。"你中午去哪儿？一会儿我爸来接我回家吃饭，2点左右再过来。"他说自己就住在后面的东油小区，不远，走路15分钟就到了。"你要是不回去的话，就在店里休息也行。"

我在隔壁简单吃了碗手擀面，就搬了个凳子在门口晒太阳。中午的永安路安静极了，户外没什么人，马路对面的摊主坐在面包车里无精打采地刷着手机。从快节奏的北京来到慢生活的牟平，我紧绷着的神经得到了放松，一股巨大的困意涌了上来。

1点半左右，晴天牵着老婆的手回来了。嫂子也是盲人，笑着跟我打了声招呼，就去了南边的屋子。晴天告诉我，嫂子上午在家学播音，下午来店里上班，当淘宝客服。"上午给你演示的那个网页插件，就是给我老婆定制的。"

他一边用台式机下载Windows镜像，一边格式化笔记本，准备重装系统。"她当客服，还是我给参谋的。"晴天说两人是2015年在"争渡家园"，也就是争渡官方YY聊天室认识的。"她在北京，我们异地了一阵子，感情稳定之后她就裸辞来烟台了，2017 年结的婚。"

"你俩都很有勇气啊！网恋奔现的成功率很低的。"

"我当时都做好心理准备了，如果来了找不到工作，我养她。经济压力倒无所谓，主要是担心她到了一个新地方，谁也不认识，又没事干，很无聊。这样的话，我爸妈或多或少会有些想法，可能会给她带来一些精神压力。"

"所以就给她找了这个客服的活，也不指望挣多少钱。之前上全天班，上下午各 3 个小时，一个月工资 1.5k 多。学播音之后就只上半天班了，周末双休，一个月不到 1k。"

嫂子从南屋过来，跟晴天说自己上午在美团下单买了些零食，刚才检查包裹，发现送多了，不知道是怎么回事。晴天说："你看看是不是从老刘家买的？他们可能多给了一些。"看来街坊邻居还是很照顾他们的。

系统装到一半，一对骑着山地自行车的中年夫妻来店，他赶紧放下电脑准备按摩。我就去嫂子的工作室参观了一下。她说现在就职的"黑乐"，是一个专门推动视障群体多元化就业的公司，承接了阿里的客服外包助残项目。

　　嫂子工位上的电脑连显示器都没有，取而代之的是一个大大的麦克风。她告诉我，麦用来跟同事语音交流，键盘用来打字解答问题。她的工作还比较轻松，没有客户的时候就跟同事连麦聊聊天，氛围挺欢乐的。

　　4点20左右，晴天的妈妈把孙女从幼儿园接到了店里，还带了点无花果给我们吃。孩子看上去非常健康，一边抱着妈妈，一边用炯炯有神的大眼睛打量我这个陌生人。晴天帮大哥大姐按完之后，也来到南屋，一家三口其乐融融。

北屋的手机响了，是盲福网络电台的站长打过来的。大意是说网站上有很多按顺序排列的音频，它们的内容是连贯的；点开第一条之后就可以连续播放，方便视障用户收听。但是，其中两条音频的顺序反了，他们不知道是哪里出了问题，请晴天帮忙看看。

他进入网站管理后台，在这里可以看到每条音频的标题和长度、文件大小、发布时间等信息。经过反复对比逆序的两条音频和其他顺序音频，他花了近 15 分钟，才定位到问题的原因。

"这个网站的音频排序方式跟微信聊天列表一样，是最新的内容在最上面。为了让音频按顺序播放，需要把它们逆序发布。也就是说，希望读者听到的第一条音频，要留到最后发布。"

"编辑把有问题的那两条音频按顺序发布了，所以播放顺序就反了。"他把这两条音频的发布时间对调了一下，再刷新网站，问题果然解决了。

通过观察他的操作，我发现了视障群体通过"听"去解决计算机问题的弊端之一——因为看不到，所以在对比信息时不能"通览全局"和"一目十行"。

如果是我来解决盲福网络电台的问题，只要把有问题的两条音频和没问题的两条连续音频放在一起，就可以看出其中的端倪：

音频标题	问题 1	问题 2	正常 3	正常 4
音频长度	09:41	09:42	10:01	08:19
文件大小	23.8 MB	23.8 MB	24.6 MB	20.4 MB
其他信息	……	……	……	……
发布时间	18:08	18:10	18:38	18:36

一眼扫过去，很容易注意到问题 1 和问题 2 的发布时间，同正常 3 和正常 4 的发布时间排序不同。但对于视障群体来说，当信息的读取从看变成了听，感觉上就是这个样子：

当所有的信息是由争渡从上到下依次读出来时，非视障人士

问题 1
09:41
23.8 MB
……
18:08
问题 2
09:42
23.8 MB
……
18:10
正常 3
10:01
24.6 MB
……
18:38
正常 4
08:19
20.4 MB
……
18:36

可以"一眼看到"的 4 个发布时间只能"分开听到"，且中间夹杂了许多其他信息，发布时间的"对比度"就会弱很多，问题自然就变难了。

> **ZD.HK** 首页 争渡公告 使用交流 教程 反馈 下载 聊吧 信息发布 视障热线
>
> 【信息发布】[盲网信息] 推广：一个好用又安全的银行App
>
> 【使用交流】 急求id14声卡教程
>
> 【信息发布】[跳蚤市场] 出售索尼7600gr 欧版的860拿走。质量好。
>
> 【聊吧】[谈天说地] 小米10pro经常通话没声音重启就能解决，有遇到过的没
>
> 【使用交流】 请问大家 ubuntu 怎么样不用输入任何命令行去安装软件呢，谢谢。

"因为我对视障群体完全不了解，所以如果我说了什么话让你觉得不舒服，我提前向你道个歉，我不是故意的。你告诉我，我就会调整。"在得到晴天的应允后，我向他复述了刚才的分析过程，问他这算不算视障群体工作起来比明眼人更吃力的原因之一。

"当然算啊。"他深表赞同，并举了一个例子。"争渡官方论坛 ZD.HK 有个'Alt + X'快捷键，可以把光标直接定位到下一个帖子或者回复，跳过其他控件。这样读屏软件就可以专注于内容，提高盲人看帖的效率。"

"但是，前两天有人反馈这个快捷键失效了。我调试了半天，才发现是代码里一个变量命名出错了。跟你刚才分析的原因是一样的，我们一句一句听代码，信息的对比度不强，很容易忽略一些细节，所以查找问题很吃力。"

> 其他代码
> 早饭
> 其他代码
> 早饭
> 其他代码
> 早饭
> 其他代码
> 早餐
> 其他代码
> 早饭
> 其他代码

系统装好之后，晴天正在装软件，女儿咿咿呀呀跑了过来，手里拿着一个蓝瓶子，说被蚊子咬了，让爸爸喷一下。他摸了摸，闻了闻，没有"看"出来这是什么，以为是空气清新剂，没敢给女儿喷。女儿又拿给闻讯而来的妈妈，妈妈才发现是花露水。

快 6 点了，晴天收拾东西准备下班。我问他回家之后还加不加班，他说不加了。"以前一个人的时候，就住店里，经常工作到半夜。现在有了孩子，回归家庭了，晚

451

上就是看看电视、手机，也不碰电脑了。因为孩子睡得早，我们 11 点左右也就跟着一起睡了。"

※　　　※　　　※

海滨城市的天气就是好，每天都是晴天。今早我 8 点 15 到店的时候，晴天还没来。叔叔正在收拾屋子，见到我，连忙招呼我坐下喝茶。我问叔叔怎么看儿子现在做的事情。他很健谈，但口音实在太重，我只能听懂不到一半的内容。

叔叔觉得儿子按摩店的营业时间比较尴尬：中午休息，下午下班又早，完美避开了最大的客户群体——上班族。"这个时间段只有领导干部可以过来按摩。一般员工除非请假，但谁会为了按摩请假呢？"

然而，提起儿子做的争渡，叔叔满脸自豪："跟其他读屏软件比起来，功能更多，收费更低，买了之后享受终身升级服务，一劳永逸，所以在圈子里口碑很好。但这也不是个赚大钱的东西，主要是自己用，再卖一点收回成本而已。"

聊到收入的话题，叔叔有点无奈。他说，如果夫妻双方有一个明眼人还好，都是盲人就很麻烦。按摩店要搞卫生、洗床单，还得给孩子做饭、接孩子放学啥的，两人都不方便。所以，老人要帮帮忙，不能出去打工。

"一年打工百八十天，也能收入个万儿八千的补贴家用，经济上可以更宽裕一些。"晴天来了，叔叔就端起脸盆，去门口晒按摩巾了。

晴天说自己一般 8 点半到店，但有时候客人来得早，打电话给他，他就会提

前过来。他往电脑前一坐，说今天的主要任务是内测争渡的下一个版本，应该会比较轻松。

毫无疑问，为了做好争渡，晴天需要付出比明眼人更多的努力。而早上叔叔刚说过，争渡是一次性收费，一套才 1 000 块钱左右。我觉得这个定价着实不高。

从商业角度来说，读屏软件针对的是小众市场，用户群体不大。如果保证终身升级，那么老用户增加的同时新用户减少，服务老用户的成本越来越高，而新用户带来的收入越来越低，最后可能不赚钱，甚至会亏本。这个模式不可持续。

解决这个问题的思路之一，是向老用户收费。业界的一个成熟方案是订阅制付费，在手机 app 上已经很流行了。所以，我问他考不考虑把争渡改成按年收费。

"我们团队内部也讨论过这个可能性，但比较担心的是，买软件只需要花一次钱是 PC 时代的主流模式，所有电脑读屏软件都是这样做的，没有人按年收费。我们怕改了之后用户流失。"

"而且，开发争渡并不是纯商业行为。"他打开显示器，百度"争渡"，排名第一的就是争渡官网。"李彦宏是山西阳泉人。争渡的主程也在阳泉，他是江西人，网名就叫'争渡'，因为找了个阳泉媳妇，所以定居下来了。"

"我们是 2008 年在网上认识的。因为我觉得其他读屏软件不好用，所以提议一起做款新软件。具体分工是，他负责编程，我负责编程之外的工作，包括产品、运营和测试啥的。"

"当时，他还在一个大专院校教计算机，用业余时间开发争渡。头几年，我们有点眼高手低，一方面太理想化，野心很大，希望能帮所有盲人无障碍使用电脑；另一方面，因为没经验，所以软件做得不好用，拿不出手，也不敢定价太高，一年只卖几十套，赚不到什么钱。"

"做着做着才意识到，团队能力有限。全中国大概有 1 800 万视障人士，帮助所有人不太现实。能帮多少是多少吧，帮一小部分人，工作量就已经不小了，心态务实了很多。后来，功能慢慢改进，销量越来越大，才开始挣钱。"

"但需要我们投入的时间也越来越多。他觉得，书教不好不踏实，软件做不好也不踏实，就干脆辞职出来全职做争渡了。"晴天说，争渡做了12年，是现在电脑上最好的读屏软件。

"我们觉得，在更好的竞品出现前，维护好争渡是对视障群体的一种责任。因为有一些理想主义情怀吧，所以对收入看得没那么重。我们还提供了一个争渡公益版，免费，但基础功能全都有。"

边跟我聊，他边在QQ上给网友传文件。"是个台湾用户，那边用的是注音输入法，不是拼音。下一版争渡增加了对Win 10注音输入法的支持，我把内测版发给他试用一下。"

我问他境外用户多不多，他说不多。"主要是寄加密狗的邮费太高了。我们是通过加密狗来防盗版的，就是一个U盘大小的设备，用的时候要插在电脑上。"

"加密狗是从其他公司买的。一套争渡读屏，扣掉加密狗的成本、销售的提成，我们到手就几百块钱。搞促销做活动的时候就更少了。"

"收入一般，主要是我们没怎么推广和营销。一方面是不擅长干这个；另一方面是会分散开发的精力，影响产品质量。如果招人做的话，又没有能力管控他们。"

"争渡读屏现在是处于一个不至于死掉，但也赚不了大钱的状态，比较稳定。用户觉得价格可以接受，而我们的收益能维持生活。我家开销不大，除了吃穿就没啥了，阳泉的生活成本更低。所以，我俩都想维持现状，不想做太激进的改变。"

"但是，女儿长大一点开销就大了吧？"

"可能是吧，还没想那么远。我这个人不喜欢想太多，因为也想不明白。不如把眼前的事情做好，下一步该怎么走自然就知道了，'车到山前必有路'嘛。反正只要还有盲人用Windows，我们就会把争渡维护下去。"

"不过，接下来，我跟我老婆每个月可能会有一笔额外收入。"他说，一些大城市规定，公司必须要招聘一定比例的残疾人，大概是员工总数的1.5%，否则要交残保金。

"前阵子我联系到北京的一家公司，它愿意招我和我老婆做兼职软件测试员。我要把信息采集表填好，给他们发过去。"他打开电脑上的Excel表操作起来。

他在电脑里找出老婆的残疾证和身份证等扫描件，准备插入到Excel表里。

我问他是怎么区分这些证件的。"用 OCR 啊！专门识别图片上的文字。"

我刚要感叹科技给视障群体的生活带来的便利，晴天的操作就卡住了：他把老婆的身份证扫描件粘贴到表格里后，因为尺寸不对，图片把其他单元格的内容都覆盖住了。

他想删掉图片，但争渡好像无法定位表格中图片的位置。他操作了半天也没成功删除，有点懊恼，说要重填整张表格。"我来吧！"我用鼠标选中图片，再按一下 delete 键，就搞定了。

在填工资卡账号时又碰到一个问题：OCR 软件识别不出银行卡扫描件上的卡号。他说可能要用卡识别软件，但电脑里还没装。最后是我"人工读屏"，他再录入。

我很感慨，即使是像晴天这样熟悉计算机的盲人，操作起来都如此磕磕碰碰，其他盲人的困难可想而知。信息无障碍还是任重道远啊！

今天店里没有生意，争渡的新版本也测得差不多了，下午晴天没啥事。他刷了会儿抖音，就在"开源中国"上看科技新闻打发时间。"看着玩，顺便关注一下有没有可以用到争渡上的新技术。"

他点进一条标题是"超多人实时音视频互动方案的探索与实现"的帖子，说："比如看到这个，我就在想，YY还要注册、输账号密码啥的，很麻烦。如果有个聊天室可以一键进入，视障群体用起来就更方便一些。"

"对于我们来说，方便是很重要的一个衡量指标。像我搭建个人博客，用的是'搬瓦工'主机，一年46美元，比阿里云便宜；关键是不用备案，比较方便。"

"其实，现在主流的操作系统都自带无障碍功能，但不方便，所以大家不怎么用。因为它没有集成OCR、翻译之类的功能，在用的时候还要结合其他软件，不像争渡这样提供一站式解决方案。"

看完"开源中国"，晴天又打开"SegmentFault思否"和"IT之家"，把首页的内容都浏览了一遍。看得出来，他很关注IT行业的各种信息。我问他是怎么失明的，又是怎么走上互联网这条路的，他打开了话匣子。

"我是先天性青光眼。小时候还有光感，可以看到路上的水坑，分辨汽车的颜色；迎面走过来的人，还能看出鼻子和嘴巴轮廓。但十三四岁以后视力开始急剧恶化，晚上连灯亮不亮都看不清，十五岁就完全看不见了。"

"不能治吗？"

"治不了。现代医学技术可以延缓失明时间，但不能完全治愈。"

虽然我有所准备，但听他说这些还是挺难受的。我问他："你那时候心理上会有比较大的起伏吗？"

"还好。我老家是农村的，小时候跟其他孩子一起玩，没觉得自己被特殊对待。小学读了盲校之后，身边人都跟自己一样，也没啥感觉。而且我是视力逐渐下降，有个适应过程，所以心态没啥大的变化。"他的语气非常平静，有一种抚慰而疗愈的效果。

"初中毕业之后，我没有读高中，而是上了一年中专，准备考长春大学。那时候，特教本科不多，长春大学算很好的了，一届只有不到30个人。"

"我看你学的是针灸推拿，为啥还要上个本科呢？中专也有教这个的吧？"

"我当时的想法其实很简单，就是不想太早参加工作。现在回过头来看，就按摩这个方向来说，本科和中专的区别不在于专业度和手法，而在于综合素质。"

"我们本科是 5 年制。我的一些中专同学会觉得：虽然你多读了几年书，但现在不是跟我一样开按摩店吗？而且我挣得也不比你少，所以上学没意义。心态不一样，少了一份敬畏心。"

"之前我每两年去一次济南，参加推拿职业资格培训。大多数同行都是专科毕业，每次跟他们在一个大教室里坐着，气氛都很沉闷、很压抑，我觉得大家普遍过得不开心。"

"但我大学同学就活得比较积极，正能量比较多。有个重庆同学毕业后去按摩医院工作了几年，觉得没意思，就去英国留学，然后回来教英语了。还有个同学在威海开按摩店，有两个孩子，心态挺好；生意差也不着急，因为着急也没用，着急生意也不会变好。"

"读中专那会儿，我其实不算很努力的学生。能考上大学，也是因为心态比较好。当时的 QQ 签名是'生活不可能像你想象的那么好，但也不会像你想象的那么糟'。"

"所以，考试时比较放松，没想太多，没给自己什么压力。当时卷子已经做完了，但老师不让提前交卷，我就趴着眯了一会儿。结果，总共录取二十多个人，我考了第十几名，考上了。"

"我是 2001 年去的长春，在大学里第一次接触电脑就很感兴趣。没事的时候，约两三个同学去旁听计算机课，有了 C 语言编程基础。大三、大四又自学了 JS 和 HTML 这类脚本语言。"

"2006 年毕业时，我已经算视障圈子里电脑玩得比较好的了，就跟别人一起搞了个九州健康网。那时，我还没电脑，每次去网吧都要麻烦别人帮忙装读屏软件，之后我就做了个自解压 U 盘，插上电脑，输入脚本自动安装，方便多了。"

"真的很难得，"我说，"绝大多数人接触电脑之后都成了消费者，而你利用电脑成了建设者。"

"是的，主要是因为我的出发点是方便自己、方便他人。"他说，毕业之后，还做过 QQ 等常用软件的无障碍化魔改，个人网站比较流行的时候也当过视障博主，但这些事情陆续都停掉了，真正一直做下去的只有争渡。

"那你为啥没找个互联网方面的工作呢？"

"当时，我只把计算机当成兴趣，没往这方面想，就先回家了，打算跟大多数同学一样干按摩，比较保险。最早是想在老家开店，但那边消费观念跟不上：其实，农村里胳膊、腿有毛病的人很多，但大家不愿意在按摩上花钱，所以生意做不起来。"

"牟平离我老家也就几十公里，而且正好有个叔叔在这儿做生意，家里觉得有点关系，就过来了。我第一个按摩店是跟小学同学合开的，就在这附近，但没有暖气，要烧炉子，还要自己做饭，太麻烦了，就没有弄下去了。"

"这个同学后来去了南京，在那边结婚安家了。我有个同学在北京一家按摩店打工，说感觉不错，让我也过去，我就去了。"

"一个人去的吗？"

"是啊，我一个人出去很多次了。就打车去火车站，然后跟着人流走，找到工作人员，让他帮忙领我到服务台，填个特殊旅客表，就会有专人一路服务，直到我下车，再把我送上出租车。飞机也是一样。"

"当然，肯定不像明眼人那么方便，因为整个过程不会像我说的这么顺利。比如，出租车并不是每次都停在进站口，那么下车之后怎么走？坐飞机的话，有些航空公司不提供专人服务。还是会碰到一些麻烦，但是习惯就好了。"

"不考虑养只导盲犬吗？是不是会更方便一点？"

"养导盲犬很麻烦，对狗窝、饮食都有要求，成本很高，照顾它比照顾人还累。导盲犬主要是出门时有用，但很多地方还不让导盲犬进。我出门不多，找人打听打听，用盲杖就够了。"

"北京那个按摩店的工作时间是中午12点到晚上11点半。我们分点钟和排钟，点钟就是客人指定按摩师，排钟就是按顺序轮班。因为我不太跟客人聊天，混得不熟，所以点钟的活儿不多。没排到的时候，我就在休息室玩电脑，老板还经常说我，让我多练练手法。"

"干了1年左右，到2007年夏天的时候，我觉得自己的手法和经验都积累了一些，就回来开了这个店。第一年住店里，后来搬到在东油小区租的房子里，又住了快两年，结果房东要卖房了。"

"因为生意稳定了，我也住习惯了，所以打算在小区买个房，定在这里。当时的房价一共 33 万，但我每个月都是月光，手头根本没钱。是我爸凑了 5 万，又借了 5 万，再贷了 20 多万，才在 2010 年 10 月把现在的房子买下来的。"

"我们贷了 10 年，之前每个月还 3k 多，经济压力很大，肉都吃不起，下馆子更是想都不敢想了。现在每个月还 2k 多，我和我老婆的收入加上父母的退休金，维持日常生活压力不大。"

"今年房贷终于要还完了。所以，现在争渡带来的收入再怎么低，也比那时要强。"我们在店里等到快 6 点半，昨天那个咳嗽的小男孩也没来，晴天就收拾收拾下班了。

因为赖床，周六早上我出门晚了几分钟，8 点 40 多到店时，晴天还没来。我在门口等了一会儿还不见人，担心路上出什么事了，就赶紧沿东油小区的方向去找他，于是看到了这样一幕。

牟平这边的人行道上画了车位，所以会有车挡住盲道的情况，对视障群体很不友好。我连忙上前跟晴天打招呼，问他为什么今天来晚了，是不是家里有事。

"没事儿。昨天我们刚走 10 分钟，那个小男孩的妈妈就给我打电话，说要过来。我吃完饭到店里给他做完按摩，8 点多才回家，所以早上跟家人多待了一会儿。今天，我老婆不上班，在家带孩子。"

照理说，周末大家休息，应该会有不少人来按摩，但实际上一个顾客也没有。晴天说是因为大家都出去玩了。我问他："既然这样，反正店门口贴着电话，为什么周末不干脆在家休息，等客人打电话再过来呢？"

"除非是熟客，不然大多数客人来了之后一看没人，就去旁边其他按摩店了，所以还是在店里守着比较好。服务行业就是这样，没有周末、节假日，每天都要工作。"

话虽这样说，但晴天总体上还是比较悠闲的，除了按摩，也就是偶尔看看论坛和群里大家在讨论什么，解答解答售后问题，测测软件，其实每天花不了多少时间。不像很多互联网产品，需求一个接一个，从早到晚排得满满的。

我不了解读屏软件这个市场，但基于对整个行业的认知，我不免担心：在这样的研发节奏下，争渡的竞争力到底有多大？现在是个不进则退的时代，即使要"维持现状"，也肯定不能原地踏步。我问他："你们对争渡有更长远的发展规划吗？"

"我们有一些大的方向，但都停留在构思阶段，还没有精确的排期。比如在技术层面，我们想优化一下现在用的语音组件，让争渡运行起来更流畅一些。"

"啥是语音组件？"

"相当于一个播放器，争渡输入要读的文字，播放器输出声音。现在我们用的是 IBM 的语音组件，只有 6MB，但太老了，是 2000 年的产品，已经不维护了。"

"市面上也有新一点的语音组件，但大多需要联网，单机版的比较少。讯飞有一款，但它是面向大众群体的，主打听书这个需求，对播放和暂停速度有限制，响应没有 IBM 这么快，对盲人来说不好用。"

"什么叫'响应没有 IBM 这么快'？"

"不知道你有没有注意，我在逛争渡论坛的时候'Alt + X'按得比较快，这样，光标在每个帖子标题上停留的时间比较短，我就可以快速把所有帖子听一遍。"

"语音组件响应慢的话，如果我按得太快，第一个标题还没读出来，光标就切到第二个标题了。刚准备读第二个标题，光标又切走了。这样，所有的标题读音都会被下一个标题读音压过去，就只听得到最后一个标题了。"

"这就给人一种没有响应的感觉，就像在操作鼠标但是光标没有动一样，你也不知道是死机还是怎么了，心里不踏实。"

"产品层面的规划，我们想支持点显器，也就是盲文显示器。也在考虑把争渡模块化，用户按需购买，这样可以更便宜。"

"运营层面，我们考虑过调整销售模式，老用户拉新的话打折或者返现，但一直没有执行。主要是现在团队人手不够，忙不过来。"

"招人呗？"

"我们对招新比较保守。因为之前碰到过很多心血来潮、只有三分钟热度的人，所以我们现在筛选起来比较严格——先从论坛和群里吸纳活跃分子到 VIP 群，观察观察，再从 VIP 群吸纳活跃分子到团队内部。但目前招到的也主要是销售，专业人才比较少。"

"总体来说，我觉得现状还可以接受。工作不累，不用熬夜，可以照顾家庭，有自己的时间和生活。在这种强度的付出下，收入总体上不错，所以维持现状就可以了。万一步子迈大了，带来一些不可控的风险，那就不好了。"

"现在，按摩只能挣个零花钱，你看我店里一天其实没几个客人。十年前，我按一次收 20 块钱，客人还多一点。现在涨到 50 之后，就少了。其实，50 不贵，因为大家的工资也涨了，但意识没有跟上，所以现在想干按摩的盲人也越来越少了。"

"不干按摩干啥呢？按摩应该是盲人的主要就业渠道吧？"

"其实，这是一种成见。七八十年代，福利企业吸纳了很多盲人，做螺丝啊、自行车零部件啊，啥工种都有。九十年代下岗潮之后，残联搞再就业培训，组织大家学按摩，盲校的职业教育也只有按摩这一项，所以那时候，只要盲人参加工作，就是干按摩。"

"但是，现在很多'80 后''90 后'盲人不想做按摩，就出来闯了。有在公益圈的，有当电台主持人的，有做周易的，也有做编辑、客服、翻译等的，证明盲人不是只能做按摩。还有开网吧、开宾馆的，但比较少，这时最关键的反而不是看不看得见了，而是有没有商业头脑。"

"对我来说，按摩是个兴趣，有人来就做做，没人来就做争渡。之前有人建议我再招几个按摩师，扩大一下规模，我没采纳。人多的话，管理起来很麻烦，虽然可能更挣钱，但事情也多了，没必要。"

"我觉得你的思想在视障群体里绝对算得上是先锋了，但总的来说，你还是偏向于求稳，对吧？"

"是的。我们这个群体行动不方便，所以折腾起来的难度比明眼人大，就普遍带有一种求稳的心态。就拿读屏软件来说，我们一般不会换。即使新软件的快捷键跟旧软件一样，但使用体验不可能完全一样，情感上也是一个坎。"

"比如，10 年前流行永德读屏，但后来更新太慢了，对新系统的支持不好，我换到新软件的时候适应了很长一段时间。政府主推过一款阳光读屏，但大版本一更新，整个使用方式就完全变了，要重新学习怎么用，对视障群体来说非常麻烦，后面就没什么人用了。"

"所以，现在做争渡，我们遵循一个原则：争渡要上新功能时，如果是原创的，那我们就制定标准；否则，哪款读屏软件的这个功能做得好，我们就尽量遵循它的标准，让用户更容易适应。"

"但现在有款比较恶心的竞品，我们每出一个新功能，他们就抄一个；我们做特价活动，他们也跟着降价，而且总是比我们便宜一点。其实，盘子就这么大，互相争来争去对双方都没好处。像美国就只有一款读屏软件，不存在这种问题。"

因为大趋势肯定是手机普及率越来越高，用电脑的人越来越少，所以我问他："既然 PC 读屏软件的蛋糕不大，玩家又多，争渡为什么不转战手机读屏 app 呢？"

"主要问题还是招不到合适的人。因为做一款读屏软件的前期投入很大，要花时间去了解盲人的使用习惯，设计产品的时候还要尽量站在盲人的角度，对人的要求很高。这样的人完全可以去大公司拿高薪，跟我们做读屏软件赚不到什么钱。"

※　　　※　　　※

新的一周，晴天把胡子刮了，显得精神了不少。上午刚开店就来了个大姐，说是膝盖有增生，十来年了，治不好，只能通过推拿缓解。晴天给她按了一个多小时，结束后就坐回电脑桌前，加入了"争渡家园"频道，跟大家一起讨论心态好坏的话题。

"你跟嫂子就是在这里认识的吧？你们是怎么走到一起去的呢？"

"我们在网上聊过几次，感觉还不错：2016 年的时候，我去北京参加一个技术会议，约了群里的几个网友吃晚饭，大概 10 个人，她也去了。那是我们第一次见面。"

"对于盲人来说，网上聊天和线下见面有啥区别呢？"

"主要是距离感。见完面之后会感觉近了很多。后来，我去北京办事，又单独约她吃了一次饭，就把关系定下来了。"

"进展很快啊！那你们的择偶标准是什么呢？应该就没有'眼缘'这一说

了吧？"

"其实，盲人的择偶条件跟明眼人没太大区别，对颜值也有要求——太挫的照样带不出去。但是，所谓的颜值，很多时候不单纯是指长相，而是整体气质。气质好的人，即使长得怪，也会成为自己的特点。长相改变不了，但气质是可以培养的。"

"那对另一半是不是盲人有要求吗？"

"这个分人，而且想法也会变。比如，我20多岁时，就想找一个学历高、文化素质好一点的，看得见的，能帮我干这个、干那个。但是，到了30岁之后，觉得没道理：那不是找媳妇，是找保姆。所以择偶标准变成了互相看着顺眼，聊得到一块去，三观一致。"

"那你们俩三观很一致咯？"

"是的。我俩就是很容易交流和沟通，想做个什么事，跟对方一说，互相能理解和支持。感觉很好，就不在意对方是不是盲人了。"

"能跟你'平起平坐'，嫂子不是一般人啊！"

"我老婆经历比较特殊。她是被父母遗弃的，在贵州的一个福利院生活到13岁，没上过学。这个福利院收养的孩子都姓'福利'，所以我老婆叫福利芹。"

"北京有个叫'爱百福'的公益机构，专门帮助视障儿童，是一对法国夫妻办的。他们有个朋友去贵州拜访这家福利院时认识了我老婆，就把她带去爱百福了。"

"后来，有好心人赞助，爱百福又把她送到美国读书，在国外待了3年。"晴

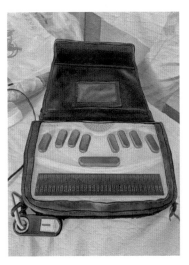

天从桌上翻出一个东西，说"这台盲文电脑就是她从那边带回来的"。

他说，俩人之所以能走到一起去，跟利芹留过学有很大关系，因为俩人都是见过一些世面的盲人，所以精神层面比较一致。

下午5点刚过，他就招呼我出发，去对面的"家家乐"饼庄吃饭，说是去晚了要排队。"本来周末家里打算请你吃饭来着，但昨天我爸妈回老家帮我妹收花生了，所以今天先请你在外面吃一顿，过两天再去家里吃。"

步行不到 5 分钟的距离，盲人走起来危险重重。等红灯时，我问他一个人怎么过马路，他说没法过。"如果红绿灯有嘟嘟嘟的声音还好，但不是每个城市都有这条件，所以只能请路人帮忙带着走。"

快到饭店时，一辆停在人行道上的五菱倒车时不看周围环境，突然加速轰的一声停到晴天面前，差点撞到他了，非常危险。我生气地猛敲车窗，司机才意识到后面有人。"所以我尽量不走路，要外出的话都是打车。"晴天说。

饼庄就开在路边的一间平房里，看上去有些年头了，环境跟我 15 年前读书时大学旁边的小馆子很像，只是店门上贴着的"冷气开放"变成了"免费 Wi-Fi"。

家人已经到了，叔叔在前台点菜，阿姨在帮忙照顾孩子。得知利芹的留学经历刷新了我对她的认知。我真心觉得她做客服有点大材小用，那又能做什么呢？

其实，牟平是烟台比较偏、经济发展不太好的一个区，但每天晚上我去养马岛对面的海岸线夜跑时都会经过一片龙湖的别墅，看到很多年轻的父母在带着孩子散步。这种反差，让我产生了一个商业上的想法。

我问利芹回来几年了，英语有没有退步。她说日常使用肯定没问题。她简单说了几句英语，是非常纯正的美式发音。我问她："你有没有考虑过给富人区的孩子教英语？我觉得牟平有国外生活经历的人应该不多，除了你，其他人大概率提供不了这种高端服务。"

没想到利芹拒绝得很干脆，一再说自己不是教英语这块料，也不懂得如何跟孩子沟通。晴天也在一旁附和，说还是等自己的孩子学英语时再考虑这个问题。

"我们从没做过这个事情，所以心里很没底，怕搞砸了。就跟推拿一样，如果推不好，会耽误了人家。我也是有了姑娘之后，先给姑娘按，发现效果不错，才开始做小儿推拿业务。"

"你不要给客户承诺考多少分不就行了嘛！只承诺能提供一个沉浸式的、地道的美式英语交流环境。"他觉得这样倒是可以，说过阵子跟利芹商量商量。

盲人吃起饭来很不方便。转盘上的菜在哪里，是什么菜，菜里有什么，都不知道，只能盲夹，

还不一定夹得到。女儿一边满屋子乱跑，一边嚷嚷着要吃咕咾肉里的黄瓜，让妈妈夹。妈妈说自己夹不准，但刚上幼儿园的女儿显然还听不懂父母的烦恼。

※　　　※　　　※

今天下午没客人，晴天拿起我洗好的红将军苹果，边吃边"看"罗永浩参加的《脱口秀大会》。省残联打来电话，问他愿不愿意去泰安参加面向后天残疾人的心理培训，一个月，包吃包住。他说太久了，不想去。"7月份刚去了趟北京，准备给视障群体录一系列 Office 教程。"

我很好奇："你既然看不到，去不同的城市会有不同的感觉吗？"

"会的。像我在长春读了5年书，冬天零下20℃，但有暖气，没感觉有多冷。寒假回家，从大连坐8个小时的船回来，早晨8点多出发，傍晚到烟台，觉得特别冷。"

"还去过北京、深圳、济源，虽然看不到，但是走在大街上的感觉——人群密集程度、车流速度、有人从你身边经过时带动空气的变化，都不一样。"

"我同学老家在济源一个小县城，过去玩的时候觉得城市的节奏很慢，让人很舒服，跟烟台很像。8点后，很多饭店就关门了，做生意的都收摊了。"

"在北京按摩店打工时，在建国门桥那边住，感觉人走得快，车跑得也快，只有到夜里下了班那会儿才比较放松。深圳也是，2014年去腾讯开会，住的酒店在一个小区里，觉得还挺安静，很生活化，但一到腾讯就觉得很热闹，节奏很快。"

"如果外地有更好的工作机会，你考虑出去吗？"

"2014年的时候，信息无障碍研究会和一些公益基金会都提供不错的岗位，我也很感兴趣。但是，在烟台待习惯了，不想动，就没去。现在成家了，除非可以带家属，不然就更不考虑了。"

今天家里做了新鲜的红烧鲅鱼，请我去吃。晴天建议我们在店里多待一会儿，等饭快做好了再回家。天气渐凉，北方太阳下山早，6点刚过，店里就已经一片漆黑了，但夫妻俩操作电脑丝毫不受影响。

"你们还买显示器干吗呢，应该不需要了吧？"

"出了问题可以找人看啊。"利芹从南屋过来，说有一次电脑没反应了，拿去维修，别人接上显示器才发现是 BIOS 需要更新，点一下"确认"就可以了，"如

果有显示器，再出现类似问题，让家人看看就知道了，所以显示器对盲人其实也挺重要的"。

叔叔打来电话，喊我们回家吃饭。晴天牵着利芹，用盲杖探路。经过一个施工路段时，地上有一摊泥水，他没有探到，径直踩了上去。

快到小区门口时，他拐弯了。我问他是怎么知道的。"刚才人行道有个斜坡，我探到了。而且我们小区最近在铺沥青，有一股味儿，我就知道到门口了，该拐弯了。"

"不同地方判断方法不一样。比如，我去按摩店的时候，最明显的标识是店门口的台阶有三阶，而其他店是两阶。但是，一直在台阶边试探不好，因为可能会打扰其他店的客人，也可能让别人误以为我是要进店。"

"所以就找了一些其他参照物，比如前面饭店吃饭的声音、后面店铺空调外机的声音、地面井盖的松紧程度，来判断自己是不是到店门口了。"

我听过一种说法，叫"上帝关了一扇门，就会打开一扇窗，盲人的听觉比明眼人灵敏"，问他是不是这样。

"是的，但不是天生的，而是因为不得不用，所以练出来了。很多盲人的听力会下降，因为长期听不正常的加速声音，还要从中提取出有用的信息，所以对耳朵的损耗比较大。"

他家是个 90 平方米左右的三室一厅，5 口人住在这里并不显得挤。他说，孩子白天由父母带，晚上跟他和老婆睡一个屋，也不怎么闹，很懂事。菜上桌了，有阿姨做的红烧鲅鱼，还有烟台人招待来客的传统菜肴——拌猪耳朵。大家都很高兴，我陪叔叔喝了点张裕葡萄酒，又干了瓶青岛啤酒。

吃完饭，二老带着孙女去散步了。我来洗碗，利芹在沙发上聊微信，晴天在卧室做淘宝云客服。"我上的是月底班，就几天，每天晚上 8 点到 10 点，没有硬性业绩指标，所以没啥压力。我不指望这个赚钱，只是跟进一下客服的最新政策。"

"碰到过一言不合就开骂的垃圾人吗？会影响你的心情吗？"

"碰到过，啥样的人都碰到过。我的心理建设做得还可以，基本不会受影响。但是，我觉得每天被人骂来骂去的，长期这样的话心理容易出问题，所以等利芹把播音学出来之后，客服可能就不干了。"

"我做客服半年了，发现每个月都在招新，能一直做的不多。我们只有劳务合同，没有五险一金，也没有什么培训和心理疏导，只有约束和惩罚。比如，打错字要扣分，这对视障群体很不友好。"

"只能说'您'，不能说'你'。也不能给承诺，比如某个账号被封了，过来找我们，我们不能说'马上帮你解封'之类的话。一切以免责为前提。"

"骂你的人应该不知道你是盲人吧？从你的角度，你是希望他知道你是盲人而有所收敛，还是不希望呢？或者换句话说，你希望这个社会怎么对待视障群体呢？"

"我希望被平等对待，不用搞特殊。当然，平等并不是指完全跟明眼人一样，而是希望能获得跟明眼人一样的机会。比如说，大多数岗位应该向残疾人开放。我来面试，如果是能力不行，那是我自己的问题，就怨不得别人，但你起码要给我这个证明自己的机会。"

"像在有的国家，法律规定，没有无障碍功能的软件不准上市，所以国内企业进入这些国家的市场时也要做无障碍功能。那国内的盲人能不能也享有这样的待遇呢？"

"往大了说，我们希望得到社会的接纳和认同。以前政府的思路是：残疾人干不了啥事，所以就别干了，我养你。现在的思路变了，提倡给残疾人提供无障碍设施，让残疾人融入社会。"

"所以，残疾人也要为自己争取更多的权利。比如，一栋楼既没有楼梯也没有电梯，那正常人就上不去，所以对楼梯、电梯的需求很合理。但现在很多地方没有无障碍通道，那对于残疾人来说，相同的需求就没有得到满足。我们要敢于站出来发声。"

"现在科技发达了，整个无障碍环境也变得越来越好了。比如，智能音箱出现之后，不知道灯关没关，喊一嗓子就可以了。等将来无人驾驶技术成熟了，我们也能买辆车开开，圆了自己的司机梦。"

回去的路上，我在街角看到一个广告牌。我想，在网络的扁平世界里，牟平没必要成为北上广，也没有谁需要抬头仰望。互联网的普及给大家带来了平等的机会，让越来越多的"晴天"通过互联网看到了你。你看到他们了吗？

后　记

互联网的发展生生不息。虽然《互联网人》的内容已近尾声，但互联网人的故事没有结束。欲知书中主角的后续，请关注我的微博 @ 沙梓社。

如果你想发表读后感，或者分享自己的故事，请在各种社交平台的发言中带上"# 互联网人 #"话题标签，这是所有读者的"接头暗号"。如果你想参与互联网相关话题的深度讨论，欢迎扫码加入本书的官方论坛。

无论是撰写过程还是最终成品，《互联网人》都是一次史无前例的创新。每次重温这本书，回想起一路点滴，我脑海中都会闪过无数片段：

5 点，晓文起床，开始冥想。

6 点，芒格被 Upwork 上找他的人吵醒了，打算洗个澡就出门。

7 点，烨磊在小区门口等公交，去学校参加在职研究生课程。

8 点，子宁出发去参加"每日地铁抢座大战"。

9 点，和颂还在去甲方公司的出租车上，护网行动可能要迟到了。

10 点，狗娃发现昨天店铺的销量不好，拉着店长们分析问题出在哪里。

11 点，从筠正在为即将开始的需求评审会准备 PRD。

13 点，林悠趁午休时间，想去万象天地看看 ZARA 新款，为小红书拍点素材。

14 点，书兰刚从午觉中不情愿地醒来，就有人过来找她提需求了。

15 点，刘畅闲着没什么事干，感觉很慌，他还是不适应银行的节奏。

16 点，田祺在楼下抽烟平复心情。他刚跟两个待裁员工聊完，对方反应很激烈。

17 点，晴天在"争渡家园"里的闲聊被过来找他按摩的大姐打断了。

18 点，远铭准时下班，回宁国跟异地了一周的老婆孩子团聚。

19 点，培羽在公司的讲座开始了。

20 点，胡佳正在给新人培训。昨天强调过的问题今天下属又犯了，她很苦恼。

21 点，Linda 的候选人刚刚下班，俩人准备通个电话。

22 点，纽约时间上午 10 点，浩言开始发布新产品。

23 点，李赞感觉颈椎有点不舒服，想结束今天的晚自习。

2 点，女儿把钱蓓吵醒了。她想，要是老公在身边就好了。

5 点，景龙刚结束应酬，准备回宿舍睡觉。

互联网 24 小时服务于人，源于互联网人 24 小时的默默奉献。在我心中，他们既平凡又伟大。